国家精品在线开放课程主讲教材

计算机网络与应用

Computer Networking and Its Applications

丁晟春 李华峰 蔡 骅 编著
陈 芬 高 静 沈 思

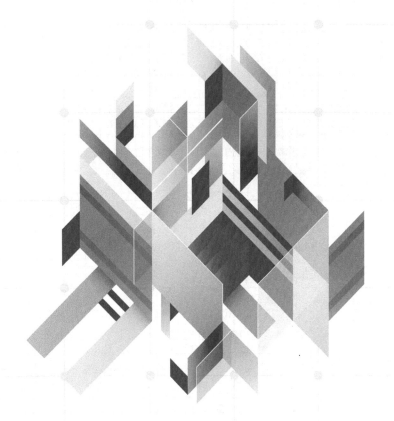

高等教育出版社·北京

内容提要

本书是国家精品在线开放课程主讲教材,根据最新颁布的普通高等学校管理科学与工程类本科教学质量国家标准编写而成。 全书共分 10 章,主要内容包括导论、网络体系结构、数据通信基础、网络传输介质与网络连接设备、局域网基础、局域网组网、网络互联与因特网、因特网服务、网络规划与设计、网络安全与管理。 本书内容全面,实用性强,配套资源丰富。

本书可作为高等学校信息管理与信息系统专业、管理类专业计算机网络与应用课程教材,也可供网络工程技术人员学习和参考。

图书在版编目（ＣＩＰ）数据

计算机网络与应用／丁晟春等编著 . －－北京 ：高等教育出版社，2019.8（2024.8 重印）

ISBN 978-7-04-052166-5

Ⅰ.①计… Ⅱ.①丁… Ⅲ.①计算机网络-高等学校-教材 Ⅳ. ①TP393

中国版本图书馆 CIP 数据核字（2019）第 125802 号

Jisuanji Wangluo yu Yingyong

策划编辑	刘 艳	责任编辑	刘 艳	封面设计	李卫青	版式设计	徐艳妮
插图绘制	李沛蓉	责任校对	刘 莉	责任印制	高 峰		

出版发行	高等教育出版社	网 址	http://www.hep.edu.cn	
社 址	北京市西城区德外大街 4 号		http://www.hep.com.cn	
邮政编码	100120	网上订购	http://www.hepmall.com.cn	
印 刷	固安县铭成印刷有限公司		http://www.hepmall.com	
开 本	850 mm×1168 mm 1/16		http://www.hepmall.cn	
印 张	23.25			
字 数	500 千字	版 次	2019 年 8 月第 1 版	
购书热线	010-58581118	印 次	2024 年 8 月第 4 次印刷	
咨询电话	400-810-0598	定 价	55.00 元	

本书如有缺页、倒页、脱页等质量问题,请到所购图书销售部门联系调换

版权所有 侵权必究

物 料 号 52166-00

计算机网络与应用

丁晟春 李华峰

蔡 骅 陈 芬

高 静 沈 思

1 通过计算机访问http://abook.hep.com.cn/187811,或用手机扫描二维码,下载并安装Abook应用。

2 注册并登录,进入"我的课程"。

3 输入封底数字课程账号(20位密码,刮开涂层可见),或通过Abook应用扫描封底数字课程账号二维码,完成课程绑定。

4 点击"进入学习",开始本数字课程的学习。

课程绑定后一年为数字课程使用有效期。受硬件限制,部分内容无法在手机端显示,请按提示通过计算机访问学习。

如有账号问题,请发邮件至:abook@hep.com.cn。

http://abook.hep.com.cn/187811

第三次科技革命使人们进入了信息时代。随着信息时代的到来，计算机网络，尤其是因特网已经成为人们日常生活的一部分，从以太网到无线网络，从台式计算机、笔记本电脑到智能手机、移动终端，物联网、云计算、移动电子商务、移动支付、流媒体、视频分享、社交网络等新兴"互联网+"应用层出不穷，并越来越深刻地改变着人们的工作方式、生活方式、学习方式和思维方式，使社会发生了巨大的变化。

面对层出不穷的"互联网+"应用，人们在使用计算机网络的过程中，除了要掌握计算机网络和数据通信的基础知识外，还要掌握以太网、无线局域网等常见网络的组网方法，以及计算机网络硬件采购、配置、设置和管理等方面的知识，并提高计算机网络的应用技能。本书根据最新颁布的普通高等学校管理科学与工程类本科教学质量国家标准，结合社会对管理类人才的网络应用能力的要求，并吸收计算机网络的最新发展成果编写而成。本书改变了原来"计算机网络与应用"课程教学中按照 OSI 参考模型或 TCP/IP 模型由低到高讲授各层协议的方法，以应用为主线，从理论教学和实验教学两个方面出发，介绍了计算机网络的相关知识和应用技能。本书的学习目标如下：

① 了解和掌握计算机网络和数据通信的基础知识。

② 了解重要的网络体系结构，包括 OSI 参考模型与 TCP/IP 模型的各层协议，以及其基本的工作原理。

③ 了解以太网的基础知识，掌握局域网的规划、设计和组网方法。

④ 了解广域网的基础知识，以及交换、路由、网络互联等方面的知识；掌握常见因特网服务（Web 服务、电子邮件服务、域名服务、多媒体音频/视频服务等）的应用方法。

⑤ 了解网络新技术（如虚拟专用网、物联网、下一代互联网）。

⑥ 能够开展相关的原理验证型实验和综合应用型实验，如网络规划与设计、组网、局域网资源共享、Web 搜索、域名设计、个人网络安全防范等实验，以加深对网络原理的理解，提高网络应用能力。

本书每章前的内容导读指出了本章的主要内容，每章后的知识点小节归纳了本章所介绍的主要知识点。此外，本书还配有丰富的案例和实验，以增强读者的实践操作能力。

本书的参考学时为 48 学时。本书可作为高等学校信息管理与信息系统专业、管理类专业计算机网络与应用课程教材，也可供网络工程技术人员学习和参考。本书提供了多种形式的数字化教学资源，包括电子教案、实验手册，以及微视频等。此外，本书以纸质教材配套数字课程的形式出版，拓展了纸质教材的表现形式，用手机扫描本书中的二维码即可浏览相关资源，使移动学习成为现实。自 2017 年 3 月起，本书编写团队在中国大学 MOOC 平台上开设了"计算机网络与应用"慕课，向高校学生和社会公众提供教学服务，希望更多的读者加入我们的慕课，享受计算机网络所带来的"连接、分享、全球化"的理念。

本书共分 10 章，第 1 章和第 2 章由丁晟春编写，第 7 章和第 9 章由李华锋编写，第 3 章和第 8 章由蔡骅编写，第 4 章和第 6 章由陈芬编写，第 5 章由高静编写，第 10 章由沈思编写。全书由丁晟春统稿，钱焕延主审。此外，李真、王瑜坤、侯琳琳、王小英、王丽、刘嘉龙、廖希龙等参与了本书部分章节的编写和数字化资源的制作。

在本书编写过程中，我们参考了大量相关的文献资料，吸取了许多专家和同仁的宝贵经验，在此表示感谢。

由于计算机网络技术发展迅速，编者学识有限，书中误漏之处难免，恳请广大读者批评指正。

编　者
2019 年 4 月 10 日

目 录

第 1 章

导论

◉ **内容导读**

    21 世纪的重要特征就是数字化、网络化和信息化，这是一个以网络为核心的信息时代。现在的计算机网络不仅能够传送数据，还能够为用户提供打电话、听音乐、观看视频节目等服务。在讨论计算机网络的技术细节之前，本章将重点介绍计算机网络的基本特点、类别、应用及其连接方式，主要内容如下：

- 计算机网络概述，包括定义、功能、特点、组成及分类。
- 计算机网络拓扑结构，包括总线型、星状、环状、树状、网状、蜂窝状和混合型拓扑结构。

1.1　计算机网络概述

    目前计算机网络应用于社会的各个领域，已成为人们生活的重要组成部分。从某种意义上讲，计算机网络的发展水平不仅反映了一个国家计算机科学和通信技术的发展水平，也是衡量其国家实力及现代化程度的重要标志之一。

微视频 1.1
计算机网络的定义及其发展

1.1.1　计算机网络的定义

    计算机网络技术的发展经历了不同的阶段，在不同的阶段，其定义也不尽相同。

在目前的阶段，可以这样描述计算机网络的定义：计算机网络是指由地理位置不同的具有独立功能的多台计算机及其外部设备，通过通信设备和线路连接而成的，能够在网络操作系统、网络管理软件和网络通信协议的管理下，实现资源共享和信息传递的计算机互联系统。这个定义包括了以下 4 个方面。

① 计算机之间相互独立：从数据处理能力来看，计算机既可以单机工作，也可以联网工作；从分布的地理位置来看，计算机是独立的个体，可以远在天边，也可以近在眼前。

② 通信线路：计算机间相互通信交换信息，必须有一条通道。这条通道由传输介质（如双绞线、光纤、微波、卫星等）来实现。

③ 网络协议：计算机之间进行信息交换，必须遵守统一的约定和规则。

④ 资源共享：任何一台计算机都可以将本身的资源共享给其他处于该网络中的计算机实体，这些被共享的资源可以是硬件，也可以是软件和信息资源等。

微视频 1.2
计算机网络的功能和特点

1.1.2　计算机网络的功能

1. 数据通信

这是计算机网络的最基本功能。数据通信用来传送各种类型的信息，包括文字信件、新闻消息、资讯信息、图片资料、声音、视频等各种多媒体信息。

2. 资源共享

资源是指网络中所有的软件、硬件和数据，共享则是指网络中的用户能够部分或者全部地享受这些资源。例如，某一地区的社保数据库可以供全网内其他地区的社保部门使用；一些大型的计算软件可以供需要的人有偿调用或办理一定手续后调用；一些外部设备（如打印机、绘图仪等）可以供一些没有这些设备的用户使用。资源共享提高了资源的利用率，解决了资源受地理位置约束的问题，让用户使用远程资源如同使用本地资源一样方便。

3. 分布处理

计算机网络能够把要处理的任务分散到各台计算机上运行，而不是集中在一台大型计算机上运行。这样，不仅可以降低软件设计的复杂性，还可以大大提高工作效率，降低处理成本。

4. 集中管理

对于地理位置分散的组织和部门，可以通过基于计算机网络的信息系统，如数据库情报检索系统、交通运输部门的订票系统、军事指挥系统等，来实现集中管理。

5. 均衡负荷

当一台计算机出现故障或者负荷太重时，可以立即由网络中的另一台计算机代替其完成所承担的任务。同样，当网络的一条链路出了故障时可以选择其他的通信链路进行连接。

1.1.3 计算机网络的特点

1. 可靠性

当网络中某台计算机的任务负荷太重时，通过计算机网络和应用程序的控制和管理，将作业分散到网络中的其他计算机上，由多台计算机共同完成，以提高系统的可靠性和可用性。

2. 高效性

计算机网络系统中的计算机能够相互传送数据信息，使相距很远的用户之间能够即时、快速、高效、直接地交换数据。

3. 独立性

计算机网络系统中的计算机是相对独立的，它们之间是既互相联系，又相互独立的关系。

4. 扩充性

在计算机网络系统中，人们能够很方便、灵活地接入其他计算机，从而达到扩充网络系统功能的目的。

5. 廉价性

计算机网络使个人计算机（PC）用户也能够分享大型计算机的功能和特性，这充分体现了计算机网络系统的"群体"优势，从而降低了成本。

6. 分布性

计算机网络能够将分布在不同地理位置的计算机连接起来，对复杂的综合性问题进行分布式处理。

7. 易操作性

对计算机网络用户而言，掌握网络操作技术比掌握大型机操作技术容易。

1.1.4 计算机网络的组成

无论计算机网络的复杂程度如何，从系统组成来看，计算机网络是由网络硬件和网络软件两大部分构成的。从功能上来看，计算机网络分为通信子网和资源子网两部分。

1. 网络硬件

网络硬件主要由计算机（如主机、终端）、通信处理机、传输介质、网络连接设备等构成。

（1）主机

主机（host）通常又称为服务器，是一台高性能的计算机，用于网络管理、应用程序运行，以及打印机、调制解调器等外部设备的连接。根据服务器在网络中所提供的服务，可以将其分为打印服务器、通信服务器、数据库服务器、应用程序服务器（如Web 服务器、电子邮件服务器、FTP 服务器）等。

微视频 1.3
计算机网络的
组成

（2）终端

终端（terminal）是用户访问网络、进行网络操作、实现人机对话的重要工具，又称为客户、工作站等。它可以通过主机联入网络，也可以通过通信处理机联入网络。

（3）通信处理机

通信处理机又称为通信控制器或通信控制处理机，主要负责主机与网络间的信息传输控制，其主要功能包括线路传输控制、错误检测与恢复、代码转换等，如交换机、呼叫处理机、预处理机等。

（4）传输介质

传输介质是传输数据信号的物理通道，它可以将各种设备相互连接起来。网络中的传输介质是多种多样的，可以是无线传输介质（如微波），也可以是有线传输介质（如双绞线、同轴电缆、光纤）。

（5）网络连接设备

网络连接设备用于实现网络中各台计算机之间的连接、网络与网络之间的互联、数据信号的变换和路由选择，如交换机、路由器、调制解调器、无线通信接收和发送器、用于光纤通信的编码解码器等。

2. 网络软件

计算机网络在网络软件的支持下才能正常工作。网络软件一方面可以授权用户访问网络资源，帮助用户方便、快速地获取资源；另一方面，可以管理和调度网络资源，提供通信和用户所需要的各种网络服务。网络软件一般由网络操作系统、网络协议软件、网络管理软件、网络通信软件、网络应用软件五个部分组成。

（1）网络操作系统

网络操作系统是最基本的网络软件，用于实现不同主机之间的通信，以及网络中硬件和软件资源的共享，并向用户提供统一的网络接口，便于他们使用网络。常用的网络操作系统有 Linux、UNIX、NetWare 和 Windows NT 等。目前，在局域网中使用最为广泛的是人们所熟知的 Windows NT 网络操作系统。

（2）网络协议软件

网络协议是网络通信中的数据传输规范，网络协议软件是用于实现网络协议功能的软件。目前，典型的网络协议有 TCP/IP 协议、IPX/SPX 协议、IEEE 802 系列协议等。

（3）网络管理软件

网络管理软件是用于对网络资源进行管理以及对网络进行维护的软件，其功能包括性能管理、配置管理、故障管理、计费管理、安全管理、网络运行状态监视与统计等。

（4）网络通信软件

网络通信软件是能够使网络中的各种设备互相通信的软件，它能够使用户在不必详细了解通信控制规程的情况下，控制应用程序与多个站点的通信，并对大量的通信数据进行加工和管理。

（5）网络应用软件

网络应用软件是为用户提供各种网络服务的软件。例如，人们经常使用的即时通信软件 QQ，以及 IE 浏览器都属于网络应用软件。

3. 通信子网和资源子网

计算机网络从逻辑上可以划分为通信子网和资源子网，以实现数据通信和数据处理两种最基本的功能，如图 1.1.1 所示。

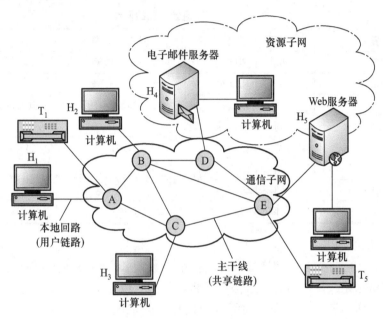

图 1.1.1　通信子网和资源子网

在图 1.1.1 中，实线中的线路和站点所构成的通信子网主要由通信处理机（如 T_1、T_5）、网络连接设备（如 A、B、C、D、E）、网络通信软件、网络管理软件等构成，主要负责网络的数据通信，为用户提供数据传输、加工和变换等数据通信服务。而虚线中的线路和站点所构成的资源子网主要由终端、服务器（如 H_4、H_5）、传输介质、网络应用软件和数据资源构成，负责全网的数据处理业务，并向用户提供各种网络资源和网络服务。

1.2　计算机网络的类别

对计算机网络进行分类的方法很多，可以从不同的角度，如从覆盖范围、应用范围、传播方式等来对计算机网络进行分类。

微视频 1.4
计算机网络的类别

1.2.1 不同通信距离的网络

按照通信距离，可以将计算机网络分为个人区域网（personal area network，PAN）、局域网（local area network，LAN）、城域网（metropolitan area network，MAN）、广域网（wide area network，WAN）和互联网（internet），如表 1.2.1 所示。需要注意的是，internet 表示一种网络类型——互联网，而 Internet 则是指因特网。

表 1.2.1　不同通信距离的网络

通信距离	所处位置	网络分类	数据传输速率
1～10 m	同一个房间内	个人区域网	2 Kbps～400 Mbps
10 m	同一个房间内	局域网	10 Mbps～10 Gbps
100 m	同一建筑物内		
1 km	同一个园区内		
10 km	同一座城市内	城域网	64 Kbps～10 Gbps
100 km	同一个国家内	广域网	10 Kbps～5 Gbps
1 000 km	同一个大洲内		
10 000 km	同一个星球	互联网	10 Kbps～100 Mbps

（1）个人区域网

近年来，人们对无线通信连接的需求量呈指数增长。与目前主要的高吞吐量无线工业控制网络相比，短距离无线通信技术将填补对吞吐量和时延要求宽松的简单无线连接应用的空白。随着各种短距离无线通信技术的发展，人们提出了一个新的概念，即个人区域网（PAN）。个人区域网是指在个人工作的地方把属于个人的电子设备，如笔记本电脑、智能手机等用无线技术连接起来的网络，其物理距离为 10 m 左右。例如，计算机主机和外部设备（如键盘、鼠标、打印机）之间的无线连接，手机和计算机之间的无线连接等。

个人区域网主要用于家庭与小型办公室场合，其应用领域包括语音网关、数据通信网关、信息家电互联与信息自动交换等，涉及的业务类型丰富。个人区域网的核心思想是，用无线电或红外线代替有线电缆，实现个人信息终端的智能互联，组建个人化的信息网络。从计算机网络的角度来看，个人区域网是一个局域网；从电信网络的角度来看，个人区域网是一个接入网，因此也将个人区域网称为电信网络"最后一米"的解决方案。

个人区域网与一般意义上的无线局域网的显著区别是，个人区域网是以个人为中心来使用的，其活动半径小，功率低，数据传输速率低，不但采用无线接入，而且要求自动接入，因此又称为无线个域网（wireless PAN，WPAN）。而局域网是一种同时为多个用户服务的固定网络，它既可以通过无线方式互联，也可以通过有线方式互联，是一个大功率、中等通信距离、高数据传输速率的网络。

WPAN 的标准主要集中在 IEEE 802.15 中，IEEE 802.15 主要用于 WPAN 的物理层

和介质访问控制子层规范，如表 1.2.2 所示。

表 1.2.2　用于 WPAN 的物理层和介质访问控制子层规范

IEEE 分类	IEEE 标准	商 业 名 称
低速	IEEE 802.15.1	Bluetooth 1.1
低速	IEEE 802.15.1a	Bluetooth 1.2
高速	IEEE 802.15.3	WiMedia
超高速	IEEE 802.15.3a	UWB
低速/低功耗	IEEE 802.15.4	ZigBee

从表 1.2.2 中可以看出，个人区域网的实现技术主要有 Bluetooth、WiMedia、ZigBee 与 UWB 等，这些技术将在第 5 章中介绍。

（2）局域网

拓展阅读 1.1
局域网

局域网是指在一个局部范围内由多台计算机及其外部设备、通信设备和通信线路等组成的计算机网络。小型局域网中的计算机一般不超过 200 台，它通常应用于学校、企业、医院或机关等。局域网具有文件管理、应用软件共享、打印机共享、工作组内的日程安排、电子邮件和传真等通信服务功能。局域网是封闭型的，可以由一间办公室内的两台计算机组成，也可以由一个企业内的上千台计算机组成。

局域网的通信距离一般是几百米到几千米，通常在一个建筑物或建筑群内。局域网被用于企业时称为内联网，被用于一所学校时称为校园网。局域网易于配置，数据传输速率高，一般可达 10 Mbps～10 Gbps，组建费用较低。

局域网中至少有一台计算机被作为服务器，用于提供资源共享、文件传输、网络安全与管理服务，其他入网的计算机称为工作站。在图 1.2.1 所示的局域网中，工作站、服务器和打印机等不同设备通过中间的交换设备实现互联与数据共享。

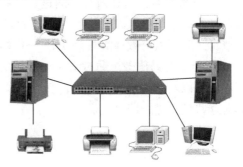

局域网一般为一个部门或单位所有，它的组建、维护以及扩展等都较为容易，系统灵活性高。其主要特点如下。

图 1.2.1　局域网示意图

① 覆盖范围较小，通常在一个相对独立的局部范围内，如在一个建筑物内。

② 使用专门敷设的传输介质进行联网，数据传输速率高。

③ 通信时延短，可靠性较高。

④ 可以支持多种传输介质。

局域网的类型很多。按照所使用的传输介质分类，可以将局域网分为有线网和无线网。按照网络拓扑结构分类，可以将局域网分为总线型网、星状网、环状网、树状网、混合型网等。按照传输介质所使用的访问控制方法分类，又可以将局域网分为以太网、令牌环网和无线局域网等。其中，以太网是目前应用最普遍的局域网技术，而无线局域网则是近年来很受欢迎的技术。这两种技术将在第 5 章和第 6 章中做详细介绍。

（3）城域网

城域网的覆盖范围介于局域网和广域网之间，从几个建筑群到整个城市，其通信距离从几十千米至几百千米，通常用于连接局域网，人们所熟知的城市有线电视网就是一种城域网。城域网建立在具有中等到较高数据传输速率的信道之上，其数据传输时延较小。它采用的传输介质主要是光缆，但其数据传输出错概率一般比局域网高。

城域网的典型应用为宽带城域网。宽带城域网是在一个城市的范围内，以 IP 技术和电信技术为基础，以光纤为传输介质，集数据、语音、视频服务于一体的高带宽、多功能、多业务接入的多媒体通信网络。城域网能够满足政府机构、大中小学校、企事业单位等对高速率、高质量数据通信业务的需求，特别是快速发展起来的互联网用户群对高速上网的需求。

城域网的发展经历了一个漫长的时期，从传统的语音业务到图像和视频业务，从基础的视听服务到各种各样的增值业务，从 64 Kbps 的基础服务到以吉比特为单位的数据传输速率。随着技术的发展和需求的不断增加，城域网的业务种类也日益丰富，具体包括以下业务。

① 高速上网。利用宽带网络，用户可以快速访问及享受相关的互联网服务，包括 Web、电子邮件、新闻组、公告板、互联网导航、信息搜索、远程文件传送等服务。

② 网络电视。网络电视突破了传统的电视模式，能够在网上实现海量频道的电视收视。网络电视克服了现有电视频道受地区约束的弊端，大大增强了用户的收视体验。

③ 远程教育。远程教育是通过宽带技术，将包含图像、文本、声音、视频等多媒体信息的教学节目，以交互的方式远程呈现出来，学生可以通过宽带网在家中收看教学节目，并可以与教师实时交互的一种教育方式。

④ 金融交易服务。通过证券交易系统，用户可以在家中方便地进行证券交易，他们不仅可以实时查阅股市行情，获取全面而及时的金融信息，还可以通过多种分析工具对这些信息进行即时分析。

（4）广域网

广域网是利用远程数据通信网将不同城市、不同地区甚至不同国家之间的局域网/城域网连接起来的网络，它可以提供计算机软件、硬件和信息资源共享服务。中国公用数字数据网（ChinaDDN）、公用电话交换网等就是典型的广域网，而通过虚拟专用网（virtual private network，VPN）也可以实现广域网互联。目前，量子通信已经开始引入广域网的构建，对量子无线广域网等的研究已经起步。

广域网是跨越城市或国家的计算机通信网络，其通信距离较长，通常从数百千米到数千千米，甚至上万千米，可以满足一个或几个城市、地区、国家等的数据通信需求。

广域网是将远距离的网络和资源连接起来的系统，它主要用于在一个地区、行业甚至全国范围内组网，如银行系统、邮电系统、铁路系统及大型网络会议系统等。中国教育和科研计算机网（China Education and Research Network，CERNET）就是一个覆盖全国的将我国上千所高校连接在一起的教育网，其中有 100 多所高校的校园网以 100~1000 Mbps 的数据传输速率接入 CERNET。广域网具有如下特点。

① 能够满足大容量与突发性通信的要求。

② 能够满足综合业务的要求。

③ 具有开放的设备端口与规范化的协议。

④ 具有完善的通信服务与网络管理功能。

广域网一般由电信部门负责组建、管理和维护，并向全社会提供面向通信的有偿服务、流量统计和计费服务。广域网拓扑结构更加复杂，通常使用高速光纤作为传输介质，而局域网通常作为广域网的终端用户与广域网相连。

（5）互联网（internet）

世界上有各种各样的网络，这些网络通常使用不同的硬件和软件。由于不同网络中的用户需要互相通信，因此需要将这些不同的网络，甚至是不兼容的网络相互连接起来。这些互相连接的多个网络的集合就称为互联网。

互联网最常见的形式是多个局域网通过广域网连接在一起。人们所熟知的因特网（Internet）就是一个覆盖全球的互联网。因特网连接了世界各地的计算机网络，它是全球最大的开放式计算机网络，它的普及是人类进入信息社会的主要标志之一。

图 1.2.2 所示的为一个基于路由结构的互联网。从中可以看出，不同组织，包括公司、研究所、大学和政府机构等的局域网通过路由器等互联设备连接在一起，实现了最大范围内的资源共享。

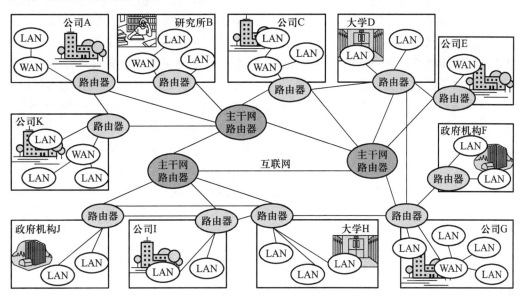

图 1.2.2　基于路由结构的互联网示意图

互联网具有如下特点。

① 互联网能够不受空间限制进行信息交换。

② 信息交换能以多种形式，包括文字、图片、音视频等存在。

③ 信息交换趋向于个性化，能够满足不同用户的个性化需求。

④ 信息交换的成本较低。

⑤ 信息存储量大、高效、快速。

⑥ 用户数量庞大。

⑦ 信息交换具有互动性。

1.2.2　不同应用范围的网络

按照应用范围，可以将计算机网络分为内联网（intranet）、外联网（extranet）和因特网（Internet）。

（1）内联网

内联网又称为企业内部网络，是一个使用因特网技术的计算机网络，它通常建立在一个企业或组织的内部并为其成员提供万维网、文件传输、电子邮件等信息共享和交流服务。

可以说，内联网是因特网技术在企业内部的应用，其基本思想是：将 TCP/IP 协议作为通信协议，将因特网的 HTTP 协议、Web 访问流程及其应用模式作为标准信息平台；同时，建立防火墙将内联网和因特网分开。当然内联网并非一定要和因特网连接在一起，它完全可以作为一个独立的网络。

内联网是因特网的延伸和发展，由于利用了先进的因特网技术，特别是 TCP/IP 协议，保留了因特网跨平台及易于上网的特性，内联网得以迅速发展。与因特网相比，内联网在网络组织和管理上更胜一筹，它有效地避免了因特网所固有的可靠性差、缺乏整体设计、网络结构不清晰以及缺乏统一管理和维护等缺点，使企业内部的秘密信息或敏感信息能够得到网络防火墙的保护。因此，内联网更安全，更可靠，更适合企业或组织加强信息管理与提高工作效率，被形象地称为建在企业防火墙里面的因特网。

内联网所提供的是一个相对封闭的网络环境。内联网在企业内部是分层次开放的，企业内部有权限的人员访问该网络不受限制，但对于外来人员访问该网络，则有着严格的授权。因此，可以根据企业的需要来控制网络的安全级别。在内联网内部，对所有信息和人员实行分类管理，并通过设定访问权限来保证安全。例如，对员工访问受保护的文件（如人事、财务、销售文件等）进行授权及鉴别，保证只有经过授权的人员才能接触相应的信息；对敏感信息进行加密和接入管理；等等。同时，内联网又不是完全封闭的，它一方面要帮助企业内部人员有效地获取信息，以及进行交流；另一方面也要对某些特定的外部人员，如合伙人、重要客户等部分开放，通过设立安全网关，允许某些信息在内联网与外界之间往来，而对于企业不希望公开的信息，则要采取安全保护措施，避免此类信息被非法窃取。

内联网不仅是企业内部的信息发布系统，还是企业内部的业务运转系统。内联网应当具有严格的网络资源管理机制、网络安全保障机制，同时具有良好的开放性；它应该和数据库系统、多媒体系统以及开放式群件系统相互融合连接，形成一个能够有效进行企业内部信息采集、共享、发布和交流的，易于维护和管理的信息运作平台。

内联网为企业带来了新的发展契机，它解决了传统企业信息网络开发中存在的问题，去除了企业内部信息共享的障碍，使企业内部能够实现大范围的协作。同时，内联网以其易于开发、成本低廉、图文并茂、应用简便、安全开放的特点，形成了新一代企业信息化的基本模式。

（2）外联网

外联网又称为外部网络，是一个使用因特网/内联网技术将企业与其客户及其他企业连接起来，以完成共同目标的网络，它不对公众开放。外联网可以作为公用的因特网和专用的内联网之间的桥梁，也可以作为一个能被企业成员访问，或者能与其他企业合作的内联网的一部分。可以说，外联网是利用因特网技术在内联网的基础上建立与发展起来的企业间网络，可以将它看作是内联网的扩展和外延。

外联网代替了原来的电子数据交换（electronic data interchange，EDI）系统，因为其成本比电子数据交换系统的成本要低。

在传统营销中，获得客户的相关信息一直是企业追求的目标之一。客户不能充分掌握产品和服务信息就无法做出正确的购买决策，企业不能及时获得相关信息就会失去很多潜在的商业机会。因特网技术的飞速发展为企业和客户提供了前所未有的信息环境，主要表现在以下 4 个方面：一是因特网使信息传递和获取的成本大大降低了；二是数字化技术使信息海量存储和多媒体影像的普及成为可能；三是市场环境由信息不完全转变为信息完备；四是可以实现个性化的信息互动。

外联网具有如下特点。

① 外联网不限于企业成员，它可以面向企业之外的用户，特别是那些企业想与之建立联系的供应商和客户。

② 外联网并不是真正意义上的对外开放，它可以通过访问控制防止外部用户浏览和获取企业的内部资料。

③ 外联网是一种思想，而不是一种技术，它使用标准的因特网技术，实质上是现有技术应用的集成和扩展。

外联网可以完成以下应用。

① 信息维护。通过外联网，企业可以定期地将最新的营销信息以多种形式传递给分布在不同地方的相关用户。任何授权的用户都可以通过浏览器访问外联网，更新信息。

② 企业间的合作。外联网为企业提供了一个更加有效的对外进行信息交换的渠道，与传统的商业信息交换相比，它能够大幅降低成本，减少企业间合作的复杂性。

③ 客户服务。利用外联网，可以安全、有效地对客户进行管理，及时为客户提供相关信息，并获取客户信息，以为其提供进一步的服务。使用外联网可以更加容易地为客户提供多种形式的服务和支持。

④ 项目管理。利用外联网，管理人员可以快速地生成和发布最新的项目管理信息，不同地区的项目组成员可以通过外联网进行交流与文档共享，甚至可以在外联网上建

立虚拟实验室，以进行跨地区的合作。

⑤ 在线培训。网络的虚拟性使得用户非常容易加入在线商业活动。此外，外联网灵活的在线帮助和在线用户支持机制也使得用户可以很容易获得其所需要的帮助。

⑥ 市场营销。利用外联网，销售人员可以方便地了解最新的客户和市场信息。这些信息由企业来更新和维护，销售人员可以按照自己的权限访问和下载。

（3）因特网

因特网是世界上最大的互联网，它使用 TCP/IP 协议及其他 IP 兼容协议来支持计算机与计算机之间的通信。

因特网的发展可以分为研究实验、实用发展和商业化三个阶段。

① 1968—1984 年为研究实验阶段，此时的因特网以 ARPAnet 为主干网。20 世纪 60 年代初期，美国国防部担心核攻击会给其计算机设施带来严重破坏，而当时功能强大的计算机都是大型机，所以开始想办法把这些计算机互相连接起来，并将它们和遍布全球的武器装置连到一起，目的是创造出一种全球性的网络，即使网络的一部分被敌方摧毁，整个网络还可以正常运行。1969 年，分别位于 4 所大学的 4 台计算机实现了连接。

② 1984—1991 年为实用发展阶段，此时的因特网以美国国家科学基金网（NSFnet）为主干网。20 世纪 80 年代，越来越多的企业构建了自己的网络。这些网络安装有电子邮件软件，使员工可以收发信件，但企业还希望能够与企业网络之外的人员或机构进行交流。美国国防部的网络和其他大部分相关的学术网络受美国国家科学基金会（National Science Foundation，NSF）的资助，而该基金会禁止商业网络进入自己的网络。直至 1989 年，美国国家科学基金会允许两家商业性的电子邮件服务商 MCI Mail 和 CompuServe 与 NSFnet 建立有限的连接，并只允许和互联网交换电子邮件。

③ 自 1991 年起为商业化阶段。20 世纪 90 年代起，人们开始把因特网看成是全球性的共享资源。1991 年，美国国家科学基金会进一步放宽了对因特网商业活动的限制，开始对因特网实施私有化。1995 年，因特网私有化基本完成，美国国家科学基金会将其对因特网的运营权交给了一批私营公司。因特网的新结构包括 4 个网络访问点（network access point，NAP），分别位于美国的旧金山、纽约、芝加哥和华盛顿。自此，商业活动在因特网上如火如荼地开展起来。

因特网引入我国的时间不长，但发展很快，其发展可以分为研究试验、起步、快速增长和多元化实用 4 个阶段。

① 1986—1993 年为研究试验阶段，1987 年 9 月中国学术网（Chinese Academic Network，CANET）在北京市计算机应用技术研究所内正式建成中国第一个因特网电子邮件节点，并于 9 月 20 日发出了中国第一封电子邮件："Across the Great Wall we can reach every corner in the world"（越过长城，走向世界），揭开了中国人使用因特网的序幕。

② 1994—1996 年为起步阶段，主要为教育科研应用。1994 年 1 月，美国国家科学基金会同意了中国国家计算机与网络设施（The National Computing and Networking

拓展阅读 1.2
因特网的起源

Facility of China，NCFC）正式接入因特网的要求。同年 4 月 20 日，NCFC 通过美国 Sprint 公司连入因特网的 64 Kbps 国际专线开通，实现了与因特网的全功能连接，从此我国正式成为拥有全功能因特网的国家。

③ 1997—2004 年为快速增长阶段。在这一阶段逐步建成了我国四大公用数据通信网——中国公用分组交换数据网（China Public Packet Switched Data Network，China-PAC）、中国公用数字数据网（China Digital Data Network，ChinaDDN）、中国公用帧中继网（China Frame Relay Network，ChinaFRN）和中国公用计算机互联网（ChinaNet），为我国因特网的发展创造了条件。

④ 从 2005 年至今为多元化实用阶段，其特点主要体现在上网方式的多元化、上网途径的多元化、实际应用的多元化、上网用户所属行业的多元化等方面，尤其是现阶段电子商务、4G/5G 网络、物联网等的快速发展，使得我国的因特网连接更加深入，从线上到线下，从连接信息、人、商品，到连接衣食住行等。总而言之，就是从互联网到物联网，万物互联。

1.2.3 不同传播方式下的网络

按照传播方式，可以将计算机网络分为广播式网络和点对点网络。

1. 广播式网络

广播式网络是指网络中所有的计算机共享一条通信链路，即多台计算机连接到一条通信链路的不同节点上，如图 1.2.3 所示。在广播式网络中，任何一台计算机发出的消息都能够被其他连接在这条通信链路上的计算机收到，但只有目的地址是本站地址的信息才能被接收；任何时刻只允许一个节点使用通信链路。图 1.2.3 中当计算机 A 向计算机 D 发送数据 M 时，数据 M 在通信链路上流动，此时计算机 B、计算机 C 和计算机 D 都能够接收到该数据，但是数据 M 中标明了该数据的接收方，即计算机 D，因此只有计算机 D 才会接收该数据。这就像一个人站在会议室里大声喊"小明，到这里来，我有事找你！"。虽然实际上接收（听）到该数据的人很多，但只有小明会给出响应，其他人都会忽视它。

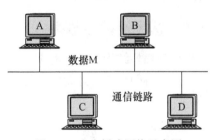

图 1.2.3 广播式网络示意图

2. 点对点网络

点对点网络是由许多互相连接的节点构成的，在每对设备之间都有一条专用的通信链路。一台计算机发送数据后，发送的数据会根据其目的计算机的地址，经过一系列中间节点的转发，到达目的计算机，而其他计算机则接收不到该数据，这种传输技术称为点对点传输技术，采用这种技术的网络称为点对点网络。在图 1.2.4 中，当计算机 A 向计算机 D 发送数据 M 时，数据 M 会通过中间节点交换机之间的转发，直接传输到计算机 D，计算机 B 和 C 都不会收到该数据。

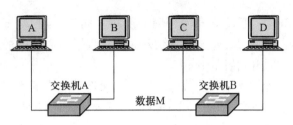

图 1.2.4　点对点网络示意图

1.3　计算机网络拓扑结构

　　计算机网络的拓扑结构影响着整个网络的设计、功能、可靠性和通信费用等，是决定网络性能的关键因素之一。常见的计算机网络拓扑结构有总线型、星状、环状、树状、网状、蜂窝状和混合型。

　　拓扑学是几何学的一个重要分支，是从图论演变而来的。拓扑学首先把实体抽象成与其大小、形状无关的点，将连接实体的线路抽象成线，进而研究点、线、面之间的关系，即拓扑结构。将拓扑学延伸到计算机网络，就是抛开计算机网络中的具体设备，把服务器、工作站、通信设备等网络单元抽象为"点"，把计算机网络中的电缆、双绞线等传输介质抽象为"线"，而这些"点"与"线"所构成的几何图形就称为计算机网络拓扑结构，它代表了计算机网络中通信线路和节点相互连接的几何排列方法和模式，也就是逻辑结构。

1.3.1　总线型拓扑结构

　　总线型拓扑结构是指所有节点都连接到一条作为公共传输介质的总线上，共享一条总线，所有的节点都通过硬件接口连接在这条总线上。图 1.3.1 显示了总线型拓扑结构。

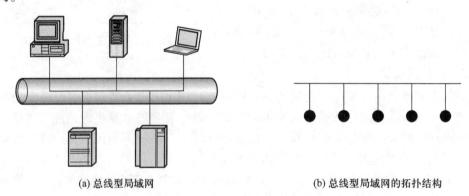

(a) 总线型局域网　　　　　　　　　　(b) 总线型局域网的拓扑结构

图 1.3.1　总线型拓扑结构

从图 1.3.1 中可以看出，在总线型拓扑结构网络中，数据传输以"共享介质"的方式进行。总线型拓扑结构具有如下优点。

① 不需要其他的互联设备，组网费用低。

② 在扩展网络时，由于其结构简单，只要添加一个网络接口即可，用户接入灵活，网络扩展容易。

③ 一个节点失效不影响其他节点正常工作，增加或删除节点也不会影响全网运行。

当然，总线型拓扑结构也有缺点，具体如下。

① 所有节点都共享同一条总线，节点的增多必然会引起网络性能的下降，而且总线一旦出现故障，将导致整个网络中断。

② 总线的传输距离有限，通信范围受到一定的限制。

③ 易于发生数据碰撞，通信线路争用现象比较严重。这种拓扑结构所采用的分布式协议不具有实时功能，不能保证数据及时传送，而且节点必须有介质访问控制功能，从而增加了节点的硬件和软件开销。

总线型拓扑结构网络中的数据传输是广播式传输，数据会经过计算机网络上所有的节点，各节点在接收数据时都会查看其目的地址，只有该地址与数据中的目的地址相匹配才能接收到数据。这种拓扑结构采用分布式访问控制策略来协调网络中数据的发送。

总线型拓扑结构对网段中的节点数有一定的限制，如果对网段中节点的需求量大于这一限制，则通常采用增加中继器的方法对网段进行扩展。

总线型拓扑结构适用于节点数目较少的局域网，通常这种局域网的数据传输速率为 100 Mbps，主要用于家庭、宿舍等网络规模较小的场所。

最典型的总线型拓扑结构网络是以太网（Ethernet）。以太网是由 Xerox 公司创建并由 Xerox、Intel 和 DEC 公司联合开发的基带局域网规范，是现有局域网所采用的通用通信标准。以太网使用带冲突检测的载波监听多路访问（CSMA/CD）技术，运行在多种类型的线缆上，包括标准以太网（10 Mbps）、快速以太网（100 Mbps）和 10 吉比特以太网（10 Gbps）等。第 5 章中将详细介绍以太网。

拓展阅读 1.3
以太网命名的由来

1.3.2 星状拓扑结构

星状拓扑结构网络中存在一个中央节点，每个节点都通过点对点的链路与中央节点连接。星状拓扑结构就是以中央节点为中心，把若干外围节点连接起来的辐射式互联结构。由于中央节点采用集中式通信控制策略，因此它相当复杂，负担比其他节点重得多。在星状拓扑结构网络中任何两个节点要进行通信都必须经过中央节点，如图 1.3.2 所示。

星状拓扑结构采用集中式通信控制策略，所有的通信均由中央节点控制，中央节点必须建立和维护许多并行的数据通路。通常使用交换机作为中央节点设备，N 个节点完全互联需要 $N-1$ 条通信线路。需要强调的是，星状局域网虽然在物理上呈星状拓扑结构，但在逻辑上仍然是总线型拓扑结构，可以将中央节点看成是总线。中央节点

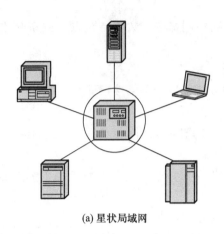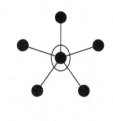

(a) 星状局域网   (b) 星状局域网的拓扑结构

图 1.3.2 星状拓扑结构

主要具有以下功能。

① 在要求通信的设备发出通信请求后，控制器要检查中央节点是否有空闲的通路、被叫设备是否空闲，从而决定是否为双方建立物理连接。

② 在两台设备通信过程中维持这一通路。

③ 当通信结束或者通信不成功要求释放连接时，中央节点应该能释放上述通道。

星状拓扑结构具有以下优点。

① 结构简单，单点故障只影响一台设备，不影响全网。

② 与总线型拓扑结构一样，易于增加或删除节点，易于维护管理，也易于隔离和检测故障。中央节点可以逐一隔离通信线路进行故障检测和定位。

③ 控制简单，任何一个节点都只和中央节点相连接，因而它所采用的访问控制方法简单，介质访问控制协议也十分简单，易于网络监控和管理。

④ 方便服务。中央节点可以方便地为各个节点提供服务，以及对网络重新进行配置。

星状拓扑结构具有以下缺点。

① 使用的线缆较多，成本高，安装和维护的工作量大。

② 网络性能过于依赖中央节点，导致中央节点负担重，容易形成"瓶颈"，一旦发生故障，全网都会受到影响。

③ 各节点的分布处理能力较弱。

目前星状拓扑结构在局域网中使用得较为广泛，它已基本代替了早期的总线型拓扑结构。学校、办公楼一般都采用这种网络拓扑结构组建自己的计算机网络。采用星状结构的局域网一般以双绞线和光纤作为传输介质。

尽管星状拓扑结构网络的实施费用高于总线型拓扑结构网络，但星状拓扑结构的优势却使其物超所值。每台设备都通过各自的线缆连接到中心设备，因此在某条线缆出现问题时只会影响局部网络，网络中的其他设备依然可以正常运行。这个优点极其重要，这也正是所有新设计的以太网都采用星状拓扑结构的原因所在。

总的来说，星状拓扑结构相对简单，便于管理，建网容易，是目前局域网普遍采用的一种拓扑结构。采用星状拓扑结构的局域网，符合综合布线标准，能够满足多种宽带需求。

1.3.3 环状拓扑结构

环状拓扑结构网络将所有节点通过点对点通信线路连接成闭合环路，数据将沿着一个方向逐节点传送，各个节点的地位和作用相同，而且每个节点都能获得执行控制权，如果下一个节点是某个数据的接收者，那么它将接收这个数据，否则就把这个数据转发出去。

环状拓扑结构也以"共享介质"的方式进行数据传输，其显著特点是每个节点都与两个相邻节点相连。节点之间采用点对点的链路；网络中的所有节点构成一个闭合的环路，环路中的数据沿着一个方向绕环逐节点传输，如图 1.3.3 所示。

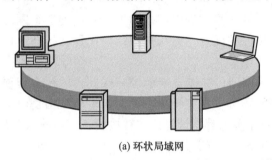
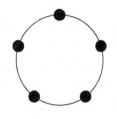

(a) 环状局域网   (b) 环状局域网的拓扑结构

图 1.3.3 环状拓扑结构

环状拓扑结构具有如下优点。

① 简化了路径选择控制，不易发生地址冲突。

② 各个节点负载均衡。

③ 线缆长度短，只需要将各个节点逐次相连。

④ 可以使用光纤。光纤的数据传输速率很高，十分适合环状拓扑结构网络的单方向传输。

环状拓扑结构具有如下缺点。

① 节点过多时会加大传输时延，影响传输效率。

② 如果环路在某处断开则会导致整个系统失效，如图 1.3.4 所示。

③ 节点的加入和撤出过程比其他拓扑结构复杂。

环状拓扑结构主要用于跨越较大地理范围的网络，它适合于网间网等超大规模网络。

最典型的环状拓扑结构网络是令牌环网（token ring）。令牌环网是 IBM 公司于 20 世纪 70 年代推出的，进入 21 世纪这种网络就比较少见了。令牌环网在物理上采用了星状拓扑结构，但在逻辑上仍是环状拓扑结构。其传输介质可以是无屏蔽双绞线、屏蔽双绞线和光纤等。在环状拓扑结构网络中，各个节点通过多站访问部件（multistation access unit，MAU）连接在一起。

拓展阅读 1.4
令牌环网

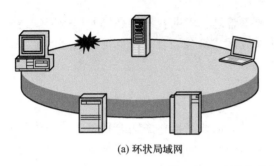
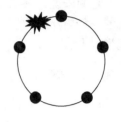

(a) 环状局域网   (b) 环状局域网的拓扑结构

图 1.3.4   环状拓扑结构的主要问题

1.3.4   树状拓扑结构

树状拓扑结构是星状拓扑结构的扩展，又称为多级星状拓扑网络。它是分级的集中式控制网络，采用分层的结构，具有一个根节点和多层分支节点，节点按层次连接。根节点接收各层分支节点发送的数据，然后将这些数据以广播的方式发送到整个网络中。树状拓扑结构与星状拓扑结构有许多相似的优点，树状拓扑结构比星状拓扑结构的扩展性更高。

树状拓扑结构是指网络中的节点呈树状排列，整体看来就像一棵倒置的树，其顶端是树根，树根之下有分支，每个分支之下还可以再有子分支。树状拓扑结构是由多个层次的星状结构纵向连接而成的，它的每个节点都是计算机或转接设备，如图 1.3.5 所示。一般来说，越靠近树的根部，节点设备的性能就越好。

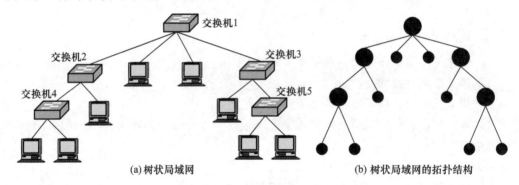

(a) 树状局域网   (b) 树状局域网的拓扑结构

图 1.3.5   树状拓扑结构

从图 1.3.5 中，可以看出树状拓扑结构具有如下优点。

① 树状拓扑结构通过多级处理设备（如图 1.3.5 中的交换机 1~交换机 5）将原来由单条线路直接连接的节点分级连接，传输灵活，成本低，扩充节点也方便，一旦某一分支的节点或线路发生故障，可以很容易将故障分支与整个网络隔离开来。

② 树状拓扑结构可以保证两节点之间的无回路传输，同时也便于计算机网络的扩充。此外，该结构中节点通路支持双向传输，传输灵活，成本较低。

③ 树状拓扑结构可以用于分主次或层次分明的网络。

虽然树状拓扑结构的优点比较突出，但它也存在以下缺点。

① 没有改变星状拓扑结构对中央节点过分依赖的缺点，树状拓扑结构对根（如图1.3.5中的交换机1）的依赖性很大，如果根节点发生故障，则整个网络都不能正常工作。

② 树状拓扑结构较为复杂，除了底层节点外，任一节点或链路发生故障均会影响其所在的支路网络的正常工作。

总之，树状拓扑结构网络的总长度短，成本较低，节点易于扩充。但是树状拓扑结构网络复杂，与节点相连的链路发生故障，对整个网络的影响较大。

1.3.5 网状拓扑结构

网状拓扑结构网络又称为分布式网络，它由分布在不同地点的计算机系统互相连接而成，其中各个节点之间的连接都是任意的、无规律的，任意两个节点之间的链路都可能有多条。网络中每个节点都可以与另一个节点直接连接，也可以通过其他节点建立连接。网状拓扑结构是由多个子网组成的，在每个子网中使用交换机等将多台主机连接起来，而子网与子网之间则使用路由器及网关连接。

网状拓扑结构包括半网状拓扑结构和全网状拓扑结构，如图1.3.6所示。

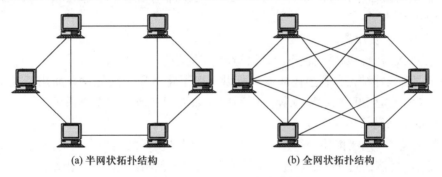

(a) 半网状拓扑结构　　(b) 全网状拓扑结构

图1.3.6 不同的网状拓扑结构

在网状拓扑结构中，各个节点之间的连接都是任意的、无规律的。节点之间可以有多条链路相连，如果网络中的节点数为 N，则有下式：

$$H=\frac{N(N-1)}{2}$$

对于一个网状拓扑结构而言，如果其链路数小于 H，则称其为半网状拓扑结构，如图1.3.6（a）所示；如果其链路数等于 H，则称其为全网状拓扑结构，如图1.3.6（b）所示。

全网状拓扑结构网络的建设代价很高，但却能产生数量极多的迂回路径，因此这样即使网络中某个节点发生了故障，通信数据仍然能够被传送到其他任何节点。全网状拓扑结构网络通常用作主干网络。

在半网状拓扑结构网络中，有些节点是以全网状拓扑结构连接起来的，但其余节点则只与该网络中的个别节点相连。与全网状拓扑结构主干网络相连的周边网络通常会采用半网状拓扑结构，这种拓扑结构与全网状拓扑结构相比，建设起来不会花费太大的代价，但相应地，产生的迂回线路也较少。

网状拓扑结构具有如下优点。

① 网状拓扑结构的冗余链路设计使得网络的可靠性大大提高。由于两个节点间存在着两条或两条以上的通信链路，这样当一条链路发生故障时，还可以通过另一条链路把信息送至目的节点。可见，某条线路或某一个节点有故障，不会影响整个网络的工作。

② 节点资源易于共享，而且具有均衡的负载，使得数据传输可以选择最佳路径，传输时延小。

③ 可以组建成各种形状的拓扑结构，而且可以使用多种通信链路，以多种数据传输速率传输数据。

④ 可以改善网络中各条线路的数据流量分配状况。

网状拓扑结构也存在以下缺点。

① 节点间的任意连接使得网状拓扑结构复杂，这也导致了对网络的控制和管理成本高，布线工程量大。

② 需要路由选择和流向控制功能，但网络控制软件复杂，相应的硬件成本高，不易于管理和维护。

③ 线路建设费用高，成本高。

④ 在以太网中，如果设置不当，会造成广播风暴。

由于网状拓扑结构存在上述缺点，所以一般不将其用于局域网，而用于通信业务量大或者对安全性和可靠性要求较高的系统，如大型广域网和军事系统等，因特网主干网采用的就是网状拓扑结构。

总的来说，在网状拓扑结构中，网络之间或网络设备之间均有点对点的链路连接，这种连接并不经济，而且网络安装工作量很大，这使得网络建设较为困难，所以只有那些每个节点都需要频繁发送信息且对可靠性和容错能力要求高的网络才使用这种拓扑结构。

1.3.6　蜂窝状拓扑结构

蜂窝状拓扑结构是无线局域网一般采用的结构，它以通过无线传输介质（如微波、卫星、红外等）进行点对点和多点传输为特征，适用于城域网、校园网、内联网，如图 1.3.7 所示。在无线局域网中，其蜂窝的大小与基站、无线接入点（access point，AP）的发射功率有关，并采用频率多路复用技术进行扩容。

蜂窝状拓扑结构网络被广泛采用是基于一个数学结论，即用半径相同的圆形覆盖平面，当圆心处于正六边形网格的正六边形中心，也就是处于正三角形网格的格点时所用的圆形数量最少。这样形成的网络重叠在一起，形状非常像蜂窝，因此被称为蜂窝网络。

蜂窝网络主要由以下三个部分组成：移动站、基站子系统和网络子系统。移动站就是网络终端设备，如手机或蜂窝工控设备（如工业智能终端、条码扫描枪等）。基站

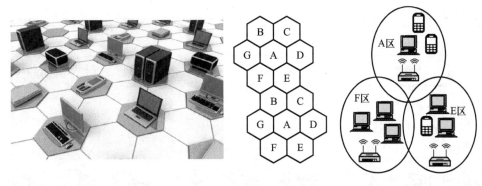

图 1.3.7 蜂窝状拓扑结构

子系统包括移动基站、无线收发设备、专用网络（一般是光纤）、无线数字设备等，可以看作是无线网络与有线网络之间的转换器。网络子系统主要由移动交换中心、访问用户数据库、归属用户数据库等组成，用于解决本地汇接网如何构成、本地汇接网如何接入外部汇接网、不同厂商之间的网络如何通过关口局实现互通等问题。

蜂窝网络在提高无线网络的覆盖率方面起着关键作用。蜂窝网络允许节点或无线接入点直接与其他节点通信，而不需要路由到中心交换点，从而能够提供自我恢复和自我组织功能，避免了集中式的弊端。

蜂窝网络采用 IEEE 802.11a/b/g 标准，但是它们可以扩展到任何射频技术，如超宽带（ultra wide band）或 ZigBee。因为蜂窝网络可以被智能地保留在每一个无线接入点中，所以不需要集中式交换机，只要有智能无线接入点和网络处理器，以及具有交换功能的系统软件即可。

蜂窝网络的优点是建设时间短且易于扩展；其缺点是信号很容易受到外部环境或人为的干扰。例如，当气象条件不好特别是有雾霾时，网络信号比较差。此外，蜂窝网络的数据传输速率不高，但其建设成本却比较高。

1.3.7 混合型拓扑结构

混合型拓扑结构是指将前面介绍的两种或两种以上结构的网络结合在一起，这样所形成的拓扑结构更能满足网络拓展的需求。这种拓扑结构一般用在广域网中。

星状拓扑结构和总线型拓扑结构的结合如图 1.3.8 所示，这种网络拓扑结构兼顾了星状拓扑结构与总线型拓扑结构的优点，但它的顶层节点负荷较重。

树状拓扑结构与网状拓扑结构的结合如图 1.3.9 所示，这种拓扑结构兼顾了树状拓扑结构和网状拓扑结构的优点，在这种拓扑结构中，某个局部出现故障，不会影响整个网络的正常运行，具有很高的可靠性；而且由于各个节点间均可以直接建立通信链路，信息流程短，传输时延小。

但是，混合型拓扑结构对网络管理软件的要求高，路径选择和流向控制复杂，局域网中一般不采用这种拓扑结构。

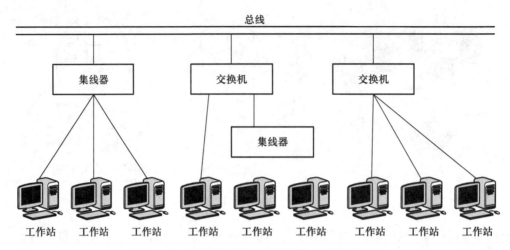

图 1.3.8　星状拓扑结构与总线型拓扑结构的结合

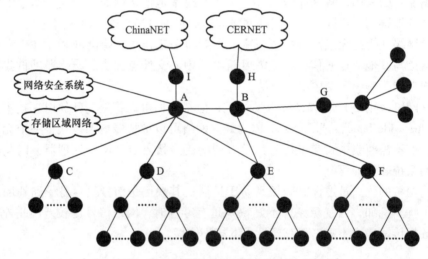

图 1.3.9　树状拓扑结构与网状拓扑结构的结合

知识点小结 🔍

●计算机网络是指由地理位置不同的具有独立功能的多台计算机及其外部设备，通过通信设备和线路连接而成的，能够在网络操作系统、网络管理软件和网络通信协议的管理下，实现资源共享和信息传递的计算机互联系统。

●个人区域网是以个人为中心来使用的；局域网是一种同时为多个用户服务的固定网络，它既可以采用无线方式互联，也可以采用有线方式互联；互联网则是指将多个网络连接在一起，因特网是目前世界上最大的互联网。

●以小写字母 i 开始的 internet 表示一种网络类型——互联网，而以大写字母 I 开始的 Internet 则是指因特网，是互联网的一个实例。

●计算机网络的拓扑结构影响着整个网络的设计、功能、可靠性和通信费用等，是决定网络性能的关键因素之一。在局域网中，常见的网络拓扑结构有总线型、星状、环状及树状拓扑结构，而在广域网、互联网中常见的网络拓扑结构有网状和混合型拓扑结构，无线局域网一般采用蜂窝状拓扑结构。

思考题 🔍

1. 以一个因特网应用为例，说明你对计算机网络定义和功能的理解。

2. 在一个由 N 个节点构成的星状拓扑结构网络中，共有多少个直接连接？在一个由 N 个节点构成的环状拓扑结构网络中呢？在一个由 N 个节点构成的网状拓扑结构网络中呢？请画出它们各自的拓扑结构，并进行说明。

本章自测题

3. 分别举出一个局域网、城域网和广域网的例子，并说明它们的区别。

4. 因特网由不同规模、不同拓扑结构的网络构成，请在因特网上查阅有关因特网拓扑结构的信息，并根据这些信息总结因特网拓扑结构。

5. 请访问中国互联网络信息中心（CNNIC）网站，通过阅读中国互联网络信息中心发布的《中国互联网络发展状况统计报告》，分析并对比近 5 年中国互联网的发展热点。

6. 计算机网络可以为社会、企业、家庭、个人提供哪些服务？

第 2 章

网络体系结构

● **内容导读**

为了降低计算机网络设计的复杂性，世界上有关的标准化组织和协会将计算机网络抽象成层次结构体系，并研究和制定了一系列标准。为了避免初学者一开始因为接触过多的抽象概念而陷入琐碎的细节，本章只介绍网络体系结构的组成、OSI 参考模型和 TCP/IP 模型的层次结构及其对应的功能，而具体协议的算法、应用规则和约定则在后续章节中陆续介绍。本章的主要内容如下：

- 网络与因特网协议标准化组织及管理机构。
- 网络体系结构的层次模型，以及层次、协议和接口。
- OSI 参考模型的层次与功能。
- TCP/IP 模型的层次与数据传输。
- TCP/IP 模型与 OSI 参考模型的比较。

2.1　网络与因特网协议标准化组织及管理机构

在确保数据通信和计算机网络有统一的标准方面，世界上各类标准化组织在这方面做了大量卓有成效的工作，研究和制定了一系列有关数据通信和计算机网络的国际标准。例如，国际标准化组织（ISO）制定的开放系统互联（OSI）参考模型，国际电信联盟电信标准化部门（ITU-T）制定的 X 系列、V 系列和 I 系列等建议书，电气电子工程师学会（IEEE）制定的 IEEE 802.3 局域网标准以及美国电子工业协会（EIA）制定的 RS 系列标准都是著名的国际标准。这些标准的制定对数据通信和计算机网络的应用及发展起到了积极的推动作用。

1. 国际电信联盟

国际电信联盟（International Telecommunication Union，ITU）是联合国负责国际电信事务的专门机构，是世界上历史最悠久的国际组织之一。其前身为根据 1865 年签订的《国际电报公约》而成立的国际电报电话咨询委员会（International Telephone and Telegraph Consultative Committee，CCITT）。1947 年，国际电信联盟成为联合国的一个专门机构，总部设在日内瓦。ITU 的成员包括各国政府的代表，以及美国电话电报公司（AT&T）、通用电话电子公司（GTE）这样的大型通信企业，通过协商或表决来确定统一的通信标准。

国际电信联盟在全球范围内开展多项重要工作，包括管理无线电频谱、开发电信技术的全球标准，以及设定当前和将来通信网络的模式。国际电信联盟还举办各种活动，协助新兴市场发展信息通信技术；此外，还进行研究和分析，为业界提供政策建议。ITU 目前有三个部门，分别是电信标准化部（Telecommunication Standardization Sector，TSS，即 ITU-T）、无线电通信部（Radiocommunication Sector，RS，即 ITU-R）和电信发展部（Telecommunication Development Sector，TDS，即 ITU-D）。ITU-T 的主要职责是研究电信技术、业务和资费问题，制定全球性的电信标准。ITU-R 主要研究无线电通信技术和业务，制定全球性无线电通信标准。ITU-D 的职责是鼓励发展中国家参与国际电信联盟的研究工作，鼓励国际合作，向发展中国家提供技术援助，在发展中国家建设和完善通信网络。

拓展资源 2.1
ITU 无线电通信部

2. 国际标准化组织

国际标准化组织（International Standards Organization，ISO）是一个全球性的非政府组织，其前身是国家标准化协会国际联合会和联合国标准协调委员会，由各个成员国的国家标准化组织组成。其主要任务是制定国际标准，协调世界范围内的标准化工作，与其他国际性组织合作研究有关标准化问题。

国际标准化组织与国际电信联盟和国际电工委员会（International Electrotechnical Committee，IEC）有着密切的联系，制定网络通信标准是其工作的一部分。事实上，国际标准化组织总是希望打破大企业对某个行业标准的垄断，其制定的标准并没有行政方面的约束，因此得到了中小型企业的支持。在网络通信领域，大型企业由于其所占的市场规模大而单独制定标准，并不采用国际标准化组织制定的标准。但是，大型企业之间需要用共同的技术标准来维持市场，但是它们在制定共同技术标准时往往会发生冲突，这时就需要由国际标准化组织来商定最终的标准。因此，国际标准化组织与大型企业之间是冲突和妥协的关系。

国际标准化组织在网络通信领域制定的标准中最为人们熟知的就是针对结构化布线的标准 ISO/IEC 11801 以及 OSI 参考模型。

3. 电气电子工程师学会

电气电子工程师学会（Institute of Electrical and Electronics Engineers，IEEE）来源于美国电气工程师学会（American Institute of Electrical Engineers，AIEE）和无线电工程师学会（Institute of Radio Engineers，IRE），是一个国际性电子技术与信息科学工程师学会，致力于电气电子、计算机工程以及与科学有关的领域的开发和研究工作，是目前全球最大的非营利性专业技术学会，其会员人数超过 40 万人，遍布 160 多个国家。

IEEE 专门设有 IEEE 标准协会（IEEE Standards Association），负责标准化工作，是世界领先的标准制定机构，其标准制定内容涵盖信息技术、通信、电力和能源等多个领域。IEEE 标准协会在太空、计算机、电信、生物医学、电力及消费电子产品等领域，已经制定了 900 多个现行工业标准。IEEE 标准协会在局域网方面的影响力是最大的，它提供了网络硬件方面的标准，使不同网络硬件厂商生产的硬件产品能够互相联通。例如，众所周知的 IEEE 802 系列有线与无线的网络通信标准，以及 IEEE 1394 标准，已经成为局域网数据链路层协议、物理层接口电气性能及物理尺寸方面的权威标准。

目前，IEEE 标准协会已经和多个国际标准组织建立了战略合作关系，其中包括国际电工委员会（IEC）、国际标准化组织（ISO）以及国际电信联盟（ITU）等，日益成为新兴技术领域标准的主要来源。

拓展阅读 2.2
ISO/IEC 11801
标准

4. 美国国家标准学会

美国国家标准学会（American National Standards Institute，ANSI）是美国一个非营利性民间标准化团体，它是由公司、政府和其他组织组成的自愿组织。其实际上已成为美国标准化中心，美国各界的标准化活动都围绕着它进行。ANSI 使政府有关系统和民间标准化系统相互配合，在两者之间搭建了桥梁。

美国国家标准学会的职责包括：促进美国相关政策的发展，协调并指导美国的标准化活动，为标准制定、研究和使用的单位提供帮助，提供国内外标准化情报；此外，还起着美国标准化行政管理机关的作用。美国国家标准学会一般情况下并不制定标准，只是批准由其认可的标准制定组织按照美国国家标准制定程序制定的标准作为美国国家标准。简单地说，美国国家标准学会由标准起草组织组成，起着协调标准起草和制定、减少重复性工作、提高标准的权威性的作用。

美国国家标准学会是国际标准化组织和国际电工委员会的 5 个常任理事成员之一、4 个理事局成员之一，同时也是泛美技术标准委员会（COPANT）和太平洋地区标准会议（PASC）的成员，代表美国参加国际或区域性组织政策的制定。美国国家标准学会推动了通信和网络方面的国际标准和美国标准的发展，包括网际互联、综合业务数字网（ISDN）、信令以及体系结构与同步光纤网络（SONET）。美国国家标准学会定义了适用于局域网光纤通信的光纤分布式数据接口（FDDI）标准、非对称数字用户线（ADSL）标准、同步光纤网络（SONET）标准、美国信息交换标准代码（ASCII）等。

5. 美国通信工业协会和美国电子工业协会

制定网络通信介质方面标准的组织主要是美国通信工业协会（Telecommunications Industry Association，TIA）和美国电子工业协会（Electronic Industries Association，

EIA）。它们通常联合制定和发布标准，目前已经制定了包括天线、蜂窝电话、民用波段无线电、数据交换和传输设备、传真设备、光纤、陆地移动通信技术、陆地移动通信设备、点对点微波通信系统、调制解调器、个人通信业务、电话和终端设备 12 个大类的数百个标准。例如，EIA/TIA-568 标准定义了商用建筑物电气布线标准，该标准是由这两个协会联合发布的，事实上也是我国及其他许多国家承认的标准。美国电子工业协会在网络通信方面主要定义了调制解调器和计算机之间的串行端口，最有名的标准就是 RS-232C，该标准也是我国主要采用的串行端口标准。

美国电子工业协会的前身是无线电制造商协会，它开始代表不到 200 万美元产值的无线电制造业，后来发展为代表美国 2 000 亿美元产值的电子工业制造业。美国电子工业协会颁布了许多与电信和网络通信有关的标准，它代表了设计和生产电子元件、通信设备等的制造商以及工业界、政府和用户的广泛利益，在提高美国制造商的竞争力方面起到了重要的作用。美国电子工业协会下设工程部、政府关系部和公共事务部三个部门委员会和若干个电子产品部、组及分部。各个部门委员会为美国电子工业协会成员提供市场统计及其他数据、技术标准、法律法规信息、政府关系、公共事务等方面的技术支持。技术标准的制定工作由工程部承担，工程部下设专业委员会。电子产品部、组、分部则是以特定的电子生产和市场为依据划分的，包括元件部、消费电子部、电子信息部、工业电子部、电信部及行政部，这些部、组、分部是美国电子工业协会工作的主要行动中心。

美国通信工业协会是一个代表美国电信产业利益的纯服务性贸易组织，其前身是美国电信供应商协会和美国电子工业协会下属的信息与电信部门。该协会代表了美国通信产业设备制造商的广泛利益，其主要工作是制定和发布非强制性电信行业标准，组织各种活动，为会员企业提供讨论问题和交流信息的论坛及贸易机会，对美国政府制定电信政策施加影响。美国通信工业协会下设 6 个常务委员会：国际委员会、市场与展览委员会、会员与发展委员会、公共政策与政府关系委员会、小企业委员会和技术委员会。电信技术规范与标准的制定和修订工作则由用户终端设备、通信网络设备、移动通信设备与个人通信设备，以及光纤与光纤通信设备 4 个工作组负责。

6. 因特网结构委员会

因特网结构委员会（Internet Architecture Board，IAB）又称为因特网架构委员会，是由探讨因特网结构问题的研究人员组成的委员会。因特网负责定义整个因特网的架构和长期发展规划，包括负责对因特网协议体系结构进行监管，把握因特网技术的长期演进方向；负责起草因特网标准的制定规则，指导因特网标准文档 RFC 的编辑和出版；负责因特网编号管理，以及与其他国际标准化组织的协调工作；任命各种与因特网相关的组织。因特网结构委员会由十几个任务组组成，其中包括负责监督 TCP/IP 技术发展方向的因特网工程任务组（Internet Engineering Task Force，IETF），负责研究因特网协议、应用、结构和技术的因特网研究任务组（Internet Research Task Force，IRTF）和负责管理因特网资源（域名、地址和协议参数）的因特网编号分配机构（Internet Assigned Numbers Authority，IANA）。

因特网工程任务组成立于 1985 年，是全球最具权威的因特网技术标准化组织，其主要任务是研发和制定因特网相关技术规范，当前绝大多数因特网技术标准都出自因特网工程任务组。因特网工程任务组的工作实际上大部分是在其工作组中完成的，这些工作组针对不同的领域，如路由、传输和网络安全等。因特网工程任务组工作组发布两种文件，一种称为因特网草案（Internet draft），另一种称为请求评论文档（request for comments，RFC）。其中，RFC 更为正式，被批准发布后，其内容不会再改变。

拓展阅读 2.3
RFC 概述

除了正式的标准化组织外，还有很多民间组织或大型企业也出台了一些规范和标准。例如，ATM 论坛负责制定相关规范以提高不同厂商生产的 ATM 设备间的兼容性，以及制定 ATM 局域网（ATM-LAN）标准。随着技术交叉性、融合性的增加，许多的组织和机构都联合起来一起制定标准。

2.2 网络体系结构

如果从 20 世纪 60 年代初伦纳德·克兰罗克（Leonard Kleinrock）首次发表论及分组交换理论的论文算起，计算机网络已经走过了半个多世纪的研究、建设和发展历程，特别是因特网的应用成功，主要就是得益于网络体系结构的支持：灵活的分组交换技术、简单的分层模型和开放的协议等。这些特点较好地满足了因特网发展初期基于离散型文本数据传送的各种简单应用的需求，因而有效地支持和促进了电子邮件（E-mail）、远程登录（telnet）、文件传送协议（FTP）等传统因特网应用的发展和普及。

微视频 2.1
网络体系结构的
形成

2.2.1 网络体系结构的形成与产生

计算机网络是一个非常复杂的系统，为了更好地认识网络体系结构，下面先设想一个最简单的应用：网络中的两台计算机利用腾讯即时通信软件 QQ 相互传送文件，如图 2.2.1 所示。

显然，要相互传送文件，两台计算机之间首先要有一条传送数据的通路，除此之外，还要做很多工作。

① 发送文件的计算机（即发送端）要将数据通路"激活"。也就是说，要发出信息控制命令，以保证要传送的数据能在这条通路上被正确地发送和接收。

② 要告诉网络如何识别接收数据的计算机，保证只有目的计算机（即接收端）才能接收到数据。

③ 发送端必须查明接收端是否已开机，而且是否与网络连接正常。

④ 发送端的 QQ 应用程序必须明确，接收端的 QQ 应用程序是否已做

图 2.2.1　两台计算机相互传送文件

好接收和存储文件的准备工作。

⑤ 针对可能出现的各种差错和意外事故，如数据传送错误、数据丢失、网络掉线、网络中的某个节点交换机出现故障等，应当有可靠的措施保障接收端最终能够接收到正确的文件。

由此可见，网络中的两台计算机只有高度协调工作才能相互通信，而这种“协调”是相当复杂的，因为计算机网络要解决各种复杂的技术问题。例如：

① 支持多种传输介质。

② 支持多厂商异构机互联，如软件的通信约定、硬件的接口规范等。

③ 支持多种业务，如批处理、交互分时、数据库等。

④ 支持高级人机接口。

这些技术问题的相应解决方法是，借鉴程序设计中对复杂问题进行模块化处理的方法，对复杂的计算机网络系统进行分层处理，每一层完成特定的功能，各层协调一致实现整个计算机网络系统的功能。

1. 现实生活中层次模型的应用

现实生活中有很多应用分层处理的例子。例如，在图 2.2.2 中，国内 A 大学的校长要和国外 B 大学的校长商谈两校互换交流生的问题，双方之间的商谈就是通过三个层次来进行的。

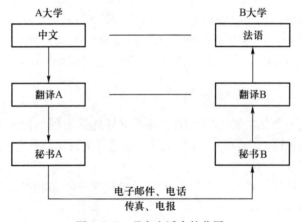

图 2.2.2　现实生活中的分层

位于最高层（即第三层）的 A 大学校长只会讲中文，B 大学的校长只会讲法语，由于他们没有共同会讲的语言，所以他们分别雇用了一个翻译（位于第二层），每个翻译又各自联系了一位秘书（位于第一层）。A 大学的校长希望将自己的信息传达给 B 大学的校长，为了做到这一点，他需要先将这条中文表示的信息通过第二层和第三层之间的接口传递给翻译 A。两个翻译用一种双方都能理解的语言——英语进行交流，然后翻译 A 将用英语表示的信息交给秘书 A，让其将信息通过电子邮件传送给对方。当信息到达另一端时，由秘书 B 将接收到的信息转给翻译 B，翻译 B 将该信息翻译成法语；然后通过第二层和第三层之间的接口传送给 B 大学的校长。

下面再来看看人们在日常生活中经常使用的邮政快递系统，其体系结构如图2.2.3所示，特别要注意其中邮件的运输形式、虚拟运输路径和实际运输路径。

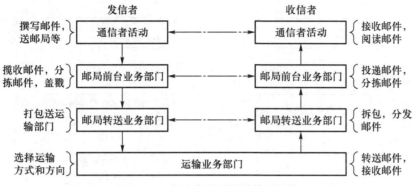

图 2.2.3　邮政快递系统的体系结构

从图2.2.3中，可以看出邮政快递系统涉及通信者活动、邮局前台业务部门、邮局转送业务部门、运输业务部门等，可以将其看作是有4个层次的模型。发信者与收信者之间发送和接收邮件，必须通过这4个层次的合作才能完成。

2. 网络体系结构的层次模型

回到前面提到的两台计算机利用QQ相互传送文件的应用上来，下面将这一过程中要做的工作简单地划分为三类。

第一类工作是与传送文件直接有关的。例如，发送端的QQ应用程序应当确信接收端的QQ应用程序已做好接收和存储文件的准备工作。如图2.2.4所示，这类工作可以用一个"文件传送模块"来完成，两台计算机可以将这个"文件传送模块"作为最高层，这两个模块之间的虚线表示这两台计算机交换文件，以及一些有关文件传送的命令。

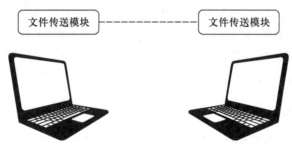

图 2.2.4　第一类工作示意图

第二类工作用来保证文件和有关文件传送的命令能够可靠地在两台计算机之间进行交换。如图2.2.5所示，这类工作可以用一个"通信服务模块"来完成。最高层的"文件传送模块"可以利用这个"通信服务模块"所提供的可靠通信服务。

第三类工作用来负责完成与网络接口有关的工作。如图2.2.6所示，这类工作可以用一个"网络接入模块"来完成。中间层的"通信服务模块"可以利用这个"网络接入模块"来获得可靠通信服务。

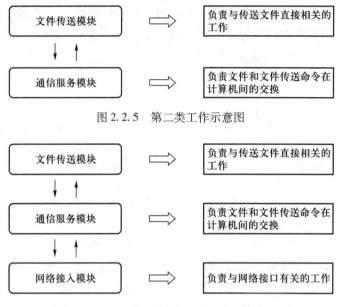

图 2.2.5　第二类工作示意图

图 2.2.6　第三类工作示意图

从以上对邮政快递过程与计算机间文件传送（即网络通信）过程的分析可以看到，它们的信息传递过程有很多相似之处，例如：

① 邮政快递与网络通信这两个系统都是层次结构，均可以等价成四层结构的系统。

② 不同的层次有不同的功能和任务，但相邻层的功能和任务密切相关。

③ 在邮政快递系统中，发信者要根据对方熟悉的语言确定用哪种语言撰写邮件；此外，信封的书写格式，也要符合收信者所在国家或地区的规定。在网络通信系统中，也要对双方之间进行通信的数据的编码格式、信号形式等进行规定；此外，还要对发送请求、执行动作及返回应答予以解释，并确定事件处理顺序。

网络通信涉及许多复杂的技术问题，而解决这些复杂技术问题的有效方法是分层解决。为此，人们把网络通信的复杂过程抽象成一种层次模型。

2.2.2　网络体系结构的层次模型

2.2.1 小节介绍的现实生活中的层次模型充分说明了为完成计算机之间的通信，有必要将计算机网络划分成若干个定义明确的层次，并规定相邻层次之间的接口、服务以及相同层次之间的通信协议。

1. 网络体系结构的定义

为了完成计算机间的通信，把计算机互联的功能划分成定义明确的层次，同时规定了相同层次之间的通信协议及相邻层次之间的接口和服务，将这样的层次模型和通信协议统称为网络体系结构。网络体系结构的三要素分别是层、协议、接口，如图 2.2.7 所示。

微视频 2.2
网络体系结构层
次模型

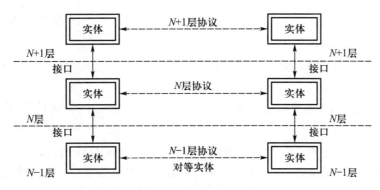

图 2.2.7 网络体系结构三要素

（1）层

通常将系统中能够提供某种类型服务功能的逻辑构造称为层，每一层都由一些实体组成，能够完成某一特定功能的进程或程序都可以成为一个逻辑实体，同一层中包含的两个实体称为对等实体。

（2）协议

协议是指两个对等实体间完成通信或服务所必须遵循的规则和约定。

（3）接口

接口是指相邻层之间进行信息交换的界面，下层通过接口为上层提供服务，上层通过接口使用下层的服务。

2. 网络体系结构层次模型的优点

从 2.2.1 小节所讨论的两台计算机之间传送文件的例子，可以看出采用层次结构模型具有以下优点。

① 各层之间相互独立，上层仅需要知道下层通过层间的接口提供的服务即可，而不需要知道这些服务是如何实现的。由于每一层只实现一种相对独立的功能，这大大降低了整个网络的复杂程度。

② 灵活性好。即使某一层发生改变（例如，由于技术的变化，将所采用的传输介质由原来的双绞线改为光纤），只要层间的接口关系保持不变，则不影响上下层间的通信。

③ 由于其在结构上是可分割的，因此各层都可以采用最合适的技术来实现相应的功能。

④ 这种结构使得实现和调试一个庞大而复杂的系统变得容易。

⑤ 有利于标准化工作的开展，因为对于每一层的功能及其所提供的服务都有明确的说明。

3. 分层原则

在网络体系结构层次模型中，分层的原则如下。

① 各层的功能及技术实现要有明显的区别，各层要相互独立。

② 每一层都应具有定义明确的功能。

③ 应当选择服务描述最少、层间交互最少的地方作为分层处。

④ 层次的数目要适当，同时还要根据数据传输的特点，使通信双方形成对等层关系。

⑤ 对于每一层功能的选择应当有利于标准化。

4. 网络通信协议

如果说网络体系结构是计算机网络的骨架和神经，那么网络通信协议就是计算机网络的心脏和血液。

计算机网络中各台计算机之间的通信需要按照一定的规则来进行，以使得数据的发送和接收能够有条不紊地进行，为使计算机网络中数据通信能正常进行而建立的规则、标准和约定的集合称为"网络通信协议"。网络通信协议有三个要素：语法、语义和同步。

语法是指用户数据与控制信息的结构和格式；语义是语法的含义，即需要发出何种控制信息，完成何种动作以及做出何种响应；同步即对事件处理顺序的详细说明。

简单来说，假如将计算机网络中的通信双方比喻为两个人进行谈话，那么语法相当于规定了双方谈话的方式，语义相当于规定了双方谈话的内容，同步则相当于规定了双方按照什么顺序来进行谈话。

网络通信协议有两种不同的形式：一种是使用人能够阅读和理解的文字描述；另一种是使用计算机能够理解的程序代码，即协议软件，目前这些协议软件都被打包集成在相应的操作系统中。

2.2.3　网络体系结构的发展

回顾计算机网络的发展历史，在不同的发展阶段，出现了不同的网络体系结构。对于这些不同的网络体系结构，其分层的数量，以及各层的名称、内容和提供的服务都有所不同。

在计算机网络发展的最初阶段，网络体系结构的研究目标是实现具有同构网络系统兼容能力、易于同构网络系统互联的自封闭网络系统。这一阶段出现了 IBM 公司的SNA（Systems Network Architecture，系统网络结构）、DEC 公司的 DNA（Digital Network Architecture，数字网络结构）、HP 公司的 DSN（Distributed System Network）等网络体系结构。由于这类网络体系结构各自所定义的层数、每层所采用的协议常常不一样，因此它们彼此之间不兼容，难以实现各种异构网络系统之间的互联，制约了计算机网络的进一步发展。

为了解决异构网络系统的互联问题，罗伯特·卡恩（Robert Kahn）在 20 世纪 70年代初提出了"开放结构网络"（open architecture networking）思想。1978 年，国际标准化组织信息处理技术委员会（TC97）建立了数据通信分委员会（SC16）专门研究开放系统互联（open systems interconnection），并于 1983 年春季，使开放系统互联基本参考模型（OSI/RM）成为正式的国际标准（ISO 7498）。1973 年，卡恩发明了 TCP 协议，然后由美国国防部高级研究计划局（DARPA）、温顿·瑟夫（Vinton G. Cerf）及斯坦福大学继续开发，并于 20 世纪 70 年代末期形成了 TCP/IP 体系结构。1984 年，美国国防部将 TCP/IP 协议作为所有计算机网络的标准。1985 年，因特网结构委员会举行了一个为期三天的有 250 家厂商代表参加的关于计算机产业使用 TCP/IP 协议的工作会议，以促进该协议的推广及商业应用。从那时起，TCP/IP 协议逐渐从 UNIX 操作系统扩展到其他操作系统，这使得它在局域网和广域网中得到了更加广泛的使用。

值得一提的是，IBM 公司于 1974 年首次公布的 SNA，是一个采用七层模型的网络体系结构，它在 IBM 公司的主机环境中得到广泛的应用，是使用最广泛的专有网络体系结构。一般来说，SNA 主要是 IBM 大型机（IBM ES/9000、IBM S/390 等）和中型机（AS/400）的主要联网协议，为了对抗 TCP/IP 协议，IBM 公司于 20 世纪 90 年代推出了 APPN（Advanced Peer to Peer Network，高级对等网络），被视为第二代 SNA 网络。在 APPN 中，大小系统相互对等操作，既包容 TCP/IP 协议体系，同时又支持 APPN。现阶段 SNA 仍然被广泛地应用在由 IBM 大型机构建的专用网络，如银行和其他金融交易网络，以及许多政府机构专用网中。

DEC 公司于 1975 年开发的 DNA，其层次和协议与 OSI 参考模型极其相似，但是它有 8 个层次，其基本特点是：具有很好的分布式网络处理和控制功能，以及动态的路由选择能力；能够保证网络安全工作，并且具有标准的接口，可以与其他厂商生产的计算机进行网络通信。

近年来，随着因特网商业化趋势日益凸显、新兴网络技术大量涌现、因特网应用飞速发展、各种新的应用需求被不断提出，因特网及其体系结构所存在的一些缺陷，如服务质量难以保证、服务不能灵活定制、网络透明性逐渐丧失、网络安全缺乏保障、软件/硬件实现越来越复杂、扭斗（tussle）现象日渐凸现和激化等，也日益明显和突出。种种迹象表明，现阶段在以因特网为代表的计算机网络表现出前所未有的兴盛和繁荣的同时，其体系结构也表现出从未有过的脆弱和不足。

2.3　OSI 参考模型

前面介绍过，国际标准化组织于 1983 年发布了 ISO 7498 标准，即开放系统互联参考模型（ISO 7498）。其中，开放是指非独家垄断，只要遵循该标准，一个系统就可以和位于世界上任何地方的、也遵循该标准的系统进行通信；这里的系统则既包括计算机，也包括与这些计算机相关的软件、外部设备等。

2.3.1　OSI 参考模型的层次结构

OSI 参考模型共分为 7 个层次，从低到高依次为物理层、数据链路层、网络层、传输层、会话层、表示层、应用层，如图 2.3.1 所示。

1. 物理层

物理层是 OSI 参考模型分层结构体系中最重要、最基础的一个层次，它建立在传

微视频 2.3
OSI 参考模型

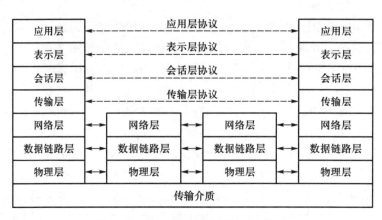

图 2.3.1　OSI 参考模型分层结构体系

输介质的基础上，起着建立、维护和取消物理连接的作用，为设备之间的互联提供物理接口。物理层关注的是在一条物理信道上传输原始比特流，只需要确保当一方发送了比特 1（比特 0）时，另一方收到的也是比特 1（比特 0），而不需要考虑信息的意义和信息的结构。物理层涉及的问题主要有：用什么电子信号来表示比特 1 和比特 0；一个比特持续多少纳秒（ns）；比特流传输是否可以在两个方向上同时进行；初始连接如何建立；双方通信结束之后如何撤销连接；网络连接器有多少个引脚（pin）以及每一个引脚的作用是什么；等等。在物理层，传输的数据单位为比特（bit）。目前典型的物理层协议有 EIA/TIA RS-232C、EIA/TIA RS-449、V.35、RJ-45 等，常见的物理层设备有中继器、集线器、调制解调器等，如图 2.3.2 所示。

图 2.3.2　常见的物理层设备

2. 数据链路层

数据链路层在物理层提供的比特流服务的基础上，在两个相邻的节点之间建立数据链路，将一条原始的物理传输线路变成一条无差错的通信线路，使得发送方发送的数据帧能够可靠地传输到接收方，同时为其上面的网络层提供有效的服务，如图 2.3.3 所示。

图 2.3.3　数据链层工作示意图

在数据链路层，传输的数据单位是帧（frame），典型的数据链路层协议有同步数据链路控制（SDLC）协议、高级数据链路控制（HDLC）协议、点对点协议（PPP）、生成树协议（STP）等，常见的数据链路层设备如二层交换机、网桥等，如图 2.3.4 所示。

图 2.3.4　常见的数据链路层设备

3. 网络层

网络层又称为通信子网层，用于控制通信子网的操作，是通信子网与资源子网的接口。在计算机网络中进行通信的两台计算机之间可能会经过很多条数据链路，也可能会经过很多个通信子网，网络层的任务就是解封装数据链路层收到的帧，从中提取分组，并选择合适的网间路由和交换节点，确保分组能够即时传送，如图 2.3.5 所示。

图 2.3.5　网络层工作示意图

分组中封装有分组首部，其中含有源节点地址和目的节点地址等信息。在网络层，传输的数据单位为分组（packet），典型的网络层协议有网际协议（IP 协议）、互联网分组交换协议（IPX 协议）、路由信息协议（RIP 协议）等，常见的网络层设备如路由器、具有路由功能的三层交换机等，如图 2.3.6 所示。

图 2.3.6　常见的网络层设备

4. 传输层

传输层是真正的点对点，即主机到主机的层，它自始至终将数据从发送方传输到接收方。传输层获得的下层（网络层）提供的服务包括：发送和接收正确的分组序列，并用其构成传输层数据；获得网络层地址。传输层为上层（会话层）提供的服务包括无差错的、有序的报文收发、传输连接和流量控制等。

在传输层，传输的数据单位为报文段（segment），典型的传输层协议有传输控制协议（TCP 协议）、用户数据报协议（UDP 协议）等，常见的传输层设备有传输网关等。

5. 会话层

会话层负责管理主机之间的会话进程，即负责建立、管理、终止进程之间的会话。进程间的一次连接就称为一次会话。会话层还利用在数据中插入校验点来实现数据的同步，使得会话可以在通信失效时从校验点继续恢复通信。

6. 表示层

上述 5 层关注的是如何传递信息，而表示层则关注的是所传递信息的语法和语义。不同的计算机可能有不同的数据表示法，为了让这些计算机能够进行通信，表示层会对上层（应用层）的数据或信息进行变换，以保证一台主机的应用层信息可以被另一台主机的应用程序所理解。表示层的数据转换包括数据语法转换，语法表示，表示层连接管理，数据的加密、压缩及格式转换等。

7. 应用层

应用层直接面对用户的具体应用，包含用户应用程序执行通信任务时所需要的协议和功能。应用层为操作系统或者网络应用程序提供了访问网络服务的接口。常见的应用层协议有超文本传送协议（HTTP）、文件传送协议（FTP）、域名系统（DNS）协议等。

2.3.2　OSI 参考模型中的数据传输

在 OSI 参考模型中，数据是如何在不同主机的不同应用进程中进行数据传输的呢？如图 2.3.7 所示，假定主机 1 的应用进程 AP1 向主机 2 的应用进程 AP2 传送数据。

① AP1 先将其数据交给主机 1 的最高层（应用层），如果使用简单邮件传送协议（SMTP 协议）来处理数据，则在该数据前加上 SMTP 标记，以便主机 2 在接收到该数据后知道应该使用什么软件来处理该数据。

② 应用层对数据进行处理后将其交给下面的表示层，表示层会对数据进行必要的格式转换，使用一种通信双方都能识别的编码来处理数据。

③ 表示层将经过处理的数据交给会话层，会话层在主机 1 和主机 2 之间建立一条只用于传输该数据的会话通道，并监视它的连接状态，直到完成数据同步才断开会话通道。

④ 会话通道建立后，为了保证数据传输的可靠性，主机 1 的传输层会对数据进行必要的处理，如分段、编号、差错校验、确认、重传等。

⑤ 网络层是实际传输数据的层，它对经过传输层处理的数据进行再次封装，添加上双方的地址信息，并为每个数据分组找到一条传送到主机 2 的最佳路径，然后按照这条路径将数据发送到网络中。

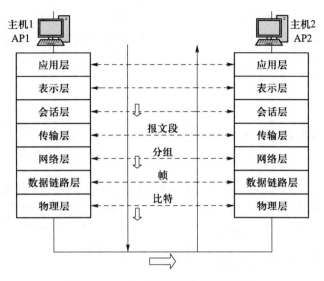

图 2.3.7 OSI 参考模型中的数据传输

⑥ 数据链路层则会再次对网络层的数据进行封装，添加上能唯一表示每台设备的介质访问控制（MAC）地址。

⑦ 如图 2.3.8 所示，主机 1 的物理层将数据链路层的数据转换成比特流，并以传输介质相应的信号形式，如光信号、电磁波信号等将其传送到主机 2 后，主机 2 会将信号形式的比特流转换成其数据链路层的帧。主机 2 的数据链路层去掉帧首部和帧尾部后将数据转换成分组并将其递交给网络层，网络层同样在去掉主机 1 网络层所添加的内容后将其交给传输层，这样层层解封装后数据最终到达了主机 2 的应用层，应用层发现所接收到的数据有 STMP 标记，就使用简单邮件传送协议来处理该数据。

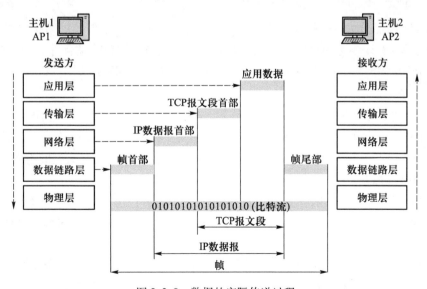

图 2.3.8 数据的实际传递过程

40　　　　　　　　　　　第 2 章　网络体系结构

虽然应用进程数据要经过这么复杂的过程才能送到终点，但这一复杂的过程对于用户来说是透明的，使得主机 1 的应用进程 AP1 觉得好像直接把数据交给了主机 2 的应用进程 AP2。

2.4　TCP/IP 模型

OSI 参考模型的概念清楚，理论完整，但它既复杂又不实用，因此人们从 OSI 参考模型转到另一个模型，该模型被当前广泛应用的因特网所使用，这就是 TCP/IP 模型。该模型以其中最主要的传输控制协议（TCP）/网际协议（IP）命名。

2.4.1　TCP/IP 模型的起源

TCP/IP 模型起源于 ARPAnet（阿帕网），该网络是美国国防部资助的一个研究型网络，它初始的目标是以无缝的方式将多种不同类型的网络，如电话网络、卫星网络、无线网络相互连接起来，如图 2.4.1 所示。后来由于美国国防部担心因网络的一部分可能会被敌方摧毁而导致整个网络崩溃，所以又延伸出另一个重要的设计目标：即使在损失子网硬件的情况下网络还能够继续工作，原有的会话不被打断。网络互联技术研究的深入导致 TCP/IP 协议的出现与发展。1980 年前后，ARPAnet 所有的主机都转向 TCP/IP 协议。1989 年，正式形成了现在的 TCP/IP 模型，TCP/IP 模型得到了广泛的应用和支持，并成为事实上的国际标准和工业标准。

2.4.2　TCP/IP 模型的层次结构

微视频 2.4
TCP/IP 协议

TCP/IP 模型分为 4 个层次，即应用层、传输层、网络互联层和网络接口层。TCP/IP 模型去掉了 OSI 参考模型中的会话层和表示层，这两层的功能被合并到应用层实现；同时将 OSI 参考模型中的数据链路层和物理层合并为网络接口层。

1. 网络接口层

该层的主要功能是负责与物理网络连接。实际上 TCP/IP 模型没有真正对这一层的实现进行描述，只是要求其能够提供一个访问上层（网络互联层）的接口，以便在其上传递分组。由于该层未被定义，所以其具体的实现方法根据网络类型的不同而不同。

2. 网络互联层

网络互联层是将整个网络体系结构贯穿在一起的关键层，它的功能是把分组发往目的网络或目的主机。同时，为了尽快地发送分组，允许分组沿不同的路径同时进行传递。

因此，分组的到达顺序和发送顺序可能不同，这就需要其上层（传输层）对分组进行排序，如图 2.4.1 所示。网络互联层定义了标准的数据分组格式和协议，即 IP 协议，与之相伴的还有一个辅助协议——互联网控制报文协议（ICMP 协议）。网络互联层的任务是将分组投递到它们应该去的地方。显然，对于网络互联层来说，分组路由是最重要的问题，同时还需要提供拥塞控制功能。

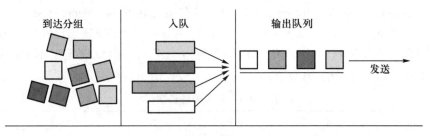

图 2.4.1 网络互联层工作示意图

3. 传输层

传输层的功能是使源主机和目的主机上的对等实体可以进行会话。

该层定义了两种具有不同服务质量的协议：传输控制协议（transmission control protocol，TCP 协议）和用户数据报协议（user datagram protocol，UDP 协议）。TCP 协议是一个面向连接的、可靠的协议，允许从一台主机发出的字节流能够无差错地发往因特网上的其他主机。

对于发送方，它负责把上层（应用层）传送下来的字节流分割成离散的报文段，并把每个报文段传递给下层（网络互联层）。对于接收方，它负责对接收到的报文段进行重组，然后将其递交给上层（应用层），如图 2.4.2 所示。

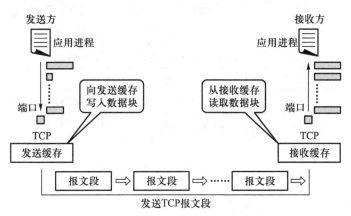

图 2.4.2 TCP 协议工作示意图

TCP 协议还要处理端到端的流量控制，以便确保一个数据发送快速的发送方不会因为发送太多的报文段而淹没掉一个处理能力跟不上的接受方。

UDP 协议是一个不可靠的、无连接的协议，主要用于不需要对数据进行排序和流量控制的场合，其被广泛用于那些一次性的请求/应答应用，以及那些即时交付比精确交付更重要的应用，如传输语音或者视频。

4. 应用层

应用层包含所需要的任何会话和表示功能，它针对不同的网络应用引入不同的应用层协议。最早的应用层协议有文件传送协议（FTP 协议）、远程登录协议（telnet 协议）、简单邮件传送协议（SMTP），后来许多其他协议被加到了应用层中，如超文本传送协议（hypertext transfer protocol，HTTP）、域名系统（domain name system，DNS）协议、实时传送协议（real-time transport protocol，RTP）。为了保证可以在同一台机器上并行使用多个协议进行多个应用，TCP/IP 模型为不同的协议规定了不同的端口号，表 2.4.1 所示的为常见的协议端口。

表 2.4.1 常见的协议端口

协议	端口号	应　　用	协议	端口号	应　　用
FTP	21	文件传送服务	SNMP	161	简单网络管理
telnet	23	远程登录服务	POP3	110	邮局协议版本 3
SMTP	25	简单邮件传送服务	DHCP	67/68	动态主机配置服务
DNS	53	域名服务	HTTPs	443	加密的超文本传送服务
TFTP	69	普通文件传送服务	UDP	8000	腾讯 QQ
HTTP	80	用于万维网（WWW）的超文本传送服务	RTP	偶数端口	实时传送协议
NNTP	119	网络新闻传送服务	TCP	3389	终端服务
IRC	194	互联网中继聊天服务	IMAP	220	因特网邮件访问服务

TCP/IP 模型包括 100 多个协议，TCP 协议和 IP 协议仅是其中的两个协议。由于它们是最基础和最重要的两个协议，应用广泛且广为人知，因此通常用 TCP/IP 协议来代表整个因特网协议系列。图 2.4.3 所示的为 TCP/IP 模型中的主要协议。

应用层	telnet协议、FTP协议、SMTP协议、DNS协议、HTTP协议以及其他应用协议
传输层	TCP协议、UDP协议
网络层	IP协议、APR协议、RARP协议、ICMP协议
网络接口层	各种通信网络接口协议(以太网协议等) (物理网络)

图 2.4.3 TCP/IP 模型中的主要协议

2.4.3 TCP/IP 模型的特点

TCP/IP 模型能够取代 ISO 参考模型而成为事实上的国际标准，是因为具有以下特点。

① 它是一系列开放的协议标准，可以免费使用，并且独立于特定的计算机硬件与操作系统。

② 它独立于特定的网络硬件，可以运行在局域网、广域网中，更适于运行在互联网中。

③ 它所具有的统一的网络地址分配方案，使得 TCP/IP 模型的各层设备在网络中都具有唯一的 IP 地址。

④ 它所提供的标准化的高层协议，可以提供多种可靠的用户服务。

2.5　OSI 参考模型与 TCP/IP 模型的比较

2.5.1　OSI 参考模型的不足之处

从 OSI 参考模型的层次结构定义和传输过程来看，OSI 参考模型试图达到让全世界的计算机网络都遵循这个统一的标准，以使所有计算机都能很方便地互联和交换数据的理想境界。直至 20 世纪 90 年代初期，虽然 OSI 参考模型的一系列协议都已经制定出来了，但由于使用 TCP/IP 模型的因特网已经在全世界覆盖了相当大的范围，而与此同时却几乎找不到厂商生产符合 OSI 参考模型协议标准的商用设备。OSI 参考模型的理论研究成果很丰富，但是市场化却并不成功。OSI 参考模型不成功的原因可以归纳为以下几条。

① 制定 OSI 参考模型的专家在制定相关协议时缺乏实际经验和商业驱动力。

② OSI 参考模型的协议实现起来过于复杂，导致其运行效率比较低。

③ OSI 参考模型的制定周期太长，使得按照相应协议标准生产的设备无法及时进入市场。

④ OSI 参考模型的层次划分得不太合理，有些功能如寻址、流量与差错控制在多个层次中重复出现，而表达、编码、会话控制则在应用层、表示层、会话层中重复出现，降低了使用效率。

从 OSI 参考模型的不足之处和 TCP/IP 模型的成功可以看出，一个新标准的出现，有时并不代表其技术水平是最先进的，而是往往有着一定的市场背景。

2.5.2　TCP/IP 模型与 OSI 参考模型的比较

TCP/IP 模型与 OSI 参考模型有着很多共同点。

① 两者都以协议栈的概念为基础，并且协议栈中的协议彼此相互独立。

② 两个模型功能大致相同，都采用了层次结构，存在可比的传输层和网络层，但并不是严格一一对应的。

TCP/IP 模型与 OSI 参考模型还有很多不同点。

① OSI 参考模型的最大贡献在于明确区分了三个概念：服务、接口和协议；而 TCP/IP 模型并没有明确区分服务、接口和协议，因此 OSI 参考模型中的协议比 TCP/IP 模型中的协议具有更好的隐蔽性，当技术发生变化时 OSI 模型中的协议更容易被新协议所替代。

② OSI 参考模型在协议发明之前就已经产生了，而 TCP/IP 模型则正好相反。TCP/IP 模型只是已有协议的一个描述而已，这使得协议和模型结合得非常完美，能够

解决很多实际问题，如异构网络系统的互联问题。

③ 两者在无连接和面向连接通信领域的特点有所不同：OSI 参考模型的网络层同时支持无连接和面向连接的通信，但是传输层只支持面向连接的通信；TCP/IP 模型在网络层只支持无连接模式，但是在传输层同时支持无连接和面向连接两种通信模式。

④ OSI 模型有 7 层，而 TCP/IP 模型只有 4 层，两者在层次划分与所使用的协议上有很大的差别，也正是这种差别使两个模型的发展产生了截然不同的局面。

知识点小结 🔍

● 所谓网络体系结构，就是为了完成计算机间的通信，把计算机互联的功能划分成定义明确的层次，同时规定了同层次之间的通信协议及相邻层次之间的接口和服务。

● OSI 参考模型是一个描述网络层次结构的模型，是网络设计的蓝图，并非指一个现实的网络体系结构，其主要贡献在于定义了信息在网络中的传输过程、各层的功能和架构。

● TCP/IP 模型是因特网使用的协议，它以其中最主要的传输控制协议（TCP 协议）/网际协议（IP 协议）命名，是事实上的工业标准，其主要贡献在于解决了异构网络之间的互联问题。

思考题 🔍

1. 根据 2.2 节中邮政快递系统的事例，列举一些日常生活中具有分层体系结构的事例。

2. 假设计算机网络体系结构中实现第 k 层操作的算法发生了变化。试问：这会影响到第 $k-1$ 层和第 $k+1$ 层的操作吗？为什么？

本章自测题

3. 假设计算机网络体系结构中由第 k 层提供的服务（一组操作）发生了变化。试问：这会影响到第 $k-1$ 层和第 $k+1$ 层的服务吗？

4. 试列举 TCP/IP 体系结构中 5 个重要协议的功能和对应层次。

5. 协议和服务的关系是什么？

6. 以电子邮件应用为例，分别从发送方和接受方的角度出发，简述 TCP/IP 模型中数据传输的过程。

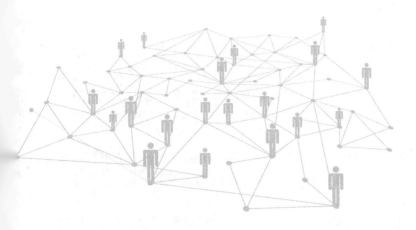

第 3 章

数据通信基础

● **内容导读**

    移动通信、光通信、无线通信、卫星通信等数据通信技术的不断发展，使得计算机网络在不同层次、不同领域中的应用变得越来越重要。展望未来，图像、视频、文本数据将以更高的数据传输速率、更大的覆盖范围传输。本章首先从数据通信的理论出发，讨论数据通信系统模型；然后讨论数据编码技术，解决模拟信号和数字信号之间转换的问题；最后讨论常用的信道复用技术、通信方式和数据交换技术。本章的主要内容如下：

- 数据通信系统及其主要的技术指标。
- 数据编码技术。
- 信道复用技术。
- 数字通信方式及其交换技术。

3.1 数据通信系统

3.1.1 数据和信号

    数据（data）一般可以理解为"信息的数字化形式"或"数字化的信息"。狭义的数据是指具有一定数字特性的信息，如统计数据、气象数据、测量数据以及计算机中区别于程序的计算数据等。但是在计算机网络中，数据通常被广义地理解为在网络中存储、处理和传输的二进制代码。对于语音信息、图像信息、文字信息以及从自然界直接采集的各种自然属性信息，均可以将它们转换为能够在计算机网络系统中存储、处理和传输的二进制代码。

数据又分为模拟数据和数字数据两种。模拟数据是指在时间和幅值取值上都是连续变化的，如声音、语音、视频和动画等。数字数据在时间上是离散的，在幅值上是经过量化的，它一般是由二进制代码组成的数字序列。

信号（signal）简单地讲就是数据的物理表示形式，它具有明确的物理描述，使得数据能够以适当的形式在传输介质上传输。例如，人们常说的电磁波信号、光信号、载波信号、脉冲信号、调制信号等。

在计算机网络中常按照信号在时间和幅值维度的表现形式，将信号分为数字信号和模拟信号，或者称为离散信号和连续信号。

从图3.1.1可以看出数字信号是一种离散的脉冲序列，其所传送的信号取值不是连续的，也就是说，取值不是无限多个，只能是有限个。其中，代表不同离散数值的基本波形称为码元，一个码元就是一个数字脉冲。例如，在计算机中，通常用恒定的"高"和"低"电压脉冲形式来表示信号，并将高电压脉冲表示为二进制1，将低电压脉冲表示为二进制0，这样码元的有效离散状态只有两个，由此组成由0和1构成的二进制数字信号。

而模拟信号则是指在一定数值范围内可以连续取值的信号，如图3.1.2所示，它是一种随时间连续变化的电流、电压或电磁波信号，如电话线上传送的按照话音强弱幅度连续变化的电波信号。

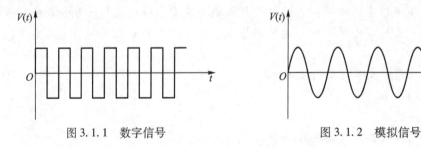

图3.1.1　数字信号　　　　　　　　　图3.1.2　模拟信号

3.1.2　数据通信系统模型

数据通信是指发送方将要发送的数据转换成模拟信号，通过物理信道传送给接收方的过程。根据物理信道传输介质的不同，可以将通信分为两大类：一类称为有线通信，另一类称为无线通信。

有线通信是指将导线作为传输介质的通信方式，这里的导线可以是各种电缆工程（包括架空、地下、水底）中的电缆及光缆等。无线通信则是指利用电磁波传递信息的通信方式。

无论是有线通信还是无线通信，完成通信任务所需要的一切技术设备和传输介质的总体，就称为数据通信系统。任何一个数据通信系统都是由源端（信源、发送设备）、信道和目的端（信宿、接收设备）三大部分组成的，图3.1.3所示的是一个简化的数据通信系统模型。

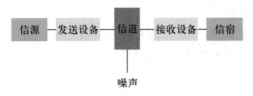

图 3.1.3 简化的数据通信系统模型

1. 信源

信源是信息的发送方，它把各种可能的信息转换成原始信号。常用的信源有电话机话筒、摄像机、传真机、计算机等。

2. 发送设备

发送设备通常要对信源产生的信号进行编码，使其能够在信道中进行传输。

3. 信宿

信宿是指信息的接收方，它将从接收设备处接收到的信号转换成相应的信息。

4. 接收设备

接收设备接收信道中传送过来的信号，并将其转换为能够被信宿处理的信号。

5. 信道

信道是指在发送设备和接收设备之间用于传输信号的通路。信道可以分为物理信道和逻辑信道。物理信道是用来传输信号的物理通路，由传输介质及相关控制设备组成，它是真实存在的。网络中两个节点之间的物理信道又称为通信链路。逻辑信道是指在发送方和接收方之间传输信息的数据连接通路。一条物理信道可以对应一条或多条逻辑信道。例如，在城市交通系统中，公路指的就是用来传输车辆的物理信道，而一条公路可以对应4条或6条车道这样的逻辑信道。

6. 噪声

这里的噪声是信道中的噪声以及分散在通信系统其他各处噪声的集中表示。信号在传输过程中受到的干扰称为噪声，干扰可能来自外部自然界辐射的噪声，如大气噪声、太阳噪声、降雨噪声、天线噪声、地面噪声等；也可能是在信号传输过程中产生的，如发送设备和接收设备内部的热噪声、电力线噪声等；也可能是人为造成的电磁辐射，如脉冲性噪声、邻道干扰、同频干扰、扫频干扰等。

3.1.3 主要技术指标

数据通信中有很多技术指标，这些技术指标从不同的方面度量了计算机网络的性能。

1. 数据传输速率

数据传输速率（data transmission rate）是衡量数据通信系统传输能力的主要指标，也是计算机网络最重要的一个性能指标。由于计算机发出的信号都是数字形式的，所以一般用单位时间内所能传输的数据量，即每秒传送的二进制位数（即比特数）来表示，单位为 bps（比特每秒）。

数据传输速率的高低取决于每个二进制位所占的时间（脉冲宽度），脉冲宽度越窄，数据传输速率就越高，有如下公式：

$$S = \frac{1}{T} \log_2 N$$

在上述公式中，S 表示数据传输速率；T 为脉冲重复周期；N 为一个脉冲所具有的有效离散状态数，是 2 的整数倍。对于二进制而言，一个脉冲可以表示 "0" 和 "1" 两个状态，故 $N=2$，此时 $S=1/T$。如果在物理信道上发送一个比特 0 或比特 1 所需要的时间是 0.001 ms，那么信道的数据传输速率为 1000 000 bps。

数据传输速率常用 Kbps（千比特每秒）、Mbps（兆比特每秒）、Gbps（吉比特每秒）、Tbps（太比特每秒）来表示，其中：

$$1\ \text{Kbps} = 1\ 024\ \text{bps}$$
$$1\ \text{Mbps} = 1\ 024\ \text{Kbps}$$
$$1\ \text{Gbps} = 1\ 024\ \text{Mbps}$$
$$1\ \text{Tbps} = 1\ 024\ \text{Gbps}$$

2. 信号传播速度

信号传播速度（signal propagation velocity）是指信号在单位时间内在网络传输介质中的传播距离，其单位为 m/s 或 km/s。对于电磁波而言，其在真空中的传播速度理论上等于光速，即 3.0×10^5 km/s，在铜线电缆中的传播速度约为 2.3×10^5 km/s，在光纤中的传播速度约为 2.0×10^5 km/s。信号传播速度与数据传输速率的意义和单位完全不同。以公路运输为例，如图 3.1.4 所示，每小时行驶的路程表示汽车的行驶速度，而每秒通过的车辆数则表示公路的运输速率，信号传播速度就如同汽车的行驶速度，用于表示信号的传播能力；而数据传输速率则如同公路的运输速率，用于表示物理信道的数据运输能力。

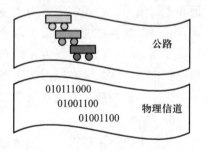

图 3.1.4　信号传输与公路运输

3. 信道带宽

信道带宽（channel bandwidth）原是指一个物理信道内可以传输的信号的频率范围（频带宽度），也就是可以传送信号的最高频率与最低频率之差，单位为赫兹（Hz）。也有人将信道带宽称为频宽、频带，但是这两个说法没有信道带宽更通用。例如，标准电话电路的频率范围是 300 Hz ~ 3 400 Hz，即带宽为 3 100 Hz。

但是在计算机网络中，常用带宽来表示通信线路传送数据的能力，即信道中的最高数据传输速率，单位为 bps。带宽越高，就意味着网络的处理能力越强。例如，一个 FDDI 主干线支持 4 种波长，每一种波长上的信道的数据传输速率为 2.5 Gbps，则该光纤主干线的带宽为 4×2.5 = 10 Gbps。

4. 报文速率

报文速率（message rate）是指单位时间内所传送的报文的数量，其单位可以是字符/s。

5. 吞吐量

吞吐量（throughput）表示在单位时间内通过某个实际网络（或信道、交换设备）的数据量，单位为 bps（比特每秒），用来表示网络的测试性能。受算法、网络设备等因素的影响，吞吐量远远低于网络带宽或数据传输速率。

例如，对于一个带宽为 100 Mbps 的以太网来说，100 Mbps 也是该以太网吞吐量的上限值，一般而言，其吞吐量通常只有 70 Mbps 左右。

6. 时延

时延（time delay）是指数据从网络的一端传送到另一端所需要的时间，又称为延迟或迟延。时延由发送时延、传播时延、处理时延、排队时延等几种不同的时延构成，一般主要考虑发送时延和传播时延。

（1）发送时延

发送时延是计算机或者交换设备将数据发送到传输介质所需要的时间，发送时延 = 帧的总长度(bit)/数据发送速率(bps)。对于网络中的固定设备而言，发送时延并非固定不变，而是与发送的帧的总长度成正比，与数据发送速率成反比。

（2）传播时延

传播时延是指信号（如电磁波）在信道中传播一定的距离所花费的时间，传播时延 = 信道长度（m）/信号传输速度（m/s）。例如，在 100 km 的光纤信道上产生的传播时延约为 0.5 ms。

（3）处理时延

处理时延是指数据在交换节点为存储转发而进行一些必要的处理（如分析分组首部、从分组中提取数据部分、进行差错检验、查找合适的路由等）所花费的时间。

（4）排队时延

分组在网络中传输时会经过许多路由器。分组在进入路由器后要先在输入队列中排队等待处理；在路由器确定了转发端口后，还要在输出队列中排队等待转发，这就产生了排队时延。

上述 4 种时延的产生与城际交通很相似。如图 3.1.5 所示，一个有 10 辆车的车队从城市 A 出发，途中经过公路收费站，并经出口到达的目的地城市 B，共计 100 km。假定车队出发时每辆车需要 9 s，每辆车需要在收费站排队 15 s，过收费站需要花费 6 s，而车速是 100 km/h。那么，整个车队从城市 A 到城市 B 总共花费的时间如下：发车时间共需 90 s（相当于网络中的发送时延），行车时间需要 60 min（相当于网络中的传播时延），在收费站排队等待共需 150 s（相当于网络中的排队时延），经过收费站总共的时间为 60 s（相当于网络中的处理时延），因此总共花费的时间是 65 min（相当于总时延的概念）。

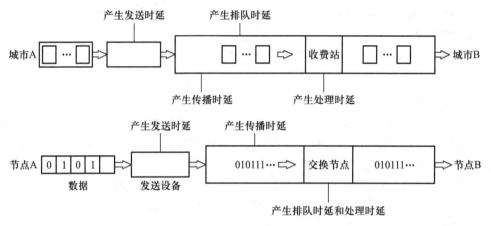

图 3.1.5　4 种时延的产生与城际交通的类比

各类时延所占的比重要视情况而定。一般情况下一个低速率、小时延的网络要优于一个高速率、大时延的网络。对于高速网络链路而言，首先需要提高发送设备的数据发送速率，从而减小数据的发送时延；其次是增加交换节点，提高交换节点的处理速度，从而减少数据的排队时延和处理时延。

7. 误码率

在一定的时间内收到的数字信号中出现错误码元的个数占传输总码元数的比例称为误码率（error rate），这是用来衡量数据通信系统可靠性的一个指标。如果统计的是出现错误比特数的比例，则称其为误比特率（bit error rate），用于衡量网络在规定时间内数据传输的精确性。

例如，传输一个总比特数为 3 000 的二进制数序列，其错误比特数是 3，则其误比特率为 3/3000=0.001，即为千分之一。由于二进制的码元只有 2 个离散状态，所以其误码率也为千分之一。

3.2　数据编码技术

要在计算机中存储和处理信息，就必须将其转换为二进制数据，这些二进制数据只有被转换成信号才能在物理信道中传输，也就是说，要将数字数据转换成模拟信号或者数字信号，这种对数字数据进行信号转换的方法就是数据编码技术。

3.2.1　数据转换过程

为了传送信息，需要根据信息的变化对载波进行调制。所谓"调制"，就是改变载波的某种性质，使数字数据或模拟数据转换为模拟信号或数字信号，这样经过调制的载波就"装载"着所要传送的信息信号。这种数据转换过程可以分为模拟和数字两种。模拟调制将数据转换为模拟信号，其优点是实现起来较为简单，一路模拟电话的带宽比较窄，约为 4 kHz，但其需要的信噪比（singal to noise ratio，SNR）较高，抗干扰能力较差，因此模拟调制方式只适用于中短距离通信。而数据调制将数据转换为数字信号，这种方式在再生中继时可以去掉传输过程中引入的附加噪声，因此其抗噪声干扰能力比较强。但是，数字调制方式所占用的带宽比较宽，一路数字电话的带宽约为 64 kHz。可以说，数字调制方式是以牺牲带宽为代价来实现其信噪比低这一优越特性的。

下面主要讨论三类数据转换：数字数据→模拟信号、数字数据→数字信号、模拟数据→数字信号。至于模拟数据→模拟信号，这种传输方式是直接用连续变化的电磁波来传输的，生活中常见的电话、广播、电视等模拟数据的传输都是采用模拟信号的方式来进行通信的，这里不再做过多讨论。

3.2.2 数字数据的模拟信号编码

数字数据模拟传输又称为频带传输，信源必须先用信源编码器、信道编码器、调制器将计算机、数字电话以及数字电视等数字数据所形成的数字信号转换成适合模拟信道传输的模拟信号（调制），然后才能通过模拟信道进行传输。而信宿则必须先用解调器、信道译码器、信源译码器将模拟信号转换成数字信号（解调），才能读取到信源发送的信号，如图 3.2.1 所示。这种传输适合于少量信息的远距离传输。

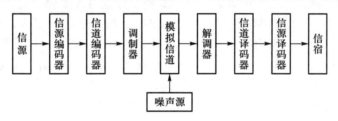

图 3.2.1　数字数据模拟传输

由于数字信道的频带范围为几兆赫兹到几千兆赫兹，而模拟信道的频带范围为 300 Hz~3 400 Hz，因此如果不施加任何措施，直接用模拟信道来传输数字信号，会出现失真和差错，所以调制与解调成为频带传输需要解决的关键问题。

模拟信号传输的基础是载波，载波具有三大要素：振幅、频率和相位，因此将数字数据转换为模拟信号的调制方式也相应地分为三种：幅移键控（ASK）调制、频移键控（FSK）调制、相移键控（PSK）调制，其中相移键控调制还分为相对相移键控调制和绝对相移键控调制两种，如图 3.2.2 所示。为了达到更高的数据传输速率，现在还采用技术上更为复杂的多元制的调幅、调相混合的调制方法，如正交幅移键控调制等。

1. 幅移键控调制

幅移键控调制（amplitude shift keying，ASK）用载波的两种不同幅度来表示二进制

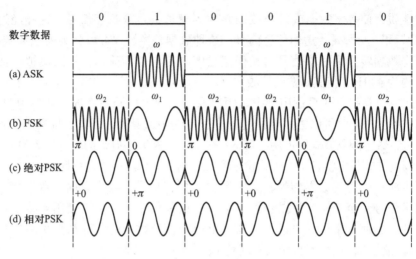

图 3.2.2　数字数据转换为模拟信号的 4 种方式

0 和 1。例如，在图 3.2.2(a) 中，0 和 1 分别对应于无载波输出和有载波输出。幅移键控调制具有占用频带较窄、设备简单等优点，在中波和短波广播以及通信中应用广泛，但幅移键控调制易受增益变化的影响，是一种低效的调制技术。

2. 频移键控调制

频移键控调制（frequency shift keying，FSK）用载波频率附近的两种不同频率来表示二进制 0 和 1。例如，在图 3.2.2(b) 中，0 和 1 分别对应于较高的频率 ω_2 和较低的频率 ω_1。这种调制方式与幅移键控调制方式相比，抗干扰能力更强，载波频带更宽，而且功率的利用率更高，适用于超短波（亦称甚高频）波段。在电话线路上，频移键控调制可以实现全双工操作，将电话线路分为两个频带，一个用于发送数据，另一个用于接收数据。

3. 相移键控调制

相移键控调制（phase shift keying，PSK）利用载波的相位移动来表示二进制 0 和 1，而振幅和频率保持不变。例如，在图 3.2.2(c) 中，0 和 1 分别用初始相位 π 和 0 表示。相移键控调制可以使用二相或对于二相的相位移动，能够对数据传输速率起到加倍提高的作用，广泛应用于移动电话、无线通信领域。

3.2.3　数字数据的数字信号编码

数字数据的数字信号编码有基带传输和宽带传输两种方法。

1. 基带传输

使用高电平、低电平来表示 1 和 0 这两个二进制代码，是将数字数据转换为数字信号的最简单方法。在数据通信中，表示计算机二进制代码序列的数字信号是典型的矩形脉冲，这种矩形脉冲就是基带信号，它的固有频带称为基本频带，简称基带。将传输介质的带宽全部分配给一条信道，不改变基带信号的基本频带，直接将基带信号转换成原始的电信号，在物理传输介质上传输，就是基带传输，这种方法适合于利用有线传输介质的、近距离的局域网数据传输。

对基带信号的波形进行变换，使其与信道特性相适应，变换后仍是基带信号，没有改变数字信号的特征，这个过程称为编码，常见的编码方式有三种：不归零码、曼彻斯特编码和差分曼彻斯特编码。

（1）不归零码

不归零码（non-return to zero code）是最简单的一种编码方法，它用低电平表示二进制 0，用高电平表示二进制 1，如图 3.2.3 所示，也可以相反表示。对于光纤而言，可以用有光表示二进制 1，没有光表示二进制 0。这种编码的特点是实现简单，费用低，效率高；但由于不是自定时的，存在发送方和接收方同步问题，无法判断每个二进制位（比特）的开始与结束，因此必须在发送不归零码的同时，用另一条信道同时传送同步信号。不归零码通常用在终端到调制解调器的端口中。

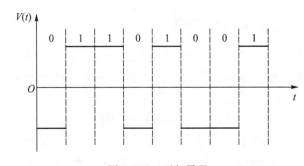

图 3.2.3　不归零码

（2）曼彻斯特编码

曼彻斯特编码（Manchester encoding）是目前应用最广泛的编码方法之一。曼彻斯特编码将时钟和数据包含在数字信号中，其编码规则是：每一个二进制位的周期 T 分为前 $T/2$ 与后 $T/2$ 两部分；通过前 $T/2$ 传送该二进制位的反码，通过后 $T/2$ 传送该二进制位的原码，如图 3.2.4（a）所示，在每个二进制位的中间都有一个跳变，位中间的跳变既作为时钟信号，又作为数据信号，电平从低到高跳变表示 0，电平从高到低跳变表示 1。

（3）差分曼彻斯特编码

差分曼彻斯特编码（differential Manchester encoding）是对曼彻斯特编码的改进，如图 3.2.4（b）所示。它也将时钟和数据包含在数字信号中，在传输数据信息的同时将时钟同步信号一起传输到对方，属于自同步编码。在每个时钟位的中间都有一个跳

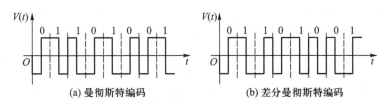

(a) 曼彻斯特编码　　(b) 差分曼彻斯特编码

图 3.2.4　曼彻斯特编码与差分曼彻斯特编码

变，传输的是"1"还是"0"，是由在每个时钟位的开始有无跳变来决定的，时钟位开始边界有跳变就表示 0，而时钟位开始边界没有跳变就表示 1，也可以相反表示。

差分曼彻斯特编码比曼彻斯特编码的变化少，因此更适合于高速传输信息，广泛用于高速宽带网。然而，由于每个时钟位都必须有一个跳变，所以这种编码的效率仅可达到 50%左右。

2. 宽带传输

在实际应用中，由于现在传输介质的带宽都很高，为了充分利用其性能，可以通过信道复用技术，将传输介质的带宽分割为多条信道，每条信道上都可以携带不同的信号，而且可以对每条信道上的信号进行不同方式的编码，所有信道可以同时发送信号，这种传输方式称为宽带传输。宽带传输适用于远距离的广域网和互联网主干线的数据传输，可用于传送音频、视频等。

3.2.4　模拟数据的数字信号编码

模拟数据的数字信号编码方式主要解决的是语音、图像信息的数字化传输问题，由于数字信号传输失真小，误码率低，数据传输速率高，便于计算机存储，所以将模拟数据转换为数字信号进行传输已成为必然趋势。

将模拟数据转换为数字信号进行传输的关键问题，就是如何将语音、图像这些模拟数据转化为数字信号。为了解决这个关键问题，贝尔实验室的工程人员开发了脉冲编码调制（pulse code modulation，PCM）技术。脉冲编码调制的工作过程包括三个步骤，即采样、量化和编码，如图 3.2.5 所示。

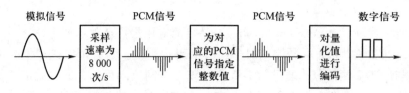

图 3.2.5　模拟数据转换为数字数据

（1）采样

模拟信号数字化的第一步就是采样，对连续变化的模拟信号进行周期性采样，只要采样频率大于或等于有效信号最高频率或其带宽的两倍，采样值便可包含原始信号的全部信息，ITU-T 规定语音信号的采样频率为 8 kHz。

（2）量化

量化是指为采样得到的 PCM 信号赋予一个最接近的整数值。例如，使用 2 的倍数对其进行量化。

（3）编码

编码是指将量化后的结果转化成二进制代码。

信号经过数字传输系统到达接收方后，由接收方将其还原为原来的一系列脉冲，再对这一系列脉冲进行滤波处理，就可以得到原始的模拟信号。

　　根据脉冲编码调制的采样频率和编码位数就可以初步估计出信道的最低带宽。

　　这种模拟数据的数字信号编码可以采取多种形式，如脉冲幅度调制（pulse amplitude modulation，PAM）、脉冲宽度调制（pulse width modulation，PWM）、脉冲位置调制（pulse position modulation，PPM）、脉冲频率调制（pulse frequency modulation，PFM）等。

　　（1）脉冲幅度调制

　　脉冲幅度调制简称脉幅调制，在脉幅调制中，脉冲的幅度与调制信号的采样值成正比。例如，图 3.2.6（a）中的调制信号（即要传输的信号），当以周期 T 对该调制信号进行采样时，即可得到该调制信号在 t_0，t_1，t_2 等各时刻的采样值。若脉冲的幅度与各时刻相应的采样值成正比，则为脉幅调制信号，如图 3.2.6（b）所示。

　　（2）脉冲宽度调制

　　脉冲宽度调制简称脉宽调制。在脉宽调制中，脉冲的宽度或脉冲的持续时间与调制信号的采样值成正比。脉宽调制信号可以利用图 3.2.6（c）所示的斜坡电压信号来产生，如图 3.2.6（d）所示，斜坡电压信号的峰值与调制信号的采样值成正比，而它的后沿下降速度是恒定的，即图 3.2.6（c）所示的后沿斜率是常数。

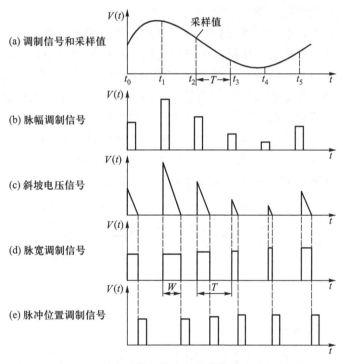

图 3.2.6　多种模拟数据的数字信号编码方式

　　（3）脉冲位置调制

　　在脉冲位置调制中，脉冲的位置和调制信号的采样值大小有关，每个脉冲前沿（即起始时刻）的时间延迟量与调制信号采样值的大小成正比。从图 3.2.6（e）可以看出，每个脉冲的幅度和宽度都保持不变，但每个脉冲的位置相对于采样时刻 t_0，t_1，t_2 等的时间延迟量是与调制信号采样值大小成正比的。

（4）脉冲频率调制

脉冲频率调制又称为脉冲数调制（pulse number modulation，PNM）。在这种调制方式中，单位时间内脉冲的个数与调制信号采样值的大小成正比，相当于脉冲的间隔与调制信号采样值的大小成反比。

微视频 3.3
信道复用技术

3.3　信道复用技术

在数据通信中，不管是采用点对点的通信方式还是采用广播式的通信方式，如果在一条专用的物理信道上只传输一路信号，那么信道的使用效率就会很低。两个或多个数据源能否用同一条物理信道进行传输呢？答案是肯定的。例如，人们生活中常见的模拟电视信号就是利用信道复用技术将数十套电视节目在同一条电缆中传输的，数字电视信号由于使用了压缩技术，因此可以用一个标准频道以信道复用的方式传输多套标准清晰度的电视节目。

信道复用就是把若干个彼此无关的信号通过多路复用器合并为一个复合信号，并在一条数据传输速率较高的公用信道上进行传输，然后再通过多路分用器将合并的各个信号分离，如图 3.3.1 所示。信道复用技术有两大类，一类是射频信道复用技术，称为多址通信；另一类是群频信道复用技术，即多路通信。信道复用技术的基本原理是相同的，只是由于它们的应用场合不同而各有自己的特点。常见的多路复用技术有频分多路复用（frequency division multiplexing，FDM）、时分多路复用（time division multiplexing，TDM）、波分多路复用（wavelength division multiplexing，WDM）和码分多路访问（code division multiple access，CDMA）。

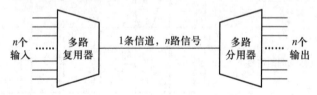

图 3.3.1　信道复用技术原理

3.3.1　频分多路复用

频分多路复用最简单，也是信道复用原理的最早应用，它将物理信道的总带宽用频率分割的方法固定分成若干条较窄的子频带（或称子信道），每一条子信道传输一路信号，每个用户都完全拥有其中的一条子信道来发送自己的信号，如图 3.3.2 所示。频分多路复用要求物理信道的总带宽大于各个子信道频带宽之和，同时为了保证各子信道中所传输的信号互不干扰，应在各子信道之间设立隔离带，即在通信用的频带两边加上保护频带，如图 3.3.2（c）所示的 84 kHz 与 85 kHz 之间、89 kHz 与 90 kHz 之间的频带就是保护频带。

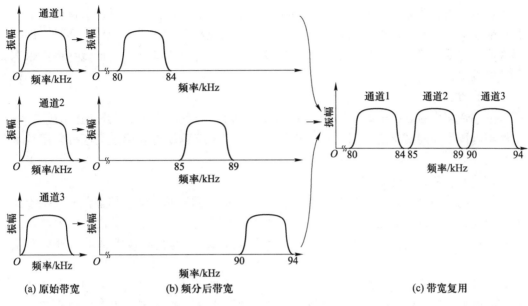

图 3.3.2　频分多路复用

频分多路复用的特点是所有子信道传输的信号以并行的方式工作，每一路信号传输时可不考虑传输时延，因此频分多路复用在电话网、蜂窝电话和卫星网络等模拟通信中得到了广泛应用。例如，在载波电话系统中，语音信号的有效频率范围为 300～3 400 Hz，因而 4 kHz 的带宽足以传送语音，并提供了一定的保护频带。根据国际电报电话咨询委员会（CCITT）标准，可以将 12 条 4 kHz 语音信道复用在 60～108 kHz 的频带上，也可以将其复用在 12～60 kHz 的频带上。

频分多路复用除了传统意义上的频分复用外，还有一种称为正交频分多路复用（orthogonal frequency-division multiplexing，OFDM）的技术。正交频分多路复用实际上是一种特殊的多载波数字调制技术，能够在无线环境下高速传输数据，其基本原理是将串行的高速数据转换成多路并行的低速数据，并以不同的载波频率进行调制，然后在传输介质上传输。与传统频分多路复用不同的是，只要子载波之间是相互正交的，则正交频分多路复用允许重叠部分子载波频谱，这样不仅能够减少子载波间的相互干扰，也提高了信道利用率。此外，正交频分多路复用系统可以通过灵活地选择合适的子载波进行传输，以实现动态频域资源分配，从而充分利用频率分集和多用户分集，以获得最佳的系统性能。正交频分多路复用所具有的诸多优势也使其得到了广泛关注与应用。

（1）在非对称数字用户线中的应用

非对称数字用户线（asymmetric digital subscriber line，ADSL）使用快速低时延接入/无缝切换的正交频分多路复用技术（flash-OFDM，俗称"快闪式-正交频分多路复用"）将数据和语音分开。

（2）在电力线通信中的应用

电力线通信（power-line communication，PLC）存在着多径效应、高噪声和衰落的特点。由于正交频分多路复用可以抗多径干扰和信号衰弱，同时还可以保持较高的数据传输速率，因此可以用正交频分多路复用技术来提高电力线通信的传输质量。即使是在配电网受到严重干扰时，正交频分多路复用仍然可以为其提供高带宽并保证带宽的传输效率。

（3）在数字音频广播中的应用

数字音频广播（digital audio broadcasting，DAB）的三项关键技术是信道编码技术、信源编码技术和网络覆盖规划。数字音频广播的信道编码就是利用正交频分复用技术实现的。

（4）在 4G 中的应用

第四代移动通信系统（4G）的关键技术包括信息调制和传输、信道传输、抗干扰性强的高速接入技术；低成本、小型化和高性能的智能天线技术；低成本、大容量的光接口和无线接口技术；等等。但是从技术层面看，4G 的核心技术是正交频分复用技术。

通过频分多路复用，多个用户可以共享一个物理信道，实现信道复用，提高信道传输效率。但是，模拟传输仍然是效率最低的传输方式，这主要体现在模拟信道每次只能供一个用户使用，使带宽得不到充分利用。此外，频分多路复用信道通常大于所需要的特定数字压缩信道，在这种情况下信道是浪费的。

3.3.2　时分多路复用

在模拟通信时代，多路复用的主要形式是频分多路复用，因为多个频带有限的连续信号共享一条信道进行传输，最方便的办法是采用多个不同频带的滤波器对其进行合并或分离。但是在数字通信时代，时分多路复用成为主流，这是因为数字信号时分复接/分接实现起来更加简单、方便，而且时分复接信号的发送是单载波调制，不像多载波调制那样存在多载波互相干扰、峰值平均功率比高等问题。时分多路复用也可以用于模拟信号传输。例如，电话、传真、电信等信号传输也使用时分多路复用技术。

时分多路复用的原理是将物理信道用于传输的时间划分成若干个时隙（time slot），每个用户分得一个时隙，在其占有的时隙内，用户使用物理信道的全部带宽。从图 3.3.3 可以看出，在这种方式下，用户以循环的方式轮流工作，每个用户周期性地获得整个带宽非常短的一个时间。时分多路复用的特点是，时隙是事先规划分配好且固定不变的，因此时分多路复用又称为同步时分多路复用。它的优点是时隙分配固定，便于调节控制，适于数字数据的传输。

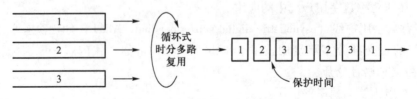

图 3.3.3　循环式时分多路复用

同步时分多路复用的缺点是当某信号源没有数据需要传输时,它所对应的信道就会出现空闲,从而降低了信道的利用率。如果能将图3.3.3所示的时隙的固定分配改为动态分配,就可以解决这一弊端,此时就形成了统计时分多路复用,如图3.3.4所示,它能明显地提高信道的利用率。

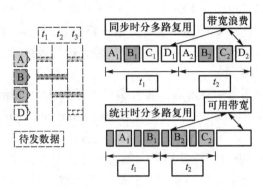

图3.3.4 统计时分多路复用

从图3.3.4可以清楚地看出两种时分多路复用技术的区别。在t_1周期里,C_1和D_1并没有需要传输的数据。在同步时分多路复用中,C_1与D_1在t_1周期里仍分配有时隙,因此这两个时隙中的带宽是浪费的。而在统计时分多路复用中,在t_1周期里不需为C_1、D_1分配时隙,明显提高了带宽的利用率。

3.3.3 波分多路复用

光通信是以光波为载体的通信方式,而所谓波分多路复用,从本质上来说就是光的频分复用。由于光载波的频率很高,因此通常用波长而不用频率来表示所使用的光载波。波分多路复用就是在一根光纤中同时传输多种不同波长的光载波信号,以达到复用的目的,如图3.3.5所示。最初人们只能在一根光纤上复用2个光载波信号,现在已能做到在一根光纤上复用80~160个光载波信号。不同的波长用于不同的信道,每条信道的数据传输速率可达2.5 Gbps~1 Tbps。2014年,来自美国和荷兰的科学家成功利用一种新型光纤实现了255 Tbps的数据传输速率。

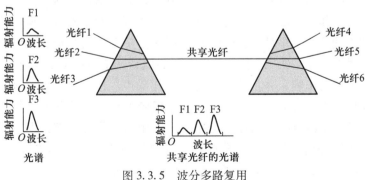

图3.3.5 波分多路复用

波分多路复用的经济性和有效性，使其成为当前光纤通信网络扩容的重要手段。具体来说，波分多路复用又可以分为三种多路复用方式：1 310 nm 和 1 550 nm 波长的波分多路复用、稀疏波分多路复用和密集波分多路复用。

（1）1 310 nm 和 1 550 nm 波长的波分多路复用

这种多路复用技术可追溯到 1970 年，当时仅用两个波长，即在 1 310 nm 窗口传送一路波长的光载波信号，在 1 550 nm 窗口传送一路波长的光载波信号，光载波间隔为 240 nm，利用波分多路复用实现了单纤双窗口传输，这是最初的波分多路复用技术。

（2）稀疏波分多路复用

继在主干网及长途网络中应用后，波分多路复用技术也开始在城域网中应用，当然主要指的是稀疏波分多路复用（coarse wavelength division multiplexing，CWDM）。稀疏波分多路复用使用 1 200～1 700 nm 的宽窗口，主要应用在 1 550 nm 波长的系统中，光载波间隔为 20 nm。稀疏波分多路复用最大的特点即是对波分多路复用设备要求不高，无须选择成本高昂的密集波分多路复用器和掺铒光纤放大器，只需采用便宜得多的多通道激光收/发器作为中继，使用成本大大下降。

（3）密集波分多路复用

密集波分多路复用（dense wavelength division multiplexing，DWDM）的光载波间隔更小，一般为 0.2～1.2 nm，可以承载 8～160 个波长。在色散管理技术和拉曼放大器等的辅助下，密集波分多路复用系统的无电中继传输性能得到跨越性的提高，传输距离可达几千千米，因而能够实现国家级的全光网。对于一条有 100 根数据传输速率为 2.5 Gbps 的光纤的光缆，如果采用 16 倍的密集波分多路复用技术，就会得到 100×40 Gbps，即 4 Tbps 的总数据传输率。

3.3.4　码分多路访问

码分多路访问是一种完全不同于频分多路复用和时分多路复用的共享信道方法，是扩展频谱通信的一种形式，它把一个窄带信号扩展到一个很宽的频带上。这种方法更能抗干扰，而且允许来自不同用户的多个信号共享相同的频带。

在讨论码分多路访问的具体原理之前，先来看一个形象的例子：在一个大厅里有很多人。时分多路复用可以看作是所有人都聚集在大厅里按顺序发表自己的看法；频分多路复用可以看作是大厅里的人分散在各处，两两一对以不同的语调交谈，某些语调高些，某些语调低些，每对的谈话同时进行，相互之间完全独立；码分多路访问可以看作是大厅里的每一对使用不同的语言交谈，交谈的双方都提取自己所需要的内容，同时拒绝与之无关的内容，并把这些内容都当作噪声。也就是说，频分多路复用是将传输信道的总带宽划分为多个子频带，每个子频带上传输一路信号，共享的是信道时间；时分多路复用是以时间作为信号分割参量，用同一物理信道的不同时段来传输不同的信号，共享的是信道频率；码分多路访问是通过不同的编码来区分各路信号的，它既共享信道时间，也共享信道频率。综上可见，码分多路访问的关键在于：能够提取出所需要的信号，同时拒绝其他所有信号，并把这些信号当作噪声。

在码分多路访问中，将每一个比特时间再划分为 m 个短的间隔，称为码片，通常 m 的值为 64 或 128。使用码分多路访问的每一个站点都被指派了一个唯一的 m 比特码片序列，这些 m 比特码片序列相互正交，每个站点都可以在同一时间使用同样的频带进行通信，由于各站点都使用唯一的码片序列，因此各站点之间不会形成干扰。

一个站点如果要发送比特 1，则其发送自己的 m 比特码片序列；如果要发送比特 0，则发送该码片序列的二进制反码；除此之外，不允许以其他任何形式发送数据。现假定有一个 1 MHz 的带宽被 100 个站点使用，如果采用频分多路复用的方式，每个站点都将得到 10 kHz 的频带；但如果采用码分多路访问的方式，每个站点都可以使用 1 MHz 带宽，如果某站点发送信息的速率为 100 bps，由于每个比特时间会被转换成 n 个码片，因此该站点发送信息的实际速率将会提高到原来的 n 倍，同时该站点所占用的频带宽度也变为原来的 n 倍，即 n MHz 的带宽，这就称为扩频。

在码分多路访问中每个 m 比特码片序列都是相互正交的，因此如果所有站点彼此之间都要进行通信，那么全部信息都会经过分割、编码变换再进行混合传输；各个站点利用正交这个性质，进行向量的内积运算，识别出自己要接收的信息。这就好像混合信号加有 N 把锁，每个站点都有一把专用钥匙，每把专用钥匙只能打开一把锁，当所有的锁都在网络中传输时，每个站点用所拥有的钥匙寻找着自己能打开的那把锁。

码分多路访问最初用于军事通信，因为采用这种方式的系统发送的信号有很强的抗干扰能力，其频谱类似于白噪声，不容易被敌人发现。随着现代移动通信网对大容量、高质量、综合业务、软切换的需求不断增多，码分多路访问技术已经发展至 CDMA 2000 标准，同时码分多路访问设备的价格和体积也都大幅度下降，因而已广泛应用在民用移动通信中。例如，在无线局域网中，采用码分多路访问可以提高通信的语音质量和数据传输的可靠性，减少干扰对通信的影响，增大通信系统的容量（如果是手机，则是蜂窝系统 GSM 的 4~5 倍容量），降低手机的平均发射功率，实现"同时、同频、同空间"的多路通信。

近年来出现了新的多路复用技术——空分多路复用（space division multiplexing，SDM），即通过自适应天线阵进行空间分割，在不同的方向上形成不同的波束，每个波束可以提供一个没有其他用户干扰的唯一信道，进而让同一频带在不同的空间内得以重复利用。空分多路复用技术可以使系统在同一时间、同一频带、同一宏观物理空间中进行多路通信而且互不干扰，让有限的频谱资源得到最大化利用，使频谱效率得到数倍的提升。

拓展阅读 3.1
空分多路复用技术

微视频 3.4
数字通信方式

3.4 数字通信方式

按照不同的分类方法，可以将常见的数字通信方式分为：单工通信、半双工通信和全双工通信；串行通信和并行通信；异步通信和同步通信。

3.4.1 单工、半双工和全双工通信

按照信号传送方向与时间的关系，可以将数字通信分为单工通信、半双工通信和全双工通信三种类型。

在图 3.4.1（a）所示的单工通信中，信号只能由站点 A 发送到站点 B，任何时候都不能改变信号的传送方向，站点 A 只有发送装置，站点 B 只有接收装置。例如，由无线电广播电台发送信号，收音机接收信号，而收音机永远不能发送信号，这就是单工通信的实例。

在图 3.4.1（b）所示的半双工通信中，通信双发均可以发送、接收数据，但不能同时进行。由于使用一根线连接，同一个时间内只能向一个方向传送数据，其传送方向由收发控制开关 K 来控制。人们日常生活中常见的对讲机采用的就是半双工通信的方式，某时刻站点 A 发送数据，站点 B 接收数据，然后站点 A 切换到接收状态，同时告知站点 B 可以发送数据了，站点 A、站点 B 不能同时进行处于发送状态，或者同时处于接收状态。

图 3.4.1（c）所示的全双工通信则是指通信双方可以同时发送和接收信息，实际上它是采用了两个单工通信来连接双方，站点 A 和站点 B 都具有发送装置和接收装置，既可以同时发送数据，又可以同时接收数据。

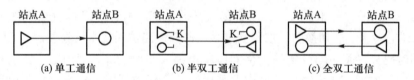

图 3.4.1 单工、半双工与全双工通信

采用半双工通信方式时，通信系统每一端的发送器和接收器，都通过收发控制开关转接到通信线上，进行传送方向的切换，因此会产生时延，效率低，但是可以节约传送线路。采用全双工通信方式时无须进行方向的切换，因此没有切换操作所产生的时延，这对那些不能有时延的交互式应用（如远程监测和控制系统）是十分有利的。

近年来，无线全双工通信技术取得了突破性的进展，可以通过不同方法实现无线全双工通信。该技术采用的自干扰抵消方法主要有：

① 通过站点自身收发天线位置的摆放或者天线之间距离的调整进行自干扰抵消。

② 通过射频端抵消，在站点处引入一条支路进行回波抵消。

③ 在站点基带处进行自干扰抵消。

3.4.2 串行/并行通信

无论是从通信速度、造价上来看，还是从通信质量上来看，现今的串行通信方式都比并行通信更胜一筹，尤其是通用串行总线接口 USB 3.0，已成为计算机和智能设备的必配端口。

1. 并行通信

在并行通信中，数据在多条并行 1 位（比特）宽的传输线上同时由发送方传送到接收方。以一个字节的数据为例，至少要用 8 条并行传输线同时从发送方传送到接收方，接收方在收到这些数据后，无须对其进行任何改变就可以直接使用，如图 3.4.2（a）所示。

2. 串行通信

在串行通信中，数据在单条 1 位宽的传输线上，按照字符所包含的比特的顺序逐位传送。以一个字节的数据为例，该数据分 8 次由低位到高位按顺序由发送方传到接收方，如图 3.4.2（b）所示。

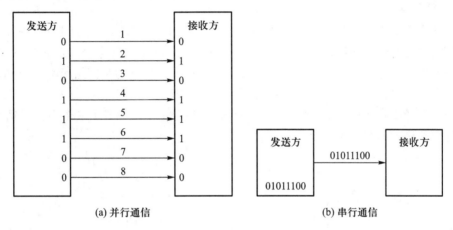

图 3.4.2　并行通信与串行通信

对比并行通信与串行通信，并行通信的通路犹如一条多车道的宽阔大道，而串行通信则是仅允许一辆汽车通过的小路。由此可以看出，并行通信相较于串行通信，数据传输速率高，但每一位传输都要求有一个单独的信道支持，通信成本也有所提高；此外，由于信道之间存在电容感应，远距离传输时可靠性会降低，因此并行通信更适合于外部设备与计算机之间进行近距离、大量和快速的信息交换。而串行通信的优点是传输线少，成本低，适合远距离传输。例如，计算机上常用的 USB 设备和网络通信设备等都采用串行通信，就是因为实现串行通信的硬件更具经济性和实用性。

使用并行通信方式的前提是用同一时序传输信号，用同一时序接收信号，而过分提升时钟频率将难以让数据传送的时序与时钟合拍，布线长度稍有差异，数据就会以与时钟不同的时序送达。另外，提升时钟频率还容易引起信号线间的相互干扰，导致数据传输错误。因此，并行通信方式难以实现高速化。1995 年，由 Compaq、Intel、Microsoft 和 NEC 等公司推出的 USB 端口首次出现在个人计算机（PC）上，1998 年即进入大规模实用阶段，成为 IEEE 1284 并行端口和 RS-232C 串行端口的接替者。

拓展阅读 3. 2
USB 串行端口
技术

3. 4. 3　异步/同步通信

在数据通信中，同步问题是一个十分关键的问题，是实现正确信息交换必须完成的基本任务之一。在网络数据通信中，并行通信通过增加控制信号线来保证数据同步；而串行通信则是通过严格的通信协议来保证数据同步。由于串行通信在计算机网络中使用得较为普遍，下面主要介绍串行通信是如何实现同步操作的。

在串行通信中，发送方一位一位地把信息通过传输介质发往接收方，接收方必须识别数据的开始和结束，而且必须知道每一位的持续时间，只有这样接收方才能从传输介质上正确地接收到传送的数据。

同步就是接收方按照发送方发送的每个数据块的起止时间及重复频率来接收数据，并且要校准自己的时钟，以便与发送方的发送时序保持一致，实现同步接收。具体实现方式有同步通信和异步通信两种。

1. 异步通信

在异步通信中，接收方与发送方使用各自的时钟，它们的工作是非同步的，发送方可以在任意时刻发送字符，字符之间的间隔时间可以任意变化。该方法是将字符看作一个独立的传送单元，在每个字符的前后各加入 1~3 位作为字符的起始位和终止位，以便在每个字符开始时接收方和发送方同步一次，从而在一串比特流中把每个字符识别出来。在异步串行通信中数据位加上其起始位和终止位就形成了一个串行传输的帧，该帧的数据格式如图 3.4.3 所示。

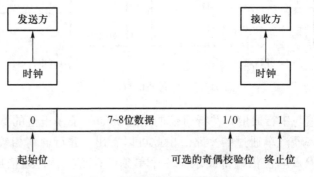

图 3.4.3　异步通信中帧的数据格式

① 用一个起始位表示字符的开始，一般用逻辑"0"低电平表示。

② 后面紧跟着字符的数据位，通常是 7 至 8 位数据（低位在前，高位在后）。

③ 根据需要加入 1 个奇偶校验位。

④ 最后是终止位，其长度可以是一位或两位，用逻辑"1"高电平表示。

在异步通信中，通信双方必须约定好以下事宜。

① 帧的数据格式：包括对字符的编码形式、奇偶校验以及起始位和终止位的规定。

② 数据传输速率：由于发送方只发送数据帧，不传输时钟，发送方和接收方必须约定相同的数据传输速率。当然双方实际的数据传输速率不可能绝对相等，但是只要误差不超过一定的限度，就不会造成数据传输出错。

通过上面的介绍可以看出，异步通信简单，成本低，但缺点是起始位和终止位实际上不传送信息，开销大，它更适用于低速网络。

2. 同步通信

同步通信是一种连续串行传送数据的通信方式，是指在约定的通信速率下，发送方和接收方的时钟信号频率和相位始终保持一致（同步），这就保证了通信双方在发送和接收数据时具有完全一致的定时关系。同步通信时传送的帧与异步通信中的帧不同，它通常含有若干个数据字符，也称为数据块。每个数据块的开始部分设置了一个或多个同步字符，然后要求发送方和接收方在该帧传输的过程中始终要保持同步，如图 3.4.4 所示。

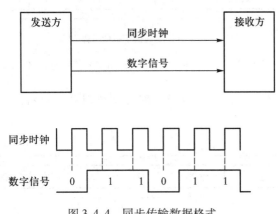

图 3.4.4 同步传输数据格式

同步通信有面向字符和面向比特的两种控制方式。

（1）面向字符的同步通信

数据都被看作字符序列，所有的控制信息也都是字符形式的，在字符序列的前后分别设有开始控制字符和结束控制字符。接收方首先寻找开始控制字符，然后处理控制字符，接收数据字符。一个帧的结束可以由结束控制字符标志，也可以在控制字符中设置帧长度加以控制。

面向字符的同步通信可以采用如图 3.4.5 所示的三种数据格式：单同步、双同步和外同步。单同步和双同步数据格式均由同步字符、数据字符和校验字符三部分组成。其中，单同步通信是指在传输数据之前先传输一个同步字符"SYNC"，双同步通信则是指在传输数据之前传输两个同步字符"SYNC"。外同步通信的数据格式中没有同步字符，而是用一条专用控制线来传输同步字符，使接收方及发送方实现同步。每一帧信息均用两个字符的校验字符——循环冗余码（CRC）作为结束标志。

（2）面向比特的同步通信

在面向比特的同步通信中，数据都被看作二进制位（比特）序列，同步标志也是由二进制位组合来表示的，其传输的原理和面向字符的同步传输方式相似。面向比特的传输有若干种控制规程，如高级数据链路控制规程、链路接入规程等。根据同步数据链接控制规程（synchronous data link control，SDLC），面向比特传输的帧由 6 个部分组成：第一部分是开始标志"01111110"；第二部分是一个字符的地址场；第三部分是一个字符的控制场；第四部分是需要传输的数据，数据都是比特的集合；第五部分是

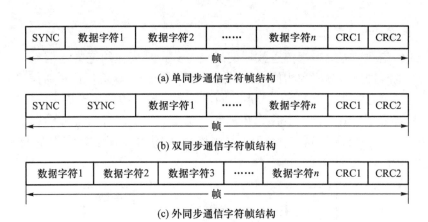

(a) 单同步通信字符帧结构

(b) 双同步通信字符帧结构

(c) 外同步通信字符帧结构

图 3.4.5　三种面向字符的同步通信数据格式

两个字符的循环冗余码（CRC）；最后一部分又是以 "01111110" 作为结束标志，如图 3.4.6 所示。

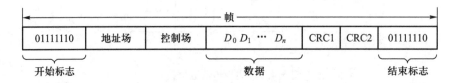

图 3.4.6　面向比特的同步通信数据格式

需要注意的是，同步数据链接控制规程不允许在数据部分和循环冗余码部分中出现 6 个 "1"，否则会被误认成结束标志。此外，要求发送方对数据部分进行校验，一旦连续出现 5 个 "1" 就立即插入一个 "0"，再由接收方将这个插入的 "0" 去掉，恢复原来的数据，保证通信的正常进行。

3. 同步通信与异步通信的比较

（1）数据传输方式不同

同步通信要求接收方时钟频率和发送方时钟频率一致，发送方发送连续的比特流；异步通信则不要求接收方时钟和发送方时钟同步，发送方发送完一个字符后，可以经过任意长的时间间隔再发送下一个字符。

（2）同步通信数据传输速率比异步通信高

由于同步通信取消了每个字符前面的同步位，数据位在所传输的比特流中的占比增大，提高了数据传输效率，适用于数据传输量大、数据传输速率高的系统。

（3）同步通信比异步通信复杂

同步通信时允许发送和接收双方时钟稍有误差，而异步通信则允许双方时钟有一定的误差。

（4）同步通信可用于点对多点通信，异步通信只适用于点对点通信

尽管同步通信方式有很多优点，但是实现起来较为复杂，传输中一旦出现错误就

会导致整个数据块传输失败，而且其软件和硬件费用太高，故大多数网络采用异步通信方式。这说明在设计计算机网络时费用是一个很重要的非性能指标。

3.5 数据交换技术

通信的目的是实现信息的传递，当存在多个站点且希望它们中的任何两个都可以进行点对点通信时，最直接就是按照如图 3.5.1 所示的方式，把所有站点两两相连，这种连接方式称为全互联方式。从图 3.5.1 中可以看出，全互联方式存在以下一些缺点。

微视频 3.5
数据交换技术

① 当存在 N 个站点时，需要的线路对数为 $N(N-1)/2$，即线对数按照终端数的平方增加。

② 当这些站点分别位于相距很远的两地时，两地间需要大量的长途线路。

③ 每个站点都有 $N-1$ 对线路与其他站点相连，因而每个站点都需要 $N-1$ 个线路接线口。

④ 若增加第 $N+1$ 个站点，则必须增设 N 对线路。

随着站点数量的增加，上述问题将呈指数级增加。为了解决上述问题，可以如图 3.5.2 所示，在站点分布密集区中心安装一台设备，将每个站点都用专用的线路连接在这台设备上，这就是交换设备。交换设备可以在需要时将两个站点连接起来，同时在站点通信完毕后将两个站点间的连线断开。有了交换设备，对 N 个站点而言，只需要 N 对线就可以满足要求。虽然增加了交换设备的费用，但交换设备利用率很高，而且大大降低了线路的费用。

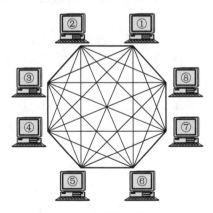

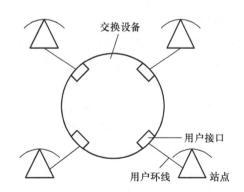

图 3.5.1　全互联方式示意图　　　　　　图 3.5.2　交换方式示意图

综上所述，在数据通信系统中，发送方和接收方之间的数据传输由通信网络中的站点相互转接，从而形成数据交换线路。数据交换技术是建立在通信子网完成数据信号传输的基础上的，其基本要求如下。

① 能够适应计算机网络中不同数据传输速率的要求，并且能够尽可能地满足各个站点的需求。

② 数据传输速率较高。

③ 数据传输具有实时性，在网络上的时延要小。

④ 数据传输要准确，并能够应对站点数据特性的变化。

数据交换技术的发展主要经历了电路交换、报文交换、分组交换三个过程。随着技术的发展，还出现了光分组交换、软交换等交换方式。

3.5.1　电路交换

电路交换（circuit switching）又称为线路交换，是指在发送方和接收方之间建立起一条专用物理连接通路来传输数据，并且在整个数据传输的过程中，该专用物理连接通路一直被发送方和接收方占用，在数据传输结束后才被释放。

电路交换包括电路建立、数据传送、电路释放三种状态。

（1）电路建立

在传输数据之前，需要建立一条端到端的物理连接通路，因此在应用电路交换技术时，应注意物理连接通路的合理构建。例如，图3.5.3中的站点A发出一个请求到交换节点1，请求与站点F建立一个有效的连接。一般情况下采用的方法是：站点A到交换节点1之间有一条专用通路，因此这一部分的连接是有效的；此时需要交换节点1在通向交换节点5（站点F与交换节点5之间存在有效连接）的过程中寻找一个合适的通路。如果此时交换节点1到交换节点6的线路处于空闲状态，而从交换节点1到交换节点3的线路处于非空闲状态，则在交换节点1和交换节点6之间建立一条通路；对于其他交换节点的操作类似，一直持续到站点F。至此，就可以构建一条经过站点A、交换节点1、交换节点6、交换节点7、交换节点5、站点F的专用物理连接通路。

（2）数据传输

一般情况下，数据从站点A经专用通路到交换节点1，接着经过从交换节点1到交换节点6的通道到达交换节点6，并在交换节点6的内部进行交换，然后经过从交换节点6到交换节点7的通路、从交换节点7到交换节点5的通路到达交换节点5，在交换节点5的内部进行交换，直至最终实现交换节点1和站点F之间的有效连接。在实际运行过程中，这种线路是双向的，可以同时从两个方向进行数据的有效传输；而且传播时延小，实时性好，没有阻塞问题。

（3）电路释放

当站点间的数据传输完成后，就要执行电路释放动作，通常由两个站点中的任一个来完成这个动作。在图3.5.3中，站点A向站点F发出释放连接请求，站点F同意结束数据传输并释放连接后，就向交换节点5发送释放连接请求，然后按照交换节点5、交换节点7、交换节点6、交换节点1的次序，依次释放建立好的物理连接通路。至此，该次通信结束。

日常生活中典型的电路交换应用实例是电话系统，其简化图如图3.5.4所示，图

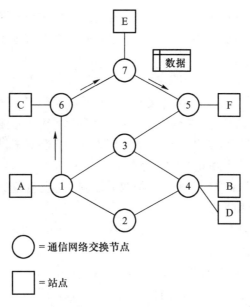

图 3.5.3 电路交换

中 6 个矩形代表运营商的电话交换局，每个电话交换局有 3 条入境线路和 3 条出境线路。当电话呼叫通过一个电话交换局时，在电话入境线路与某一条出境线路之间就会建立起一个物理连接，如图 3.5.4 中的虚线所示。当然，图 3.5.4 所示的模型被高度简化了。因为事实上，两个电话之间的物理连接通路可能部分是微波，部分是光纤，而且在光纤链路上，会有成千上万的电话呼叫被复用在一起。即便如此，前面介绍的电路交换的基本思路仍然是有效的，即一旦一个呼叫被建立起来，两端之间就会存在一条专用通路，并且这条通路会一直持续到该次呼叫结束。

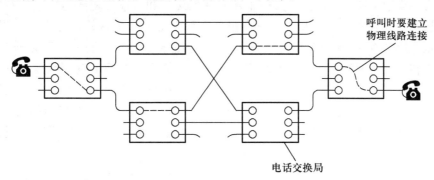

图 3.5.4 电话系统简化图

从人们日常打电话可以知道，拨完电话号码到开始响铃可能需要 3~10 s 的时间，长途电话或者国际电话所需的时间更长。在这段时间，电话系统正在竭力寻找数据到达目的地的物理连接通路，在开始传输数据之前，必须将呼叫请求信号按照相应的通路传向接收方，而且要由接收方确认。但对于许多计算机应用，如销售点的信用卡验证来说，长时间的建立过程是无法接受的。因此，虽然电路交换设备操作简单，数据传输速率高、时延小，但更适用于需要进行远程批处理和发送大量数据的固定用户间的通信。

综上所述，电路交换具有以下优点。

① 数据传输时延小，对于一次连接而言，传输时延固定不变。

② 数据以数字信号的形式在数据通路中"透明"传输，交换设备并不存储、分析和处理用户的数据，因此交换设备在数据处理方面的开销比较小，也不需要为用户数据附加过多的控制信息，数据的传输效率较高。

③ 数据的编码方法和信息格式由通信双方协调，不受网络的限制。

电路交换主要具有如下缺点。

① 物理通路的连接时间较长。当传输较少的数据时，物理通路的建立时间可能将大于通信时间，网络利用率低。

② 线路资源被通信双方独占，线路利用率低。

③ 通信双方在数据传输、编码格式、同步方式、通信协议等方面要完全兼容。这就限制了具有不同数据传输速率、不同代码格式、不同通信协议的站点间的直接互通。

④ 可能出现由于接收方站点忙或交换网络负载过重而呼叫不通的情况。

3.5.2　报文交换

顾名思义，报文交换（message switching）的传输单位是报文。需要强调的是，这里所讲的报文指的是数据的一个逻辑单位，而不是望文生义的报纸文章。报文的内容包括要发送的正文信息和收发双方的地址，以及其他控制信息。

与电路交换不同的是，报文交换不需要在发送方和接收方之间建立一条专用的物理连接通路。如果发送方想要发送一个报文，只需要把一个目的地址附加在报文上，然后使报文以"存储-转发"的方式在网络中传输。报文之所以能以"存储-转发"的方式进行传输，是因为在实际的网络中，用于报文交换的交换节点一般是一台小型计算机，存储容量较大，可以对报文进行缓冲，报文在每个交换节点的时延，是其接收报文所需要的时间与等待时机将其重新传输到下一个交换节点所需要的时间之和。

如图 3.5.5 中所示，要将数据从站点 C 发送数据到站点 F，按如下方式进行报文交换。

① 发送站点 C 将要发送的数据封装成一个报文，连同目的地址发给本地交换节点 6。

② 交换节点 6 接收该报文并存储下来，然后选择一条合适的空闲输出线路将其转发给下一个交换节点，如交换节点 1；交换节点 1 接收该报文并将其存储下来，然后再转发给下一个交换节点 3，如此循环往复，依次进行。

③ 接收站点 F 接收到该报文。在数据传输过程中，每次数据交换均由存储和转发两步构成，不需要独占一条物理连接通路，这样可以提高信道的利用率；此外，同一个数

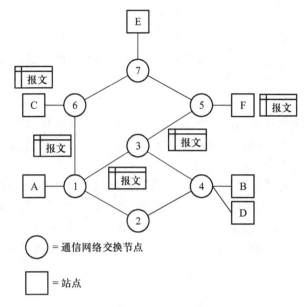

图 3.5.5　报文交换

据可以被发送给多个交换节点。目前人们常用的电子邮件就是利用这种模式传送的。

报文交换与电路交换相比有以下优点。

① 不需要建立专用的物理连接通路，在很多情况下，还可以实现从一个交换节点到另一个交换节点的通路的共享。也就是说，信道可以被多个报文共享，利用率更高。

② 发送方和接收方无须同时工作，当接收方忙时，交换节点可以暂存报文。

③ 在报文交换网络中，一个报文可以被同时发送给多个交换节点，比电路交换的性能更高。

④ 可以根据报文的长短或者其他特征建立报文的优先级，使得一些短的、重要的报文优先传递。

⑤ 报文交换网络中的数据格式易于转换，因此每个交换节点都可以在充分利用网络数据传输速率的基础上，与其他交换节点连接，这样数据传输速率不同的两个交换节点也能相互通信。

⑥ 能够在网络上实现报文的差错控制和纠错处理。

当然，报文交换也存在很多问题。例如，报文交换无法满足实时或交互式数据通信的要求。此外，如果报文较长，则中间的交换设备需要有较大容量的存储器，否则会使响应时间过长，增加网络时延；而且一旦在数据传输过程中出现任何差错，就必须花费大量的时间和资源来解决问题，影响数据传输工作，降低报文交换的实时性，因而报文交换不适用于实时通信或者交互式的应用场合。可见，报文交换难以满足现今人们对数据传输的要求，其使用受到较大的限制。

3.5.3　分组交换

分组交换结合了报文交换与电路交换的优点，与报文交换相比，这种交换技术对数据传输单元的最大长度做出了限制。分组交换又称为包交换，分组（packet）是分组交换的基本数据传输单元，它可以是 100~1 000 字节的数据。每个分组所包含的内容有要发送的数据、收发双方的地址、分组编号、校验码等控制信息。分组交换可以采用数据报分组交换和虚电路分组交换两种方式。

1. 数据报分组交换

数据报分组交换是一种无连接的服务提供方式。在数据报分组交换中，发送方将报文分割成若干个分组，然后采取存储和转发工作方式，单独传送每个分组，并允许每个分组的传输路径不同。

在图 3.5.6 中，可以看到发送站点 C 将其要发送的数据拆分为两个分组，分组 1 和分组 2 选择了不同的传输路径，在交换节点 5 处汇合，然后将其重新组成完整的报文再传送给接收站点 F。需要注意的是，报文分割后形成的若干分组很可能会出现不按照发送顺序到达目的站点的情况，此时需要在目的站点处将收到的分组重新组装成报文。

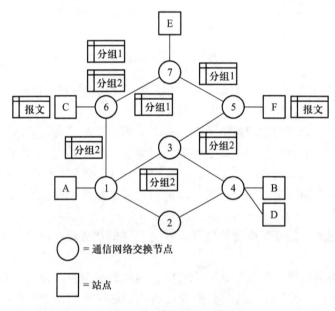

图 3.5.6　数据报分组交换

数据报分组交换方式可以免去建立线路的开销，网络传输效率较高，对网络故障的适应能力强，网络中任一节点或者线路出现故障都不会影响数据的传输，适合于只传输少量分组的网络应用。

2. 虚电路分组交换

虚电路分组交换是一种面向连接的服务提供方式。在发送数据之前建立一条逻辑连接，之后分组将在这条逻辑连接上传输。虚电路分组交换建立的是逻辑通道——虚电路，不是电路交换中的专用物理连接通道。虚电路上的交换设备中都有缓冲装置，只有在虚通道对应的物理通道空闲时才会发送数据，这实际上是对物理通道使用了分时共享技术。

如图 3.5.7 所示，若站点 A 有一个或多个报文需要发送到站点 B，则需要提前发送一个呼叫请求分组，提出将分组发送到交换节点 1，并由交换节点 1 转发，直至到达站点 B 的请求。一般情况下，交换节点 1 先将分组存储起来，然后根据分组的目的地址将其发送到交换节点 2，而交换节点 2 则同样将分组存储转发至交换节点 4，在交换节点 4 将呼叫请求分组传送到站点 B 之后，如果站点 B 决定接受上述请求，则需要发送一个呼叫应答分组，按原路返回到站点 A。此时，站点 A 与站点 B 之间便建立了一条虚电路（站点 A、交换节点 1、交换节点 2、交换节点 4、站点 B）。所有分组（分组 1、分组 2）按顺序沿着这条虚电路进行传输。分组到达交换节点 4 时不会出现丢失、重复与乱序的现象，因此这是一种面向连接、可靠的服务，适合大批量的数据传输，但是如果虚电路中的某个节点或者线路出现故障，则将导致传输失败。

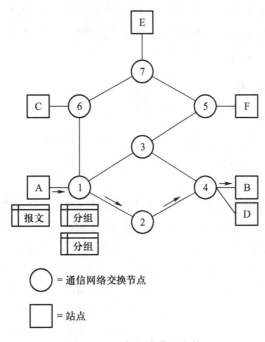

图 3.5.7　虚电路分组交换

综上所述，分组交换的主要优点如下。

① 向用户提供了具有不同数据传输速率、不同编码、不同同步方式、不同通信控制协议的数据终端之间能够相互通信的灵活的通信环境。

② 在网络轻负载的情况下，信息的传输时延较小，而且变化范围不大，能够较好地满足计算机交互业务的要求。

③ 实现线路动态统计复用，通信线路的利用率很高，在一条物理线路上可以同时提供多条信息通路。

④ 可靠性高。每个分组在网络中传输时可以分段进行差错校验，使信息在分组交换网络中传输的误比特率大大降低，一般可以达到 10^{-10} 以下，由于分组在分组交换网中传输的路由是可变的，因此当网络中的线路或设备发生故障时，分组可以自动地避

开故障点而选择一条新的路由，使通信不会中断。

⑤ 分组交换更加经济。数据以分组为单位在交换设备中存储和处理，不要求交换设备具有很大的存储容量，因而降低了网络中设备的费用。

当然分组交换也存在其自身的缺点。

① 网络所附加的传输信息比较多，就长报文而言，其传输效率比较低。在分组交换中，要设计很多不包含数据信息的控制分组，用它们来实现数据通路的建立、保持和释放，以及差错控制和数据流控制等。可见，在分组交换网中除了要传输用户数据外，还有许多辅助的控制信息在网络中流动。因此，对于较长的报文来说，分组交换的数据传输效率不如线路交换和报文交换的数据传输效率。

② 分组交换技术实现复杂。分组交换节点要对各种类型的分组进行分析和处理，为分组在网络中传输提供路由，并且在必要时自动进行路由调整，为用户提供数据传输速率、编码和规程的变换，为网络的维护和管理提供必要的报告信息等，因此要求交换节点有较高的处理能力。

3.5.4　其他交换技术

1. 快速分组交换

快速分组交换简化了通信协议，只具有核心网络功能，以提供高数据传输速率、高吞吐量、较小时延的交换方式。

（1）帧中继交换

随着光纤的普及和网络数据传输速率与质量的提高，为了进一步提高通信效率，产生了帧中继交换技术，这是一种能够减少数据处理时间的交换技术，它利用光纤传输系统低误码率和高数据传输速率的特点，为用户提供质量更高的快速分组交换服务。它采取按需分配带宽的统计时分多路复用原理，把位于单条线路上的多个站点的数据汇集到一起，再将其分为多个帧进行传输，帧的大小由当时的带宽决定，最大允许 4 000 字节的数据，是可变长度的数据传输单元。这种分组交换方式主要应用于帧中继网络。帧中继交换方式的最大优势是利用了光纤，传输质量高，正确率高，能够更好地整合和利用各种资源。但是它也存在缺陷，不适于实时的数据传输应用。此外，它对传输线路质量和终端智能化的要求都极为严格。

（2）信元交换

目前在宽带综合业务数字网中提出的信元交换技术是一个典型的虚电路分组交换技术应用，它是一种基于信元、面向连接、全双工、点对点的快速分组交换技术。在这种数据交换方式中，所有的信息被分割成具有固定长度的信元，国际电信联盟电信标准化部（ITU-T）规定信元长度为 53 字节，其中，信元首部长度为 5 字节，数据段长度为 48 字节，信元采用统计时分多路复用方式占用信道，所以又称为异步传输方式（asynchronous transfer mode，ATM）。ATM 能够在一条物理信道上同时建立起多条虚电路，以提供不同的业务（如语音、数据以及图像传送），它采用面向连接并预约传输信息的方式，取消了分段式的差错控制和流量控制，减少了网络处理时间，网络控制也非常简单，目前广泛应用于主干网络，适用于各种高速数据交换业务，特别是多媒体数据的传输。

2. 光交换

随着光纤的广泛应用，特别是密集波分多路复用技术的成熟，单根光纤的传输容量已可达太比特每秒（Tbps）的量级，由此为交换技术的发展提供了巨大的动力。传统的数据交换技术需要将数据转换成电信号进行交换，然后再将其转换为光信号进行传输，信号经光-电和电-光转换会有一定的损耗，无法满足更高速的数据交换需要，而且转换设备体积庞大，费用高昂。光交换是指不经过任何光电转换，在光域内将输入端光信号直接交换到任意的光输出端。光交换包括光路交换和光分组交换两种，光路交换所涉及的技术有空分交换技术、时分交换技术、波分/频分交换技术、码分交换技术和复合型交换技术，其中空分交换技术包括波导空分光交换技术和自由空分光交换技术；光分组交换所涉及的技术主要包括光分组交换技术、光突发交换技术、光标记分组交换技术、光子时隙路由技术等。目前光交换技术发展得非常快，未来通信网络的核心层将会首先采用光交换，而接入层仍将采用以 ATM 或 IP 路由器为主的分组交换方式。随着通信量越来越大，人们对光交换的交换能力提出了越来越高的要求，光交换技术的发展趋势是智能化、自动化、全光交换、光交换机多样化，具有巨大的发展前景。

拓展阅读 3.3
光交换技术

3. 软交换

随着因特网的大规模应用，"everything over IP"（即在 TCP/IP 体系结构中，各种网络应用均是建立在 IP 协议的基础之上）已成为网络的发展趋势，基于分组网络的语音业务也成为研究与开发的热点，以软交换为核心的下一代互联网技术应运而生。软交换的概念最早起源于美国，这一概念一经提出，便很快得到了业界的认同和重视，软交换相关标准和协议得到了因特网工程任务组、国际电信联盟电信标准化部门等国际标准化组织的重视。

软交换是一种提供呼叫控制功能的软件实体，用于实现基本呼叫控制功能，支持所有现有的电话功能及新型会话式多媒体业务，采用标准协议，如会话初始协议（SIP协议）、H.323 协议、媒体网关控制协议（MGCP 协议）、MEGACO/H.248 协议、SIGT-RAN 协议等多种协议，提供了不同厂商设备之间的互操作能力，是一种针对与传统电话业务和新型多媒体业务相关的网络和业务问题的解决方案，它能够减少资本和运营支出，提高收入。

知识点小结 🔍

● 一个典型的数据通信系统可以分为三大部分：源端（信源、发送设备）、信道和目的端（信宿、接收设备）。

● 信道是在发送设备和接收设备之间用于传输信号的通路，它由传输介质及相关控制设备组成，是真实存在的。而逻辑信道是指在发送方和接收方之间传输信息的数据连接通路，一条物理信道可以被划分为多条逻辑信道。

● 模拟信号传输的基础是载波，根据载波的振幅、频率和相位，可以将数字信号调制为模拟信号的方式分为三种：幅移键控调制、频移键控调制、相移键控调制。

● 常见的数字数据编码有三种方式：不归零码、曼彻斯特编码和差分曼彻斯特编码。

● 信道可以以时分多路复用、频分多路复用、波分多路复用、码分多路访问的方式被多个用户共享使用。

● 按照信号传送方向与时间的关系，可以将通信分为单工通信、半双工通信和全双工通信三种类型。

● 数据交换技术的发展主要经历了电路交换、报文交换、分组交换三个过程。随着技术的发展，还出现了快速分组交换、光交换、软交换等交换方式。

思考题

1. 在一根光纤上发送视频数据，如果计算机的屏幕分辨率为 2560×1600 像素，每个像素为 24 比特。若视频数据产生的频率是 30 帧/s，请问需要多少带宽。

2. 有 10 个信号，每个信号需要 3 000 Hz 带宽，现在用频分多路复用技术将它们复用到一条物理信道上，如果保护频带为 400 Hz，请问该信道所需要的最小带宽是多少。

3. 数据在信道中的传输速率受哪些因素的限制？

本章自测题

4. 为什么要使用信道复用技术？常用的信道复用技术有哪些？分别适用于哪些环境？

5. 解释并行通信和串行通信的区别，并举例说明其典型应用。

6. 解释同步通信和异步通信的区别，并举例说明其典型应用。

7. 解释报文交换和分组交换的区别，并说明它们各自适用的场合。

8. 在同样的环境下，分组交换所需要的时间比报文交换所需要的时间少吗？为什么？

第 4 章

网络传输介质与网络连接设备

　　网络传输介质是网络中发送方与接收方之间的物理通路，它对网络数据通信有一定的影响。网络连接设备是由网络传输介质连接起来的各种设备的总称，用于实现物理层、数据链路层、网络层、应用层上的计算机与计算机、计算机与网络、网络与网络之间的连接。本章的主要内容如下：

- 有线传输介质，包括双绞线、同轴电缆、光纤、电力线。
- 无线传输介质，包括无线电波、红外线、微波、卫星和激光。
- 网络连接设备，包括中继器、集线器、交换机和路由器等。

4.1　有线传输介质

4.1.1　双绞线

　　双绞线（twisted pair，TP）又称为双扭线，是局域网中最常用的传输介质。双绞线采用将一对互相绝缘的金属导线按照一定的规则相互扭绕（一般按逆时针扭绕）的方式来抵御一部分外界电磁波干扰，"双绞线"的名字也由此而来。把一对绝缘的铜导线按照一定的扭绕密度互相绞在一起，可以降低它们彼此之间的信号干扰，每一根铜

微视频 4.1
有线传输介质

导线在传输过程中辐射的电磁波会被另一根铜导线上发出的电磁波抵消。双绞线的组成如图 4.1.1 所示。典型的双绞线有 4 对的，也有将更多对双绞线放在一个线缆外套里的。将 4 对铜导线绞在一起的原因是当铜导线中有电流通过（即进行数据传输）时会产生电磁场，将带有正信号与负信号的铜导线对缠绕起来，两者产生的电磁场就会相互抵消，从而减少信号的干扰。

双绞线的通信距离一般为几十米到十几千米，可以按照电气特性对其进行分类，不同类型的双绞线适用于不同的通信场合。一般情况下，铜导线越粗，其通信距离就越长；双绞线扭绕的密度越大，其抗干扰能力就越强，造价也越高。在模拟传输中，当通信距离较长时，可以加设放大器将信号放大到合适的数值。在数字传输中，为了保证较长距离的数据传输，可以加设中继器对失真的信号进行整形。一般情况下，与其他传输介质（如光纤）相比，双绞线在信道带宽、传输距离、数据传输速率等方面受到一定限制，但是这种限制对一般的以太网影响不大，所以双绞线仍然是局域网首选的传输介质。

1. 双绞线的特性

双绞线的适用范围广泛，在工业控制系统、远距离视频传输、电话传输等方面都有着广泛的应用。

（1）传输质量高，传输距离长

在使用双绞线传输视频信号时，双绞线收发器由于采用了先进的处理技术，因此极好地补偿了双绞线对视频信号幅度的衰减以及因不同频率而引起的衰减，保持了原始视频图像的亮度及实时性。在传输距离达到 300 m 甚至更长时，视频信号基本无失真。如果加设中继器，传输距离会更长。

（2）布线容易，线缆利用率高

使用一条非屏蔽双绞线既可以传输高清晰度图像信号，还可以传输高保真立体音频信号。使用 5 类、6 类 4 对双绞线就可以同时传送网络信号、视频信号、控制信号、音频信号或其他信号，可以最大限度地利用线缆，避免了为各种信号单独布线所带来的麻烦，降低了工程成本。

（3）抗干扰能力强

双绞线由两根绝缘铜导线按照一定的规则扭绕在一起，双绞线对中的两根铜导线电气性能完全相同，因而保持了平衡，可以抵消相互之间的辐射，降低干扰。因此即使在强干扰环境下，双绞线也能传送高质量的视频信号。而且，使用一条线缆中的几对双绞线分别传送不同的信号，相互之间不会发生干扰。

（4）使用方便，可靠性高

使用双绞线传输网络信号、视频信号、音频信号等，只需要按照要求做好 RJ-45 水晶头（如图 4.1.2 所示），然后接上相应的设备即可以使用。利用双绞线传输视频信号，只需要将双绞线的两端与专用的信号发射机和接收机连接即可。可以说，双绞线传输设备操作简单，一次安装之后，无须人工干预，就可以长期稳定工作。

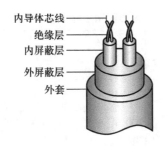

内导体芯线
绝缘层
内屏蔽层
外屏蔽层
外套

图 4.1.1　双绞线的组成

1 2 3 4 5 6 7 8

图 4.1.2　RJ-45 水晶头

（5）造价低廉，取材方便

目前工程中广泛使用的是 5 类非屏蔽双绞线，其造价低且供货商很多，购买方便，为工程实施带来极大的便利。

2. 双绞线分类

双绞线分为非屏蔽双绞线（unshield twisted pair，UTP）和屏蔽双绞线（shield twisted pair，STP）两大类，普通用户多选用非屏蔽双绞线。

（1）屏蔽双绞线

屏蔽双绞线的最大特点在于封装于其中的双绞线与线缆外套之间有一个金属屏蔽层，如图 4.1.3 所示，安装时必须配有支持屏蔽功能的特殊连接器和使用相应的安装技术。这种结构能够减少辐射，防止信息被窃听，同时还具有较高的数据传输速率。由于屏蔽双绞线价格昂贵，对组网设备和工艺要求较高，所以只应用在电磁辐射严重且对传输质量要求较高的组网场合。

金属屏蔽层

图 4.1.3　屏蔽双绞线

（2）非屏蔽双绞线

非屏蔽双绞线的外面只有一层绝缘胶皮，没有屏蔽双绞线中的那个金属屏蔽层。非屏蔽双绞线比较适合于结构化布线，是星状拓扑结构局域网的首选网线。除此之外，非屏蔽双绞线还具有易于安装、重量轻、支持高速传输数据的应用、组网灵活等优点。当然，非屏蔽双绞线的弊端也显而易见，一是与其他网络传输介质相比，容易发生电子噪声和电子干扰，抗干扰能力不强；二是传输距离比同轴电缆和光纤短。

根据数据传输速率和用途的不同，可以将非屏蔽双绞线分为 3 类（CAT 3）、4 类（CAT 4）、5 类（CAT 5）、超 5 类（CAT 5E）、6 类（CAT 6）、超 6 类（CAT 6A）、7 类（CAT 7）、超 7 类（CAT 7A）和 8 类（CAT 8）等非屏蔽双绞线，数字越大，就表示版本越新，技术越先进，带宽越高。表 4.1.1 列出了几类非屏蔽双绞线的技术参数和主要用途。

表 4.1.1 每类非屏蔽双绞线的技术参数和主要用途

双绞线类别	最大带宽	最高数据传输速率	传输距离	应 用
CAT 3	16 MHz	10 Mbps	100 m	用于语音、10 Mbps 以太网（10BASE-T）和 4 Mbps 令牌环网，最大网段长度为 100 m，采用 RJ-45 连接器。目前已淡出市场
CAT 4	20 MHz	16 Mbps	100 m	用于基于令牌的局域网和 10BASE-T/100BASE-T，最大网段长度为 100 m，采用 RJ-45 连接器，未被广泛采用
CAT 5	100 MHz	100 Mbps	100 m	用于 100BASE-TX 网络，采用 RJ-45 连接器，这是最常用的 100 Mbps 以太网线缆。也用于 155 Mbps 的异步传输模式（ATM），用于 1000BASE-T 时可以达到 1000 Mbps，但不常用
CAT 5E	100 MHz	100 Mbps	100 m	
CAT 6	250 MHz	1 000 Mbps	50 m	采用 RJ-45 连接器，用于 1000BASE-T 网络，是最常用的千兆以太网线缆
CAT 6A	500 MHz	1 000 Mbps	100 m	采用 RJ-45 连接器，用于 1.2 Gbps 的异步传输模式（ATM），1000BASE-TX，1.2G FC，也可用于 10GBASE-T 网络，但其对应的交换机很少，基本上已停用
CAT 7	600 MHz	10 Gbps	50 m	用于 10GBASE-T 网络，采用非 RJ-45 连接器，性价比很不高，基本上已不使用
CAT 7A	1 000 MHz	10 Gbps	50 m	
CAT 8	2 000 MHz	40 Gbps	30 m	有 CAT8.1 和 CAT8.2 两种，CAT8.1 采用 RJ-45 连接器，CAT8.2 可以采用也可以不采用 RJ-45 连接器；可处理 terrestrial TV、闭路电视、数字音频广播、FM、音频、红外控制、NGBASE-T（40GBASE-T）网络、视频、电话、USB 外围设备等

3. 双绞线连接方式及应用场合

1991 年，美国电子工业协会（EIA）和美国通信行业协会（TIA）联合发布了《商用建筑物电信布线标准》（EIA/TIA-568A 和 EIA/TIA-568B 标准），用于规定非屏蔽双绞线传送数据的标准。其中 EIA/TIA-568A 标准描述双绞线 8 根信号线的线序从左到右依次为 1-绿白、2-绿、3-橙白、4-蓝、5-蓝白、6-橙、7-棕白、8-棕。EIA/TIA-568B 标准描述双绞线 8 根信号线的线序从左到右依次为 1-橙白、2-橙、3-绿白、4-蓝、5-蓝白、6-绿、7-棕白、8-棕。

对于数据传输来说，目前最常见的是 5 类非屏蔽双绞线、超 5 类非屏蔽双绞线、6 类非屏蔽双绞线。5 类非屏蔽双绞线和超 5 类非屏蔽双绞线使用 4 对信号线中的两对来发送和接收信号，如图 4.1.4 所示，按照 EIA/TIA-568B 标准线序从左到右依次为 1-橙白、2-橙、3-绿白、4-蓝、5-蓝白、6-绿、7-棕白、8-棕，1、2 信号线用于发送信号，3、6 信号线用于接收信号（此时，1 和 2 信号线、3 和 6 信号线、4 和 5 信号线、7 和 8 信号线绞在一起），而 4、5 信号线和 7、8 信号线是用于抵消 1、2 信号线和 3、6 信号线辐射出的电磁波，可以防干扰和保证信号的稳定性，此时可以以 100 Mbps 的数据传输速率进行数据通信。

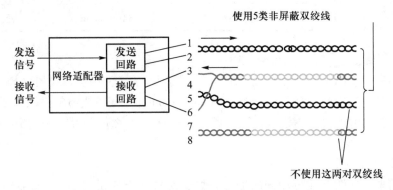

图 4.1.4　5 类非屏蔽双绞线的数据传输

6 类非屏蔽双绞线则使用 4 对信号线来发送和接收信号，如图 4.1.5 所示，按照 EIA/TIA-568B 标准线序，此时其中 1、3、5、7 信号线发送信号，2、4、6、8 信号线接收信号。也就是说，一对双绞线能够以 250 Mbps 的数据传输速率同时发送和接收信号，如果 4 对双绞线同时进行全双工通信，就可以达到 1 000 Mbps 的数据传输速率。

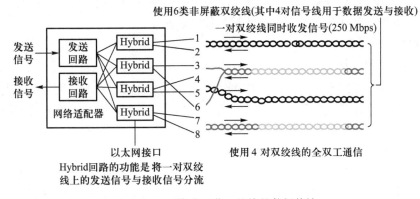

图 4.1.5　6 类非屏蔽双绞线的数据传输

相应的双绞线的连接方法主要有三种：直通（straight-through）线缆、交叉（cross-over）线缆和全反（rolled）线缆，表 4.1.2 所示的为不同设备连接时双绞线的连接方式。

表 4.1.2　不同设备连接时双绞线连接方式的选择

设 备 连 接	连 接 方 式	设 备 连 接	连 接 方 式
PC-PC	交叉线缆	hub-switch	交叉线缆

续表

设 备 连 接	连接方式	设 备 连 接	连接方式
PC-hub	直通线缆	hub（级联口）-switch	直通线缆
hub-hub 普通口	交叉线缆	switch-switch	交叉线缆
hub-hub 级联口-级联口	交叉线缆	switch-router	直通线缆
hub-hub 普通口-级联口	直通线缆	router-router	交叉线缆

（1）直通线缆

一般用来连接两个性质不同的端口，如用于 PC 到交换机/集线器（PC to switch/hub）、路由器到交换机/集线器（router to switch/hub）。直通线缆的做法就是使两端的线序相同，要么两端都是按 EIA/TIA-568A 标准，要么两端都是按 EIA/TIA-568B 标准。

（2）交叉线缆

一般用来连接两个性质相同的端口，如交换机到交换机（switch to switch）、交换机到集线器（switch to hub）、集线器到集线器（hub to hub）、主机到主机（host to host）、主机到路由器（host to router）。交叉线缆的做法就是使两端的线序不同，一端是按 EIA/TIA-568A 标准，另一端是按 EIA/TIA-568B 标准。

（3）全反线缆

这种方式不用于以太网的连接，主要用于主机的串行端口和路由器（或交换机）的 console 端口连接的 console 线。全反线缆的做法就是一端的线序是从 1 信号线到 8 信号线，另一端则是从 8 信号线到 1 信号线的线序。

4. 选购建议

（1）速度测试

如果有条件，要对双绞线进行速度测试，这是最能直观反映双绞线质量优劣的办法。在测试时要使用优质的网络适配器（又称为网卡），在系统中尽量不要安装其他应用软件，硬盘速度要足够快，网线水晶头也要规范。

（2）检查外部标志

在通常情况下，双绞线外套上有线缆的种类标识。例如，CAT 5 表示 5 类非屏蔽双绞线，CAT 4 表示 4 类非屏蔽双绞线，其中 CAT 是 category（种类）的缩写。

（3）柔韧程度

为了方便布线，双绞线应该比较柔韧，既容易弯曲，又不易断裂。如果双绞线反复弯曲几次就折断了，或者过于柔软，那么该双绞线就存在质量问题。

（4）双绞线的绕距

常见的双绞线是由 4 对逆时针相互扭绕的铜导线组成的，为了避免串扰，每对铜导线的扭绕密度（通常以"绕距"来衡量，即扭绕一节的长度）也不同。一般来说，在 38.1 mm 到 14 cm 之间，线距越小，线对间的相互影响就越小，其抗干扰能力就越强。

（5）外套的延展性

优质双绞线在制作时会考虑布线时线缆可能会弯曲的因素，因此会把其外套制作得有一定的延展性。而劣质的双绞线则不然，其外套甚至能够用手拉断。

（6）外套的抗高温性

为了保证双绞线在高温环境下也能正常工作，双绞线的外套在43℃～44℃时都不会出现软化的现象。可以取一截双绞线的外套在室外阳光下照射一段时间，如果变得比较柔软，则说明其质量欠佳。

（7）外套的阻燃性

布线工程对安全性的要求很高，尤其要防止出现线缆烧燃的情况。因此，购买双绞线时，可以索取1cm左右的双绞线外套用火烧。优质双绞线的外套会逐渐熔化，但不会燃烧；如果一烧就着，则表明该双绞线的外套阻燃性不高。

4.1.2 同轴电缆

同轴电缆曾是局域网主要使用的网线，但现在逐渐被双绞线替代。

1. 同轴电缆的结构

同轴电缆一般是由被绝缘材料隔离的铜导体组成的，在包裹中心铜导体的绝缘层的外部是一个由网状铜导体构成的导电层，整个电缆由用聚氯乙烯材料制成的护套包住。电流在中心铜导体和导电层形成的回路中，同轴电缆因为中心铜导体与导电层为同轴关系而得名。

① 中心铜导体：即中心轴线位置的铜导体，标准同轴电缆中心铜导体应为多芯铜导线。

② 绝缘层：用于隔离中心导体和导电层，以避免短路。

③ 导电层：由网状铜导体构成，又称为屏蔽层，与中心铜导体之间以一个绝缘层相隔，用于接地线。在网络数据传输过程中，可用来作为中心导体的参考电压。

④ 护套：用于保护电缆免受外界干扰，并预防电缆在不良环境中氧化或受到其他损伤。

同轴电缆的结构如图4.1.6所示。

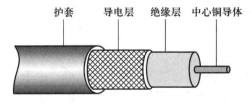

图4.1.6 同轴电缆

同轴电缆传导交流电而非直流电，也就是说，每秒钟电流方向会发生数次逆转。如果使用一般的电线传输高频率电流，那么该电线就会相当于一根向外发射无线电波的天线，这种效应损耗了信号的功率，使得信号强度减小。同轴电缆的设计正是为了解决这个问题。中心铜导体发射的无线电被导电层所隔离，导电层可以通过接地的方式来控制中心铜导体发射出来的无线电，因此能尽可能地减少信号的衰减。但是，这样会存在一个问题，即如果它的某一段受到比较大的挤压或者扭曲变形，那么中心铜导体和导电层之间的距离就不会始终保持一致，这会使中心铜导体发射的无线电波被反射回信号发送源。这种效应降低了可接收的信号功率。为了克服这个问题，中心铜导体和导电层之间被加入一层塑料绝缘体，以保证它们之间的距离始终保持一致。但这也使得同轴电缆具有僵直而不易弯曲的特性。

由于同轴电缆具有抗干扰能力强、屏蔽性能好等优点，因此它多用于中小型局域网设备与设备之间的连接或者总线型局域网中。

2. 同轴电缆的分类

（1）根据直径大小分类

根据直径大小，可以将同轴电缆分为粗缆（RG-11）和细缆（RG-58）两种类型。

① 粗缆。粗缆的数据传输距离长，性能高，但成本较高，常用作大型局域网的干线。粗缆在安装时不需要切断电缆，可以根据需要灵活调整计算机等设备的入网位置。但是，粗缆在用于网络连接时其两端需要安装终端匹配器，安装难度较大。

② 细缆。细缆的数据传输距离短，性能不高，但成本较低。由于细缆在安装过程中需要切断电缆，因此需要使用 T 形接头与 BNC 接口网卡相连，两端需要安装 50 Ω 终端电阻，所以当接头较多时容易接触不良，这也是目前以太网中常见的故障之一。为了使同轴电缆保持正确的电气特性，其导电层必须接地，同时两端要安装终端匹配器来削弱信号反射作用。

用户从节约资金的角度出发，通常使用细缆。粗缆的安装和接头的制作比较复杂，在中小型局域网中很少使用。

（2）根据用途分类

根据用途，可以将同轴电缆分为基带同轴电缆和宽带同轴电缆两种。

① 基带同轴电缆：目前常用的基带同轴电缆采用铜制、网状的导电层，其特征阻抗为 50 Ω（如 RG-8、RG-58 等）。

② 宽带同轴电缆：目前常用的宽带同轴电缆采用铝冲压制而成的导电层，其特征阻抗为 75 Ω（如 RG-59 等）。

4.1.3　光纤

20 世纪 80 年代初期，光纤开始进入网络布线领域。由于光纤能够满足网络长距离传输大容量信息的需求，所以在网络中发挥着十分重要的作用，成为传输介质中的佼佼者。光纤以光脉冲的形式来传输信号，有光脉冲相当于 1，无光脉冲相当于 0。发送方采用发光二极管或者半导体激光器，将电脉冲转变为光脉冲，并通过光缆传输出去；而接收方则利用光电二极管检测传输来的光脉冲，并将其还原为电脉冲。

光纤的结构与同轴电缆类似，如图 4.1.7 所示。光纤的中心是一根由透明石英玻璃（标准直径为 125 μm）拉成细丝的光导纤维，称为纤芯（core）；周围包裹着保护材料（直径为 250 μm 或 900 μm），称为包层（cladding）；由于光纤非常细，纤芯连同包层一起的直径也不到 0.2 mm，因此必须要在它们的最外层加上一个涂覆层（coating），形成很结实的光纤。一条光缆中至少有一根光纤，可以根据需要将多根光纤合并在一条光缆中。

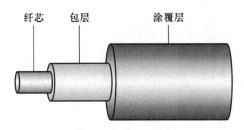

图 4.1.7 光纤的结构

接入光纤的接头，即光纤连接器有多种类型，不同类型的光纤连接器之间不能互用。图 4.1.8 所示的为几种常见的光纤连接器。其中，SC 卡接式方形连接器多用于路由器、交换机的光纤收发器端，ST 卡接式圆形连接器和 FC 圆形带螺纹连接器多用于配线架，LC 卡接式方形连接器比 SC 卡接式方形连接器略小，多用于光纤交换机。

拓展阅读 4.1
光纤连接器

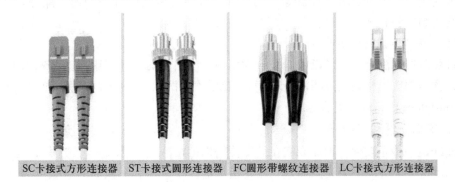

| SC卡接式方形连接器 | ST卡接式圆形连接器 | FC圆形带螺纹连接器 | LC卡接式方形连接器 |

图 4.1.8 光纤连接器

光纤的纤芯非常细，由于包层的折射率比纤芯低，当光线碰到包层时，其折射角将大于入射角，如图 4.1.9 所示。如果入射角足够大，就会出现全反射，即光线碰到包层就会折射回纤芯，这个过程不断重复，光就沿着光纤向前传输，从而也就避免了光的流失。

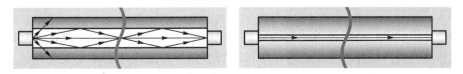

图 4.1.9 光线在光纤中的折射与传播

拓展阅读 4.2
各种各样的光纤

1. 光纤的分类

可以从工作波长、折射率分布、传输模式、原材料和制造方法等方面对光纤进行分类，具体分类如下。

（1）按照工作波长分类

按照工作波长分类，可以将光纤分为紫外光纤、可见光纤、近红外光纤、中红外光纤。

（2）按照折射率分布分类

按照折射率分布分类，可以将光纤分为阶跃（setup index，SI）型光纤、近阶跃型光纤、渐变（graded index，GI）型光纤以及其他类型光纤，如三角形光纤、W 形光纤、凹形光纤等。

（3）按照传输模式分类

按照传输模式分类，可以将光纤分为单模光纤（含偏振保持光纤、非偏振保持光纤）、多模光纤。

（4）按照原材料分类

按照原材料分类，可以将光纤分为石英光纤、多成分玻璃光纤、塑料光纤、复合材料光纤（如塑料包层、液体纤芯等）、红外材料光纤等。按照包层材料分类还可以将光纤分为包层为无机材料（如碳等）的光纤、包层为金属材料（如铜、镍等）的光纤和包层为塑料的光纤等。

（5）按照制造方法分类

按照制造方法分类，可以将光纤分为用预塑法制作的光纤和用拉丝法制作的光纤。其中，预塑法有汽相轴向沉积法（VAD）、化学汽相沉积法（CVD）等，拉丝法有管律法（rod intube）和双坩锅法等。

2. 单模光纤和多模光纤

光纤是一种光波导，因而光波在其中传播也存在模式问题。所谓"模"，是指以一定角速度进入光纤的一束光。而模式则是指传输线横截面和纵截面的电磁场结构图形，即电磁波的分布情况。

根据光纤能够传输的模式数目，可以将其分为单模光纤和多模光纤，单模光纤与多模光纤光源的不同决定了其传输容量和质量。如图 4.1.10 所示，多模光纤允许多束光在光纤中同时传播，从而形成模分散（由于每一个模光进入光纤的角度不同，所以它们到达另一端的时间也不同，这种特征称为模分散）。模分散技术限制了多模光纤的带宽和传输距离。单模光纤只允许一束光传播，所以单模光纤没有模分散特性。

（1）单模光纤

单模光纤的中心高折射率玻璃芯的直径（芯径）有三种：8 μm、9 μm 和 10 μm，由激光作为光源，仅有一条光通路。在相同的条件下，光纤芯径越小衰减就越小。单模光纤中心波长为 1 310 nm 或 1 550 nm，其特点是传输频带宽、信息容量大、传输距离长，在 100 Gbps 的高数据传输速率下可以传输 100 km 而不必采用中继器。但是，单模光纤的成本较高，通常用于长距离传输数据。

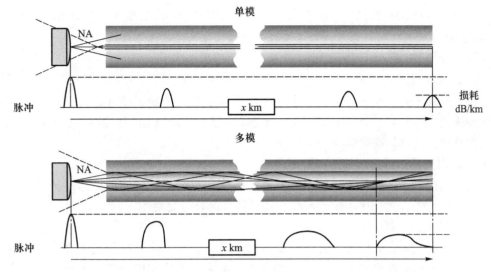

图 4.1.10　单模光纤与多模光纤传输模式示意图

　　单模光纤端口（即单模口）的发射功率一般为 0 dBm 左右，一些超长距光纤端口的发射功率会高达+5 dBm，其接收功率的范围为−23 dBm 到 0 dBm。

　　单模光纤模间色散很小，适用于远程通信，但它还存在材料色散和波导色散，这使得单模光纤对光源的谱宽和稳定性有较高的要求，即要求光源谱宽窄，稳定性好。

　　（2）多模光纤

　　多模光纤的中心高折射率玻璃芯的直径有两种：62.5 μm 和 50 μm。多模光纤的中心波长多为 850 nm，也有为 1 310 nm 的。多模光纤由二极管发光，纤芯较粗，其特点是数据传输速率低、传输距离短（2 km 以内）、传输性能比单模光纤差，但成本较低。多模光纤主要用于较小范围内的数据传输。例如，在同一建筑物内或在距离较近的环境中使用。

　　多模光纤端口（即多模口）的发射功率比单模口小，一般为−9.5 ~ −4 dBm；多模口的接收功率一般在−20 dBm 到 0 dBm 之间。

　　多模光纤模间色散较大，这就限制了传输数字信号的频率，而且随着距离的增加会更加严重。例如，600 Mbps/km 的光纤在 2 km 时就只有 300 Mbps 的带宽了。因此，多模光纤的传输距离比较短，一般只有几千米。

　　新一代多模光纤是一种 50/125 μm、渐变折射率分布的多模光纤。这种多模光纤采用 50 μm 芯径的原因有两个：① 50/125 μm 多模光纤中传输模的数目大约是 62.5/125 μm 多模光纤中传输模的数目的 1/2.5。这可以有效地降低多模光纤的模间色散，增加带宽（严格来讲，应该称为长度带度积）。对于 850 nm 波长而言，50/125 μm 多模光纤带宽与 62.5/125 μm 多模光纤带宽相比增加了两倍（500 MHz×km/160 MHz×km）；② 以前发光二极管（light emitting diode，LED）光源的输出功率低，发散角大，连接器损耗大，因此要考虑使用芯径和数值孔径大的光纤，以使光功率尽可能多地注入，因此 62.5/125 μm 多模光纤应用得比较广泛。随着技术的进步、发光二极管输出功率和发散角的改进、连接器性能的提高，尤其是使用了垂直腔面发射激光器（vertical cavity surface emitting laser，VCSEL），光功率注入已不成问题。

3. 光纤的特点

（1）光纤通信容量大

由于光纤的光学反射特性，一根光纤内部可以同时传送多路光信号，所以光纤的数据传输速率非常高。目前 1000 Mbps 的光纤网络已经成为主流高速网络，光纤网络的理论数据传输速率最高可达 50 000 Gbps。

（2）损耗低，可进行长距离数据传送

光纤通信的损耗比普通通信的损耗要低得多，目前最长的光纤通信距离可以达到万米以上。此外，光纤通信性价比高，而且具有很好的安全性。

（3）抗电磁干扰能力强

光纤主要是将石英作为原材料制造出的绝缘体材料，这种材料绝缘性好，不易被腐蚀，并且不受自然界太阳黑子活动的干扰、电离层的变化以及雷电的干扰，也不会受到人为的电磁干扰，这一特性对强电领域的通信系统具有很大的作用。

（4）安全性和保密性好

光纤利用光波进行信号的传输，光信号完全被限制在光波导的结构中，而其泄漏的射线会被光纤的包层吸收，即使在条件不好的环境中，或者是拐角处也很少有光波泄漏的现象。

除此之外，光纤的原材料成本低、柔软、重量轻，易于敷设，并且光纤的使用寿命长、稳定性好。目前我国的光纤通信技术不仅可以满足国内网络建设的需求，还越来越多地参与国际通信网络的建设。

4.1.4　电力线

除了双绞线、同轴电缆和光纤外，实际生活中还存在着更为普遍的电力线。电力线把电能传送到千家万户，室内的电线又把电能分布到每个电源插座。电力线是电力系统特有的、巨大的资源。电力系统多年前就已经利用电力线来传输用户用电数据，使数据能够得到及时、有效的收集和统计。近年来，随着许多新兴的数字技术，如扩频通信、数字信号处理等技术的发展，电力线通信的应用前景更为广阔。

用电力线组建网络非常简单，如图 4.1.11 所示，只需要将电视机和计算机插入墙上的电源插座就可以发送和接收数据信号了。

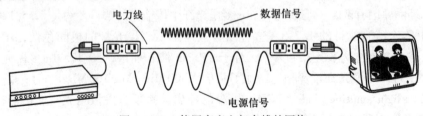

图 4.1.11　使用家庭电气布线的网络

1. 电力线的分类

供电系统中常用的电力线主要有电力电缆和母线两种。

（1）电力电缆

电力电缆是指具有电缆芯、绝缘层和保护层的电力线。按照电缆芯的材料分类，可以将电力电缆分为铜芯和铝芯两种。按照保护层的绝缘材料分类，可以将电力电缆分为橡皮绝缘和塑料绝缘两种。

① 电缆芯：由单根或几根扭绕的导线构成，导线由铜或铝材料制成。每条电力电缆由数量不等的电缆芯线组成。

② 绝缘层：绝缘层分为匀质绝缘层和纤维质绝缘层两类。前者包括橡胶、沥青、聚氯乙烯等绝缘层，其防潮性能和弯曲性能好，但在空气和光线的直接作用下易"老化"，耐热性差。后者包括棉麻、丝绸、纸等绝缘层，其具有易吸水的特点，但不能使其发生较大的弯曲。

③ 保护层：电力电缆的保护层分为内保护层和外保护层两部分。内保护层多用麻筋、铅包、涂沥青纸带、浸沥青麻被或聚氯乙烯等制作。外保护层多用钢铠、麻被或铝铠、聚氯乙烯外套等制作。电力电缆按照保护层的不同，可以分为铅护套电缆、铝护套电缆、橡皮护套电缆、塑料护套电缆类型。

（2）母线

母线是指导线截面积很大或截面形状特殊的一类导线，导线截面形状有圆形、矩形和筒形等几种。电压较低（20 kV以下）的户内配电装置一般采用硬母线（铜排、铝排）。母线具有电阻率低、机械强度高、抗腐蚀性强等特点。

2. 电力线的选购建议

在选择电力线时，一般根据使用电压、敷设条件和使用环境条件，并结合电力线的性能和用途选定电力线的型号、规格（导线截面）。

在不同的机房之间，可以选用铜芯聚氯乙烯绝缘保护层电力电缆（阻燃）（RVVZ系列）。在同一机房内，可以选用铜芯聚氯乙烯绝缘电力电缆（阻燃）（RVZ系列）。此外，还可以采用铜母线（TMY系列）。

目前来说，利用电力线组网还是一件比较困难的事，这是因为原有的电力线是专门为分发电源信号设计的，而现在则需要分发数据信号，这是两种截然不同的工作，需要对所有家用设备的电器开关、插座重新进行设计。尽管存在困难，但是相关的国际标准已在制定过程中，相信不久的将来人们就会用上基于电力线的网络产品了。

4.2 无线传输介质

在网络通信中，通信线路可能会通过一些高山、沼泽、岛屿，而敷设光纤既昂贵又费时，在这类情况下利用无线电波在自由空间里传播的特性，可以很快地实现多种通信。

4.2.1　电磁频谱

电磁频谱是指电磁波按波长（或频率）连续排列所形成的结构谱系，其频段的划分如图 4.2.1 所示。其中，无线电的频段可以分为低频（low frequency，LF）、中频（medium frequency，MF）、高频（high frequency，HF）、甚高频（very high frequency，VHF）、特高频（ultra high frequency，UHF）、超高频（super high frequency，SHF）、极高频（extremely high frequency，EHF）、至高频（tremendously high frequency，THF）等。

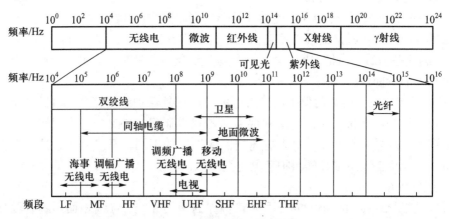

图 4.2.1　电磁波频段的划分

无线传输可以使用的电磁波频段很广，由于不同频段的电磁波的传播方式和特点各不相同，因此它们的用途也不相同。例如，航空飞行需要使用的定点通信、移动通信业务、射电天文学业务、气象业务、标准频率业务、授时信号业务等，都使用相应频段的电磁波进行通信。在分配电磁波频段时，需要注意干扰问题。因为电磁波是按照其频段的特点传播的，如果使用两个相同或极其相近的频率工作于同一地区、同一时段，就必然会造成干扰。为了避免出现混乱，各个国家规定，利用无线电频谱和微波进行通信时，必须要得到本国无线电频谱管理机构的批准。

为了促进无线局域网的应用，国际电信联盟无线电通信部（ITU Radiocommunication sector，ITU-R）规定了工业、科学与医药（industrial，scientific，medical，ISM）频段。目前无线局域网就是使用 ISM 频段中的 2.4 GHz 和 5.8 GHz 来进行通信的，其中 2.4 GHz 应用于蓝牙和无线保真（wireless fidelity，WiFi）应用。

电磁频谱作为电磁空间和指挥控制的重要媒介，应用于国家经济、国防建设和社会生活的各个领域，是国家发展不可再生的重要战略资源。但是电磁频谱无形无界，具有开放性、共享性等特性，在当今的时代背景下，极易形成单向透明不对称态势，使得电磁频谱成为双刃剑：既要传输指挥和控制所需的信息流，又要重视日益凸显的电磁频谱安全问题。因此，在利用电磁频谱的同时，处理与解决好电磁频谱安全问题，以适应我国经济与安全用频同步发展的需求，也是我们面临的现实问题。

拓展阅读 4.3
电磁频谱站

4.2.2 无线电波

无线电传输是指将需要传输的声音、文字、数据、图像等电信号由发射器调制在无线电波上经空间和地面传至对方，对方接收器将无线电波转换为电信号，实现信息传输。其中无线电波是指在自由空间传播的低频（LF）、中频（MF）、高频（HF）、甚高频（VHF）等频段的电磁波。它的传播方式有直接传播和反射传播两种方式。

微视频 4.2
无线传输介质

（1）直接传播

低频和中频频段的无线电波沿地表向四周传播，如图 4.2.2 所示。在较低频率上，可以在 1 000 km 外检测到这些无线电波，而且由于无线电波可以很容易地穿透建筑物，所以人们使用收音机时可以在室内接收到无线电广播电台发出来的信号。

（2）反射传播

在高频和甚高频频段，电磁波会被地球表面吸收，当无线电波到达电离层（位于地球上方 100~500 km 高空）时，电磁波会被电离层折射回地球表面，其信号可以被反弹多次，如图 4.2.3 所示。在军事中就使用高频和甚高频段进行通信。

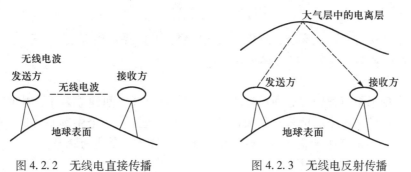

图 4.2.2　无线电直接传播　　　　图 4.2.3　无线电反射传播

4.2.3 微波

1. 微波传输线路

所谓微波，就是指频率为 300 MHz~300 GHz 的特高频（UHF）、超高频（SHF）和极高频（EHF）电磁波。一条微波传输线路是由终端站、中继站、终点站和无线电波空间组成的，如图 4.2.4 所示。终端站将复用设备送来的基带信号调制到微波频段上并发射出去，或者反之。中继站则用于完成微波信号的转发和分路。根据信号处理方式的不同，中继站又分为中间站、分路站和枢纽站。其中，中间站只负责对两个方向的信号进行转发，不能进行上、下话路的操作；分路站可以对两个方向的信号进行转发，同时能够进行上、下话路的操作；枢纽站则可以承担三个以上方向的信号转接任务，同时能够进行上、下话路的操作，它通常在两条及两条以上微波传输线路的交叉点上。

2. 微波传输的特点

微波的传播接力图如图 4.2.5 所示，从中可以看出微波具有如下特点。

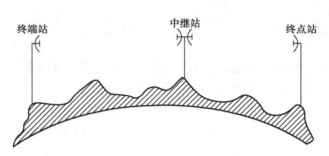

图 4.2.4　微波传输线路的组成

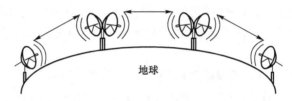

图 4.2.5　微波传播接力图

（1）沿直线传播

微波不能绕行，不能穿过建筑物，故在地面上的传播距离有限，一般为 50 km。但若采用 100 m 高的天线塔，则传输距离可增至 100 km。

（2）微波接力

为了实现远距离通信，必须在微波传输线路的两端之间建立若干个中继站，中继站把前一个中继站送来的信号进行放大后再将其发送到下一个中继站，这一过程称为"微波接力"，微波接力通信可以传输电话、电报、图像、数据等信息。

（3）频率高，通信信道容量大

微波主要使用 2 GHz～40 GHz 的频段。与相同容量和长度的有线传输介质相比，微波通信投资少，易于实现，只要安装一个简易的微波塔就可以接收到天空中传播的微波信号，但其数据保密性和隐蔽性比较差。

（4）微波传播会受到天气的影响

例如，频率在 4 GHz 左右的微波会被雨水吸收，所以下雨时如果使用微波通信，则会有明显的通信时延或者传输失真。

3. 微波传输的影响因素

影响微波传输的因素主要包括地面和大气两方面。

（1）地面对微波传输的影响

地面对微波传输的影响主要包括反射、散射、绕射三种。其中，微波在光滑地面及水面上都会发生反射，在起伏较大的地面上易发生散射，遇到地面障碍物（如高大建筑物、山丘等）易受到绕射影响。

（2）大气对微波传输的影响

① 由于气体分子谐振，微波能量被吸收。当微波波长小于或等于 2 cm 时，能量被显著地吸收。

② 雨、雾、雪等大气环境会吸收微波能量，当微波波长小于或等于 5 cm 时应考虑能量吸收问题。

③ 大气对流层温度随地面高度的增加而下降（每千米平均下降 6℃），大气压随地面高度的增加而减小，水汽含量随地面高度的增加而迅速下降，因此易形成云、雾之类的不均匀结构，它们会使微波发生折射、反射、散射、吸收等，尤其是折射，会对微波传输产生较大的影响。

4. 微波的衰落与抗衰落

微波在空气中传输时将受到大气效应和地面效应的影响，导致微波接收器接收的电平随着时间的变化而不断起伏变化，这种现象称为衰落。衰落一是由气象条件的不平稳变化引起的，如大气折射的慢变化、雨雾衰减、大气中不均匀体的散射等引起的衰落；二是由多径传播引起的。由于气象条件变化不平稳，传播发生异常，因而可能会出现多条传播路径，这种现象称为多径传播。这时，到达接收天线的几条射线，在垂直天线口面上的相位不可能完全相同，因此会产生相互迭加干扰，使合成信号产生或深或浅的衰落。

<aside>拓展阅读 4.4 微波抗衰落技术</aside>

为了抵抗这种微波衰弱，人们研究出两种技术：分集技术和自适应均衡技术。其中，分集技术就是利用多径信号来改善系统的性能，它又分为频率分集技术、空间分集技术、时间分集技术、极化分集技术和角度分集技术。分集技术利用多条传输相同信息且具有近似相等的平均信号强度和相互独立的衰落特性的信号路径，并在接收端对这些信号进行适当的合并，以降低多径衰落的影响。

4.2.4 红外线

在光谱中波长从 0.76 μm 至 400 μm 的一段称为红外线，红外线的频率高于微波而低于可见光，是一种人的眼睛看不到的光线。红外线传输就是以红外线的方式传递数据，利用这种方式可以很方便地在办公环境中实现无线连接。红外线数据协会（Infrared Data Association，IrDA）将红外线数据通信所采用的光波波长的范围限定在 850~900 nm，目前手机、笔记本电脑所配的红外线传输口的数据传输速率已增加至 4 Mbps 以及 16 Mbps。红外线传输已广泛用于小型移动设备的短距离数据传输，电视机、空调等电器设备的遥控器都采用红外线通信。

红外线传输具有如下优点：① 低功耗，小于 40 mW；② 经济实用，方便连接，简单易用；③ 安全性高，不透光材料对红外线具有良好的阻隔性；④ 适合室内传输，保密性强；⑤ 红外线的数据传输速率较高，4 Mbps 的高速红外线（fast infrared，FIR）技术已被广泛使用，16 Mbps 数据传输速率的超高速红外线（very fast infrared，VFIR）技术已经发布；⑥ 与无线电波相比，红外线没有频道资源占用问题，不需要向相关部门申请和进行登记；⑦ 无有害辐射，具有绿色产品特性。科学实验证明，红外线是一种对人体有益的光谱，所以红外线产品是一种真正的绿色产品，具有一定的安全性。

红外线传输也存在以下缺点：① 由于红外线的波长较短，对障碍物的绕射能力差，不能穿透坚实的物体。例如，在日常生活中，当有物体挡在遥控器和电视机的中间时，就无法使用遥控器操作电视机，所以红外线传输只适合于短距离无线通信的场合（如室内传输）；② 红外线传输是沿直线传播的，具有方向性，它要求传送设备和红外线传输口排成直线，左右偏差一般不能超过 15°；③ 由于采用调幅进行传输，抗环境干扰能力差；④ 在使用红外线传输数据时，当输出的功率一定时，用于信号传输的功率小，接收到的信号的信噪比小，使得数据容易被误判，进而产生误码；⑤ 红外线通信采用半双工的通信方式，通信中的一方发送和接收数据是交替进行的，这是由于红外线会发生反射，在全双工方式下发送的信号可能会被其本身接收。

随着无线通信技术的发展，红外线传输技术已经逐渐退出市场，被 USB 技术、蓝牙技术所取代，市场上带有红外线收发装置的计算机也逐步退出人们的视线。

4.2.5　激光

1. 激光通信

激光通信是一种利用激光传输语音、图像和数据的无线通信方式。在空间传播的激光束可以被调制成光脉冲以传输数据，与地面微波或红外线一样，可以在视野范围内安装两个彼此相对的激光发射器和接收器进行通信。图 4.2.6 所示的就是两个建筑物内的局域网通过安装在各自顶上的激光装置连接起来，这就是激光通信。根据传输介质的不同，激光通信又可以分为空间通信（激光在大气层以外的宇宙空间传播）、大气通信（激光在大气层以内传播）、水下通信（激光在水下传播）以及光纤通信（激光在光纤内传播）。

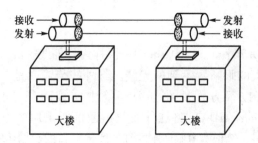

图 4.2.6　建筑物间的激光通信示意图

2. 特点

（1）通信容量大

激光频率要比微波高 3~5 个数量级，频率资源丰富得多，可以达到非常高的数据传输速率。

（2）保密性强

激光具有高度的方向性，而且采用不可见光，因而不易被第三方所截获，保密性能好，这对于军事应用十分有利。

（3）结构轻便，设备经济

由于激光束发散角小，方向性好，激光通信所需的发射天线和接收天线的体积可以很小，一般天线的直径为几十厘米，重量不过几千克，而具有类似功能的微波天线，重量则以几吨，甚至十几吨计。

（4）通信易受环境的影响

激光通信的距离限于视距（数千米至数十千米范围），易受天气的影响，在恶劣的天气条件下甚至会造成通信中断。大气中的氧、氮、二氧化碳、水蒸气等大气分子对光信号有吸收作用；大气分子密度分布不均匀和悬浮在大气中的尘埃、烟、冰晶、盐粒子、微生物和微小水滴等对激光信号有散射作用。云、雨、雾、雪等使激光衰减严重。地球表面的空气对流引起的大气湍流也能对激光传输产生光束偏折、光束扩散、光束闪烁（光束截面内亮斑和暗斑的随机变化）和像抖动（光束会聚点的随机跳动）等影响。

（5）不同波长的激光在大气中有不同的衰减

理论和实践证明，波长为 $0.4 \sim 0.7\,\mu m$ 以及波长为 $0.9\,\mu m$、$1.06\,\mu m$、$2.3\,\mu m$、$3.8\,\mu m$、$10.6\,\mu m$ 的激光衰减较小，其中波长为 $0.6\,\mu m$ 的激光穿雾能力较强。激光通信可用于江河湖泊、边防、海岛、高山峡谷等地的通信，还可用于微波通信或同轴电缆通信发生中断事故抢修时的临时替代设备。波长为 $0.5\,\mu m$ 左右的蓝绿激光可用于水下通信或潜艇通信。

（6）瞄准困难

激光束具有极高的方向性，这给发射器和接收器之间的瞄准带来不少困难。发射器和接收器之间的瞄准，不仅对设备的稳定性和精度提出了很高的要求，而且所要求的操作也很复杂。

目前，空间激光通信已经被各个国家所重视，主要研究机构有美国的喷气推进实验室、空军研究实验室、弹道导弹防御组织、林肯实验室，欧洲的欧洲太空局，德国空间试验中心，法国国防部采办局，日本的日本航天局、邮政省通信综合研究所，俄罗斯的俄罗斯联邦航天局、精密仪器系统科学与工业公司等。2013 年美国国家航空航天局向月球发射了月球大气与粉尘环境探测器，其上搭载了月球激光通信演示验证（LLCD）系统，该系统验证了月球和地面之间的空间激光通信，实现了距离 $350\,000 \sim 400\,000\,km$ 的空间激光通信，下行速率为 $622\,Mbps$，上行速率为 $202\,Mbps$。此前美国已研制出激光通信终端设备，并进行了作用距离为 $42\,km$、数据传输速率为 $1\,Gbps$、误码率为 10^{-6} 的全天候跟瞄实验。

4.2.6 卫星通信

卫星通信是将地球同步卫星作为中继器来转发无线电波，在多个地面站之间进行的通信。如果无线电波是微波，就形成了前面所说的微波接力通信。如图 4.2.7 所示，三个同步卫星就可以覆盖地球上的全部通信区域，为了避免干扰，卫星之间在经度上的间隔不小于 2 度，因而整个赤道上空只能放置 180 颗同步卫星。卫星

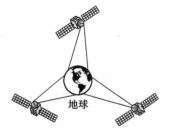

图 4.2.7 卫星通信示意图

通信网的建立不受地理条件的限制，无论是大城市还是边远山区、岛屿，随地可建，通信终端也可由飞机、汽车、舰船搭载，甚至由个人随身携带，建站迅速，组网灵活。

卫星通信的最大优点是通信距离长，而且通信费用与通信距离无关。此外，卫星通信信道质量好，传输性能稳定，通信频带宽且通信容量大，信道频率处于微波频率范围内，频率资源相当丰富，而且可以不断发展。

卫星通信的最大缺点就是具有较大的传播时延。不管地球表面上的两个站点之间的距离是多少，如相隔一条街或者相隔上万千米，从一个地球站经过卫星到达另一个地球站的传播时延均为 270 ms 左右。相比之下，地面微波接力的传播时延一般为 3.3 μs/km。此外，卫星通信还存在卫星发射和星上通信载荷的成本高、卫星传输链路衰减大等缺点。

1. 中轨道卫星

除了赤道上空 35 800 km 轨道上的地球同步卫星外，在海拔较低的 20 200 km 高空，还有着 30 颗全球定位系统卫星，它们覆盖的地面范围要小一些，用于全球、全时段、高精度的定位导航。目前，世界上已建成的全球卫星导航体系有美国的"全球定位系统"（GPS）、俄罗斯的"格洛纳斯"（GLONASS）卫星导航系统、欧洲的"伽利略"（Galileo）卫星导航系统和中国的北斗卫星导航系统（BDS），美国的全球定位系统最早投入使用，系统精度最高，俄罗斯的 GLONASS 卫星导航系统号称抗干扰能力最强，欧洲的 Galileo 卫星导航系统最精密，中国的北斗卫星导航系统是唯一可以提供短信通信服务的卫星导航系统，特别是北斗 3 号卫星的抗干扰性高于美国的全球定位系统。

拓展阅读 4.5
北斗卫星导航
系统

我国于 1994 年启动了北斗卫星导航试验系统的建设（北斗 1 号），2000 年形成了区域有源服务能力；2004 年启动北斗卫星导航系统建设（北斗 2 号），2012 年形成了区域无源服务能力；2017 年启动北斗全球卫星导航系统建设（北斗 3 号），2020 年形成全球无源服务能力，目前北斗系统已成功应用于测绘、电信、水利、渔业、交通运输、森林防火、减灾救灾和公共安全等诸多领域，特别是在 2008 年北京奥运会、汶川抗震救灾中发挥了重要作用。

北斗卫星导航系统由空间段、地面段和用户段三部分组成。其中，空间段包括 5 颗静止轨道卫星（即地球同步卫星）和 30 颗非静止轨道卫星。静止轨道卫星分别位于 58.75°E、80°E、110.5°E、140°E 和 160°E。非静止轨道卫星由三颗倾斜同步轨道卫星和 27 颗中轨卫星组成。与国际上其他卫星导航系统一样，北斗卫星导航系统也是采用三球交会的几何原理来实现定位。用户利用接收机在某一时刻同时接收三颗及三颗以上卫星的信号，计算出接收机至这些卫星的距离，并计算出该时刻卫星的空间坐标，据此利用距离交会法计算出接收机的位置。

2. 低地球轨道卫星

在海拔 750 km 的低地球轨道处，在纬度上每隔 32° 就可以有一颗卫星，每颗卫星有 4 个邻居、最多有 48 个单元格（点波束）和 3 840 个信道容量，这样 6 条卫星链就可以将地球表面覆盖，如图 4.2.8 所示。

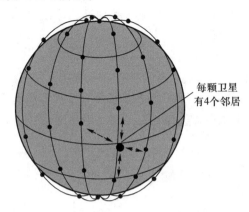

每颗卫星
有4个邻居

图 4.2.8 围绕地球的 6 条卫星链

第一个覆盖全球的支持手持终端的低地球轨道卫星移动通信系统是摩托罗拉（Motorla）公司推出的"铱星系统"，该系统于 1991 年提出，1998 年开始商业运行，目前由美国国防部出资维持铱星系统的运行。铱星系统由 66 颗组网卫星和 6 颗备用在轨卫星构成，运行在 780 km 高的轨道上，构成 6 个极地轨道面，每条轨道上有 11 颗卫星，卫星在轨道上绕地球运行的周期是 100 分 28 秒。由于铱星系统采用星际链路，因此只设置了 12 个信关站，分布位于美国亚利桑那州坦佩、泰国曼谷、俄罗斯莫斯科、日本东京、韩国首尔、巴西里约热内卢、意大利罗马、印度孟买、中国北京等，外加一个美军专用信关站在夏威夷。目前铱星系统为海军、航空业、石油开采业以及一些缺少电信基础设施的地区（沙漠、高山、极地等）提供语音、数据、传真、导航服务。

3. 卫星通信发展的热点

卫星通信的迅速发展得益于通信技术、信号处理技术、通信设备制造水平的进步和通信商业需求的不断增长。现阶段的卫星通信系统正在尝试异构网共存，为用户提供多样化的接入服务。未来的卫星通信将不再只是地面通信系统的补充，而是与地面移动通信系统和因特网紧密融合。星地融合通信和卫星宽带通信将是卫星通信发展的热点。

（1）星地融合通信

地面通信系统无法实现真正的"无缝覆盖"，在人口密度较低的地区通常没有足够的蜂窝网，在海上和航空领域，更是无法通过地面网络来实现通信。卫星通信获得成功的关键是它的广域覆盖和能够快速为市场提供新业务，在市场相对较小的海上和航空领域卫星通信将长期保持优势地位，但是在市场庞大的陆地领域，如固定通信、移动通信和广播业务中，卫星通信能否获得成功将取决于卫星网络与地面通信网络融合通信（星地融合通信）。

星地融合通信系统的主要优点是能够补充移动卫星通信的覆盖盲区，增加卫星通信容量，实现无处不在的数字通信。从通信发展趋势来看，未来 5G 通信的发展应该是多层次的异构网，包括地面蜂窝网络、陆地局域网、地面广播和卫星通信网。星地融合通信的关键是卫星通信和地面通信系统与其他通信系统之间进行协作，使得系统获得最佳的使用效率和用户体验。

（2）卫星宽带通信

对于互联网接入而言，卫星通信常常被作为传统接入网络（如 4G、电缆或 ADSL）无法为用户提供服务情况下的一种补充通信方式。近几年来，通信行业对高速数据传输业务和宽带多媒体应用的需求空前增长，同时卫星通信技术也发展快速，使卫星宽带通信成为现实。

4.3　网卡

网卡是网络接口卡（network interface card，NIC）的简称，又称为网络适配器（network adapter），是局域网中最基本的部件之一，计算机与局域网之间的连接和通信都是通过网卡来实现的。

4.3.1　网卡的工作原理

微视频 4.3
网卡

网卡原本是一种外部设备，插在计算机总线插槽内或某个外部接口上，一端与计算机相连，另一端与传输介质相连；而现代计算机主板上都已嵌入了这种适配器，不再使用单独的网卡了。

网卡工作在数据链路层，可以完成物理层和数据链路层的大部分功能。计算机与网卡通过控制总线来传输控制命令与响应，并通过数据总线来发送与接收数据，如图 4.3.1 所示。计算机通过地址总线和控制总线，根据地址与中断号（INT）来识别网卡和其中的寄存器写入或读出命令并响应。

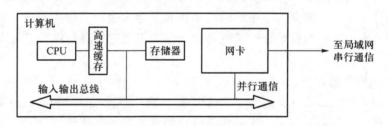

图 4.3.1　计算机通过网卡和局域网进行通信

网卡与操作系统互相配合，一方面负责打包和发送本地计算机上的数据，再将数据通过传输介质（如双绞线、同轴电缆、无线电波等）送入网络；另一方面负责接收和拆包网络上传来的数据，再将其传输给本地计算机。当网卡收到一个有差错的帧时，就将该帧丢弃；当收到一个正确的帧时就用中断来通知计算机并交付给协议栈中的网络层。当计算机要发送一个分组时，就由协议栈向下交给网卡，由网卡组装成帧后再发送至局域网。

4.3.2　网卡的类型

不同的局域网需要采用不同类型的网卡，普通用户接触的局域网大多是以太网和无线局域网，下面主要介绍以太网网卡和无线网卡这两类网卡。

1. 以太网网卡

以太网网卡的种类众多，对于以太网网卡有多种分类方式。

（1）按照以太网网卡所支持的数据总线类型来分类

按照这种方式分类，可以将网卡分为 16 位的 ISA 总线网卡（如图 4.3.2 所示）、32 位的 EISA 总线网卡、用于台式计算机的 PCI 总线网卡（如图 4.3.3 所示）、用于笔记本电脑的 PCMCIA 总线网卡（如图 4.3.4 所示）。此外，还有一些特殊总线的网卡，如 USB 网卡（如图 4.3.5 所示），这种网卡数据传输速率较低，USB1.1 端口的数据传输速率仅为 12 Mbps，USB2.0 接口的数据传输速率为 480 Mbps。目前主要使用的网卡是PCI 总线网卡，个人计算机和服务器一般能够提供多个 PCI 总线插槽，基本上可以满足常见 PCI 适配器（包括显示卡、声卡等）的安装。

图 4.3.2　ISA 总线网卡

图 4.3.3　PCI 总线网卡

图 4.3.4　PCMCIA 总线网卡

图 4.3.5　USB 网卡

（2）按照使用的传输介质类型分类

按照这种方式分类，可以将网卡分为 BNC 端口网卡、RJ-45 端口网卡、SC 光纤端口、AUI 端口等。有的网卡为了适用于更广泛的应用环境，提供了两种或两种以上的端口。例如，有的网卡会同时提供 RJ-45 端口、BNC 端口或 AUI 端口。

① RJ-45 端口网卡：应用于以双绞线为传输介质的以太网中，是最常见的一种网卡，也是应用最广泛的一种端口类型网卡。RJ-45 端口网卡还自带两个状态指示灯，通过这两个状态指示灯的颜色可以初步判断网卡的工作状态。

② BNC 端口网卡：应用于以细同轴电缆为传输介质的以太网或令牌网中，目前这种端口类型的网卡较少见。

③ AUI 端口网卡：应用于以粗同轴电缆为传输介质的以太网或令牌网中，AUI 端口是一种 D 型 15 针端口，目前这种端口类型的网卡比 BNC 端口网卡更少见。

④ SC 光纤端口网卡：SC 光纤端口看上去与 RJ-45 端口很相似，不过 SC 光纤端口更扁些，两者的主要区别在于：如果里面是 8 个细铜触片，则是 RJ-45 端口，如果里面是一根铜柱则是 SC 光纤端口。

（3）按照传输带宽来分类

按照这类方式分类，可以将网卡分为 10 Mbps 网卡、100 Mbps 网卡、10/100 Mbps 自适应网卡、1000 Mbps 网卡、100M/1 000 Mbps 自适应网卡等。

自适应网卡具有一定的智能，可以与网络设备（交换机、集线器等）自动协商，确定当前可以使用的数据传输速率。例如，当把 10/100 Mbps 自适应网卡接到符合 10BASE-T 标准的集线器或交换机上时，网卡的工作速率被自动设置成 10 Mbps。同理，当把此网卡接到符合 100BASE-TX 标准的集线器或交换机上时，网卡的工作速率被自动设置成 100 Mbps；当把此网卡接到符合 10/100BASE-TX 标准的自适应集线器或交换机上时，两者将会把工作速率都自动设置为最佳工作速率，即 100 Mbps。

2. 无线网卡

无线网卡的作用、功能与普通网卡一样，用于连接无线局域网。根据端口类型的不同，可以将无线网卡分为适用于笔记本电脑的无线 PCMCIA 网卡、适用于台式计算机的无线 PCI 网卡（如图 4.3.6 所示）及二者均可使用的无线 USB 网卡（如图 4.3.7 所示）等几类，其中无线 USB 网卡最为常见，但是这种网卡普遍没有无线 PCMCIA 网卡信号好。从数据传输速率来看，无线网卡的主要数据传输速率有 54 Mbps、108 Mbps、150 Mbps、300 Mbps 和 450 Mbps，其性能和环境有很大的关系。从运行的频段来看，无线网卡有单频和双频之分。单频无线网卡采用 IEEE 802.11n 技术，运行于 2.4 GHz 频段，兼容性强（兼容 IEEE 802.11g 和 IEEE 802.11b 标准），接收距离相对长一些，但是这一频段非常拥挤，而且其最高数据传输速率为 300 Mbps；双频无线网卡采用 IEEE 802.11n 和 IEEE 802.11ac 技术，同时支持 2.4 GHz 和 5.8 GHz 频段，在 5.8 GHz 频段上的数据传输速率高，为从 433 Mbps 到 867 Mbps。

图 4.3.6　无线 PCI 网卡

图 4.3.7　无线 USB 网卡

4.3.3　MAC 地址

局域网利用介质访问控制（media access control，MAC）地址表示其上的计算机和其他设备的身份。MAC 地址又称硬件地址、物理地址，它被固化在每个网卡的只读存储器（ROM）中，每个网卡在出厂时都被赋予了一个全世界唯一的地址编号，即 MAC 地址，该地址共 48 位（6 个字节），用十六进制表示。MAC 地址与网络位置无关，无论将带有这个地址的硬件接入网络的哪个地方，其物理地址都永远不变。

各个网卡制造商对于网卡地址范围达成协议，每个网卡制造商只能使用许可范围内的地址，这样可以保证不同网卡制造商生产的网卡不使用重复的地址。IEEE 注册管理委员会（RAC）负责分配 MAC 地址的前 3 个字节（称为地址块），一个地址块中的 24 位可以生产 2^{24}（16 777 216）个网卡地址；后 3 个字节的地址由网卡制造商自行安排。例如，Intel 公司生产的网卡的 MAC 地址的前 3 个字节为 10-02-B5，其生产的某个网卡的 MAC 地址为 10-02-B5-E3-5C-F1。

在 Windows 操作系统中，打开命令提示符窗口，在其中运行 ipconfig/all 命令，可以显示网卡地址，如图 4.3.8 所示。

```
命令提示符                                      —    □    ×
连接特定的 DNS 后缀 . . . . . . . :
描述 . . . . . . . . . . . . . . : Intel(R) Wireless-N 7265
物理地址 . . . . . . . . . . . . : 10-02-B5-E3-5C-F1
DHCP 已启用 . . . . . . . . . . . : 是
自动配置已启用 . . . . . . . . . : 是
IPv4 地址 . . . . . . . . . . . . : 192.168.1.5(首选)
子网掩码 . . . . . . . . . . . . : 255.255.255.0
获得租约的时间 . . . . . . . . . : 2016年5月2日 星期一 15:27:07
租约过期的时间 . . . . . . . . . : 2016年5月4日 星期三 10:05:26
默认网关 . . . . . . . . . . . . : 192.168.1.1
DHCP 服务器 . . . . . . . . . . . : 192.168.1.1
DNS 服务器 . . . . . . . . . . . : 192.168.1.1
TCPIP 上的 NetBIOS . . . . . . . : 已启用
```

图 4.3.8　MAC 地址显示

4.3.4　网卡选购

在选购网卡时需要考虑数据传输速率、总线类型、支持的端口类型、外观、防伪、价格与品牌等因素，用户可以根据自己的实际需求来选购网卡。

（1）数据传输速率

按照网卡的工作速率，可以将其分为 10 Mbps 网卡、100 Mbps 网卡、10/100 Mbps 自适应网卡和 1000 Mbps 网卡 4 种。对于一般的网络应用，如小规模的办公网络等，可以选择 10 Mbps 网卡。但由于目前 10 Mbps 和 100 Mbps 网卡的价格相差不多，因此可以选择 10/100 Mbps 自适应网卡或 100 Mbps 网卡。如果选用 10/100 Mbps 自适应网卡，可以根据网络和对方的数据传输速率，自动确定以 10 Mbps 工作还是以 100 Mbps 工作，不需要人为设定。

（2）总线类型

如果主板上的 PCI 插槽还有空余，建议选购 PCI 总线网卡。这种网卡工作效率高且稳定，是市场上的主流网卡。而 ISA 总线网卡耗用的资源比 PCI 总线网卡要高得多，因此不建议选用 ISA 总线网卡。

（3）支持的端口类型

无线网卡的端口类型主要有 PCI、PCMCIA、USB 等。其中，PCI 端口网卡主要用于台式计算机，因为它和内存的端口一样，因此比较适合内置。笔记本电脑比较适合使用无线 PCMCIA 网卡，而无线 USB 网卡则适合各类计算机使用，它的数据传输速率比较高。无线 PCMCIA 网卡和无线 PCI 网卡都可以内置于笔记本电脑或台式计算机中，而无线 USB 网卡则需要用户额外携带，使用起来比较麻烦。不过，具体选用哪种端口类型的网卡还要根据实际情况。例如，如果笔记本电脑的 PCMCIA 端口已经被其他设备占用，那么就应该选用 USB 端口。

（4）外观

一个正规的网卡产品，其元件安装工整、规范，布线整齐，焊点大小均匀、无毛刺，制造商牌号、型号等信息标注清晰，端口、插口、指示灯一应俱全且规范。而一些不正规的网卡焊接质量较差，相关信息的标注也比较模糊。

（5）防伪

了解网卡是否正规的最好方式就是辨别网卡的 MAC 地址。每个网卡都有一个唯一的 MAC 地址，具有相同 MAC 地址的网卡在同一局域网中将会因冲突而无法使用。要辨别网卡的 MAC 地址，可以在 Windows 操作系统中，打开"命令提示符"窗口，在其中输入 ipconfig/all 命令，网卡的 MAC 地址就会显示出来，可以将所显示的 MAC 地址与网卡上所标注的 MAC 地址进行对照，看两者是否相同。

（6）价格与品牌

价格与品牌是很多用户在选购网卡时都关心的因素，网卡的价格取决于其生产成本、服务成本以及制造商的定价策略，一般来说价格高的网卡在制造工艺、售后服务、品牌知名度方面会更好一些。

4.4 交换机

作为采用交换技术的网络设备,交换机不仅具有集线器的功能,而且更加智能,它一般用于连接同构网络,而且能够将低速网络接入高速网络。

4.4.1 中继器和集线器

在交换技术出现之前,局域网主要使用中继器和集线器将网络设备连接在一起。

中继器是一种信号增强设备,它运行在 OSI 参考模型的第一层(物理层)上,其主要作用是对接收到的信号进行再生放大,以扩大网络的传输距离。中继器无法识别数据链路层的 MAC 地址及网络层的 IP 地址。

集线器(hub)又称为集中器设备,工作在物理层上,其主要作用是对连接不同计算机的线缆进行集中配置,是多条网络线缆的中间转接设备。集线器就像一棵树的主干一样,是各分枝的汇集点,它是对网络进行集中管理的设备。10BASE-T(双绞线以太网)就是用集线器连接成的一个共享带宽的局域网,是局域网发展历史上一个非常重要的里程碑。集线器中连接双绞线 RJ-45 水晶头的部分称为端口,集线器的大小不同所具有的端口数也不同,按照端口数,可以将集线器分为 4 端口、8 端口、16 端口、24 端口等多种类型。在网络术语中,集线器一般是指共享式集线器,只是目前市场上这类产品已不多见,现在市场上销售的集线器一般都是交换式集线器,实际上就是以太网交换机。

微视频 4.4
集线器

4.4.2 交换机的类型

可以从网络类型、外形、网络规模、端口数据传输速率、功能、用途等方面进行,各种分类如下。

1. 按照连接的网络类型分类

按照连接的网络类型,可以将交换机分为以太网交换机、令牌环交换机、FDDI 交换机、ATM 交换机、无线接入点(AP)等,通常情况下所说的交换机是指以太网交换机。无线接入点用于无线网与有线网间的通信,其具体功能如下:① 作为数据发送和接收的集中设备,提供接入无线网卡的功能;② 作为点对点桥连设备,与其他无线接入点进行通信;③ 作为点对多点桥连设备,可以实现多个无线网络互联,并完成无线网络漫游;④ 可作为无线网络和有线网络的连接点,使以太网等有线网络用户能够接入无线网络;⑤ 能够在几十米到上百米的范围内连接多个无线用户。

微视频 4.5
交换机

2. 按照交换机的外形分类

按照交换机的外形,可以将其分为固定式交换机和模块化交换机。固定式交换机的端口数量及端口速率是不变的,其常见的端口数有 8、16、24、48 等,如图 4.4.1 所示；而模块化设计是新型交换机的特点，其端口数量、接口模块、端口速率可以根据需要进行配置，扩展性好，如图 4.4.2 所示。

图 4.4.1　固定式交换机　　　　　　　图 4.4.2　模块化交换机

3. 按照网络规模分类

按照交换机所在网络的规模，可以将其分为企业级交换机、部门级交换机、工作组级交换机。一般而言，企业级交换机都是机架式的，可以支持 500 个信息点以上的数据交换，如华为 CE12800 系列交换机（如图 4.4.3 所示）、思科（Cisco）Catalyst 6000 系列交换机（如图 4.4.4 所示）。部门级交换机可以是机架式的，也可以是固定配置式的，支持 300 个信息点以内的数据交换，如华为 S6720 系列下一代增强型万兆交换机、华为 S9700 系列 T 比特核心路由交换机、思科 S 系列 500 系列可堆叠全网管交换机。工作组级交换机是固定配置式的，它支持 100 个信息点以内的数据交换，是最常见的一种交换机，如华为 E600 教育网系列交换机、华为 S5700-SI 系列标准型千兆以太交换机。

图 4.4.3　华为 CE12800 系列交换机　　　图 4.4.4　思科 Catalyst6000 系列交换机

4. 按照端口数据传输速率分类

按照端口的数据传输速率，可以将交换机分为 10 Mbps 交换机、100 Mbps 交换机、1000 Mbps 交换机、100/1000 Mbps 自适应交换机、10 Gbps 交换机，一般来说，10 Mbps 交换机、100 Mbps 交换机和 100/1000 Mbps 自适应交换机适合作为工作组级交换机使用，1000 Mbps 交换机适合作为部门级交换机使用，而 10 Gbps 交换机则用于电信、移动等大型网络的主干网络中。

5. 按照功能分类

按照功能，可以将交换机分为二层交换机和三层交换机。二层交换机工作在第二层（即数据链路层），它能识别出帧中的源 MAC 地址和目的 MAC 地址，因此可以在任意两台交换机的端口之间建立联系。三层交换机工作在第三层（即网络层），是具有部分路由器功能的交换机，它能识别数据中的 IP 地址。它在接收到一个分组时，就检查其中的 IP 地址，如果目的 IP 地址属于本地网络就不理会该分组；如果目的 IP 地址属于其他网络，就将该分组转发出本地网络。

6. 按照用途分类

按照交换机在网络中所处的位置和用途，可以将其分为核心交换机、汇聚交换机、接入交换机。其中，接入交换机用于直接连接用户的计算机等终端，一般配置在企业的各个楼层中，又称为楼层交换机；汇聚交换机又称为分布交换机，用于汇聚接入交换机，可以使用三层交换机来建立虚拟局域网；核心交换机用于连接和管理主干网络中的汇聚层交换机，以便完成建筑物间的高速交互任务，核心交换机既可以使用二层交换机，也可以使用三层交换机。

4.4.3 交换机的工作原理

1990 年问世的交换式集线器通常被称为以太网交换机，其工作在数据链路层上，是一个多端口网桥，能够在内部对连接着两个网段的两个端口进行绑定，使其他端口的信号无法介入，从而防止发生冲突。

交换机采用全双工工作机制，它通过确认帧中的源 MAC 地址，习得交换机端口和该端口所连接硬件的 MAC 地址的映射关系，并把该信息保存到其内部的 MAC 地址映射表中。这样在通信过程中，它通过在数据发送方和接收方之间建立临时的交换路径，将数据直接由源 MAC 地址发送到目的 MAC 地址，而不会将其发送到其他不相关的端口，由此缩小冲突域，并隔离广播风暴。而那些未参与数据发送的端口可以继续向其他端口传送数据。

1. 交换机处理帧的方式

交换机从一个端口接收帧，然后将其发送到另一个端口，这一过程有三种处理方法，即直接转发、改进的直接转发和存储转发，其中存储转发这种处理方式使用得最多。

（1）直接转发

在这种处理方式中，交换机只需要读取帧的前 14 个字节，一旦检测到目的 MAC 地址，就立即按照接收顺序依次转发帧，不做差错和过滤处理，显然这种处理方式速度快，但误码率高，目前很少使用。

（2）改进的直接转发

在这种处理方式中，交换机在接收到帧首部（前 64 个字节）后，先判断首部数据是否正确，若发现有错，则立即将其滤除，并要求发送方重新发送该帧；若没有错误，则立即将其转发出去。该处理方式只适用于具有同等数据传输速率的以太网网段之间的桥接工作，目前也几乎不再使用。

（3）存储转发

存储转发是指交换机先完整地接收整个帧，将其存储在交换机内部的共享缓冲区中，然后对数据进行差错检测，过滤掉有错误的帧，之后才将正确的帧按目的 MAC 地址发送到指定的端口。由于该处理方式能够对所有帧进行缓存操作，因此使用该方式能够完成对具有不同数据传输速率的以太网段的桥接工作。

2. 交换机的处理能力

交换机的处理能力又称为交换机的背板带宽、背板吞吐量，是交换机接口处理器或接口卡和数据总线间所能吞吐的最大数据量。背板带宽代表交换机总体的数据交换能力，单位为 Gbps，也称为交换带宽，交换机的背板带宽从几吉比特每秒到上百吉比特每秒不等。一台交换机的背板带宽越高，数据处理能力就越强，当然成本也就越高。

交换容量是指交换机的中央处理器（CPU）与总线的传输容量，一般模块化交换机的交换容量比背板带宽小，而固定式交换机的背板带宽和交换容量的大小是相等的。

3. 交换机的端口

交换机的端口数越多，交换机所能连接的硬件就会增加，而且交换机的背板带宽也会随之增大。

（1）快速以太网（10/100 Mbps）端口

这是交换机上最常见的端口之一，用来连接快速以太网，它属于 RJ-45 端口，端口之间使用 5 类双绞线来连接。

（2）千兆以太网（10/100/1000 Mbps）端口

这种端口用来连接千兆以太网，也属于 RJ-45 端口，端口之间使用超 5 类双绞线来连接。

（3）光纤专用端口（SFP/SFP+端口）

这是安装在机架上的固定式交换机中的常见端口之一，用于与光纤相连。在模块化交换机中一般会配备多个 SFP 专用端口，有时还配置了 SFP+专用端口。

（4）PoE（power over ethernet，有源以太网）端口

有的交换机上还配置有 PoE 端口，该端口使用以太网线缆连接 IP 电话设备以获无线接入点，并通过该线缆向设备供电。

（5）上行链路端口

接入交换机、汇聚交换机需要汇聚下行连接的所有主机的流量，并将这些流量传输到上行的核心交换机或者网关之中，在这个网络拓扑结构中用于向核心交换机、网关传输流量的链路端口就称为上行链路端口，反方向则称为下行链路端口。固定式交换机一般会配置 2~4 个千兆以太网或者万兆比特以太网的上行链路端口，如图 4.4.5 所示。

图 4.4.5　交换机的上行链路端口和下行链路端口

（6）下行链路端口

下行链路所使用的端口几乎都属于RJ-45端口，一般从4端口到48端口不等。在核心交换机中也有将光纤专用端口作为下行链路端口，这种交换机一般都是模块化交换机，一个接口模块卡就能提供48个RJ-45端口或者8~48个光纤专用端口。

（7）交换机堆叠端口

通过堆叠线缆可以对多台交换机进行外部连接，这使得多台固定式交换机在网络中可以作为一台逻辑交换机使用。交换机堆叠可以通过使用专用的堆叠端口或者10GBASE-CX等同轴电缆高速连接多台交换机来实现。目前最多可以对4台交换机进行堆叠使用。

4.4.4 交换机组网

交换机的最大特点是能够支持多个端口，每个端口都具有桥接功能，可以连接一个网段，因此可以把网络系统划分成多个网段，一个网段上的所有设备都共享相应端口提供的带宽。图4.4.6所示的交换机连接了4个不同的网段，一个网段内部的数据传输只在该网段内进行，只有从一个网段传输到另一个网段的数据才会通过交换机的端口进行存储转发，从而避免了不必要的数据流动和网络风暴的形成。

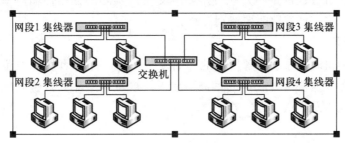

图4.4.6 交换机划分局域网

在由交换机连接的网络中，每一个直接连接到交换机端口上的设备都是独享该端口所提供的带宽的。一般将一些提供服务的Web服务器、FTP服务器、数据库服务器、电子邮件服务器等直接连接到交换机的端口上，以获得较高的带宽，从而提高整个网络的性能，如图4.4.7所示。

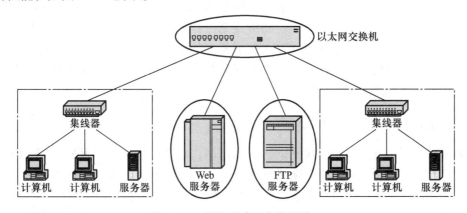

图4.4.7 服务器直连交换机端口

4.4.5　交换机的选购

1. 网络规模

在由多台集线器组成的网络中增加一台交换机作为网络中枢，可以大大提升网络的整体性能。在实际应用中，用户应根据所需的网络规模，综合考虑端口数量/速率、交换容量选择性价比高的交换机。

2. 端口带宽

目前，交换机的端口带宽主要有 10 Mbps、100 Mbps、10/100 Mbps 和 100/1000 Mbps 等。交换机的端口类型大多为 RJ-45 端口，端口数量通常为 8 的倍数，以 16 口和 24 口为主。一些高端的交换机产品采用光纤专用端口。

3. 背板带宽

一台交换机的背板带宽越高，处理数据的能力就越强，同时价格也越高。当高于交换机背板带宽的通信流量到达交换机时，交换机就会由于缓存不足或者内部带宽不够而无法对其进行处理，从而导致帧丢失、网络接口停止工作以及废弃帧数量上升等现象出现。交换机背板带宽的大小直接影响交换机实际的数据传输速率，它是交换机的主要性能指标之一，选购时要特别注意。

4. 售后服务

在选购交换机时除了要了解厂商的知名度、认清产品的真伪外，还要注意产品的质量和售后服务。一些信誉较好的厂商，除了按规定对产品实行包修包换外，还提供免费上门安装调试及人员培训服务。

4.5　路由器

随着网络规模的扩大，特别是多种网络连接成大规模的广域网环境，集线器、交换机在路由选择、流量控制以及网络管理等方面已远远不能满足网络数据通信的要求，这时就需要使用路由器或者网关了。路由器是一种具有多个输入接口和多个输出接口的网络设备，它既可以是由插在计算机扩展槽上的板卡实现的内部路由，也可以是独立的外部设备。目前，路由器已经成为实现各种主干网内部连接、主干网间互联和主干网与因特网互联互通的主力军。

微视频 4.6
路由器

4.5.1　路由器的主要功能

路由器是用于连接多个使用不同协议的网络，也就是异构网络互联的网络连接设备。它工作在网络层，可以在数据传输速率不同的网络和传输介质之间进行数据的转换，用于提供数据从一个网络某个站点到另一个网络某个站点的路由选择。

作为不同网络之间互相连接的枢纽，路由器系统构成了基于 TCP/IP 协议的因特网的主体脉络，如图4.5.1所示。它的处理速度是网络通信的主要瓶颈之一，其可靠性直接影响着网络互联的质量。因此，在网络互联乃至整个因特网研究领域中，路由器技术始终处于核心地位，其发展历程和方向成为因特网发展的一个缩影。

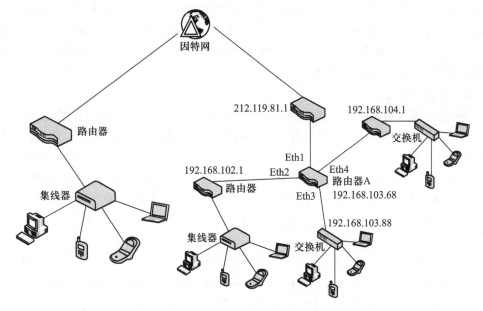

图4.5.1　由路由器构成的因特网

路由器的主要功能如下。

1. 网络互联

路由器支持各种局域网和广域网接口，可以连接局域网和广域网，实现不同网络间的互相通信；多协议的路由器可以连接使用不同协议的网络，从而构成一个更大的网络，以实现更大范围的数据传输。

2. 路由信息管理

路由器可以管理静态路由和动态路由，能够从相邻路由器处获得路由的更新信息，或者向相邻路由器发送路由更新信息。

3. 数据处理

路由器可以提供分组过滤、分组转发、优先级、复用、加密、压缩和防火墙等控制操作。它能够封装用于输出的两层交换机数据，并按照预定的规则把较长的报文分解成较短的、长度适当的分组，到达目的端后再把分解的分组重组为原有的形式。

4. 路由选择

路由器能够处理分组队列，判断分组是否可以转发，并选择最合适的路径，将分组转发到输出接口处，引导通信。

5. 网络管理

路由器可以提供路由器配置管理、性能管理、容错管理和流量控制等功能。

4.5.2　路由器的类型

目前市场上有不同厂商生产的各种类型的路由器产品。根据结构分类，可以将路由器分为模块化路由器和非模块化路由器。按照性能分类，可以将路由器分为高端路由器、中端路由器、低端路由器和家用宽带接入路由器。目前在高端路由器和中端路由器中，Cisco 公司和 Juniper 网络公司的路由器产品市场占有率非常高，华为在中端路由器和低端路由器上占有较高的市场份额。

1. 高端路由器

高端路由器又称为主干级路由器，其性能最好，主要作为主干网络的核心路由器使用，为互联网数据中心、电信运营商网络等提供网络互联服务。高端路由器的可靠性和数据传输速率高，其吞吐量一般大于 40 Gbps。市场上，锐捷网络公司的 RG-RSR-M 系列、Cisco 公司的 Cisco12000 系列、Juniper 网络公司的 T 系列/E 系列/M 系列就属于高端路由器，其价格在十几万元到上千万元之间，一般都是模块化路由器。高端路由器一般带有可以插入多块扩展卡的插槽，扩展卡可以是路由器引擎、交换结构、线卡等。

2. 中端路由器

中端路由器又称为企业级路由器，作为企业的中心路由器，通常用来连接大型企业内部的成千上万台计算机，具有支持多种协议、数据传输速率快、支持虚拟局域网、支持防火墙和分组过滤等特点。中端路由器的吞吐量一般为 25 ~ 40 Gbps。例如，Cisco 7206VXR/400/GE 路由器支持 10BASE-T、100BASE-TX、1000BASE-TX、令牌环网络的互联；华为 NE05E&08E 系列中端业务承载路由器的常用接口就有 10GE/GE/FE、Smart E1/T1、通道化 STM-1、GPON、XDSL、RS232、RS485、FXO、FSO 等，价格为 10 万元 ~30 万元。

3. 低端路由器

低端路由器是指中小企业或者大型企业分支机构中配置的路由器，又称为普及型路由器，一般为接口数量和接口类型比较固定的桌面式路由器。低端路由器的吞吐量低于 25 Gbps。低端路由器多被作为运行虚拟专用网（IP-VPN）的终端来构建虚拟通信网络。例如，华为 AR 系列路由器就是一种低端路由器，其价格多在几千元到几万元之间。

4. 宽带接入路由器

宽带接入路由器一般是指将小规模的机构分支局域网和家庭局域网接入广域网的路由器，也称为远程路由器。例如，D-link DSL-500 ADSL 宽带路由器能够将一个 10 Mbps 以太网通过 ADSL 方式接入因特网。

5. 无线路由器

无线路由器是一种用来连接有线网络和无线网络的通信设备，它可以通过无线保真（WiFi）技术将宽带网络信号通过天线转发给附近的无线网络设备，如笔记本电脑、智能手机、平板电脑等。无线网络路由器可以在不设线缆的情况下，方便地建立起一个网络。

无线路由器一般具有一些网络管理的功能，如动态主机配置协议（DHCP）服务、网络地址转换（NAT）、MAC 地址过滤、动态域名等功能。

无线路由器内置有简单的虚拟拨号软件，可以存储用户名和密码，提供自动拨号功能，而无须用户手动拨号。此外，无线路由器还具备相对更完善的安全防护功能。

在选购路由器时，可以综合考虑使用场所、网络接口类型与数量、吞吐量、数据传输速率、路由表建立与刷新方式、是否支持模块化、管理方式和管理界面等因素。

4.5.3　IP 路由选择

路由器按照其输入接口接收到的分组中的目的地址信息，从路由表中选择最合适的路径，并通过路由器的某个合适的输出接口转发给下一台路由器，这一过程称为路由选择，其中路径是指转发的路线，而路由表则是路由器在进行路由选择时所参考的信息。

1. IP 路由选择过程

对分组进行路由选择的操作就称为 IP 路由选择，IP 路由选择包括两个过程，一是寻径，二是转发。

① 寻径：寻径是指路由器根据一系列算法和协议，寻找并列出多条可到达目的地的路径，并从中选出一条最佳路径。

② 转发：转发是指路由器沿着已选出的最佳路径来传递信息。

实现这两个过程的关键在于路由器中存储了一张与之相连的网络动态路径表，即 IP 路由表，这张表是许多路由器协同工作的结果。这些路由器按照复杂的路由算法（如距离向量路由算法、链路状态路由算法），得出整个网络的拓扑结构变化情况，将有关目的地址及如何到达目的地址的信息存储在这张表中。在转发分组时，通过查询 IP 路由表来决定将其发往何处。

2. IP 路由表

IP 路由表中包含了路由选择的必备信息，由一条条路由选择表项构成，一条路由选择表项主要由以下 5 个部分组成。

① 目的网络：分组的目的地址所在的网络。

② 子网掩码：表示目的地 IP 地址中有多少位表示网络部分。

③ 网关：分组下一步需要转发到的 IP 地址，通常是相邻路由器网络接口的 IP 地址，又称为下一跳。

④ 网络接口：转发该 IP 数据报的路由器上的接口。

⑤ 度量值：表示当有多条路径可以到达同一目的地时不同路径的优先级，值越小表示优先级越高。

表 4.5.1 所示的为图 4.5.1 中路由器 A 的路由表，该路由器有 4 个网络接口 Eth1、Eth2、Eth3 和 Eth4，连接了因特网和三个局域网，其中 Eth1 接口通过路由器212.119.81.1 连接了因特网，Eth2 接口连接了 192.168.102.0 网络，Eth3 接口直接连接的 192.168.103.0 网络，Eth4 接口连接了 192.168.104.0 网络。

表 4.5.1   路由器 A 的路由表

目的网络地址	子 网 掩 码	网关（下一跳）	网络接口	度量值	备 注
0. 0. 0. 0	0. 0. 0. 0	212. 119. 81. 1	Eth1	1	默认路由
192. 168. 103. 0	255. 255. 255. 0	192. 168. 103. 88	Eth3	1	直联网段路由
192. 168. 103. 68	255. 255. 255. 255	127. 0. 0. 1		1	本地主机路由
192. 168. 104. 0	255. 255. 255. 0	192. 168. 104. 1	Eth4	1	
192. 168. 102. 0	255. 255. 255. 0	192. 168. 102. 1	Eth2	1	

表 4.5.1 中的第 1 条路由选择表项表示的是默认路由：当该路由器接收到一个目的网络地址不在其路由表中的分组时，该路由器会将该分组通过其 Eth1 接口发送到 212.119.81.1 这个地址，这个地址是下一台路由器的一个接口，这样这个分组就可以交付给下一台路由器处理，该路由记录的度量值为 1。

表 4.5.1 中的第 2 条路由选择表项表示的是直连网段路由：当路由器收到一个发往直联网段（这里是 192.168.103.0）的分组时，直接将该分组通过 Eth3 接口直接发送出去，因为这个接口直接连接着 192.168.103.0 这个网络，该路由记录的度量值为 1。

表 4.5.1 中的第 3 条路由选择表项表示的是本地主机路由：当路由器收到一个目的地址是 192.168.103.68 的分组时，会接收该分组，因为这个分组是发送给路由器 A 自己的。该路由记录的度量值为 1。

表 4.5.1 中的第 4 条路由选择表项表示转发路由：当路由器收到一个发往 192.168.104.0 网络的分组时，将该分组通过 Eth4 接口转发出去，因为这个接口连接着 192.168.104.0 这个网络。该路由记录的度量值为 1。

表 4.5.1 中的第 5 条路由选择表项表示转发路由：当路由器收到一个发往 192.168.102.0 网络的分组时，将该分组通过 Eth2 接口转发出去，因为这个接口连接着 192.168.102.0 这个网络。该路由记录的度量值为 1。

3. 路由选择方式

根据路由表建立与刷新方式的不同，又可以将路由选择分为静态路由选择和动态路由选择两种。

（1）静态路由选择

网络管理员在路由器中手动设置路由表表项信息的方式称为静态路由选择。由人工建立和管理的路由表表项称为静态路径，其不会自动发生变化，必须手工更新以反映网络拓扑结构或连接方式的变化。静态路由选择安全可靠，稳定性高，开销也小，一般用在末端网络中；但是由于其静态路径不会自动更新，因此建立和维护工作量大，容易出现路由环路，不适用于复杂的网络结构。

（2）动态路由选择

当网络规模很大、拓扑结构复杂、连接的路由器数量很多时，就需要使用动态路由选择的方式，即在路由器之间通过交换信息自动生成和刷新路由表表项信息，其路由表表项信息会随着网络拓扑结构的调整自动更新，并被重新配置，从而提高了网络的整体性能。但是，优良性能的背后是资源的消耗，动态路由选择需要占用更多的网络带宽，而且动态修改和刷新路由表表项信息需要占用路由器的内存和 CPU 处理时间，消耗路由器的资源。

　　路由器之间进行信息交换需要使用路由协议，路由协议包括内部网关路由协议和外部网关路由协议。其中，内部网关路由协议中最常用的是路由信息协议（routing information protocol，RIP 协议）和开放最短通路优先（open shortest path first，OSPF）协议，OSPF 协议是链路状态协议，而 RIP 协议是距离向量协议；Cisco 公司的内部网关路由协议（interior gateway routing protocol，IGRP）和增强内部网关路由协议（enhanced interior gateway routing protocol，EIGRP 协议），以及电信运营商普遍采用的中间系统到中间系统（intermediate system to intermediate system，IS-IS）路由协议。外部网关路由协议中最常用的是边界网关协议（border gateway protocol，BGP 协议）。

　　可以将静态路由选择比作一条流水生产线，产品每个部件的组装步骤都是固定的，只要组装步骤不变，每个工序将不会改变；而动态路由选择就像一个熟悉路线的司机，当一条道路堵车时，他会自动选择另一条道路将乘客送到目的地。

4.6　实验

4.6.1　双绞线与 RJ-45 水晶头连接制作实验

1. 实验任务

实验场景：生活在校园中的学生，无论是在宿舍还是在图书馆，只有连入校园网才能登录相关的文献数据库网站，下载所需要的学习资源。连入校园网，需要借助有线传输介质。现有双绞线、RJ-45 水晶头、压线钳等工具，如何利用这些工具制作一根可以帮助人们连入校园网的网线呢？

实验目标：① 了解双绞线的制作方法；② 认识 EIA/TIA-568 标准；③ 学会使用测试仪检测双绞线的制作情况。

2. 实验步骤

① 剥线：准备好长度适当的双绞线，用 RJ-45 剥线/压线钳将双绞线两端的塑料外套剥掉，露出长为 1.5~2 cm 的 4 对双绞线，并注意不要损坏这些双绞线，拧开每一对双绞线。

② 排线：拧开每一对双绞线，将所得到的 8 根铜导线按照 EIA/TIA-568B 标准排列，即 1-橙白，2-橙，3-绿白，4-蓝，5-蓝白，6-绿，7-棕白，8-棕。

③ 理直排齐：将排列好的 8 根铜导线并拢，再上下、左右抖动，使它们整齐排列，

微视频 4.7
RJ-45 水晶头端接双绞线制作及测试

顶部（正对操作者）构成一个平面，最外面的两根铜导线位置平行。

④ 剪齐：用压线钳将铜导线的多余部分剪掉，剪切面应与外侧铜导线垂直，使得露出的铜导线长度为 1.2~1.5 cm，注意露出的铜导线不要留得太长（如果铜导线留得太长就无法将双绞线的绝缘外套压入水晶头，使网线无法压紧，容易松动，导致网线接触故障），铜导线也不能留得过短（如果铜导线留得过短，不易将 8 根铜导线全都送入槽位，导致铜片与铜导线无法可靠连接，使得 RJ-45 水晶头的制作达不到要求）。

⑤ 送线：操作者右手拿住双绞线，左手拿着 RJ-45 水晶头，要使金属簧片朝上，将 8 根铜导线送入槽位，送线时要注意使 8 根铜导线的顶端保持平齐，将铜导线送入槽位后，要用力顶紧，从 RJ-45 水晶头顶部看，应能看到 8 根铜导线的顶端整齐地排列着。

⑥ 压线：在检查线序及送线的质量后，就可以进行最后一道工序——压线了。压线时，应注意要逐渐用力，开始不要太用力，最后才能用力压，而且不可用力过猛，以防止金属簧片变形，刺破铜导线的绝缘层。

⑦ 重复以上步骤完成双绞线另一端的 RJ-45 水晶头的制作。

⑧ 检测：将其中一个 RJ-45 水晶头接到主测试仪上，将另一个 RJ-45 水晶头接到次测试仪上，8 个指示灯亮的顺序是 1，2，3，4，5，6，7，8。如果出现某个灯不亮或亮的顺序不对的情况，就说明 RJ-45 水晶头制作有问题。如果某个灯不亮，表示某一根铜导线没有接好或是接触不良；如果顺序不对，则表示有交叉错误，即线序出现错误。对于这些情况，要把做好的水晶头剪掉，再重新制作。

在制作双绞线的过程中需要注意以下事项。

① 在剥线时，露出的铜导线不能过长，1.5~2 cm 即可。

② 确保直通线两端的双绞线要按照同一布线标准排好，顺序不能错。

③ 在将导线送入 RJ-45 水晶头时一定要插到底，要能在 RJ-45 水晶头顶部清晰地看到双绞线的 4 对铜导线。

④ 用压线钳压紧 RJ-45 水晶头时，一定要用力，将金属簧片完全压下去。

4.6.2　网卡安装实验

1. 问题提出

在日常生活中，人们可能会遇到计算机无法上网的情况，在确保网络没有故障的情况下，人们经常会借助"鲁大师"等应用软件来检查网卡是否出现了问题，或者通过查看相关设置检查网卡驱动程序是否正常运行。这些都说明网卡是网络与计算机之间连接的枢纽，换句话说，没有网卡，就无法实现计算机的上网功能。网卡种类繁杂，主要的网卡制造商有普联（TP-Link）、友讯（D-Link）、腾达（Tenda）、绿联（UGREEN）、英特尔（Intel）、华硕等，市场上常见的网卡有以下几种。

（1）绿联 US230 PCI-E 千兆以太网网卡

该网卡兼容 PCI-EX1、X4、X8、X16 端口，有一个 PCI-E RJ-45 端口、三个 USB3.0 端口，支持全双工/半双工自适应模式。

（2）D-Link DFE-530TX+10M/100M 网卡

该网卡的端口属于 PCI 端口，支持全双工模式，计算机可以在接收数据的同时发送数据，因而可以成倍地提高数据传输速率，它与 TP-Link TF-3239 网卡的性能差不多。

（3）TP-LINK TG-3269E PCI-E 10/100/1000Mbps 自适应网卡

该网卡支持 10BASE-T、100BASE-TX、1000BASE-T 工作模式，传输数据时无须占用 CPU 时间，可以不通过 CPU 直接与内存进行数据交换，从而减轻了主机的负载。

（4）TP-LINK TF-5129 10/100 Mbps 笔记本电脑网卡

该网卡兼容 16 位 PCMCIA 总线标准 10/100 Mbps 双速自适应模式，支持全双工、半双工自动侦测，提供了一个 UTP/STP 端口，以及 68 针的 PC CARD 标准端口，支持热插拔功能。

（5）TP-LINK TL-WN322G+ USB 无线网卡

该网卡拥有一个 USB 端口，因而可以直接使用，其最大数据传输速率为 54 Mbps。

（6）Intel EXPI9301CTBLK 千兆比特以太网网卡

该网卡只有一个 RJ-45 端口，主要用于服务器，其可靠性和稳定性都很高。

2. 实验任务

在计算机网络实验课中，正在机房使用台式计算机的你，发现所使用的计算机无法联网，在教师的帮助下，经故障检测发现，该计算机的网卡出现了故障，现在需要你为该计算机重新选购一款网卡并安装该网卡，同时完成相应的配置工作。

3. 实验步骤

（1）选购网卡

要根据接入的网络及所使用的计算机，并结合数据传输速率、总线类型、支持的端口类型、价格与品牌等因素购买网卡。

（2）安装网卡

安装网卡的步骤是，首先关闭主机电源，拔下电源插头；然后打开机箱后盖，为网卡寻找一个 PCI 插槽；接着，将网卡对准 PCI 插槽并将其向下压入插槽，最后用螺钉固定。

（3）安装网卡驱动程序

在 Windows 7 操作系统中，选中桌面上的我的电脑图标，用鼠标右键单击，打开快捷菜单，选择其中的"属性"命令，在打开的"系统属性"对话框中选择"设备管理器"选项卡，单击"网络配适器"选项前面的"+"标志，打开如图 4.6.1 所示的界面。

单击所出现的有关网卡的简单说明就会出现如图 4.6.2 所示的有关网卡驱动程序的详细情况和各项指标。

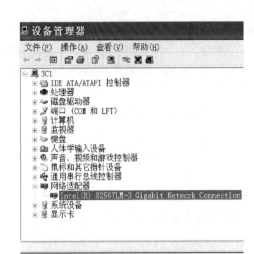 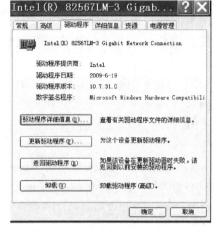

图 4.6.1　设备管理器界面　　　　图 4.6.2　网卡驱动程序详细信息界面

（4）安装网络协议——TCP/IP 协议

用鼠标右键单击桌面上的网上邻居，在打开的快捷菜单中选择"属性"命令，进入查看网络连接信息界面，该界面展示了该计算机的网络连接状况。用鼠标单击"本地连接"，在打开的快捷菜单中选择"属性"命令，打开"本地连接 属性"对话框，如图 4.6.3 所示。

双击"Internet 协议（TCP/IP）"，即可打开"Internet 协议（TCP/IP）属性"对话框，如图 4.6.4 所示。

需要注意的是，由于用于该项实验的计算机已安装网卡，以及相应的驱动程序和协议，因此图 4.6.4 中看到的都是已有设备的相关情况。

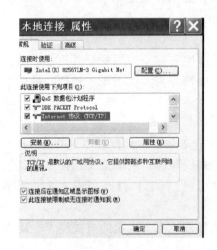 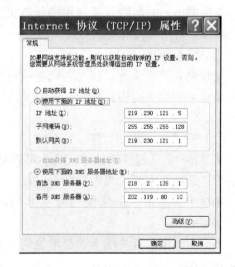

图 4.6.3　"本地连接 属性"对话框　　　图 4.6.4　"Internet 协议（TCP/IP）属性"对话框

（5）网络设置

用鼠标右键单击 IE 浏览器的图标，在打开的快捷菜单中选择"属性"命令，在打开的"Internet 属性"对话框中再选择"连接"的选项卡，单击"建立连接"按钮，如图 4.6.5 所示。

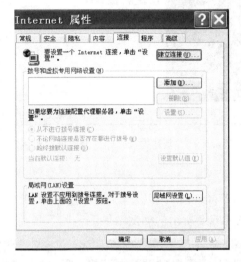

图 4.6.5　"Internet 属性"对话框

打开"新建连接向导"对话框，如图 4.6.6（a）所示。单击"下一步"按钮，在打开的对话框中选择"手动设置我的连接"单选按钮，如图 4.6.6（b）所示，按照提示一步步执行。

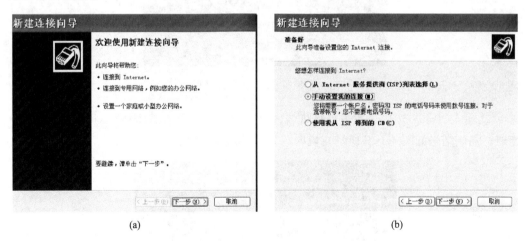

(a)　　　　　　　　　　　　　　(b)

图 4.6.6　"新建连接向导"对话框

最后，单击图 4.6.7 所示的对话框中的"完成"按钮结束设置。

（6）网络测试

在 Windows 操作系统中，打开命令提示符窗口，通过 Ping 命令对网络连接进行

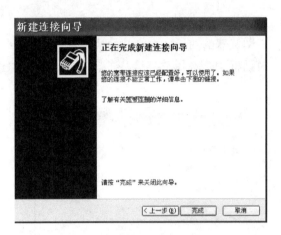

图 4.6.7 "新建连接向导"完成提示对话框

测试。

① 输入命令 "ping 127.0.0.1",以查看本机网卡及 TCP/IP 协议的设置是否正确。按 Enter 键,即出现如图 4.6.8 所示的测试结果。

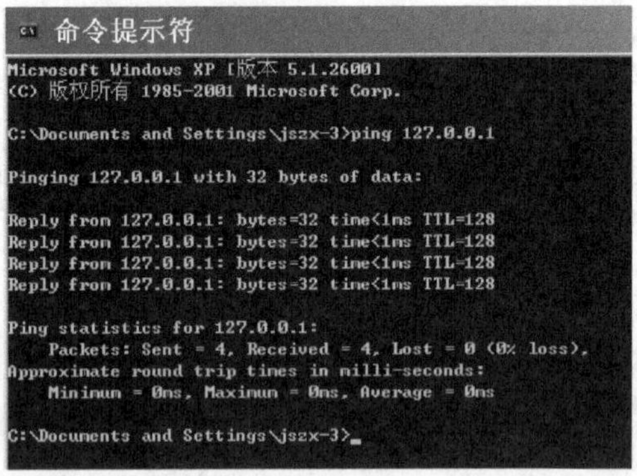

图 4.6.8 Ping 本机测试结果

② 输入 "ping 3c2"(对方计算机名或者 IP 地址),以查看本机与对方计算机是否连通。测试结果如图 4.6.9 所示,说明双方计算机已连通。

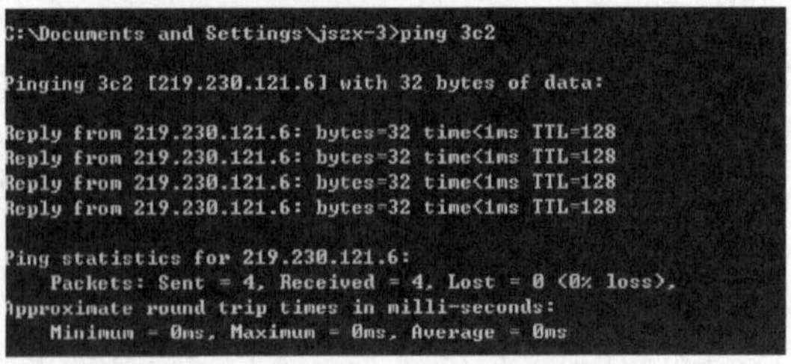

图 4.6.9 Ping 对方主机测试结果

至此,网卡已成功安装并配置完毕。

4.6.3 交换机初始化配置实验

1. 问题提出

市场上交换机可以分为网管交换机和非网管交换机。非网管交换机就是对连接线缆进行管理，即连接或终止每个端口所连接的设备。而网管交换机除了进行上述管理之外，还可以通过一些简单的配置，保障网络安全，提高网络通信效率，实现对交换机的远程监控与管理。

交换机的基本配置主要包括交换机的初始化配置、简单网络管理协议（simple network management protocol，SNMP 协议）配置和端口配置。在使用交换机之前，必须对交换机进行初始化，为交换机指定 IP 地址、用户名和密码等信息，以实现对交换机的远程管理。

2. 实验任务

对 Catalyst2950 交换机进行初始化配置，将其主机名设置为 njust_C2960，将其 IP 地址设置为 192.168.0.1，将子网掩码设置为 255.255.255.0，将使能口令（enable password）设置为 cisco，将使能密码（enable secret）设置为 cisco.net，将远程登录口令（telnet password）设置为 cisco.net。

3. 实验步骤

（1）配置超级终端，实现计算机与交换机的通信

① 利用配置线（console 线）将计算机的串行端口与交换机的 Console 端口连接在一起，如图 4.6.10 所示。然后，打开计算机的电源开关。

② 在 Windows 操作系统中，选择"开始"→"所有程序"→"附件"→"通讯"→"超级终端"命令，打开如图 4.6.11 所示的"连接描述"对话框。在"名称"文本框中键入该连接的名称，如 test，用于标识与 Cisco 交换机的连接。

图 4.6.10　交换机与计算机连接　　　　图 4.6.11　"连接描述"对话框

③ 单击"确定"按钮，打开"连接到"对话框，在"连接时使用"下拉列表中选择"串行端口"，通常为 COM1。

④ 单击"确定"按钮，打开如图 4.6.12 所示的"COM1 属性"对话框。在"每秒位数"下拉列表中选择"9600"，其他选项均采用默认值。也可以单击"还原为默认值"按钮，使用系统的默认值。

图 4.6.12   "COM1 属性"对话框

⑤ 单击"确定"按钮，打开超级终端窗口。

打开交换机电源后，连续按 Enter 键，即可显示交换机的初始界面。计算机与交换机连接成功之后，就可以在计算机上使用菜单方式或命令行方式对交换机进行配置和管理了。

（2）交换机参数的初始配置

① 键入"yes"，进入初始配置对话模式。

Would you like to enter the initial configuration dialog?[yes/no]:yes

② 键入"yes"，进入基本管理配置模式。

Would you like to enter basic management setup?[yes/no]:yes

③ 为交换机键入名称并按 Enter 键。

Enter host name[Switch]:njust_C2960

④ 键入使能口令并按 Enter 键。

Enter enable password:cisco

⑤ 键入使能密码并按 Enter 键。

Enter enable secret:cisco.net

⑥ 键入远程登录密码并按 Enter 键。

Enter virtual terminal password:cisco.net

⑦ 键入连接到管理网络的接口名称（物理接口或虚拟局域网名称）并按 Enter 键。通常情况下，使用 vlan1 作为管理接口。

Enter interface name used to connect to the management network from the above interface summary:vlan1

⑧ 为交换机指定 IP 地址和子网掩码，并按 Enter 键。

Configuring interface vlan1:

Configure IP on this interface?[yes]:yes

IP address for this interface:192.168.0.1

Subnet mask for this interface[255.0.0.0]:255.255.255.0

⑨ 键入"yes"，将交换机配置为集群命令交换机，键入"交换"，否则将其配置为成员交换机或独立交换机。也可以稍后借助通过命令行窗口等对其进行配置。此处键入"no"。

Would you like to enable as a cluster command switch?[yes/no]:no

至此，已经完成了该交换机的初始化配置。

知识点小结

- 一根双绞线由5部分组成，主要包括外套、外屏蔽层、内屏蔽层、绝缘层和内导体芯线。其中，非屏蔽双绞线又可以分为3类、4类、5类、超5类、6类、超6类等，数字越大，就表示版本越新、技术越先进、宽带越高。

- 光纤通信是指利用光导纤维传递光脉冲来进行通信，有光脉冲相当于1，而没有光脉冲相当于0。光纤的中心是一根由透明石英玻璃拉成细丝的光导纤维，称为纤芯。光纤是由纤芯、包层和涂覆层构成的通信圆柱体。

- 无线电波的传播方式有直接传播和反射传播两种。微波频率很高，其频段范围也很宽，通信信道的容量很大；与同样容量和长度的电缆载波通信相比，微波接力通信建设投入少，并易于跨越山区和江河。卫星通信是指利用人造同步地球卫星作为中继器的一种微波接力通信。

- 网卡是网络接口卡的简称，又称为网络适配器。

- 局域网使用48位的 MAC 地址来标识计算机，IEEE 注册管理委员会负责分配 MAC 地址的前3个字节，网卡制造商必须向其购买由这3个字节构成的地址块号，这个地址块号也是网卡制造商的唯一标识符。

- 中继器是局域网中用来延长网络距离的最简单、最廉价的网络互联设备，而集线器是一种特殊的多端口中继器，利用集线器可以组建星状或树状拓扑结构的共享式网络。

- 交换机工作在网络的数据链路层，交换机从接收帧到发送新的帧，有直接转发、改进的直接转发和存储转发三种处理方式。当今主流的交换机都使用硬件高速处理帧，因此存储转发帧的方式越来越多。

- 交换机通过确认帧中的源 MAC 地址，习得交换机端口和该端口所连接硬件的 MAC 地址的映射关系，并把该信息保存到其内部的 MAC 地址映射表中。

- 路由器是用于连接多个使用不同协议的网络，也就是异构网络互联的网络连接设备，它工作在网络层。

● 在多个网络间存储、转发分组，实现网络层上的协议转换，以及把在网络上传输的数据转发到正确的下一个子网中，这个过程称为路由选择。

思考题 🔍

1. 单模光纤和多模光纤分别适用于什么场合？

2. 假设需要在相隔 1000 km 的两地间传送 3 KB 数据。可以通过两种方式进行传送：通过地面电缆以 4.8 Kbps 的数据传输速率传送，或者通过卫星通信以 50 Kbps 的数据传输速率传送。试问：从发送方开始发送数据直至接收方全部收到数据，采用哪种方式数据传送时间较短？已知电磁波在电缆中的传播速度为光速的 2/3，卫星通信的端到端单向传播时延的典型值为 270 ms。

3. 双绞线、同轴电缆、光纤各有什么特性？在实际应用过程中，应该如何选择传输介质？

4. 电视、空调等家用电器使用红外线通信来遥控设备，试说明如何用手机上的"万能遥控器"实现对这些家用电器的遥控。

本章自测题

5. 在传输数据时，双绞线中的 8 根铜导线全部都用到了吗？每根铜导线的作用是什么？各铜导线有什么区别？

6. 无线路由器是否可以作为无线交换机使用？请说明理由。

7. 为什么在组网时通常选择交换机而不选择集线器？

8. 交换机有哪些端口类型？这些类型端口的特点分别是什么？

9. 假设某路由器建立了如下路由表：

目的网络地址	子 网 掩 码	网关（下一跳）	网 络 接 口
128. 96. 39. 0	255. 255. 255. 128		m0
128. 96. 39. 128	255. 255. 255. 128		m1
128. 96. 40. 0	255. 255. 255. 128	R2	m2
192. 4. 153. 0	255. 255. 255. 192	R3	m3
0. 0. 0. 0	0. 0. 0. 0	R4	m4

该路由器现收到 5 个分组，其目的地址分别为：① 128. 96. 39. 10；② 128. 96. 40. 12；③ 128. 96. 40. 151；④ 192. 4. 153. 17；⑤ 192. 4. 153. 90。请根据路由表分析其分组转发路径。

10. 红外线感应器、微波炉、蓝牙耳机、无绳电话这些设备会对工作在 2.4 GHz 的无线接入点产生干扰吗？请说明理由。

第 5 章

局域网基础

● **内容导读**

内联网的建设已经成为提升企业核心竞争力的关键因素。未来局域网将从以信息发布为主的单向应用，逐步转为一个能够实现实时数据集成和信息共享的新型网络应用架构。随着无线局域网的成熟和应用，企业纷纷建立无线网络来提高运营效率。本章的主要内容如下：

- 局域网概述，包括局域网的特点、分类及参考模型。
- 以太网，包括经典以太网和交换式以太网。
- 无线网络，包括无线局域网、无线个域网和无线城域网。
- 移动互联网，包括移动互联网的特点与基本组网技术。

5.1 局域网概述

局域网是在一个局部的地理范围内（如一个学校、公司和政府部门的内部），将各种计算机、外部设备等互相连接起来组成的计算机通信网。它可以通过数据通信网或专用数据线路，与远方的局域网、数据库或处理中心相连，从而构成一个较大范围的信息处理系统。局域网可以实现文件管理、应用软件共享、打印机共享、工作组内的日程安排、电子邮件和数据通信等功能。局域网严格地讲是封闭型的，既可以由办公

微视频 5.1
局域网概述

室内的两台计算机组成，也可以由一个企业内部的上千台计算机组成。

5.1.1　局域网的特点及其分类

1. 局域网的发展

局域网的发展始于 20 世纪 70 年代。1972 年，美国加州大学和美国贝尔实验室联合开发了两种环形局域网——Newhall 环网和 Pierce 环网；1974 年，英国剑桥大学开发了剑桥环网（Cambridge ring）。

20 世纪 80 年代，局域网进入专业化生产和商品化的阶段。以太网最初是由 Xerox 公司创建的，其实验用的以太网数据传输速率为 3 Mbps；其后形成了以太网（Ethernet）系列产品。1984 年，IBM 公司开发了令牌环网。20 世纪 80 年代中期，美国国家标准学会（ANSI）提出了光纤分布式数据接口（fiber distributed data interface, FDDI），使局域网的数据传输速率提高到了 100 Mbps。

20 世纪 90 年代，计算机网络的数据传输速率等指标有了更大的提升。1993 年，快速以太网技术正式得到应用；1999 年，IEEE 802.3ae 工作组进行了 10 Gbps 以太网技术的研究，并于 2002 年颁布了万兆以太网标准。

2. 局域网的特点

局域网具有以下特点。

① 覆盖范围小。局域网是一种封闭型网络，其覆盖范围一般为一座建筑物或若干相邻的建筑物，其覆盖距离一般为 $0.1 \sim 25 \, \mathrm{km}$。

② 局域网的经营权和管理权属于某个单位所有，而广域网的使用通常由服务提供商提供。

③ 数据传输速率高，误码率低。局域网的数据传输速率一般为 $100 \sim 1000 \, \mathrm{Mbps}$，误码率一般为 $10^{-10} \sim 10^{-8}$。

④ 数据传输时延小。局域网中的传输时延很小，一般在几毫秒到几十毫秒之间。

⑤ 局域网便于安装、维护和扩充，建网成本低、周期短。

⑥ 采用对应于 OSI 参考模型中的物理层和数据链路层的 IEEE 802 系列标准。

⑦ 采用的传输介质通常为有线传输介质，包括光纤、双绞线等。

⑧ 常见的网络拓扑结构有总线型、星状和树状等拓扑结构。

⑨ 通常使用分组交换技术。

⑩ 能够进行广播（一站发，所有站收）或者组播（一站发，一组站收）。

3. 局域网的基本类型

局域网可以按照不同的标准分类。

（1）按照网络转接方式分类

按照网络转接方式分类，可以将局域网分为共享式局域网和交换式局域网。

首先介绍共享和交换的概念。为了说明这两个概念，举一个简单的例子。假设有一条六车道的道路，如果没有给道路标示行车路线，那么车辆就会在无序的状态下抢道或占道通行，因而容易发生交通堵塞和交通事故，使道路通行能力下降。为了避免上述情况的发生，就需要在道路上标示行车路线，保证每一辆车都各行其道、互不干扰。共享式网络就相当于这个例子所讲的无序状态，当数据和用户数量超出一定量时，就会发生冲突，使网络性能下降。而交换式网络则弥补了共享式网络的不足，它根据所传递数据报文的目的地址，将每一个数据报文都独立地从源端口送至目的端口，避免了与其他端口发生冲突，提高了网络的实际吞吐量。

拓展阅读 5.1
共享式局域网与
交换式局域网

① 共享式局域网。共享式局域网是指所有站点都共享一条公共传输介质的局域网技术。共享式局域网可以分为以太网、令牌总线网、令牌环网、FDDI 网以及在此基础上发展起来的高速以太网等。无线局域网是计算机网络与无线通信技术相结合的产物，和有线局域网一样，可以采用共享方式。

共享式局域网存在的主要问题是所有用户都共享带宽，每个用户的实际可用带宽都随着网络用户数的增加而递减。这是因为当数据传送繁忙时，多个用户可能会"争用"一条信道，而一条信道在某一时刻只允许一个用户占用，所以大部分时间都处于监测等待状态，导致信号在传送过程中出现抖动、停滞或失真现象，严重影响了网络的性能。

共享式局域网的典型代表是使用 10BASE2/10BASE5 的总线型局域网和以集线器为核心的局域网。在以集线器为核心的局域网中，很多网络设备都被连接到集线器所在的物理总线结构中。从本质上讲，以集线器为核心的局域网与总线型局域网没有本质上的区别。

② 交换式局域网。交换式局域网是指以数据链路层的帧或更小的数据单元为数据交换单位，以以太网交换机为核心的局域网技术。交换式局域网可以分为交换以太网、异步传输方式（ATM）网，以及在此基础上发展起来的虚拟局域网，由于 ATM 网组网费用高，近年来已很少用 ATM 技术组建局域网，使用得更多的是交换以太网。

（2）按照传输介质分类

按照网络使用的传输介质分类，可以将局域网分为有线网和无线网。其中，有线网是用双绞线和光纤连接的计算机网络，而无线网则大多使用 ISM 频段中的 2.4 GHz 或 5.8 GHz 频段在空中进行通信连接。

（3）按照拓扑结构分类

按照网络拓扑结构分类，可以将局域网分为总线型、星状、环状、树状、混合型等。

（4）按照访问控制方法分类

按照传输介质所使用的访问控制方法分类，又可以将局域网分为以太网、令牌环网、FDDI 网和无线局域网等。其中，以太网是当前应用最得普遍的局域网技术，其详细内容可见 5.2 节，无线局域网的详细内容可见 5.3 节。

微视频 5.2
令牌环网

令牌环网（token ring network）常用于 IBM 系统中。在令牌环网中，有一种专门的帧称为令牌，它在环路上持续地传输以确定环路上的一个站点何时发送帧。令牌实际上是一个具有特殊格式的帧，其本身并不包含信息，仅用于控制信道，以确保在同一时刻只有一个站点独占信道。当环路空闲时，令牌绕着环路行进。站点只有取得令牌才能发送帧，因此不会发生冲突。由于令牌在环路上是按照顺序依次传递的，因此对于所有入网的计算机而言，获得令牌的机会是公平的。目前，令牌环网已经比较少见了。

FDDI 网是一个局域网数据传输标准，它是 20 世纪 80 年代中期发展起来的，其提供的数据通信能力要高于当时以太网（10 Mbps）和令牌环网的数据通信能力。但是随着快速以太网和千兆以太网的发展，FDDI 网的使用范围越来越小。因为 FDDI 网使用的传输介质主要是光纤，这一点使得它的成本较高，所以 FDDI 网并没有得到充分认可和广泛应用。FDDI 最常见的应用是提供对网络服务器的快速访问。

4. 局域网与广域网的区别

局域网是相对于广域网而言的，主要是指小范围的计算机互联网络。这个"小范围"可以是一个家庭、一所学校、一家公司或者是一个政府部门等。人们通常所说的公网、外网，就是广域网，所说的私网和内网，即局域网。

广域网上的每一个站点都有一个或多个广域网 IP 地址。广域网 IP 地址一般要向因特网服务提供商（Internet service provider，ISP）申请。需要说明的是，广域网 IP 地址是唯一的。局域网上的每一个站点都有一个或多个局域网 IP 地址，局域网 IP 地址是局域网内部分配的，不同局域网的 IP 地址可以相同，而且不会相互影响。

广域网计算机与局域网计算机交换数据时，要由路由器或网关的网络地址转换（network address translation，NAT）协议进行。一般来说，局域网计算机发起的对外连接请求，路由器或网关都不会加以阻拦，但广域网计算机发起的对局域网计算机的连接请求，则会被路由器或网关拦截。

5.1.2　局域网参考模型

1. 局域网体系结构

局域网参考模型——IEEE 802 参考模型是由 IEEE 802 委员会制定的，该模型对应于 OSI 参考模型的最低两层，即物理层和数据链路层，如图 5.1.1 所示。

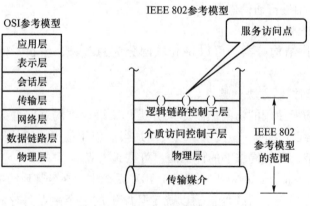

图 5.1.1　IEEE 802 参考模型

IEEE 802 参考模型之所以只对应于 OSI 参考模型的最低两层，是因为局域网的拓扑结构比较简单，一般为总线型、环状、星状和树状结构，两个站点间只有一条链路，不需要进行路由选择和流量控制，因此该模型不需要考虑网络层。而其他高层应用往往与具体的实现有关，通常包括在网络操作系统中，因此该模型对其他高层也没有相应的描述。

从图 5.1.1 中可以看到，IEEE 802 参考模型的最底层对应于 OSI 参考模型的物理层，它的主要功能是实现信号同步收发、编码/解码、循环冗余校验，确保比特流的正确传送。

由于局域网类型繁多，使用的传输介质多种多样，接入方法也不一样，因此 IEEE 802 参考模型将数据链路层分为介质访问控制（media access control，MAC）和逻辑链路控制（logical link control，LLC）两个子层。

逻辑链路控制子层与传输介质无关，因此对于各种类型的局域网都是适合的，它可以建立、维护和释放通信链路，为高层协议与介质访问控制子层提供统一的接口，以及进行帧发送、接收及流量控制等工作。

介质访问控制子层则与网络的拓扑结构、传输介质类型有着直接的关系，它负责进行介质访问控制、合理的信道分配、帧的组装和拆装、MAC 地址识别及差错检测，并使局域网中的多个设备能够共享单一的信道资源。

2. IEEE 802 系列标准

IEEE 802 参考模型包含一系列标准，从 IEEE 802.1 到 IEEE 802.22 系列。经过多年的使用，有一些标准已被淘汰，现在主要使用的标准是 IEEE 802.3 标准（以太网）、IEEE 802.11 标准（无线局域网）、IEEE 802.15 标准（基于蓝牙的个人局域网）、IEEE 802.16 标准（无线城域网）。图 5.1.2 所示的是其中的部分标准。

图 5.1.2　IEEE 802 部分标准

下面对部分 IEEE 802 标准进行介绍。

① IEEE 802.1 概述局域网体系结构、寻址、网络管理和网络互联等。

② IEEE 802.2 定义逻辑链路控制子层的功能与服务。

③ IEEE 802.3 定义 CSMA/CD（carrier sense multiple access with collision detection，带冲突检测的载波监听多路访问）标准的介质访问控制子层和物理层规范。

④ IEEE 802.4 定义令牌总线网的介质访问控制子层和物理层规范。

⑤ IEEE 802.5 定义令牌环网的介质访问控制子层和物理层规范。

⑥ IEEE 802.6 定义城域网的介质访问控制子层和物理层规范。

⑦ IEEE 802.7 定义宽带局域网的介质访问控制子层和物理层规范。

⑧ IEEE 802.8 定义光纤网的介质访问控制子层和物理层规范。

⑨ IEEE 802.9 定义综合语音和数据局域网的介质访问控制子层和物理层规范。

⑩ IEEE 802.10 定义局域网互联安全机制。

⑪ IEEE 802.11 定义无线局域网的介质访问子层和物理层规范。

⑫ IEEE 802.12 定义使用按需优先访问方法的 100 Mbps 以太网标准。

⑬ IEEE 802.13 基本上没有使用。

⑭ IEEE 802.14 定义交互式电视网。

⑮ IEEE 802.15 定义短距离无线个域网。

⑯ IEEE 802.16 定义宽带无线城域网。

⑰ IEEE 802.17 定义弹性分组环网的介质访问控制子层及有关标准。

⑱ IEEE 802.18 定义无线管制（radio regulatory）。

⑲ IEEE 802.19 定义无许可设备无线标准之间共存（coexistence）的标准。

⑳ IEEE 802.20 定义移动宽带无线接入（mobile broadband wireless access，MBWA）网。

㉑ IEEE 802.21 定义媒体无关切换服务（media independent handoff）。

㉒ IEEE 802.22 定义无线区域网（wireless regional area network，WRAN）。

㉓ IEEE 802.23 定义紧急服务（emergency service）。

这些标准中有的仍在使用，有的已经被淘汰。

5.1.3　介质访问控制方式

传统的局域网是共享式局域网，它存在以下问题：传输介质是共享的；数据传输按照半双工方式进行；两个或多个站点同时发送数据将产生冲突，如图 5.1.3 所示。要解决这些问题，就要解决局域网的介质访问控制问题。

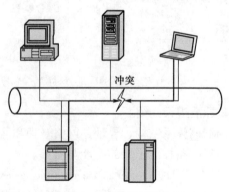

图 5.1.3　局域网中的冲突

　　介质访问控制方式是指网络中各站点使用传输介质进行安全、可靠的数据传输的方式，即信息通过传输介质在网络中的各站点之间传输时如何对其进行控制，如何合理地分配传输信道，如何在避免冲突的同时又能提高网络的数据传输速率和可靠性等。

　　介质访问控制方式包括集中式访问控制和分布式访问控制，具体有 CSMA/CD 方式、令牌控制方式、时隙控制方式等。

　　（1）CSMA/CD 方式

　　当两个帧发生冲突时，如果这两个因冲突而被损坏的帧继续传送不仅没有意义，而且信道也无法被其他站点使用，这对于有限的信道来讲是很大的浪费。如果站点边发送帧边监听，并在监听到帧发生冲突之后立即停止发送，则可以提高信道的利用率，由此产生了 CSMA/CD 协议。CSMA/CD 协议的具体控制方法及其算法将在 5.2.4 小节中详细阐述。

　　（2）令牌环控制方式

　　环路实际上并不是一个广播介质，而是由不同的点对点链路组成的，点对点链路有很多技术优势。环路上的各个站点都是平等的，其获得信道的时间有上限，以避免冲突的发生。IBM 公司选择令牌环作为它的局域网技术。

　　令牌环使用一个特殊的令牌帧，当某个站点要发送帧时，必须等待标记为空的令牌帧。标记为空的令牌帧到来后，该站点将令牌帧的空标记改为忙，并将数据帧发送到环路上。站点发送的数据帧在环路上循环的过程中，所经过的环路上的其他各个站点都将帧的目的地址与本站点的地址进行比较，若相同则对帧进行复制接收，然后将其继续传给后面的站点；若不相同则直接将其传给后面的站点。

　　（3）时隙控制方式

　　在这种方式中，时间被划分为大小相同的时隙，一个时隙等于传送一个帧的时间，站点只能在一个时隙开始时传送，如果一个时隙有多个站点同时传送帧，那么所有站点都能检测到冲突。当站点要发送新帧时，它等下一时隙开始时传送。如果没有冲突，站点就可以在下一时隙发送新帧，如果有冲突，则站点在随后的一个时隙以概率 p 重传该帧，直到成功发送帧为止。

5.2　以太网

　　以太网是应用最广泛的一种局域网技术，尤其是快速以太网以及交换式以太网的出现，更使得它保持了主流局域网的地位。

微视频 5.3
以太网

5.2.1　以太网的发展

　　以太网诞生于 20 世纪 70 年代，由美国 Xerox 公司提出，它采用无源介质（如双绞线、同轴电缆等）传播信息。

1980年9月，DEC公司、Intel公司和Xerox公司联合推出10 Mbps以太网规范的第一版DIX Ethernet v1。

1982年，DEC公司、Intel公司和Xerox公司对DIX Ethernet v1进行了修改，推出了DIX Ethernet v2。

1983年，IEEE 802委员会在DIX以太网的基础上制定了以太网标准IEEE 802.3，它与DIX Ethernet v2的差别很小。

表5.2.1列出了部分以太网标准，其中网段长度是指用不同传输介质时的有效传输距离。

表5.2.1 部分以太网标准

以太网标准	IEEE规范	公布时间	数据传输速率	拓扑结构	网段长度/m	支持介质
10BASE5	802.3	1983年	10 Mbps	总线	500	50 Ω 粗同轴电缆
10BASE2	802.3a	1985年	10 Mbps	总线	185	50 Ω 细同轴电缆
10BROAD36	802.3b	1985年	10 Mbps	总线	1 800	75 Ω 同轴电缆
1BASE5	802.3e	1987年	1 Mbps	星状	250	两对3类非屏蔽双绞线（100 Ω）
10BASE-T	802.3i	1990年	10 Mbps	星状	100	两对3类非屏蔽双绞线（100 Ω）
10BASE-F	802.3j	1993年	10 Mbps	星状	2 000	两股多模/单模光纤
100BASE-TX	802.3u	1995年	100 Mbps	星状	100	两对5类非屏蔽双绞线（100 Ω）
100BASE-T4	802.3u	1995年	100 Mbps	星状	100	4对3类非屏蔽双绞线（100 Ω）
100BASE-FX	802.3u	1995年	100 Mbps	星状	2 000	两股多模/单模光纤
1000BASE-SX	802.3z	1998年	1 000 Mbps	星状	275	62.5/125 μm 多模光纤
					550	50/125 μm 多模光纤
1000BASE-LX	802.3z	1998年	1 000 Mbps	星状	550	62.5/125 μm 多模光纤
					550	50/125 μm 多模光纤
					5 000	9/125 μm 或 10/125 μm 单模光纤
1000BASE-CX	802.3z	1998年	1 000 Mbps	星状	25	150 Ω 屏蔽双绞线
1000BASE-T	802.3ab	1999年	1 000 Mbps	星状	100	4对5类非屏蔽双绞线（100 Ω）
10GBASE-SR	802.3ae	2002年	10 Gbps	树状	300	50/125 μm 多模光纤
10GBASE-LR	802.3ae	2002年	10 Gbps	树状	10 000	1 310 nm 单模光纤
10GBASE-ER	802.3ae	2002年	10 Gbps	树状	40 000	1 550 nm 单模光纤

续表

以太网标准	IEEE 规范	公布时间	数据传输速率	拓扑结构	网段长度/m	支持介质
10GBASE-LX4	802.3ae	2002 年	10 Gbps	树状	300	1 310 nm 多模光纤
					10 000	1 310 nm 单模光纤
10GBASE-SW	802.3ae	2002 年	10 Gbps	树状	300	50/125 μm 多模光纤
10GBASE-LW	802.3ae	2002 年	10 Gbps	树状	10 000	1 310 nm 单模光纤
10GBASE-CX4	802.3ak	2004 年	10 Gbps	树状	15	屏蔽双绞线
10GBASE-T	802.3an	2006 年	10 Gbps	树状	55	6 类非屏蔽双绞线
					100	超 6 类非屏蔽双绞线
10GBASE-LRM	802.3aq	2006 年	10 Gbps	树状	260	62.5/125 μm 多模光纤
10GBASE-KR	802.3ap	2007 年	10 Gbps	树状	1	铜线（串行接口）
10GBASE-KX4	802.3ap	2007 年	10 Gbps	树状	1	铜线（并行接口）
40GBASE-LR4	802.3ba	2010 年	40 Gbps	树状	10 000	单模光纤
40GBASE-SR4	802.3ba	2010 年	40 Gbps	树状	100	50/125 μm 多模光纤
40GBASE-SR10	802.3ba	2010 年	40 Gbps	树状	100	50/125 μm 多模光纤
40GBASE-CR4	802.3ba	2010 年	40 Gbps	树状	10	铜线
40GBASE-KR4	802.3ba	2010 年	40 Gbps	树状	1	交换机背板链路
100GBASE-LR10	802.3ba	2010 年	100 Gbps	树状	10 000	单模光纤
100GBASE-ER10	802.3ba	2010 年	100 Gbps	树状	40 000	单模光纤

5.2.2　经典以太网

经典以太网即 10 Mbps 以太网，它使用 4 种传输介质：粗同轴电缆（即粗缆）、细同轴电缆（即细缆）、双绞线、光纤，分别是 10BASE5 粗缆以太网、10BASE2 细缆以太网、10BASE-T 双绞线以太网和 10BASE-F 光纤以太网。经典以太网用线缆将计算机连接在一起，之所以用线缆，是因为那个时代普遍认为"有源器件不可靠，无源的线缆才是最可靠的"。

经典以太网都有介质的有效传输距离，在有效传输距离内信号可以正常传播，超过这个距离信号将无法传播。例如，10BASE2 使用细同轴电缆作为传输介质，最大的网段长度是 185 m；10BASE5 使用粗同轴电缆作为传输介质，最大的网段长度是 500 m；10BASE-T 使用双绞线作为传输介质，最大的网段长度是 100 m。为了建设更大的网络，可以用中继器/集线器把多条线缆连接起来。在这些线缆上，发送信息时使用曼彻斯特编码。以太网可以包含多个网段和多台集线器，由于存在信息衰减，为了保证信息传输质量，不允许收发端之间的距离超过 2.5 km，并且收发端之间的中继器不能超过 4 台。

1. 10BASE5 网络

图 5.2.1 所示的是 10BASE5 网络。在这类网络中，每个网段的最大长度为 500 m、站点最多为 100 个。

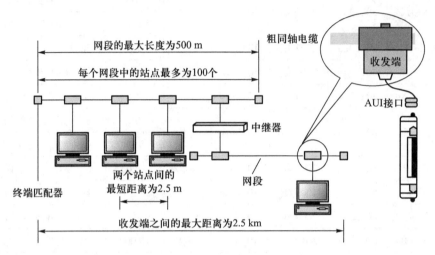

图 5.2.1　10BASE5 网络

其中，AUI 接口是与粗同轴电缆连接的接口。在这类网络中，中继器最多有 4 台，这样就可以划分出 5 个网段，所以 10BASE5 网络的最大传输距离为 500 m×5 = 2 500 m。

2. 10BASE2 网络

图 5.2.2 所示的是 10BASE2 网络。在这类网络中，每个网段的最大长度为 185 m，每个网段中的站点最多为 30 个。其中，BNC 接口是与细同轴电缆连接的接口，NIC 接口为网卡接口。在这类网络中，中继器最多有 4 台，这样就可以划分出 5 个网段，所以 10BASE2 网络的最大传输距离为 185 m×5 = 925 m。

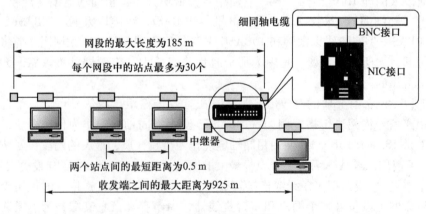

图 5.2.2　10BASE2 网络

3. 10BASE-T 网络

图 5.2.3 所示的是 10BASE-T 网络。

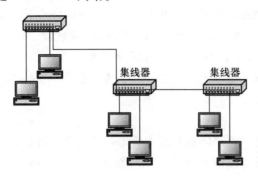

图 5.2.3　10BASE-T 网络

10BASE-T 网络的基本配置如下：各站点须通过集线器连入网络；站点与集线器之间的最大距离为 100 m；最多用 4 台集线器互连，集线器的间距不超过 100 m，网络的最大距离为 500 m；一台集线器能够连接多达 24 个工作站；中心集线器最多能够连接 12 台集线器。

4. 10BASE-F 网络

图 5.2.4 所示的是 10BASE-F 网络。

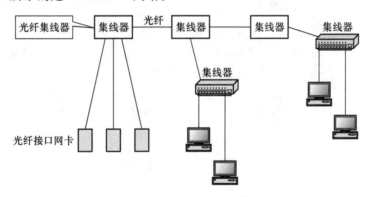

图 5.2.4　10BASE-F 网络

在这类网络中，使用光纤连接相距较远（如建筑物之间）的两个站点。在构建园区主干网时使用双工模式，园区各建筑物局域网可以采用 10BASE2、10BASE5 和 10BASE-T 技术，并连接到主干网上，最大传输距离可达 2 km。

5.2.3　快速以太网

快速以太网有两种标准，分别是数据传输速率为 100 Mbps、采用 CSMA/CD 介质访问控制方法的 100BASE-T 标准（IEEE 802.3u 标准），以及数据传输速率为 100 Mbps，采用需求优先介质访问控制方法的 100VG-AnyLAN 无冲突局域网标准（IEEE 802.12 标准）。

1. 100BASE-T

100BASE-T 是通过双绞线传送 100 Mbps 基带信号的星状以太网，100BASE-T 定义了三种 OSI 参考模型物理层规范：100BASE-TX、100BASE-FX 和 100BASE-T4。

用户只需要更换一个网卡，再配上一台 100 Mbps 集线器，就可以方便地由 10BASE-T 升级到 100BASE-T，而不必改变网络的拓扑结构。快速以太网的 MAC 帧仍然使用 IEEE 802.3 规定的格式；在半双工方式下仍然需要使用 CSMA/CD 介质访问控制方法，在全双工方式下则不需要。

（1）100BASE-TX

这类网络使用两对 5 类非屏蔽双绞线或 5 类屏蔽双绞线全双工传输，数据传输速率最高可达 200 Mbps。各个站点必须通过集线器连入网络，站点与集线器之间的最大距离为 100 m，站点经过集线器再到站点的距离不超过 200 m。图 5.2.5 所示的为 100BASE-TX 网络。

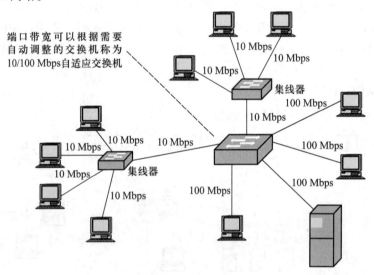

图 5.2.5　100BASE-TX 网络

（2）100BASE-FX

100BASE-FX 采用多模光纤时，若站点与站点直接相连且工作在半双工方式下，则间距不超过 412 m；若站点与集线器相连且工作在全双工方式下，则间距不超过 2 km。100BASE-FX 采用单模光纤时，若工作在全双工方式下，则最大传输距离可达 10 km。

（3）100BASE-T4

100BASE-T4 使用 4 对 3 类非屏蔽双绞线，其中 3 对双绞线用于传送数据，一对双绞线用于检测冲突。它不支持全双工方式，最大网段长度为 100 m。

2. 100VG-AnyLAN

100VG-AnyLAN 是一种无冲突局域网标准，支持多种传输介质，它采用集线器连接并判优，适合传输多媒体信息。它的帧格式与令牌环网的帧格式相同，提供了一条令牌环网向快速以太网移植的路径。但是它与以太网不兼容，这影响了它的应用。

5.2.4 CSMA/CD 协议

经典以太网使用带冲突检测的载波监听多路访问（CSMA/CD）协议来控制网络的使用。该协议有三个基本要点：多路访问、载波监听和冲突检测，如图 5.2.6 所示。其中，JAM 信号指的是堵塞信号。

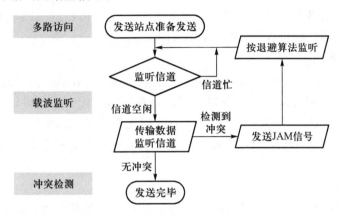

图 5.2.6　CSMA/CD 冲突的基本流程

经典以太网采用 CSMA/CD 协议来传输数据，也就是在一个局域网内同时只能有一个站点发送数据，其他站点若要发送数据，则必须等待一段时间。

1. 多路访问

在经典以太网中，许多站点以多路访问的方式连接在一条总线上，在逻辑上采用总线型拓扑结构，在物理上则采用星状拓扑结构，如图 5.2.7 所示。

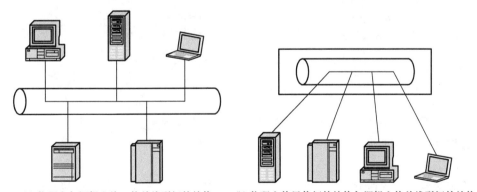

(a) 物理上与逻辑上统一的总线型拓扑结构　(b) 物理上的星状拓扑结构与逻辑上的总线型拓扑结构

图 5.2.7　多路访问

其中，总线型拓扑结构就是站点共享一条总线，争用同一信道带宽，并遵循 CSMA/CD 协议。各站点均挂在一条总线上，地位平等，无中心站点控制，公用总线上的信息多以基带信号的形式串行传递。

星状拓扑结构则可以根据中心设备的不同分为星状总线型拓扑结构和纯粹的星状

拓扑结构。前者的中心设备是集线器，也就是站点线路是星状拓扑结构，但系统总线只有一条，各站点还是争用同一信道带宽（带宽＝集线器带宽/站点数），因此还属于总线型拓扑结构。后者的中心设备是高速交换机，为每个站点提供独立带宽，所以是纯粹的星状拓扑结构。

在星状拓扑结构中，各站点以星状方式连接成网络。网络中有中央站点，其他站点（如工作站、服务器）都与中央站点直接相连，这种拓扑结构以中央站点为中心，因此采用这种拓扑结构的网络又称为集中式网络。

2. 载波监听

总线上的各站点都在监听信道，即检测信道上是否有其他站点发送的数据。站点如果发现信道是空闲的，即没有检测到信道上有数据在传送，则可以立即发送数据；站点如果监听到信道忙，即检测到信道上有数据正在传送，就要持续等待直至监听到信道空闲才能将数据发送出去，或者等待一个随机时间再重新监听信道，直到信道空闲再发送数据。

3. 冲突检测

每个站点都是在监听到信道空闲时才发送数据的，其发生冲突的根本原因是因为电磁波在介质上的传播速度是有限的。

在图 5.2.8 中，假设局域网中的站点 A 和站点 B 相距 1 km（电磁波在 1 km 电缆上的传输时延约为 5 μs），单程传输时延记为 L。图 5.2.8 显示了冲突的发生过程。

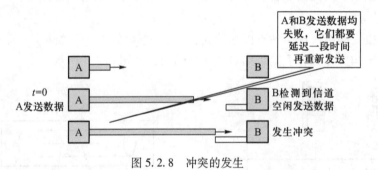

图 5.2.8　冲突的发生

为了确保数据正确传输，增加冲突检测功能，站点发送数据后需要继续监听信道，边发送数据边监听总线，一旦发生冲突，冲突的双方就立即停止数据发送，并使信道很快恢复空闲。

考虑这样的一种情形：当某个站点正在发送数据时，另外两个站点也有数据要发送。这两个站点进行监听，发现总线忙，于是就等待；当它们发现总线变为空闲时，就立即发送自己的数据，但这必然会再次发生冲突。站点检测后又发现了冲突，就停止发送；然后再重新发送，这样下去，一直都不能成功发送数据。为了解决这一问题，需要采用退避算法。

退避算法就是让发生冲突的站点在停止发送数据后，不是立即再发送数据，而是延迟（这称为退避）一个随机时间。该算法的目的是减小再次发生冲突的概率。典型的退避算法有以下三种。

① 非坚持的 CSMA：若信道忙，则等待一段时间再监听；若不忙，就立即发送数据。该算法减少了冲突，但会降低信道利用率。

② 1-坚持的 CSMA：若信道忙，则继续监听；若不忙，就立即发送。该算法可以提高信道利用率，但会增加冲突。

③ p-坚持的 CSMA：若信道忙，则继续监听；若不忙，就根据以 p 概率进行发送，以 $1-p$ 概率继续监听（p 是一个指定的概率值）。该算法能够达到有效平衡，但比较复杂。

退避算法的基本过程如下。

① 确定基本退避时间。基本退避时间一般为微秒级，如 512 比特时间（例如，对于 10 Mbps 以太网，基本退避时间为 51.2 μs）。

② 定义参数 k，$k=\min$（10，重传次数）。

③ 从整数集合 $[0,1,2,\cdots,(2^k-1)]$ 中随机地取出一个整数，记为 r。重传所需的时间就是 r 倍的基本退避时间。因为 r 是一个随机数，所以重传的时间间隔是随机的，从而降低冲突的发生概率。

④ 若重传 16 次（即发生了 16 次冲突）仍不能成功，则丢弃该帧，并向高层报告。

综上所述，CSMA/CD 协议的基本思路就是边发送数据边监听。如果发生冲突，则该站点等待一段随机的时间，然后再重复上述过程。

CSMA/CD 协议的三个基本要点总结起来就是四句话，即先听后发，边听边发，冲突停止，延迟重发。

图 5.2.9 所示的是以太网的数据发送流程。图 5.2.10 所示的是以太网的数据接收流程。

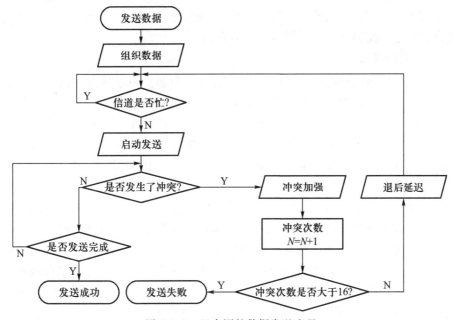

图 5.2.9　以太网的数据发送流程

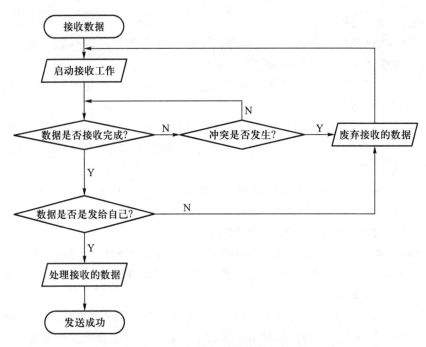

图 5.2.10　以太网的数据接收流程

5.2.5　交换式以太网

交换式以太网是指以数据链路层的帧为数据交换单位，在交换机基础上构成的网络。交换式以太网允许多对站点同时通信，每个站点都可以独占传输通道和带宽。它从根本上解决了共享式以太网所带来的问题。5.1.1 小节中比较了共享式局域网与交换式局域网，这里对交换式以太网做进一步的介绍。

1. 交换机的优势

交换机的冲突域仅局限于交换机的一个端口。例如，一个站点在网络中发送数据时，集线器会向其所有端口转发，而交换机则会通过识别帧的物理地址，将该帧单点转发到帧目的地址所对应的端口，而不是向其所有端口转发，从而提高了网络的利用率。交换机实现帧的单点转发是通过介质访问控制（MAC）地址的学习和维护更新机制来实现的。交换机的主要功能包括 MAC 地址学习、帧的转发和过滤，以及通过生成树协议避免回路的产生。

交换机可以有多个端口，每个端口都可以单独与一个站点连接，也可以与一台共享式以太网集线器连接。如果交换机的一个端口只连接了一个站点，那么这个站点就可以独占整个带宽，这类端口通常被称为专用端口；如果交换机的一个端口连接了一个以太网，那么这个端口的带宽将被以太网中所有站点所共享，这类端口被称为共享端口。例如，一个带宽为 100 Mbps 的交换机有 10 个端口，每个端口的带宽为 100 Mbps；而集线器的所有端口共享带宽，同样一个带宽为 100 Mbps 的集线器，如果有 10 个端口，则每个端口的平均带宽为 10 Mbps，如图 5.2.11 所示。

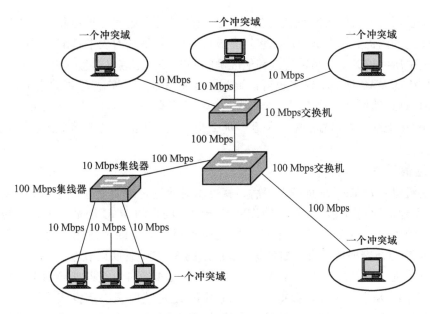

图 5.2.11　交换机端口独享带宽

2. 地址管理机制

在交换机的 MAC 地址映射表中，一条表项主要由一个主机的 MAC 地址和该地址所对应的交换机端口号组成，如表 5.2.2 所示。MAC 地址映射表采用动态自学习的方法生成，即交换机在接收到一个帧以后，将帧的源 MAC 地址和输入端口号记录在 MAC 地址映射表中。

表 5.2.2　MAC 地址映射表

端　　口	MAC 地址	计　　时
1	00:0C:76:C1:D0:06(A)	…
1	00:00:E8:F1:6B:32(B)	…
1	00:00:E8:17:45:C9(C)	…
2	00:E0:4C:52:A3:3E(D)	…
3	00:E0:4C:6C:10:E5(E)	…
4	00:0B:6A:E5:D4:1D(F)	…
5	00:E0:4C:42:53:95(G)	…
5	00:0C:76:41:97:FF(H)	…
5	02:00:4C:4F:4F:50(I)	…

当然，在存放 MAC 地址映射表表项之前，交换机应该首先查找 MAC 地址映射表中是否已经存在与该源 MAC 地址匹配的表项，仅当不存在匹配表项时才能存储该表项。每一条表项都有一个时间标记（即"计时"项），用来指示该表项存储的时间周

期。一条表项每当被使用或者被查找时，表项的时间标记就会被更新。如果表项在一定的时间范围内仍然没有被引用，它就会被从 MAC 地址映射表中移走。因此，MAC 地址映射表中所维护的一直是最有效和最准确的 MAC 地址/端口信息。

交换机的 MAC 地址映射表也可以通过手工静态配置，静态配置的表项不会老化。由于 MAC 地址映射表中对于同一个 MAC 地址只能有一个表项，所以如果手工静态配置某个 MAC 地址和端口号的映射关系，那么交换机就不能再动态学习这台主机的 MAC 地址了。

3. 通信过滤

交换机建立起 MAC 地址映射表后，就可以对通过它的信息进行过滤了。交换机在学习 MAC 地址的同时还检查每个帧，并基于帧中的目的 MAC 地址做出是否转发或转发到何处的决定。图 5.2.12 为主机通过交换机相互连接的示意图。通过一段时间的 MAC 地址学习，交换机形成了如表 5.2.2 所示的 MAC 地址映射表。

假设主机 A 需要向主机 G 发送数据，因为主机 A 通过集线器连接到交换机的端口 1，所以交换机从端口 1 读入数据，并通过 MAC 地址映射表决定将该帧转发到哪个端口。在图 5.2.12 中，主机 G 通过集线器连接到交换机的端口 5，于是交换机将该帧转发到端口 5，不再向端口 1、端口 2、端口 3 和端口 4 转发。

假设主机 A 需要向主机 B 发送帧，交换机同样在端口 1 接收该数据。通过搜索 MAC 地址映射表，交换机发现主机 B 与端口 1 相连，与发送帧的主机位于同一端口。这时交换机不再转发帧，只是简单地将其丢弃，这样帧就被限制在本地流动了。这是交换机和集线器截然不同的地方。

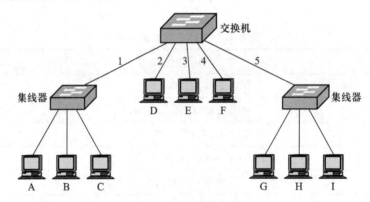

图 5.2.12 通信过滤

5.2.6 千兆以太网与万兆以太网

1. 千兆以太网

1998 年，千兆以太网标准被提出。它是能够提供数据传输速率为 1 000 Mbps 的交换式以太网，是一种非常成熟的以太网技术，其造价低，有效带宽比 ATM 网高，技术上也没有 FDDI 网复杂。

千兆以太网允许在 1 Gbps 下以全双工和半双工两种方式工作,以半双工的方式工作使用 CSMA/CD 协议,以全双工的方式工作则不需要。

该网络使用 IEEE 802.3 规定的帧格式,它与 10BASE-T 和 100BASE-T 向后兼容,具有很好的延展能力,而且易升级,易管理。千兆以太网的协议体系如图 5.2.13 所示。

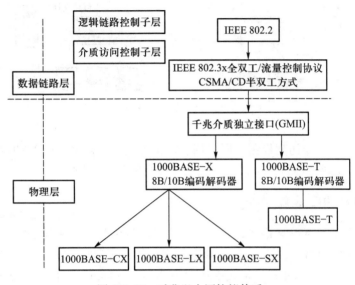

图 5.2.13 千兆以太网协议体系

(1) 1000BASE-X (IEEE 802.3z 标准)

该标准基于光纤通道的物理层,其使用的传输介质有以下三种。

① 1000BASE-SX:SX 表示短波长(使用 850 nm 激光器)。在使用纤芯直径为 62.5 μm 和 50 μm 的多模光纤时,传输距离分别为 275 m 和 550 m。

② 1000BASE-LX:LX 表示长波长(使用 1 310 nm 激光器),在使用纤芯直径为 62.5 μm 的多模光纤时,传输距离为 550 m;在使用纤芯直径为 10 μm 的单模光纤时,传输距离为 5 km。

③ 1000BASE-CX:CX 表示铜线,使用两对屏蔽双绞线,传输距离为 25 m。

(2) 1000BASE-T (IEEE 802.3ab 标准)

该标准使用 4 对 5 类非屏蔽双绞线,传送距离为 100 m。图 5.2.14 所示的是千兆以太网的配置示例。

2. 万兆以太网

20 世纪 90 年代末,开展了万兆(10 Gbps)以太网标准的研究,2002 年正式发布了万兆以太网标准。

万兆以太网的传输介质为光纤,使用单模光纤的传输距离超过 40 km,使用多模光纤的传输距离为 65~300 m。它支持三种物理连接方式:星状或扩展星状连接、点对点连接、星状连接与点对点连接的组合。

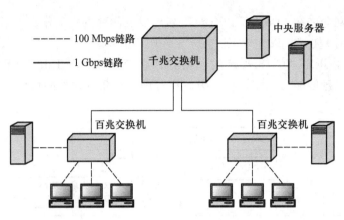

图 5.2.14　千兆以太网配置示例

万兆以太网的介质访问控制子层采用全双工方式，不采用 CSMA/CD 机制，其帧格式与 10 Mbps 以太网、100 Mbps 以太网及千兆以太网完全一样。

5.2.7　IEEE 802.3 帧格式

以太网使用两种标准帧格式，第一种是 20 世纪 80 年代初提出的 DIX Ethernet v2 格式，即 Ethernet II 帧格式；第二种是 1983 年提出的 IEEE 802.3 帧格式。这两种帧格式的主要区别在于，Ethernet II 帧格式中包含一个类型（type）字段，用来标识以太帧被处理完之后将被发送至哪一个上层协议进行处理。而在 IEEE 802.3 帧格式中，同样的位置是长度字段。IEEE 802.3 帧格式如图 5.2.15 所示。

字节	7	1	6	6	2	46~1 500	4
	先导码	帧起始定界符	目的MAC地址	源MAC地址	长度	数据	校验和

图 5.2.15　IEEE 802.3 帧格式

① 先导码：用于接收方与发送方的同步，该字段占 7 字节。

② 帧起始定界符：用于标识一个以太网帧的开始，用两个连续的代码 1 结尾，表示一帧数据的实际开始。

③ 目的 MAC 地址和源 MAC 地址：表示发送和接收帧的站点的 MAC 地址，各占 6 个字节。如果目的 MAC 地址的第一位是 0，则表示这是一个普通地址；如果是 1，则表示这是一个组地址。

④ 长度：表示紧随其后的以字节为单位的数据字段的长度。

⑤ 数据：表示数据主体，以太网要求有效帧至少 46 字节长，当数据字段小于 46 字节时，会添加一个整数字节的填充字段，以保证数据字段长度不小于 46 字节。

⑥ 校验和：该字段占 4 字节，使用循环冗余码（CRC）来检测接收到的帧是否正确。

5.3 无线网络

5.3.1 无线局域网

1. 概述

无线局域网（wireless LAN，WLAN）是用无线通信技术代替传统线缆，提供传统有线局域网功能的网络。

无线局域网的应用越来越普及，无论是在房间、学校里，还是在咖啡馆、机场、车站里都是无线局域网遍布。无线局域网的通信范围不受环境的限制，其最大传输距离可达到几十千米；抗干扰性强，网络保密性好；组建、配置和维护较为容易，一般的计算机工作人员就可以胜任网络管理工作。这些优势都使得无线局域网得到了广泛的应用。

早在 1971 年，美国夏威夷大学的研究员就创造了第一个基于封包式技术的无线电通信网络，这个被称为 ALOHNET 的网络，算是早期的无线局域网络。这个早期的无线局域网包括 7 台计算机，它采用双向星状拓扑结构，横跨夏威夷的 4 座岛屿，中心计算机放置在瓦胡岛上。

从 1997 年的 IEEE 802.11 标准到 IEEE 802.11n 标准，再到 2012 年的 IEEE 802.11ac 标准，IEEE 802.11 系列标准定义了无线局域网协议，其数据传输速率也从 2 Mbps、11 Mbps、54 Mbps、450 Mbps，再到 1.3 Gbps，如图 5.3.1 所示。

微视频 5.4
无线局域网

拓展阅读 5.2
ALOHNET 网络

拓展阅读 5.3
IEEE 802.11 系列标准

图 5.3.1 无线局域网络标准的发展

（1）IEEE 802.11a

该标准工作在 5.8 GHz 频段，数据传输速率可达 54 Mbps，但传输距离短，抗干扰性差，适用于室内及移动环境。

（2）IEEE 802.11b

该标准工作在 2.4 GHz 频段，数据传输速率为 11 Mbps，室外最大传输距离为 300 m，室内最大传输距离约 50 m。当节点之间的距离过长，或者干扰过大，信噪比低于某个门限值时，其数据传输速率会从 11 Mbps 自动降至 5.5 Mbps，或者再降至

2 Mbps 及 1 Mbps。

（3）IEEE 802.11g

该标准工作在 2.4 GHz 频段，数据传输速率可达 54 Mbps。

（4）IEEE 802.11n

该标准是目前使用得较多的标准，它工作在 2.4 GHz、5.8 GHz 频段，理论上数据传输速率最高可达 600 Mbps，目前数据传输速率为 300 Mbps。

（5）IEEE 802.11ac

该标准是 IEEE 802.11n 的升级版，引入多用户多输入多输出（MU-MIMO）技术，通过 5.8 GHz 频段进行通信，理论上能够提供最多 1 Gbps 的数据传输速率，进行多站式无线局域网通信，或者是最少 500 Mbps 的单一连接数据传输速率。

（6）IEEE 802.11ax

该标准是 IEEE 802.11ac 的后续升级版，又称为高效率无线标准，旨在将用户密集环境中每个用户的平均数据传输速率提升至 4 倍以上，在 5.8 GHz 频段上可以带来高达 10.53 Gbps 的 WiFi 数据传输速率。其向下与 IEEE 802.11a/b/g/n/ac 兼容。

除了研发新标准之外，IEEE 还开发了两个无线网络补充协议来满足其他方面的需要。其中，IEEE 802.11ad 标准使用了未获授权的 60 GHz 频段来建立快速短距离网络，峰值数据传输速率可达 7 Gbps。IEEE 802.11ah 标准运行于未获授权的 900 MHz 频段，信号可以穿墙传播，但带宽很有限，只有 100 Kbps～40 Mbps，也因此被看作是 ZigBee 等物联网协议的竞争者之一。

无论是 IEEE 802.11ac、IEEE 802.11ad 还是 IEEE 802.11ax，都表明 WiFi 正在成为一种能够满足新一代无线联网设备需要的标准。

制定无线局域网相关标准的团体称为 IEEE 802.11 工作组，该工作组从 1997 年制定了第一个无线局域网标准 IEEE 802.11 开始，到现在制定了系列无线局域网标准。

2. 无线局域网拓扑结构

无线局域网可以分为两大类：第一类是有固定基础设施的无线局域网，第二类是无固定基础设施的无线局域网。所谓固定基础设施，是指预先建立起来的、能够覆盖一定地理范围的一批固定基站。人们所使用的蜂窝移动电话就是利用电信公司预先建立的、覆盖全国的大量固定基站来接通的。针对这两类无线局域网，IEEE 802.11 系列标准中定义了两种拓扑结构：ad-hoc 模式和 infrastructure 模式。

（1）ad-hoc 模式

ad-hoc 模式又称为点对点模式，是自组织模式。ad-hoc 模式网络由一组相互关联的带无线接口卡的无线设备组成，它们彼此之间可以相互发送数据，进行点对点或点对多点的通信，如图 5.3.2 所示。

在 ad-hoc 模式网络中，无线设备以相同的工作组名、独立基本服务集标识符（independent basic service set ID，IBSSID）和密码等对等方式相互直连，在无线局域网的覆盖范围之内进行通信。

图 5.3.2　ad-hoc 模式

（2）infrastructure 模式

与 ad-hoc 模式不同，infrastructure 模式（即基础设施模式）需要由固定的中心控制，它对应于扩展服务集（extended service set，ESS）拓扑结构。该模式以无线接入点（AP）为中心，由无线接入点控制所有站点对网络的访问，如图 5.3.3 所示。该模式在业务量增大时网络吞吐量性能及时延性能的恶化并不剧烈。

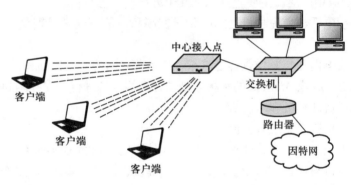

图 5.3.3　infrastructure 模式

该模式网络采用星状拓扑结构，每个客户端都与一个中心接入点相连，该中心接入点又可以与其他网络相连接。例如，图 5.3.3 中客户端通过中心接入点和一个交换机连接后，通过路由器连入因特网。

通过中心接入点形成的局域网就是 WiFi，其介质访问控制子层使用带冲突避免的载波监听多路访问（carrier sense multiple access with collision avoidance，CSMA/CA）协议。目前，WiFi 几乎成为无线局域网的同义词。

能够向公众提供有偿或无偿接入 WiFi 服务的设备，称为热点，也就是公众无线入网点。

5.3.2　无线个域网

无线个域网（wireless personal area network，WPAN）是用无线技术把个人电子设备，如便携式计算机、平板电脑、便携式打印机以及蜂窝电话等连接起来而形成的自组织网络。无线个域网不需要使用无线接入点，网络的通信距离为 10 m 左右。无线个域网可以供一个人使用，也可以供若干人同时使用，其中的电子设备可以很方便地进行通信，就像使用普通线缆通信一样。目前无线个域网使用的是 IEEE 802.15 系列标准。

1. 蓝牙系统

最早使用无线个域网的就是 1994 年爱立信公司推出的蓝牙（bluetooth）系统，其标准是 IEEE 802.15.1，数据传输速率为 720 Kbps，通信距离为 10 m，运行在 2.4 GHz 频段上。

爱立信公司开发蓝牙技术的最初目的是通过短距离无线技术将各种数字设备，如便携式计算机、蜂窝电话、掌上电脑（personal digital assistant，PDA）等连接起来，以去除桌面上错综复杂的连线。随着蓝牙技术的不断发展，它在汽车工业、无线网络接入、信息家电及其他不便于有线连接的场合得到了广泛的应用。

蓝牙技术是一种用于各种固定与移动的数字化硬件设备连接的低成本、近距离的无线通信技术。这种连接是稳定的、无缝的，其程序写在一个 9×9 mm 的微型芯片上，可以被方便地嵌入设备。同时，它很容易穿透障碍物，实现全方位的数据传输。

蓝牙技术的应用广泛，主要包括以下几个方面。

① 用于移动电话和免提耳机之间的无线控制和通信，这是早期受人们欢迎的蓝牙应用之一。

② 用于移动电话和与蓝牙兼容的汽车音响系统之间的无线控制和通信。

③ 对安装有 iOS 或 Android 的平板电脑和音箱等设备进行无线控制和通信。

④ 用于无线蓝牙耳机和对讲机。

⑤ 用于向耳机输送无线音频流。

⑥ 用于有限空间中对带宽要求不高的个人计算机之间的无线网络。

⑦ 用于计算机与输入输出设备，如鼠标、键盘、打印机等之间的无线连接。

⑧ 用于在可以进行对象交换的设备之间传输文件，以及详细的通讯录信息、日历安排、备忘录等。

⑨ 用于之前使用红外线的控制。

⑩ 用于不需要更高的 USB 带宽而需要无线连接的低带宽应用。

蓝牙和 WiFi 有一些相似的应用，如设置网络打印或传输文件。WiFi 主要用于替代工作场所中一般局域网接入所使用的高速线缆，而蓝牙则主要是用于便携式设备及其应用。

WiFi 和蓝牙的应用在某种程度上是互补的。WiFi 通常以无线接入点为中心，通过无线接入点与路由网络形成非对称的客户-服务器连接。而蓝牙则通常是两台蓝牙设备间的对称连接。此外，蓝牙适用于两台设备（如耳机和遥控器），通过最简单的配置进行连接的简单应用，而 WiFi 则适用于复杂的客户端设置和需要高带宽的应用。

2. ZigBee

人们在使用蓝牙技术的过程中，发现它尽管有许多优点，但仍存在一些缺陷。对于工业自动化控制和工业遥测遥控领域而言，蓝牙技术复杂，功耗大，距离近，组网规模小。但这些领域对无线通信的需求越来越强烈，而且要求无线通信具有高可靠性，并能抵抗工业现场的各种电磁干扰。因此，经过人们的长期努力，ZigBee 协议于 2003 年正式问世。

与蓝牙类似，ZigBee 是一种新兴的短距离无线通信技术，可以为用户提供无线数据传输功能。"ZigBee"这个名字来源于蜜蜂蜂群所使用的通信方式。蜜蜂通过跳 Z 形的舞蹈，来通知其伙伴所发现的新食物源的位置、距离和方向等。

ZigBee 是基于 IEEE 802.15.4 标准的低功耗局域网协议，其主要特点是通信距离短，通常为 10~80 m；数据传输速率低，通常为 20~250 Kbps；成本廉价。Zigbee 的主要特性如下。

拓展阅读 5.4
ZigBee 协议及其应用实例

（1）低功耗

在低电量待机模式下，两节 5 号干电池可以支持 1 个站点持续工作 6~24 个月，甚至更长时间，这是 ZigBee 的突出优势。而蓝牙只能持续工作数周，WiFi 只能持续工作数小时。

（2）低成本

通过对协议进行大幅简化（其协议代码量不到蓝牙协议的 1/10），降低了对通信控制器的要求，而且 ZigBee 协议是免专利费的。

（3）低速率

ZigBee 以 20~250 Kbps 的数据传输速率工作，可以提供 250 Kbps（2.4 GHz）、40 Kbps（915 MHz）和 20 Kbps（868 MHz）的原始数据吞吐率，满足低速率传输数据的应用需求。

（4）近距离

ZigBee 的数据传输距离一般为 10~100 m，在增加发射功率后数据传输距离可以增加到 1~3 km。如果借助路由和站点间接力通信，数据传输距离可以更远。

（5）短时延

ZigBee 的响应速度较快，一般从睡眠状态转入工作状态只需要 15 ms，站点连入网络只需要 30 ms，进一步节省了电能。而蓝牙则需要 3~10 s、WiFi 需要 3 s。

（6）大容量

ZigBee 可以采用星状和网状等网络结构，由一个主站点管理若干个子站点，同时主站点还可以由上一层网络站点管理，进而组成包含 6 万多个站点的大型网络。

（7）高安全性

ZigBee 提供了三级安全模式，包括无安全设定、使用访问控制清单（access control list，ACL）防止非法获取数据，以及采用高级加密标准（AES 128）的对称密码，可以灵活确定其安全属性。

（8）免执照频段

ZigBee 工作在 ISM 频段，915 MHz（美国）、868 MHz（欧洲）、2.4 GHz（全球）等免执照频段。

3. 高速无线个域网

高速无线个域网的标准是 IEEE 802.15.3，是为在便携式多媒体装置之间传送数据而定制的，它支持 11~55 Mbps 的数据传输速率。这对于使用较多数码设备的用户来说特别方便。例如，使用高速无线个域网可以不用连线就将同一个房间中的个人计算机、打印机、扫描仪、数码摄像机以及其他电子设备连接起来，在各种设备之间快速传送数据，十分方便、快捷。

5.3.3　无线城域网

无线城域网（wireless metropolitan area network，WMAN）是指在一个城市及其郊区范围内的站点之间传输信息的本地无线网络，能实现语音、数据、图像、多媒体、IP 等多业务的接入服务。其通信一般为 3~5 km，点对点链路的通信可达几十千米，提供支持服务质量（quality of service，QoS）能力和具有一定移动性的共享接入能力。

IEEE 802 委员会于 1999 年成立了 802.16 工作组来专门开发无线城域网标准，并且于 2002 年 4 月发布了工作在 10~66 GHz 频段的 IEEE 802.16 标准。IEEE 802.16 由三个工作组组成，每个工作组分别负责无线城域网的不同方面。IEEE 802.16.1 工作组负责制定频率为 10~60 GHz 的无线接口标准；IEEE 802.16.2 工作组负责制定宽带无线接入系统共存方面的标准；IEEE 802.16.3 工作组负责制定在 2~10 GHz 频段内获得频率使用许可的应用的无线接口标准。

拓展阅读 5.5
IEEE 802.16
标准

根据是否支持移动特性，可以将 IEEE 802.16 标准分为固定宽带无线接入空中接口标准和移动宽带无线接入空中接口标准，其中 IEEE 802.16、IEEE 802.16a、IEEE 802.16d 属于固定宽带无线接入空中接口标准，而 IEEE 802.16m、802.16e 属于移动宽带无线接入空中接口标准。根据使用频段的高低，IEEE 802.16 可以分为应用于视距的系统和应用于非视距的系统两种，其中使用 2~11 GHz 频段的系统应用于非视距范围，而使用 10~66 GHz 频段的系统应用于视距范围。

2001 年，由众多无线通信设备/器件公司共同成立了一个非营利组织——全球微波接入互操作性认证联盟（World Interoperability for Microwave Access，WiMAX）。该联盟旨在对基于 IEEE 802.16 标准和 ETSI HiperMAN 标准的宽带无线接入产品进行一致性和互操作性认证。

WiMAX 的目标是解决那些影响标准使用的问题，如不同厂商产品之间的互操作性和产品成本问题。WiMAX 制定了一套互操作性的测试规范，并用这套规范对相关厂商的产品进行测试和认证，为那些通过认证的产品发放 WiMAX 认证标志，以鼓励所有宽带无线接入产业的厂商都遵循统一的规范，使各种产品之间具有良好的互操作性，并借此推动宽带无线接入产业的发展。WiMAX 是在对 IEEE 802.16 标准进行市场推广时所采用的名称，也是 IEEE 802.16d/e 的别称。

IEEE 802.16d 主要用于无线传输和中小型企业宽带无线接入，IEEE 802.16e 主要用于家庭宽带无线接入和个人终端，它们支持数据、语音和视频等业务，可以与 2G、3G、无线本地环路（wireless local loop，WLL）、无线局域网（WLAN）、下一代网络（next generation network，NGN）等网络混合组网。

目前，多通道多点分布服务（multichannel multipoint distribution service，MMDS）、

本地多点分布服务（local multipoint distribution service，LMDS）和全球微波接入互操作性（WiMAX）等技术是无线城域网的支持技术，如图5.3.4所示。

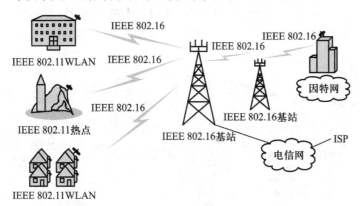

图 5.3.4　无线城域网服务范围

1. 本地多点分布服务技术

本地多点分布服务（LMDS）技术是一种点对多点的固定宽带无线接入技术，它可以提供很高的带宽以实现双向数据传输，在此基础上还可以提供多种交互式多媒体综合业务，满足用户对高速数据传输速率和图像通信的要求。系统的工作频段通常为20～40 GHz，在26 GHz频段附近可用的频谱信道带宽最大可达1 GHz以上。

LMDS网络采用类似于蜂窝的服务区结构，即将一个需要业务服务的地区划分为若干个服务区，这些服务区可以相互重叠。一个服务区又可以进一步分为如图5.3.5所示的不同的扇区，LMDS网络可以根据需要为不同的扇区提供不同的服务。每个服务区内都设置有基站，通过点对多点无线链路与服务区中的固定用户进行通信。每个基站的通信距离约为5 km。LMDS下行链路采用时分多路访问（time division multiple access，TDMA）方式将信号向基站的覆盖区发射，各用户终端在特定的频段内接收属于自己的信息。LMDS上行链路采用时分多路访问方式或频分多路访问（frequency division multiple access，FDMA）方式。基站室外单元包括射频收发器和射频天线两部分。射频收发器负责对来自基站室内单元的中频信号进行上变频处理，将其调制为射频信号并发射；同时对接收到的射频信号进行下变频处理，并将处理后的信号传送至基站室内单元，从而实现中心基站与用户终端之间的双向数据通信。因为LMDS技术使用26 GHz频段，因此其中心基站与用户终端之间的通信属于视距传输的范畴。

2. 多通道多点分布服务技术

多通道多点分布服务（MMDS）技术是近年来发展起来的通过无线微波传送有线电视信号的一种新型无线接入技术。采用这种技术的产品重量轻、体积小，方便安装和调试，适于中小城市或郊区等有线电视覆盖不到的地方使用。该技术使用的工作频段一般为2～5 GHz，在发射天线周围50 km的范围内可以将100套数字电视节目信号直接传送给用户，可见仅使用一个发射塔就可以将有线电视信号覆盖一个中型城市。MMDS

技术最显著的特点就是各个降频器的本振频率可以不同，可供用户选择，因此经下变频的信号可以分别落在电视标准频道的甚高频（VHF）Ⅰ波段、Ⅲ波段、增补 A 波段、B 波段，特高频（UHF）频段的 13～45 GHz 频段，这样便于避开当地的开路无线电视或 CATV 所占用的频段。

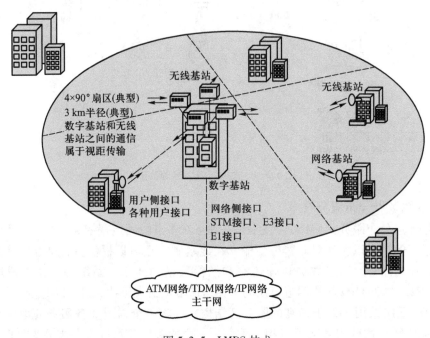

图 5.3.5　LMDS 技术

3. 全球微波接入互操作性技术

全球微波接入互操作性（WiMAX）技术是一种宽带无线接入城域网的技术标准，它可以提供点对多点环境下的互操作性，进而实现固定、移动、便携式的无线连接，同时还可以通过其他用户站的转接与基站实现高速信息交互。其通信距离可达 50 km，最大数据传输速率可达 75 Mbps，可以看作是下一代互联网的延伸。WiMAX 技术能够通过一个基站同时支持 60 多个采用 E1/T1 连接的区域用户，以及数百个采用 DSL 连接的家庭用户，一个基站最多可以分为 6 个区段。与 WiFi 技术相比，WiMAX 技术可以提供更好的可扩展性和安全性，从而实现电信级的多媒体服务，而且建设成本低。

5.3.4　无线广域网

无线广域网（wireless wide area network，WWAN）是用无线网络把物理分布上极为分散的局域网连接起来的通信方式。无线广域网覆盖的范围较大，通常是一个国家或是一个洲。与无线个域网、无线局域网和无线城域网相比，无线广域网具有高速移动性。典型的无线广域网技术有 IEEE 802.20、3G、4G、5G 等。

1. IEEE 802.20

专门制定无线广域网移动宽带无线接入技术标准的是 IEEE 802.20 工作组，其提出的 IEEE 802.20 标准又称为 Mobile-Fi, 是基于 IP 的移动宽带无线接入技术标准。2006年, IEEE 标准协会标准委员会宣布暂停 IEEE 802.20 工作组的一切活动, 随后又重新开始制定标准, 目前 IEEE 802.20 标准还处于制定阶段。

（1）IEEE 802.20 的技术特性

① 工作频率: 工作在小于 3.5 GHz 以下的免执照频段。

② 频谱效率: 采用正交频分多路复用（OFDM）技术和多输入多输出（multiple-in multiple-out, MIMO）技术, 充分挖掘时域、频域和空间域的资源, 频谱效率远远高于当前主流的无线接入技术 WiFi 和 WiMAX, 可以提供高速的移动数据服务。

③ 移动性: 支持的最高的终端移动速度为 250 km/h, 对于高速移动下的通信连接具有很强的支持能力。

④ 基于分组数据的纯 IP 架构: 即核心网和无线接入网都是基于 IP 传输的。在处理突发性数据业务方面具有很大的优势, 这与 3G 所提的全 IP 网络不同（IEEE 802.20 只有核心网 IP 化）。

⑤ MAC 帧往返时延: 小于 10 ms, 可以用来提供优质的 VoIP 语音业务。

⑥ 峰值速率: 在下行链路, IEEE 802.20 可以为每个用户提供超过 1 Mbps 的峰值速率, 远远高于 3G 的性能指标。

（2）Mobile-Fi 与 WiFi 和 WiMAX 的区别

Mobile-Fi 与 WiMAX 都属于移动宽带无线接入空中接口标准, 但在移动性上, Mobile-Fi 定位于广域网技术, 强调对高速移动性的支持, Mobile-Fi 支持的最高终端移动速度为 250 km/h, 已经达到了 3G 的性能; 而 WiFi 和 WiMAX 都定位于无线局域网和无线城域网技术, 提供步行速率的移动性。因此, 三者之间体现了更多的互补性。

2. 3G

3G, 即第三代移动通信系统, 是指支持高速数据传输的蜂窝移动通信技术, 3G 能够同时传送声音和数据信息, 是无线通信与互联网相结合的新一代通信系统, 3G 目前有 CDMA2000（美国）、WCDMA（欧洲和日本）、TD-SCDMA（中国）三种标准, 其核心都是码分多路访问（code division multiple access, CDMA）技术。我国有三大电信运营商, 这三种标准都在使用, 中国联通使用的是 WCDMA 标准, 中国电信使用的是 CDMA2000 标准, 中国移动使用的是 TD-SCDMA 标准, 三种标准都可以兼容第二代移动通信系统（2G）, 但它们彼此互不兼容。TD-SCDMA 标准是我国具有自主知识产权的标准。

（1）3G 的主要特点

① 提供移动宽带多媒体业务: 在室外高速移动环境中支持 144 Kbps 的数据传输速率, 在步行和慢速移动环境中支持 384 Kbps 的数据传输速率, 在静止环境中的数据传输速率达到 2 Mbps。

② 高频谱效率: 采用频分多路访问（FDMA）、时分多路访问（TDMA）和码分多路访问（CDMA）技术。

③ 移动范围: 支持全球范围内无缝漫游。

④ 网络结构：采用微蜂窝结构。

（2）IEEE 802.20 与 3G 的关系

IEEE 802.20 与 3G 在目标市场上有较大的重叠，而且它们都是广域网技术，都支持全球范围的移动与漫游，但总体上 IEEE 802.20 在性能上比 3G 技术更有优势，具体表现为以下几个方面。

① 移动性：IEEE 802.20 工作在低于 3.5 GHz 的频段，其通信距离可达 15 km。IEEE 802.20 在低速或静止的情况下的下行速率并没有很大优势，但是在时速为 250 km/h 的高速移动环境下能保证每个用户都获得 1 Mbps 的数据传输速率。

② 时延要求：IEEE 802.20 具有低时延架构，它可以基于 VoIP 技术来提供高质量的语音业务，即它可以支持 3G 所能提供的全部业务。

③ 物理层核心技术：IEEE 802.20 以正交频分多路复用（OFDM）技术、多输入多输出（MIMO）系统为物理层核心技术，而 3G 以 CDMA 为物理层核心技术，相比之下，IEEE 802.20 物理层核心技术更为先进，使得其拥有比 3G 更大的性能优势。

④ 技术架构：IEEE 802.20 是纯 IP 架构，而 3G 则是以全 IP 架构为主，相比之下，IEEE 802.20 的纯 IP 架构能够降低网络的复杂度，从而降低组网成本，因此在部署广域网时，性价比高的 IEEE 802.20 更受运营商的青睐。

（3）IEEE 802.16e 与 3G 的关系

IEEE 802.16e 和 3G 同为提供移动宽带无线接入的技术，可以从以下几个方面进行比较。

① 在提供的带宽方面，IEEE 802.16e 在相同的移动速率下所能够提供的数据传输速率高于 3G。

② 在通信距离方面，IEEE 802.16e 只能在 1～2 km 内高速连接，支持本地区域的移动性和漫游，而 3G 则可以在 11 km 内高速连接，支持全程的移动性和漫游，强调在地域上提供一种"无处不在"的通信服务。

③ 在提供服务方面，IEEE 802.16e 主要面向宽带数据用户，可以提供对称数据业务，支持低时延数据和实时语音业务，而 3G 提供的业务主要是语音类的服务和高速数据服务。

④ 在组网方面，IEEE 802.16e 与 3G 相比还不够成熟，相关的标准还需要进一步完善，以更好地支持移动业务。

3. 4G

4G 即第 4 代移动通信系统，是基于 IP 的高速蜂窝移动网，又称为宽带接入和分布网络，是一种集 3G、无线局域网于一体的技术产品。应用 4G 可以传输高质量的视频图像，大大提升了图像传输的质量与清晰度。

2008 年 3 月，国际电信联盟无线电通信部（ITU-R）为 4G 制定了一组协议，命名为 IMT-Advanced 规范，其要求 4G 移动通信服务的峰值速率在高速移动时达到 100 Mbps，在低速移动时达到 1 Gbps。LTE-Advanced 是 IMT-Advanced 的主要候选标准之一，LTE-Advanced 有两种制式：FDD-LTE-Advanced 和 TD-LTE-Advanced。中国移动、中国电信、中国联通三家于 2013 年均获得 TD-LTE 牌照，标志着中国电信产业正式进入 4G 时代。目前中国移动获得 130 MHz 频率资源，分别为 1 880～1 900 MHz、2 320～2 370 MHz、2 575～2 635 MHz；中国联通获得 40 MHz 频率资源，分别为 2 300～2 320 MHz、2 555～2 575 MHz；中国电信获得 40 MHz 频率资源，分别为 2 370～2 390 MHz、2 635～2 655 MHz。

4G 具有以下主要特点。

① 高速率。对于大范围高速移动（250 km/h）的用户而言，数据传输速率为 2 Mbps；对于中速移动（60 km/h）的用户而言，数据传输速率为 20 Mbps；对于低速移动用户（室内或步行者）而言，数据传输速率为 100 Mbps。

② 良好的兼容性。4G 是一个全 IP 的网络。2G、3G、无线系统、蓝牙、WLAN 系统、卫星系统、有线系统都可以接入其中，与所有的无线网络都可以实现互联。

③ 网络带宽更高。与 3G 信道相比，4G 信道占有更宽的频谱，容量也有了很大的提升，是 3G 网络容量的 10 倍左右。

④ 智能化程度更高。4G 采用智能技术，能自适应地进行资源分配，能对通信过程中不断变化的业务流进行相应的处理以满足通信要求。4G 采用智能信号处理技术，能在信道条件不同的复杂环境中正常发送与接收信号，具有很强的智能性、适应性和灵活性。

⑤ 多种业务的融合。4G 支持更丰富的移动业务，包括高清晰度图像业务、会议电视、虚拟现实业务等，使用户在任何地方都可以获得所需的信息服务。4G 将个人通信、信息系统、广播和娱乐等行业结合成一个整体，可以更加安全、方便地向用户提供更广泛的服务与应用。

⑥ 先进的技术应用。4G 采用了几项突破性技术，如正交频分多路复用技术、智能天线和空时编码技术、无线链路增强技术、软件无线电技术、高效的调制解调技术、高性能的收发信机和多用户检测技术等。

4. 5G

2015 年 6 月召开的国际电信联盟无线通信部 5D 工作组（ITU-R WP5D）第 22 次会议确定了 5G 的名称为 IMT-2020，还确定了 5G 的应用场景、能力和时间表等内容。我国 2013 年 10 月国家 863 计划"第五代移动通信系统研究开发"项目正式启动了 5G 移动通信系统的研发，目标是在 2020 年之前，系统地研究 5G 移动通信体系架构、无线组网、无线传输、新型天线与射频以及新频谱开发与利用等关键技术，完成性能评估及原型系统设计，进行技术试验与测试，实现 10 Gbps 的总数据传输速率，可以将目前 4G 的频谱、功率效率提升 10 倍，满足未来 10 年移动互联网流量增加 1 000 倍的发展需求。

5G 的特点如下。

① 速度快，时延小。与 4G 相比，5G 具有更高的数据传输速率，可达 10 Gbps。数据传输速率提升，意味着网络容量扩大，在同一时间内允许更多的用户访问网络，而且大大缩短了数据通信过程中的传输时延。

② 采用毫米波通信。毫米波的频段在红外线与微波的频段之间，因此具备红外线与微波的特点，具体体现在通信容量大、抗干扰能力强、传输距离短、穿透和绕射能力差等特点。

③ 支持多连接设备，可以实现同频全双工。5G 选用 MIMO 技术，能够通过部署大规模天线阵列，支持几百根天线同时工作。而且 5G 基站支持同频全双工，也就是发射器和接收器能够在同一频段同时完成接收和发送信息的任务，不仅使时延更小，而且大大提高了网络吞吐量。与 4G 只能支持数量有限的手机或其他移动设备同时接入相比，5G 的优势更加明显。

④ 需要建设大量的小基站。一方面，毫米波穿透能力较差，因此在空气中传播时会有很大的衰减；另一方面，毫米波的波长很短，因此其元件尺寸可以做得非常小。

4G 时代的开启以及移动终端设备的普及为移动互联网的发展注入了巨大的能量，5G 网络则会在以下这些方面带来飞跃：高速上传与下载；3D 视频、4K 甚至 8K 视频的实时播放；将工作、生活和娱乐与云技术和增强现实（AR）、虚拟现实（VR）相结合；无处不在的媒体；等等。

5.3.5　CSMA/CA 协议

CSMA/CA 协议面向 IEEE 802.11 无线局域网，是一种带冲突避免的载波监听多路访问技术，类似 IEEE 802.3 的 CSMA/CD 协议。其基本思想是站点在发送数据前监听信道，确保信道空闲。如果信道空闲，就等待一个随机时间发送数据；如果信道忙，则一直监听直到信道空闲才开始传输数据。

CSMA/CA 协议有三个基本过程：① 载波监听，站点对特定载波频率进行监听，以确定信道中是否有其他站点在传输数据，并在空闲时隙发送数据；② 多路访问，能以多个载波频率传输和接收数据；③ 冲突避免，用避免冲突的方式来实现数据的可靠传输。CSMA/CA 协议利用 ACK 信号来避免冲突的发生，也就是说，只有站点收到网络上返回的 ACK 信号才能确认所发送的数据已经正确到达了目的地址。

1. RTS/CTS 与隐藏站点

为了更好地避免冲突，CSMA/CA 协议采用请求发送/允许发送，即 RTS/CTS（request to send/clear to send）握手机制，其基本流程如下。

① 站点在发送数据之前，先发送 RTS 帧（请求发送帧，很短）。

② 如果收到数据接收站点的 CTS 帧（允许发送帧，很短），则不会有冲突，可以发送数据，而且在后续的数据发送中也不会有冲突。

③ 如果在规定的时间内接收不到 CTS 帧，则说明冲突产生，退避并重试。

RTS/CTS 机制能够较好地解决隐藏站点的问题。隐藏站点是因为无线环境具有内在的复杂性。假设有 4 个无线通信站点 A、B、C 和 D，如图 5.3.6 所示，其中 B 和 D 在 C 发出的无线电波范围内，但 A 不在 C 发出的无线电波范围内。此时 C 正在向 B 传送数据，而 A 也试图向 B 传送数据。A 不能监听到 B 正忙（因为 A 在监听信道时听不到 C 在向 B 发送数据，所以它会错误地认为此时信道空闲，可以向 B 传送数据了），此时如果 A 向 B 传送数据，则会产生错误。这就是隐藏站点问题，其中 C 是 A 的隐藏站点。

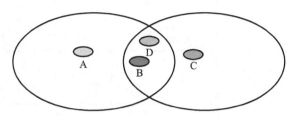

图 5.3.6　无线通信站点

在图 5.3.6 中，A、C 互为隐藏站点，A、C 监听不到彼此的载波，因此可能会出现 A、C 同时向 B 或 D 发送数据，且都认为不会发生冲突的情况，实际上冲突会在 B 或 D 处发生。

如果采用 RTS/CTS 机制，当 A 向 B 发送 RTS 帧时，若信道空闲，则 B 发回 CTS 帧，表示 B 将阻止其他任何通信，直到 A 发送完数据为止，其他无线站点也能监听到正在进行的数据传输，并延迟自己的数据传输。此时，C 监听到 CTS 帧，不会发送 RTS 帧，从而避免了冲突。

如果 A、C 同时发送 RTS 帧，因为产生冲突，B 不发送 CTS 帧，A 和 C 两个站点都退避再试。

2. 基本流程

CSMA/CA 协议的基本流程如图 5.3.7 所示，具体如下。

① 发送站点 A 在发送数据帧前先检测信道，如果检测到信道空闲，则等待一段时间 t_1，即分配的帧间空隙（distributed inter-frame space，DIFS）；如果检测到信道忙，则继续监听；如果在等待分配的帧间空隙时信道中有数据传输，则 A 重新等待时间 t_1 且监听；如果在等待时间 t_1 后信道还是空闲的，就发送一个很短的 RTS 帧。

② 接收站点 B 接收到该 RTS 帧后，经过一段时间 t_2，即短的帧间空隙（short inter-frame space，SIFS），返回一个 CTS 帧。

③ 此时网络中其他站点都在监听信道，由于发现信道忙，所以延迟接入。

④ 发送站点 A 收到该 CTS 帧后，经过时间 t_2（短的帧间空隙）开始发送数据帧。

⑤ 接收站点 B 收到数据帧后，经过时间 t_2（短的帧间空隙）对其进行校验。如果数据帧正确，则发送 ACK 信号进行确认；否则丢弃该数据帧。

⑥ 发送站点 A 在规定的时间内没有收到 ACK 信号，则重发该数据帧。

IEEE 802.11 无线局域网在使用 CSMA/CA 协议的同时还使用停止等待协议，这是因为无线信道的通信质量远不如有线信道，因此无线站点每通过无线局域网发送完一帧，都只有在收到对方的确认帧后才能继续发送下一帧。

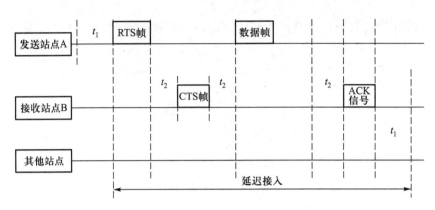

图 5.3.7　CSMA/CA 协议的基本流程

3. 退避算法

在图 5.3.7 中，如果在发送站点 A 和接收站点 B 进行通信的过程中其他站点也要发送数据，但监听到信道忙，此时这些站点就要执行 CSMA/CA 协议的退避算法，即它们各自退避一个随机时间后再发送数据。IEEE 802.11 规定退避时间必须是时隙时间的整数倍。也可以使用二进制指数退避算法，但是具体做法略有不同。这种算法的第 k 次退避是在 $\{0,1,\cdots,2^k-1\}$ 个时隙中随机选择一个。也就是说，第 1 次退避是在 2 个时隙 $\{0,1\}$ 中随机选择一个，而第 2 次退避是在 4 个时隙 $\{0,1,2,3\}$ 中随机选择一个，当时隙编号达到 1 023 时（对应于第 10 次退避）就不再增加时隙了。

知识点小结 🔍

- 以太网是局域网的主要形式。经典以太网使用 CSMA/CD 协议来分配信道，而随着交换机和全双工链路的发展，已不存在信道竞争问题，交换机可以通过不同的端口并行地转发数据帧。
- IEEE 802 参考模型把局域网的数据链路层拆成两个子层，逻辑链路控制子层和介质访问控制子层。
- CSMA/CA 协议面向无线网络，是一种带冲突避免的载波监听多路访问技术，类似于 IEEE 802.3 的 CSMA/CD 协议。其基本思想是载波监听，发送数据前监听信道，确保信道空闲。如果信道空闲，就等待一个随机时间发送数据；如果信道忙，则一直监听直到信道空闲才开始传输数据。它能以多个载波频率传输和接收数据，并用避免冲突的方式来实现数据可靠传输。
- 最早使用无线个域网的蓝牙标准是 IEEE 802.15.1，它运行在 2.4 GHz 频段上，可以将耳机和不同类型的外部设备连到计算机上而无需任何线缆。
- 在 IEEE 802.11 无线局域网中，站点使用 CSMA/CA 协议通过 ACK 信号来避免冲突，从而解决很难监听到传输冲突的问题。同时站点使用 RTS/CTS 握手机制来解决站点覆盖区域不同所导致的隐藏冲突问题。
- 5G 网络主要有以下特点：速度快，时延小；采用毫米波通信；支持多连接设备；需要建设大量的小基站。

思考题

1. CSMA/CD 协议与 CSMA/CA 协议的基本工作原理是什么？两者的区别是什么？
2. WiFi 是否等同于无线局域网？并简单说明。
3. 经典以太网和交换式以太网的区别是什么？
4. 无线局域网有哪些基本类型？
5. 无线网络的支撑技术有哪些？

本章自测题

6. 无线网络经历了几代的发展？最新的无线协议标准是什么？
7. 结合隐蔽站点问题说明 RTS 帧和 CTS 帧的作用。
8. 比较 IEEE 802.3 和 IEEE 802.11 两种局域网标准的异同点。
9. 无线城域网的主要特点是什么？其与 WiMAX 的关系是怎样的？
10. 手机开热点所形成的网络是无线局域网还是无线个域网？为什么？

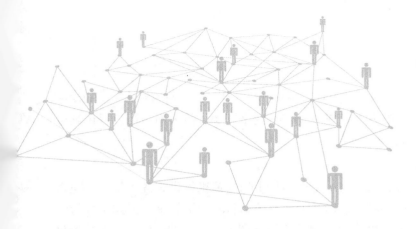

第 6 章

局域网组网

● **内容导读**

局域网可以实现文件管理、应用软件共享、打印机共享、电子邮件和通信服务等功能。利用局域网，企业能够实现资源共享和统一化的管理，在节省成本的同时也提高了资源利用率。局域网优势诸多，本章将介绍如何组建局域网，以实现资源共享。本章的主要内容如下：

- 网络操作系统及网络通信协议。
- IPv4 协议、IP 地址与子网划分。
- 局域网组建及网络故障检测。
- 网络通信协议安装。
- 局域网网络资源共享。

6.1 网络软件

微视频 6.1
网络软件

网络正常运行需要网络软件的支持，网络软件一般包括网络操作系统、网络协议软件、网络管理软件、网络通信软件、网络应用软件五部分，其中最重要的是网络操作系统和网络通信协议。

6.1.1 网络操作系统

网络操作系统（network operating system，NOS）是一种能代替通用操作系统的软件程序，是使网络中的计算机能够方便而有效地共享网络资源、能为网络用户提供其所需的各种服务的软件和有关规程的集合。

1. 网络操作系统的功能

网络操作系统是网络的心脏和灵魂，是向网络中的计算机提供服务的特殊的操作系统，是用户与网络资源之间的接口。网络操作系统运行在服务器上，因此又称为服务器操作系统。网络操作系统是以使网络相关特性达到最佳为目的。例如，它共享数据文件、软件应用，以及共享硬盘、打印机、调制解调器、扫描仪和传真机等。而单机操作系统，如 Windows 10 等的目的是让用户与系统及在其上运行的各种应用之间的交互作用达到最佳。

网络操作系统除了具有单机操作系统通常具有的处理机管理、存储器管理、设备管理和文件管理等功能外，还具有高效、可靠的网络通信能力，能够提供多种网络服务功能，如远程作业录入与处理、文件传送服务、电子邮件、远程打印等。

软件定义网络技术的发展促进了网络操作系统的发展，新一代网络操作系统的功能还体现在以下几个方面。

（1）支持云计算

新一代网络操作系统不仅支持大内存、对称多处理技术，还支持网络负载平衡，能与其他计算机构成一个虚拟系统，满足多用户访问的需要。

（2）支持多用户同时操作

新一代网络操作系统不仅能在同一时间处理在不同内存空间运行的多个应用程序，还可以为具有不同权限、不同使用目的的用户提供管理服务。

（3）支持虚拟化技术

新一代网络操作系统不仅能很好地对数据中心进行合理分配，还能够支持网络设备（服务器、交换机、路由器等）的虚拟化、链路虚拟化，以及虚拟网络的实现，提高网络利用效率并降低各种运营成本。

（4）兼容各种客户端操作系统

无论客户端采用怎么样的单机操作系统，都能够有效地连接并访问网络操作系统。

（5）具有较高的安全性和容错性

网络操作系统非常稳定，其本身并不会由于网络硬件设备出现故障而报错，进而停止向其网络用户提供应用服务。此外，新一代网络操作系统本身具有一定的防病毒能力以及系统漏洞修复能力。

（6）支持异构互联的网络

如果要使具有不同体系结构的计算机网络协同运行，那么就可以通过网络操作系统将它们无缝连接起来。

2. 网络操作系统的模式

（1）集中模式

集中模式网络操作系统是通过在分时操作系统的基础上增加网络功能演变而来的。这种网络操作系统的基本单元由一台主机和若干个与主机相连的终端构成，其信息的处理和控制是集中的。UNIX 操作系统就是典型的网络操作系统。

（2）客户-服务器模式

客户-服务器（client/server，C/S）模式是目前新一代网络操作系统的工作模式。在这种模式中，服务器是网络的控制中心，并向客户提供服务。客户是用于本地处理和访问服务器的站点。这种工作模式能够充分发挥服务器端与客户端硬件系统的优势，可以根据需要将任务合理地分配给客户端和服务器端，从而降低了系统的通信成本，提高了网络操作系统的工作效率。

（3）对等模式

采用对等模式的网络操作系统无专用服务器，每个站点都是网络服务的请求者和提供者，具有绝对的自主权，站点之间可以相互交换文件。例如，Windows XP 操作系统就可以构建对等网络。

3. 局域网中主流的网络操作系统

局域网中的网络操作系统包括 Windows 网络操作系统、NetWare 网络操作系统、UNIX 网络操作系统、Linux 网络操作系统等。

（1）Windows 网络操作系统

Microsoft 公司的 Windows 操作系统不仅在个人计算机操作系统中占有绝对优势，在网络操作系统中也占有很大的优势。Windows 网络操作系统在局域网的配置中是最常见的，但由于它对服务器的硬件要求较高而且稳定性能不是很好，所以一般用于中低档服务器，高端服务器则通常采用 UNIX、Linux 或 Solaris 等非 Windows 网络操作系统。在局域网中，主要的 Windows 网络操作系统有 Windows Server 2019、Windows Server 2016、Windows Server 2012 以及 Windows Server 2003 等，工作站系统则可以采用包括个人操作系统，如 Windows 10/7/ME/XP 等在内的 Windows 或非 Windows 网络操作系统。

拓展阅读 6.1 Windows 操作系统发展历程

Windows 网络操作系统是一种典型的客户-服务器操作系统，具有诸多优点。① 易用性：这种操作系统具有 Windows 家族统一的图形化界面，管理和维护起来非常方便；② 容错性好：使用安全防火墙将应用程序与操作系统分离开来，应用程序发生错误不会让系统崩溃；③ 采用 OS/2 操作系统实现对多任务、虚拟存储的支持；④ 能方便地构建功能强大的 Internet/Intranet 服务器；⑤ 开放性：采用独立于处理器的可移植设计，除了支持 Intel 系列处理器外，还能很好地在 Alpha 处理器及 MIPS 处理器上运行，跨平台能力强；⑥ 广泛支持各种协议，如 TCP/IP 协议、NetBEUI 协议等，能与 NetWare、UNIX 等多种网络操作系统互联，并为客户端操作系统提供广泛的支持；⑦ 具有较强的安全性和可靠性。

（2）NetWare 网络操作系统

NetWare 网络操作系统是一种多任务操作系统，它构建的局域网以服务器为核心。

NetWare 网络操作系统目前常用的版本有 5.0、5.1、6.0、6.5 等。NetWare 服务器能为无盘站和游戏提供较好的支持，常用于教学和游戏。其特点包括：① 具有较好的兼容性，能与不同类型的计算机兼容；② 具有超大的容量和良好的系统容错功能：NetWare 网络操作系统具有很强的存储能力，这体现在文件服务器上，每台文件服务器的存储空间可达 32 TB，每个 NWFS（NetWare file system）文件系统可供 250 个用户登录；③ 具有很好的系统容错功能：系统一旦出错，即可自我补救；④ 保密措施完备，具有 4 级安全保护机制。

（3）UNIX 网络操作系统

UNIX 网络操作系统是一个分时、多用户、多任务的系统，UNIX 系统的版本有 System V UNIX（包括 AIX、Irix，以及 Solaris、Tru64、Unicos 和 UNIXWare）、BSD UNIX（BSD/OS、FreeBSD、MacOS X、NetBSD、OpenBSD）等。UNIX 网络操作系统稳定，安全性非常好，但由于它主要以命令的方式来进行操作，对于初级用户来说不易掌握，因此 UNIX 一般用于大型网站或大型企业局域网，小型局域网基本上不使用 UNIX 作为网络操作系统。

UNIX 网络操作系统历史悠久，其良好的网络管理功能已为广大网络用户所接受。其特点如下：① 在结构上分为内核和核外程序两层，两部分有机结合；② 可装卸的树状结构的文件系统，能扩大文件的存储空间，有利于安全保密；③ 将普通文件、文件目录表和输入输出设备均作为文件统一处理；④ 具有丰富的核外程序，包括软件开发工具、文本处理程序、高级语言处理程序和系统实用程序；⑤ 系统用 C 语言编写，有良好的移植性。

（4）Linux 网络操作系统

Linux 是 UNIX 操作系统的兼容产品，具有 UNIX 的所有特点，主要应用于中高档服务器。此外，它还是一个开放源代码的自由软件，所以许多因特网服务提供商将 Linux 作为其主操作系统。Linux 的主要版本有 Red Hat Linux、SUSE Linux、Debian Linux、Mandriva Linux、红旗 Linux 等。其特点如下：① Linux 是自由软件，使用者可以自由得到其可执行程序及源代码，以满足自己的需要；② 安全性和可靠性强，由于是用源代码来生成可执行程序，因此不必担心软件陷阱；③ 是非商品化产品，不会因软件升级而使投资增加；④ Linux 将网络连接在一起，使用户可以非常方便地访问因特网；⑤ 有丰富的开源软件作为支撑，常见的开源软件有 Apache、Tomcat、MySQL、PHP 等。

综上所述，根据网络操作系统的特性，从用户界面和易用性来看，Windows 网络操作系统明显优于其他网络操作系统；从网络的开放性来看，Linux 和 UNIX 比其他网络操作系统更具特色，这是由于其拥有丰富的应用软件。总之，对特定计算环境的支持使得每种网络操作系统都有自己的应用场合，这就是系统对特定计算环境的支持。可以从系统的兼容性、易配置性和维护性、可扩充性、可支持的并发用户数量、能提供的服务和配套软件支持方面来选择网络操作系统。例如，Windows 10 适用于桌面计算机，Linux 则适用于小型网络，而 Windows Server 和 UNIX 则适用于大型服务器应用程序。

4. SDN 网络操作系统

软件定义网络（software defined network，SDN）技术的发展促进了支持 SDN 技术的网络操作系统的发展，目前有代表性的 SDN 网络操作系统有 ONOS 和 ODL。

ONOS（Open Network Operating System）是首个开源的专门面向服务提供商和企业主干网的 SDN 网络操作系统，旨在满足服务提供商和企业主干网高可用性、可横向扩展及高性能的网络需求。ONOS 采用"小步快跑"的迭代策略，每三个月一个版本。ONOS 主要部署于教育和科研网络，其应用程序如 SDN-IP 允许软件定义网络使用标准的边界网关协议连接到外部网络。2015 年，我国天津联通成功开通全球首个基于 ONOS 开源架构的 SDN IPRAN 企业专线业务；另外，欧洲的 GEANT 和 AARnet 在没有厂商参与的情况下基于 ONOS 开发并部署了适合于自己的 SDX-L2/L3 和 Castor 应用，意义重大。

ODL（OpenDaylight）是一套以社区为主的开源 SDN 框架，由 Linux 协会联合业内 18 家企业在 2013 年年初创立，其目标是作为 SDN 架构的核心组件，使用户能够减少网络运营的复杂度，扩展现有网络架构中硬件的生命期，支持 SDN 新业务和新能力。ODL 每 6 个月就会进行一次大的更新。

NOX 是斯坦福大学开发的开源操作系统，是最早支持 OpenFlow 的控制器。NOX 用 C++语言实现，具有管控 SDN 网络的基本功能。开发人员根据 NOX 实例实现了 NOX 的升级版操作系统 POX。POX 用 Python 语言编写，具有简洁、易懂的特点。POX 在实际应用中发展快速，是运营商和研究机构主要选用的 SDN 操作系统之一。

Floodlight 操作系统是 Big Switch Networks 公司开发的基于 Java 的 OpenFlow 操作系统。是一种广泛应用的企业级开源操作系统，具有性能高和可靠性高等特点。Floodlight 可以对大规模的路由器和交换机等支持 OpenFlow 的接入点进行合理的控制，同时由于 Floodlight 具有跨平台特性，因此也被广泛应用于各种终端之中。Floodlight 不仅仅是一种 SDN 操作系统，还包含一系列基于 Floodlight 的模块化的上层应用。

6.1.2 网络通信协议

在现实生活中，人们要进行交流，就必须使用一种可以相互理解的语言。计算机也是如此，不同的计算机之间若想进行交流必须使用同一种语言和规则，而网络通信协议就是计算机通过网络相互交流信息的"语言"，网络中不同的计算机必须使用相同的网络通信协议才能交换信息。

网络通信协议在网络中扮演着重要的角色。无论使用哪种网络连接方式，都需要相应网络通信协议的支持；如果没有网络通信协议，资源就无法共享，那么网络连接也就失去了意义。在局域网中，最常用的网络通信协议是 TCP/IP 协议，此外还有 Net-BEUI（NetBIOS enhanced user interface，NetBIOS 扩展用户接口）协议、NWLink IPX（internetwork packet exchange protocol，互联网分组交换协议）/SPX（sequenced packet exchange protocol，顺序分组交换协议）/NetBIOS 协议和 AppleTalk 协议等。

1. TCP/IP 协议

TCP/IP 协议广泛应用于各种计算机网络，实际上是因特网系列协议。它是当今最流行的网络通信协议，也是因特网的基础，可以跨越由具有不同硬件体系和不同操作系统的计算机互联而成的网络进行通信。

TCP/IP 协议不仅规定了计算机如何进行通信，还具有路由功能。通过识别子网掩码，可以为企业内部的网络提供更大的灵活性。TCP/IP 协议使用 IP 地址识别网络中的计算机，每台计算机必须拥有唯一的 IP 地址。

TCP/IP 协议采用分组交换的通信方式。TCP 协议把数据分成若干分组，并对其进行编号，以便接收方能够把数据还原成原来的格式。IP 协议为每个分组写上发送方和接收方的地址，这样分组便可以在网络上传输。在传输过程中可能会出现分组顺序颠倒、丢失或失真，甚至重复等现象，这些问题都由 TCP 协议处理，它具有检查和处理错误的功能，必要时可以请求发送方重发。

Microsoft 公司的联网方案使用了 TCP/IP 协议，在目前流行的 Windows 操作系统版本中也都内置了该协议。在 Windows Server 2000 之后的版本中，TCP/IP 协议与域名系统（domain name system，DNS）、动态主机配置协议（dynamic host configuration protocol，DHCP）配合使用。DHCP 协议用来分配 IP 地址，用户计算机登录网络时会自动寻找网络中的 DHCP 服务器，以获得网络连接的动态配置和 IP 地址，从而减轻了网络管理员的负担。

2. NetBEUI 协议

NetBEUI 是 NetBIOS 协议的增强版本，1985 年由 IBM 公司开发完成。它是一个小巧而高效的协议，不需要设置，仅安装即可。

NetBEUI 协议由 NetBIOS（网络基本输入输出系统）、SMB（服务器消息块）和 NetBIOS 帧传输协议三部分组成。Microsoft 公司在其各个版本的操作系统上都内置了 NetBEUI 协议。

该协议是专门为由不超过 200 台计算机组成的小型局域网而设计的，不具有跨网段工作的能力，即 NetBEUI 协议不具备路由功能，也就是说应用 NetBEUI 协议的数据单元不能通过路由器。因此，如果计算机安装了多块网卡，每块网卡都连接着不同的网段，或者想使局域网与通过路由器相连的另一个局域网通信，则不能选用这种协议。

3. IPX/SPX/NetBIOS 协议

IPX/SPX/NetBIOS 协议是 Novell 公司的网络通信协议集，在使用时不需要对其进行设置，仅安装即可。与 NetBEUI 协议不同的是，IPX/SPX/NetBIOS 协议在设计之初就考虑了多个网段的问题，具有很强的路由功能，因此可以应用于大型网络。如果计算机要与 NetWare 服务器连接，就可以使用 IPX/SPX NetBIOS 协议。

为了使计算机能与 NetWare 服务器相连，微软在其网络操作系统中提供了两个与 IPX/SPX 兼容的协议：NWLink IPX/SPX 协议和 NWLink NetBIOS 协议。NWLink IPX/SPX 协议是 IPX/SPX 协议在 Microsoft 网络产品中的实现，它除了继承 IPX/SPX 协议的优点之外，更适应了 Windows 操作系统和网络环境。

4. AppleTalk 协议

AppleTalk 协议允许其他使用该协议的计算机（主要是 Apple 计算机）与使用 Windows 操作系统的计算机通信。它允许运行 Windows Server 2000 及以上版本的计算机充当 AppleTalk 协议的路由器。通过该协议，Windows Server 服务器可以为苹果计算机提供文件和打印服务。

5. 网络通信协议的选择

在计算机网络组网的过程中，一般会根据以下 5 个原则选择网络通信协议。

① 尽量少选用网络通信协议。除了特殊情况外，一个局域网尽量只使用一种网络通信协议。因为使用的网络通信协议越多，占用的计算机内存就越多，这样既影响计算机的运行速度，也不利于网络管理。

② 尽量使用高版本的网络通信协议，而且要注意网络通信协议的一致性，因为网络中的计算机之间传递数据时必须使用相同的网络通信协议。

③ 对于一个没有对外连接需要的小型局域网，NetBEUI 协议是最佳的选择，当网络规模较大且网络结构较复杂时，应选择可管理性和可扩充性较好的网络通信协议，如 TCP/IP 协议。如果网络中存在多个网段，需要通过路由器连接，那么除了安装 TCP/IP 协议外，还要安装 NWLink IPX/SPX 协议和 NWLink NetBIOS 协议，或者 AppleTalk 协议。

④ 如果组网的目的之一是玩联网游戏，则最好安装 NWLink IPX/SPX 协议和 NWLink NetBIOS 协议，因为许多网络游戏利用该协议实现联机。

⑤ 在难以选择网络通信协议时，可以选择 TCP/IP 协议。因为该协议的适应性非常强，可以应用于各种类型和规模的网络。

6.2　IPv4 协议

IPv4 协议是网际协议（internet protocol，IP 协议；1981 年 Jon Postel 在 RFC791 中定义了 IP 协议）的第 4 版，是被广泛使用的协议，它构成了当今互联网技术的基础。IPv4 协议可以运行在各种各样的底层网络上，如端对端的串行链路（包括 PPP 协议和 SLIP 协议）、卫星链路等。

6.2.1　IP 地址

IP 协议工作在 TCP/IP 体系结构中的网络层，是将各种网络互联在一起的黏合剂，任何厂商生产的计算机，只要遵守 IP 协议就可以与因特网互联。

IP 地址则是按照 IP 协议规定的格式，为每一个接入因特网的计算机分配的唯一通信地址，它是网络层及以上各层所使用的地址，是一种逻辑地址。

IP 地址目前有两个版本：① IPv4 版本，目前的因特网主要使用 IPv4 地址；② IPv6 版本，IPv6 协议已经部署到部分网络中，未来因特网将使用 IPv6 地址。人们通常所讲的 IP 地址是指 IPv4 地址。IP 地址现在由因特网域名与数字地址分配机构

微视频 6.2 IP 地址

（Internet Corporation for Assigned Names and Numbers，ICANN）管理和分配，中国用户则需要向亚太网络信息中心（Asia-Pacific Network Information Centre，APNIC）申请 IP 地址。

1. IP 地址的表示方式

IPv4 地址是一个 32 位二进制代码，为了提高可读性，每 8 位一组，用十进制表示，并利用点号分割各组，这种方法称为点分十进制法，IP 地址的范围为 0.0.0.0 ～ 255.255.255.255。

为了对 IPv4 地址进行科学的分配，IP 协议中规定 IP 地址由网络号和主机号两部分构成。

一个网络号在整个因特网范围内是唯一的，而一个主机号则在其前面的网络号所指明的网络范围内是唯一的，由此一个 IP 地址在整个因特网范围内是唯一的。

从 IP 地址的结构来看，IP 地址不仅指明了一台主机，还指明了主机所连接的网络。如果一台主机的地理位置不变，但将其连接到另外一个网络上，那么这台主机的 IP 地址必须改变。

2. IPv4 地址的编址方案

由于现实生活中各个网络的规模差异很大，有的网络中有很多主机，如跨国公司的网络；有的网络中主机则很少，如一个小型公司的网络。IPv4 协议根据网络规模，采用分类编址的方法，将 IP 地址分为 A、B、C、D、E 五类。其中 A、B、C 类地址称为基本地址，用于主机地址；D 类地址是多播地址，E 类地址则为保留地址。如图 6.2.1 所示，A 类、B 类、C 类地址的网络号长度分别为 1 字节、2 字节、3 字节，同时在网络号前面有 1~3 位的类别位，分别为 0、10、110。A 类、B 类、C 类地址的主机号长度分别为 3 字节、2 字节、1 字节。D 类地址的前 4 位为 1110，用于一对多的广播通信。E 类地址的前 4 位为 1111，保留为今后使用。

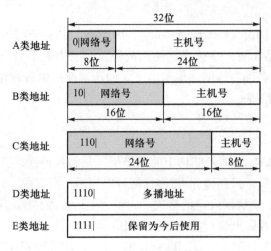

图 6.2.1　IP 地址编制方案

需要注意的是，当某个组织申请到一个 IP 地址时，实际上是获得了具有同样网络号的一段地址，具体的主机号则由该组织自行分配，只要在组织管辖的范围内无重复的主机号即可。例如，某组织申请了一个 C 类地址 202.119.81.0，实际上是获得了从 202.119.81.0 到 202.119.81.255 的 256 个地址。

表 6.2.1 所示的是 A、B、C 三类地址可以连接的最大网络数和主机数以及它们各自适用的网络规模。

表 6.2.1 A、B、C 类网络规模

地址类别	第 1 字节的取值范围	网络号长度	最大网络数	最大主机数	适用网络规模
A 类地址	1~126（0、127 不用）	1 字节	126（2^7-2）	16 777 214（$2^{24}-2$）	大型网络
B 类地址	128~191	2 字节	16 384（2^{14}）	65 534（$2^{16}-2$）	中型网络
C 类地址	192~223	3 字节	2 097 152（2^{21}）	254（2^8-2）	小型网络

整个 A 类地址空间共有 2^{31} 个地址，占整个 IPv4 地址空间的 50%。其网络号长度为 1 字节，由于网络号的第一位固定为 0，只有 7 位可供使用，因此可指派的网络号是 126 个，即 2^7-2。这里减 2 的原因有两个：一是 IP 地址各位全 0 表示其本身，即各位全为 0 的 IP 地址是保留地址，意思是"本网络"；二是网络号为 127（即 01111111），是回送地址。A 类地址的主机号长度为 3 字节，因此 A 类网络的最大主机数是 $2^{24}-2$。这里减 2 的原因是主机号中的各位全为 0 表示该 IP 地址是本主机所在的网络地址。例如，一台主机的 IP 地址为 51.56.57.58，那么该主机所在的网络地址就是 51.0.0.0。而主机号各位全为 1 则表示该网络上的所有主机，如 51.255.255.255。

当然，IP 地址除了上面介绍的特殊情况外，还有以下特殊地址。

（1）私有地址

私有地址是非注册地址，可以用来组建私有网络，但不能在因特网上使用。私有网络中的主机要与位于因特网上的主机进行通信必须经过地址转换，将其私有地址转换为合法的公用地址。A 类网络中的私有地址段为 10.0.0.0~10.255.255.255，B 类网络中的私有地址段为 172.16.0.0~172.31.255.255，C 类网络中的私有地址段为 192.168.0.0~192.168.255.255。

（2）回送地址

127.0.0.0~127.255.255.255 是保留地址，用于网络软件进行回送测试以及本地主机进程之间的通信。无论是什么程序，一旦使用回送地址发送数据，协议软件立即将其返回，不进行任何网络传输。地址网络号为 127 的分组无法出现在任何网络中。通常在命令提示符窗口中运行"ping 127.0.0.1"，来检查本地主机是否安装 TCP/IP 协议，以及该协议是否正常工作。

（3）广播地址

主机号各位全为 1 的网络地址称为广播地址，是专门用于向网络中所有站点同时发送数据的地址。例如，21.2.1.0（子网 255.255.255.0）网段的广播地址为

21.2.1.255，当发出一个目的地址为 21.2.1.255 的分组时，该分组将被分发给该网段上的所有站点。

6.2.2　子网划分

在介绍子网划分之前，先来看这样一个场景：某高校 A 学院为其局域网申请了一个 IP 地址（129.192.0.0）供其 138 台主机连入因特网，一年后该校 B 学院有 146 台主机的局域网和 C 学院有 156 台的局域网也希望连入因特网。由于以前 A 学院申请的 B 类 IP 地址还有很多没有使用，如果再申请 IP 地址显然很浪费。要将这些空闲的地址使用起来，就需要另一种地址组织方式，这就是子网划分。

1. 子网划分的概念

当将一个 A/B/C 类 IP 地址指定给一个拥有多个物理网络的组织时，组织可以将其所对应的网络分成若干个部分供不同的物理网络使用，但这些部分对外仍然表现为一个网络，这就是子网划分，对一个大型网络进行分割所得到的一系列小网络就称为子网。

子网划分是一种 IP 地址复用方式，它将 IP 地址中原来的主机号分为物理网络号和主机号。其中，物理网络号又称为子网号，用于标识同一 IP 地址下的不同物理网络，即子网。也就是说，网络号加上子网号才能全局唯一地标识一个网络。相应的每台主机的 IP 地址表示为

　　　（<网络号>,<子网号>,<主机号>）

了解了子网划分的思想，再来看看前述场景中所需解决的问题。该 IP 地址（129.192.0.0.）是一个 B 类地址，其主机号为 16 位，因此可以将主机号分为多个部分，如表 6.2.2 所示。

微视频 6.3
子网掩码

表 6.2.2　IP 地址空间的分割

学院	IP 地址范围				IP 地址的空间数量
	网络号		子网号｜主机号		
A 学院	10000001	11000000	1｜*******	********	占 1/2，2^{15} 个
B 学院	10000001	11000000	00｜******	********	占 1/4，2^{14} 个
C 学院	10000001	11000000	011｜*****	********	占 1/8，2^{13} 个
备用	10000001	11000000	010｜*****	********	占 1/8，2^{13} 个

首先，将主机号分为两个部分，即拿出主机号中的一位作为子网号，将 IP 地址空间的一半（表示为"/17"，其中 17 是网络号加上子网号的位数）分配给 A 学院。然后，将 IP 地址空间的另一半再一分为二，即再拿出主机号中的一位作为子网号，将 IP 地址空间的四分之一（表示为"/18"，其中 18 是网络号加上子网号的位数）分配给 B 学院；将 IP 地址空间的另外四分之一再一分为二，即再拿出主机号中的一位作为子网号，将 IP 地址空间的八分之一（表示为"/19"，其中 19 是网络号加上子网号的位数）

分配给 C 学院。最后剩下的八分之一的 IP 地址空间未分配。当一个分组到达
129.192.0.0/16 主路由器时，主路由器会根据其目的地址将该分组转发至相应的子网，
如图 6.2.2 所示。

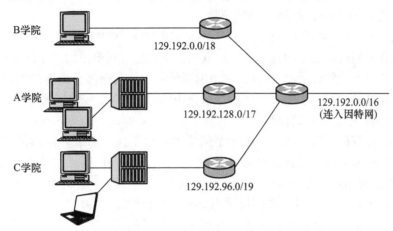

图 6.2.2　将 IP 地址主机号分为网络号和子网号

2. 子网和主机

图 6.2.3 所示的是一个划分子网前的 B 类地址，该 B 类地址的主机号共 16 位。

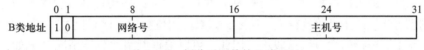

图 6.2.3　划分子网前的 B 类地址

如果将主机号的高 7 位作为子网号，将主机号的低 9 位作为每个子网的主机号，如
图 6.2.4 所示，这样就形成了该 B 类地址的子网地址表示形式。

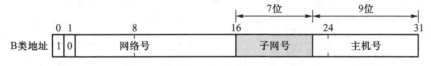

图 6.2.4　划分子网后的 B 类地址

在前述的场景中 B 类地址为 129.192.0.0，按照图 6.2.4 所示的方式划分子网后，
得到如下子网：

```
10000001  11000000  0000001│0  00000000  129.192.2.0 表示第 1 个子网；
10000001  11000000  0000010│0  00000000  129.192.4.0 表示第 2 个子网；
10000001  11000000  0000011│0  00000000  129.192.6.0 表示第 3 个子网；
……
```

以此类推，使用这种方式理论上最多可以有 $2^7 = 128$ 个子网，每个子网最多可以有 $2^9 - 2 =$
510 台主机。以前的网络设备和相关协议不支持子网号中各位全为 0 和全为 1 的情况，
因此会出现地址重叠的现象，所以最大子网数需要减去 2，即最多有 126 个子网。但目
前的网络设备和相关协议已能够区分各位全为 0 和全为 1 的子网号，因此最大子网数不

需要再减去 2 了。

3. 子网掩码

在前述的场景中，假定一个 IP 数据报已到达主路由器（129.192.0.0/16），那么这台路由器是如何将它转发给相应的子网呢？

由于从一个 32 位的 IP 地址（如 10000001 11010000 00000100 00111000）中无法看出其是否包含子网的信息，因此需要采用其他方法，这时就要使用"子网掩码"。

子网掩码是一个特殊的 IP 地址，它由两部分组成，前一部分由连续的"1"构成，后一部分由连续的"0"构成，"1"的数量是 IP 地址中网络号加子网号的位数，"0"的数量是 IP 地址中主机号的位数。

为了便于计算机运算，规定如果一个网络不划分子网，那么该网络的子网掩码就用默认子网掩码来表示，默认子网掩码中"1"的位置和 IP 地址中的网络号相对应。显然，A 类地址的默认子网掩码是 255.0.0.0；B 类地址的默认子网掩码是 255.255.0.0；C 类地址的默认子网掩码为 255.255.255.0。

子网掩码决定了一个网络的子网号位数和每个子网的主机号位数，那么应如何选择合适的子网掩码，以支持所需的子网及主机的数量呢？仍以 B 类地址为例。表 6.2.3 给出了采用固定长度子网号后的子网数和主机数，子网数是根据子网号位数 N 计算的，为 2^N 个，其中子网号位数中没有 0、1、15、16 这四种情况，这是因为这几种情况没有意义；每个子网中的可用主机数为 $2^{16-N}-2$ 个。可以看出如果使用位数较少的子网号，则每一个子网上可连接的主机数就较大；反之，如果使用位数较多的子网号，则子网数较多，但每个子网上可连接的主机数就较小。因此，可以根据网络的具体情况（例如，一共需要划分多少个子网，每个子网中最多有多少台主机）来选择合适的子网掩码。

表 6.2.3　采用固定长度子网号的 B 类地址的子网划分

子网号位数	子 网 掩 码	最大子网数	最大子网数-2	每个子网中的可用主机数
2	255.255.192.0	4	2	16 382
3	255.255.224.0	8	6	8 190
4	255.255.240.0	16	14	4 094
5	255.255.248.0	32	30	2 046
6	255.255.252.0	64	62	1 022
7	255.255.254.0	128	126	510
8	255.255.255.0	256	254	254
9	255.255.255.128	512	510	126
10	255.255.255.192	1 024	1 022	62
11	255.255.255.224	2 048	2 046	30
12	255.255.255.240	4 096	4 094	14
13	255.255.255.248	8 192	8 190	6
14	255.255.255.252	16 384	16 382	2

4. 子网掩码的作用

① 子网掩码使得 IP 地址可以得到充分利用，减少了 IP 地址空间的浪费。它可以将一个网络划分为多个子网，从而增加了灵活性，便于网络管理。

② 有利于网络设备辨别本子网地址和非本子网地址，以判断任意两个 IP 地址是否属于同一个子网，只有在同一个子网的主机才能直接互通。

6.2.3 子网划分的应用

1. IP 地址的子网号判断问题

例如，有两个 B 类地址，分别为 130.111.8.245 与 130.111.5.230，子网掩码为 255.255.255.0，有两种方法可以判断这两个 IP 地址是否属于同一个子网。

① 将 IP 地址 130.111.8.245 与 130.111.5.230 分别与子网掩码 255.255.255.0 做逻辑与运算，并比较所得的网络地址是否相同，若相同则它们属于同一个子网。从图 6.2.5 可以看出一个 IP 地址的网络号是 130.111.8.0，另一个 IP 地址的网络号是 130.111.5.0，两者并不相同，所以这两个 IP 地址不在同一个子网中。

微视频 6.4
子网划分应用
讨论

```
   130.111.8.245        130.111.5.230
 & 255.255.255.0      & 255.255.255.0
   ───────────          ───────────
   130.111.8.0          130.111.5.0
      ↓                    ↓
    网络号               网络号
```

图 6.2.5 IP 地址与子网掩码的逻辑与运算

② 由于是 B 类地址，所以子网号在 IP 地址的后两个字节。将子网掩码和两个 IP 地址的后两个十进制数都转换为二进制数，根据子网掩码的规则，可以知道该 IP 地址的子网号位数为 8 位，因此可以对两个 IP 地址后 16 位的前 8 位进行比较，两者若相同，则属于同一个子网。

2. 划分子网问题

解决划分子网问题的关键在于，划分子网时，子网号的位数不同，可以划分的子网数就不同，每个子网可用的主机数也不同。

表 6.2.4 给出的是采用固定长度子网号的 C 类地址的子网划分选择，从该表中可以看出，假设要将一个网络划分为 16 个子网，则子网号为 4 位，子网掩码为 255.255.255.240，可以容纳 14 台可用的主机。

表 6.2.4 C 类地址子网划分及相关子网掩码

子网号位数	子网掩码	最大子网数	主机号位数	最大主机数	可用主机数
1	255.255.255.128	2	7	128	126
2	255.255.255.192	4	6	64	62
3	255.255.255.224	8	5	32	30

续表

子网号位数	子网掩码	最大子网数	主机号位数	最大主机数	可用主机数
4	255.255.255.240	16	4	16	14
5	255.255.255.248	32	3	8	6
6	255.255.255.252	64	2	4	2

例如，有三个局域网，它们的主机数分别是 38、46、56，均少于 C 类地址允许的最大主机数。那么为这三个局域网申请三个 C 类地址显然有些浪费。假设只申请了一个 C 类地址 202.207.175.0，下面讨论如何划分子网能够满足需求。

首先，根据前面介绍的内容可以知道，只有将子网号的位数设为 2，才能够满足将整个网络划分成至少三个子网的要求。也就是说，可以将网络划分为 4 个子网，子网掩码为 255.255.255.192。

其次，将网络划分为 4 个子网后，因为子网号的位数为 2，所以主机号的位数为 6，每个子网中的可用主机数为 62，满足该例中三个局域网所要求的主机数。

最后，为每个局域网规划网络地址：

第一个局域网的 IP 地址范围为 202.207.175.0 ~ 202.207.175.63，子网掩码为 255.255.255.192；

第二个局域网的 IP 地址范围为 202.207.175.64 ~ 202.207.175.127，子网掩码为 255.255.255.192；

第三个局域网的 IP 地址范围为 202.207.175.128 ~ 202.207.175.191，子网掩码为 255.255.255.192。

又如，某学院被分配了一个 C 类地址，该地址的网络号为 192.168.10.0，现需要将其划分为三个子网，其中一个子网（学生用子网）有 100 台主机，其余两个子网（机关用子网、教师用子网）各有 50 台主机。下面讨论如何合理地使用这个 C 类地址。

首先，按照上例的思路，当将子网号的位数设为 2，子网掩码为 255.255.255.192 时，可以将网络分为 4 个子网。但是，每个子网中的可用主机数为 62，能够满足机关用子网和教师用子网对主机数的要求，而不能满足学生用子网对主机数的要求。也就是说，若在所有子网中都使用同一个子网掩码，这一问题是无法解决的。

其次，当将子网号的位数设为 1，将子网掩码设为 255.255.255.128 时，可以有 2 个子网，每个子网中的可用主机数为 126，能够满足学生用子网对主机数的要求。

再次，考虑子网划分的思路：先将整个网络分为两个子网（将子网号的位数设为 1），将其中一个子网分配给学生用子网；然后将另一个子网进一步划分成两个子网（将子网号位数设为 2），分别分配给机关用子网和教师用子网。

最后，为每个子网规划网络地址：

学生用子网的 IP 地址范围为 192.168.10.128 ~ 192.168.10.255，子网掩码为 255.255.255.128；

机关用子网的 IP 地址范围为 192.168.10.0 ~ 192.168.10.63，子网掩码为 255.255.255.192；

教师用子网的 IP 地址范围为 192.168.10.64 ~ 192.168.10.127，子网掩码为 255.255.255.192。

3. 使用子网时分组转发

在划分了子网后，还要对路由器中转发分组的算法做相应的改动。若没有子网，路由器中的路由表包含两项内容：目的网络地址和下一跳路由器地址；若有子网，路由器中的路由表包含三项内容：目的网络地址、子网掩码和下一跳路由器地址。

下面用一个简单的网络来说明划分子网时路由器转发分组的情况。

图 6.2.6 中有三个子网，以及路由器 R_1 中的部分路由表，如表 6.2.5 所示。

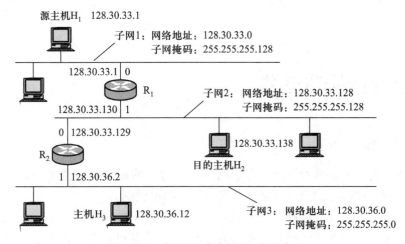

图 6.2.6 主机 H_1 向主机 H_2 发送分组

表 6.2.5 R_1 路由器的部分路由表

目的网络地址	子网掩码	下一跳路由器地址
128.30.33.0	255.255.255.128	直接交付，端口 0
128.30.33.128	255.255.255.128	直接交付，端口 1
128.30.36.0	255.255.255.0	路由器 R_2

现在源主机 H_1 向目的主机 H_2 发送分组，R_1 收到 H_1 向 H_2 发送的分组后查找路由表的过程如下。

① H_1 向 H_2 发送的分组的目的地址是 H_2 的 IP 地址 128.30.33.138。

② H_1 首先要进行的操作是判断：发送的这个分组，是在子网 1 上直接进行交付，还是要通过子网 1 上的路由器 R_1 进行间接交付。

③ H_1 把子网 1 的子网掩码 255.255.255.128 与 H_2 的 IP 地址 128.30.33.138 进行与运算，得到 128.30.33.128，它不等于 H_1 的网络地址 128.30.33.0，这说明 H_2 与 H_1 不在同一个子网上。因此，H_1 不能把分组直接交付给 H_2，而必须将其交给 H_1 所在的

子网 1 上的默认路由器 R_1，由 R_1 来转发。

④ 路由器 R_1 收到分组后，就在其路由表中逐行寻找有无匹配的网络地址。

⑤ 先看路由表 R_1 的第一行，用这一行的子网掩码 255.255.255.128 和收到的分组的目的地址 128.30.33.138 进行与运算，得到 128.30.33.128，然后和这一行给出的目的网络地址 128.30.33.0 进行比较，两者不一致。

⑥ 用同样的方法继续找第二行。用第二行的子网掩码 255.255.255.128 和收到的分组的目的地址 128.30.33.138 进行与运算，得到 128.30.33.128，然后和这一行给出的目的网络地址 128.30.33.128 进行比较，两者一致，说明子网 2 就是这个分组所要寻找的目的网络。

⑦ 不再继续往下查找，路由器 R_1 把分组从端口 1 直接交付给 H_2（它们都在子网 2 中）。

6.3　小型以太网的组建

6.3.1　小型以太网

小型以太网一般都是对等网。对等网是一种简单的局域网，常用于家庭及宿舍等组网场合，硬件连接好之后，只需进行简单设置即可联网。

在对等网中每台计算机都是一台主机，不存在服务器和客户之分，它们之间是平等的访问关系，如图 6.3.1 所示。每台计算机都能够以相同方式作用于对方，即每台计算机都可以服务器的角色为其他主机提供共享资源，同时每台计算机也可以客户的角色来使用其他计算机所共享的资源。在对等网中，不存在对网络资源进行集中管理与控制的计算机，网络中的所有计算机都对本地资源负责，网络处于一种"各自为政"的松散状态。

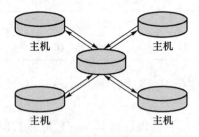

图 6.3.1　对等网结构

对等网可以由多台计算机组成，网络中的计算机数目一般不受限制，由需要组建的网络规模决定。其中，两台主机直接连接是对等网中最简单的形式，此时所需的设备最少，配置起来最简单。

实质上，对等网是一组具有网络操作系统、允许对等的资源共享的客户计算机。因此，要建立一个对等网只需局域网中的一台或多台集线器、计算机、传输介质以及提供资源访问的操作系统。对等网的花费较少，不需要复杂、昂贵的服务器以及特殊的管理环境和条件，每一台计算机都只需要由用户来维护。同时，对等网没有层次性，比基于服务器的网络有更大的容错性。对等网中任何计算机发生故障都只会使网络连接资源的一个子集变为不可用，而不会影响整个网络。

当然，对等网也存在着一定的局限性。例如，在对等网中用户必须具有多个口令，以便进入需要访问的计算机。同时，由于对等网中缺少用于共享资源的中心存储器，因而增加了查找信息的负担。除此之外，对等网中每一台计算机的用户都可以作为该计算机的管理员。

6.3.2 对等网的组建

要组建一个对等网，首先要确定网络拓扑结构，之后建立网络的硬件连接，并检查网络的物理连通性，具体的实现方法如下。

1. 对等网拓扑结构的选择

组建对等网时通常选择总线型或星状拓扑结构，这是由其网络特点决定的。虽然总线型拓扑结构简单、成本低，但考虑到网络的扩展性和稳定性，不推荐采用这种拓扑结构。星状拓扑结构具有布线简单、网络扩展性好、维护方便等特点，适合在小型对等网中使用。此外，还有一种简单的对等网连接方式，就是双机直连。

2. 网络的硬件连接

需要注意的是，总线型对等网的网线使用带有 BNC 端口的细缆，而且网络终端必须安装 $50\,\Omega$ 终端电阻器；星状对等网的网线使用两端带 RJ-45 端口的 3 类以上的双绞线，最常使用的是 5 类或超 5 类双绞线。同时，总线型对等网的细缆最长不能超过 $200\,m$，星状对等网要求计算机终端到中心站点的最大距离为 $100\,m$。

3. 操作系统的选择

组装对等网时，对操作系统有以下两方面的要求：一是安装的操作系统要能支持网络功能，操作系统只要集成了相应的网络功能就能够达到要求；二是不同主机上的操作系统之间能够进行互操作。在 Windows 环境中，几乎所有的操作系统组合都能够实现对等网的功能。

4. 网络设置

建立好网络的硬件连接后，要对对等网中的计算机进行设置，以实现资源共享和信息交流。这些设置主要包括对 IP 地址、子网掩码、计算机标识和工作组等的设置。每台计算机的设置方法类似，但对于不同的操作系统，具体的操作方法有所不同，下面以 Windows 10 操作系统为例进行介绍。

① IP 地址和子网掩码的设置。在 Windows 操作系统中，选择"控制面板"中的"网络和共享中心"打开"网络和共享中心"窗口；选择窗口左侧的"更改适配器设置"，打开"网络连接"窗口。

　　右击宽带连接图标，在弹出的快捷菜单中选择"属性"命令，打开宽带连接属性对话框。在默认打开的"网络"选项卡，选中"此连接使用下列项目"列表框中的所有复选框。

　　双击"Internet 协议版本 4（TCP/IPv4）"项，打开"Internet 协议版本 4（TCP/IPv4）属性"对话框，如图 6.3.2 所示。选中"使用下面的 IP 地址"单选按钮，并在"IP 地址"文本框中输入地址，如 192.168.0.1，单击"子网掩码"文本框，该文本框中会自动出现"255.255.255.0"。

图 6.3.2　IP 地址和子网掩码的设置

　　关于 IP 地址中的默认网关和 DNS 服务器地址可以向网络管理人员咨询。如果是若干台计算机互相通信，则无须设置默认网关和 DNS 服务器地址。单击"确定"按钮，关闭该对话框。

　　② 设置计算机标识。计算机标识用于 Windows 在网络上识别计算机身份的信息，包括计算机名、所属工作组和计算机说明。在桌面上右击"此电脑"图标，在弹出的快捷菜单中选择"属性"命令，打开"系统"窗口，如图 6.3.3 所示。单击"计算机名"右侧的"更改设置"按钮，打开"系统属性"对话框，在"计算机描述"文本框中输入的内容可供网络上的其他用户来识别这台计算机，可以不填。

图 6.3.3 "系统"窗口

单击"更改"按钮，打开"计算机名/域更改"对话框，在"计算机名"文本框中输入该计算机的名称，并在"工作组"文本框中输入该计算机所属工作组的名称，如图 6.3.4 所示。

依次单击"确定"按钮，最后弹出"系统设置改变"对话框，单击"是"按钮，重启计算机即可。

③ 网络测试。完成各种配置之后，可以对网络进行测试，以检测网络是否连通。右击"开始"按钮，在弹出的菜单中选择"运行"命令，弹出如图 6.3.5 所示"运行"对话框。

在"打开"文本框中输入"cmd"，弹出如图 6.3.6 所示的测试窗口。

在命令提示符">"后输入 Ping 命令测试两台计算机的连通性。例如，"ping 192.168.1.109 -t"，然后按 Enter 键即可。如果网络连通，则会出现如图 6.3.7 所示的反馈信息。

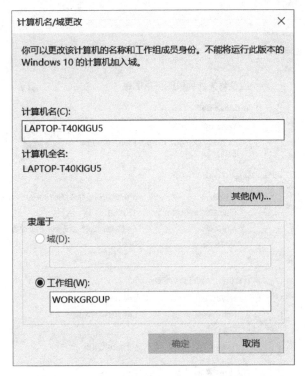

图 6.3.4 "计算机名/域更改"对话框

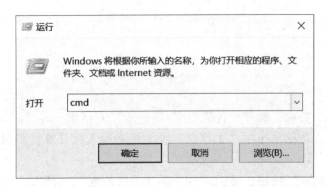

图 6.3.5 "运行"对话框

图 6.3.6 测试窗口

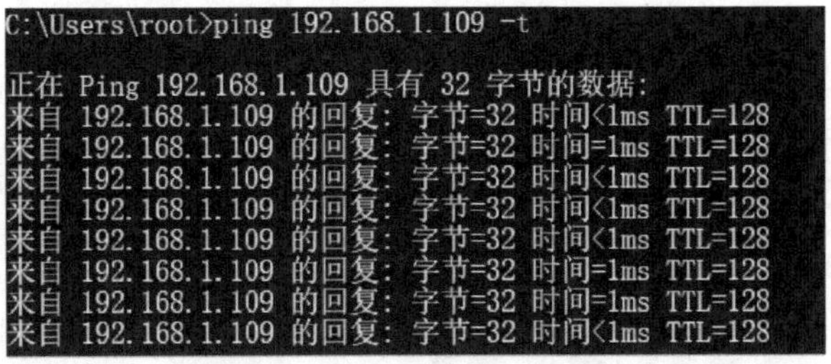

```
C:\Users\root>ping 192.168.1.109 -t

正在 Ping 192.168.1.109 具有 32 字节的数据:
来自 192.168.1.109 的回复: 字节=32 时间<1ms TTL=128
来自 192.168.1.109 的回复: 字节=32 时间<1ms TTL=128
来自 192.168.1.109 的回复: 字节=32 时间<1ms TTL=128
来自 192.168.1.109 的回复: 字节=32 时间<1ms TTL=128
来自 192.168.1.109 的回复: 字节=32 时间<1ms TTL=128
来自 192.168.1.109 的回复: 字节=32 时间=1ms TTL=128
来自 192.168.1.109 的回复: 字节=32 时间<1ms TTL=128
来自 192.168.1.109 的回复: 字节=32 时间<1ms TTL=128
```

图 6.3.7　网络连通反馈信息

6.4　小型无线局域网的组建

要组建无线局域网，首先要根据实际需求确定合适的组网方案，然后安装和设置无线网卡，最后对网络进行设置以使其正常工作。

5.3 节介绍过，目前的无线局域网都是基于 IEEE 802.11 系列标准进行架构的，它有两种拓扑结构，一种是用于无线设备相互直连的 ad-hoc 模式（即点对点模式），对应于独立基本服务集（independent basic service set，IBSS）拓扑结构，另一种是通过无线接入点连接有线网络的 infrastructure 模式（基础设施模式），对应于扩展服务集（ESS）拓扑结构。如果无线网络中的计算机需要使用有线网络中的资源，则需要将无线网络设置为 infrastructure 模式，infrastructure 模式的核心设备为无线接入点，一般为无线路由器。无线路由器将数据传送到配备有无线网卡的计算机上，这些配备有无线网卡且与路由器相连的计算机可以在路由器工作半径内漫游，可以安装多台路由器以扩大计算机漫游的范围。若只需要与无线网络中的其他计算机共享资源，则可以用 ad-hoc 模式，ad-hoc 模式使配备有无线网卡的计算机彼此之间能够直接进行通信，而无须使用无线路由器或其他接入设备。

6.4.1　安装无线网卡和设置相关参数

1. 安装无线网卡

组建无线局域网的第一步是安装无线网卡，并设置网络相关参数，目前常见的无线网卡主要有 PCMCIA、PCI 和 USB 三种类型。

（1）安装 PCMCIA 无线网卡

PCMCIA 无线网卡主要用于笔记本电脑，其安装方法比较简单。首先，在笔记本电脑的侧面找到 PCMCIA 插槽，将 PCMCIA 无线网卡平行于桌面插入 PCMCIA 卡槽。需要注意的是，在插入 PCMCIA 无线网卡时一定要水平插入，以免损坏网卡。

（2）安装 PCI 无线网卡

常见的 PCI 无线网卡是一块 PCMCIA 无线网卡配上一块 PCI 转接卡，PCI 无线网卡主要用于台式计算机。为了避免损坏网卡，在安装之前要先将其中的 PCMCIA 无线网卡取下来。

PCI 无线网卡的安装方法如下。

① 打开计算机的机箱，找到一个空闲的 PCI 插槽，取掉其对应的机箱挡板。

② 将 PCI 转接卡垂直插入 PCI 插槽。

③ 用螺丝将 PCI 转接卡在机箱上固定好。

④ 将 PCMCIA 无线网卡插到固定好的 PCI 转接卡上。

⑤ 装好机箱盖板，机箱外露出安装好的 PCI 无线网卡的收发端。

（3）安装 USB 无线网卡

USB 无线网卡可以用于笔记本电脑或台式计算机。只需要将 USB 无线网卡插入计算机的 USB 接口中即可。

2. 设置相关参数

就 Windows 操作系统而言，Windows XP 及以上版本都提供了对 IEEE 802.11 标准的支持，因此安装好 PCMCIA、PCI 或 USB 无线网卡后，系统会发现新硬件并自动安装相应的驱动程序。

在安装驱动程序的过程中，涉及 4 个重要参数，即 SSID、Network Mode、WEP 和 Channel，下面分别介绍这几个参数的含义。

（1）SSID（service set identifier）

SSID 即服务集标识符，用于标识无线网络，它相当于以太网中的工作组，其名称可以任意设定。如果用户希望用多台计算机组成一个无线局域网，那么这些计算机的 SSID 必须相同。

（2）Network Mode

Network Mode 即网络类型。其中，Peer to Peer 表示点对点（ad-hoc）无线模式，Infrastructure 表示 infrastructure 模式，默认为 infrastructure 模式。

（3）WEP

WEP（wired equivalent privacy）即有线等效安全协议，用于设置数据加密方式。无线传输的数据容易被截获，因此对数据进行加密可以保证数据的安全，但加密后数据传输速率将会下降。

（4）Channel

Channel 即频段。IEEE 802.11 协议虽然固定在 2.4 GHz 或 5.8 GHz 频段上，但仍允许有细微的差别。在组建无线局域网时需要设定一个频段，通常将同一个无线局域网中的网络设备设定在同一个频段上。

6.4.2　组建 ad-hoc 模式无线局域网

这种模式的无线局域网无中心接入点，两台或者多台计算机利用无线网卡直接连接成无线网络，实现资源共享。由于没有使用无线接入点，信号的强弱会影响数据传输速率，因此在组建 ad-hoc 模式无线局域网时应调整好各台计算机的摆放位置和相互之间的距离。在为需要连入网络的计算机安装好无线网卡后，即可设置相关参数。

Windows10 默认接入的是 infrastructure 模式无线网络，无法直接设置 ad hoc 模式，但是可以利用 Windows 10 的因特网连接共享功能，使用虚拟 WiFi 路由器来组建点对点网络。而 Windows 7 则允许计算机组建 ad-hoc 模式无线网络，下面以 Windows 7 操作系统为例介绍具体的设置方法。

① 右击任务栏上的网络图标，在弹出的快捷菜单中选择"打开网络和共享中心"命令，如图 6.4.1 所示。

图 6.4.1　打开网络和共享中心

② 在打开的"网络和共享中心"窗口中单击"设置新的连接或网络"按钮，打开"设置连接或网络"对话框，如图 6.4.2 所示。选择"设置无线临时（计算机到计算机）网络"命令，单击"下一步"按钮。

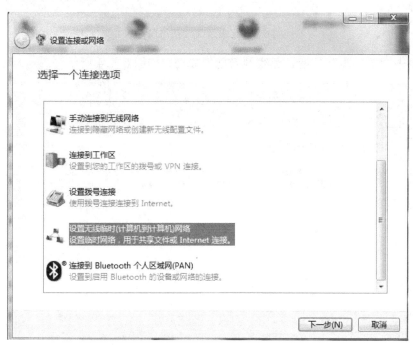

图 6.4.2　"设置连接或网络"对话框

③ 在打开的"手动连接到无线网络"对话框中设置无线网络的安全参数，如网络名、安全类型、安全密钥等，如图 6.4.3 所示。从兼容性方面考虑，安全类型推荐选择 WEP 协议，而且如果希望在重启计算机之后还允许连接共享，则要选中"保存这个

网络"复选框；否则在重启计算机之后，临时无线网络会自动消失。

图 6.4.3　设置无线网络属性

④ 单击"下一步"按钮，无线网络创建成功，如图 6.4.4 所示。

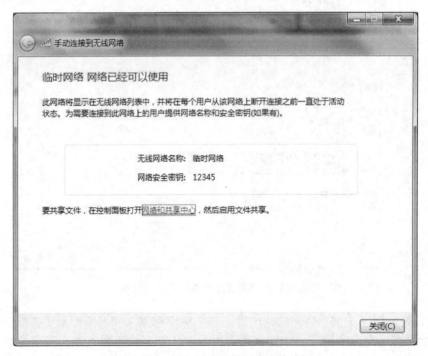

图 6.4.4　无线网络创建成功

⑤ 单击"关闭"按钮，关闭对话框后。单击任务栏上的网络图标，在打开的无线网络列表中查看网络连接状态，此时可以发现无线网络列表中多了刚设置的临时网络，而且状态为"等待用户"，如图 6.4.5 所示。此时无线网络已设置成功，等待其他计算机加入。

⑥ 在其他计算机中搜索到该无线网并通过该无线网联入网络后，本机无线网络列表中"临时网络"的状态将从"等待用户"变为"已连接"，如图 6.4.6 所示，同时这些计算机无线网络列表中的"临时网络"状态也将显示为"已连接"。需要注意的是，若计算机连接成功却无法上网，则需要检查这台计算机（本机）是否已设置为打开因特网共享连接；如果没有，则需要将其设置为打开。

图 6.4.5　无线网络等待连接状态

图 6.4.6　无线网络已连接状态

6.4.3　组建 infrastructure 模式无线局域网

这种模式是无线局域网组建的基础模式。基本服务集（basic service set，BSS）是无线局域网的基本构件，它由固定的移动站点以及可选的中央基站构成，中央基站成为无线接入点；扩展服务集（ESS）由两个或更多个具有无线接入点的基本服务集构成，其拓扑结构如图 6.4.7 所示。移动站点通过无线网卡或者内置的无线模块与无线接入点取得联系，多个移动站点可以通过一个无线接入点来构建无线局域网，实现多个移动站点的互联。无线接入点的通信距离一般为 100~300 m；一个无线接入点理论上可以容纳 72 个移动站点，在实际应用中考虑到更高的连接需求，建议一个无线接入点容纳的移动站点数不超过 10 个。当基本扩展集互相连接起来后，彼此之间能够直接联系的移动站点不经过无线接入点就可以互相通信，但是两个不同类型基本扩展集中的移动站点之间的通信，通常要经过无线接入点。当两个无线接入点通过一台交换机实现了有线网络和无线网络的连接时，两个分别属于不同基本服务集的移动站点之间就可以互相通信了，就好像连接在同一个无线接入点上一样，如图 6.4.8 所示。

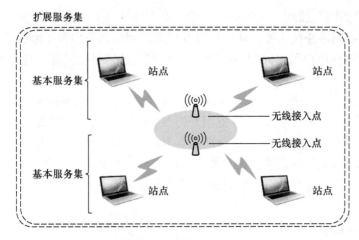

图 6.4.7　infrastructure 模式的扩展服务集拓扑结构

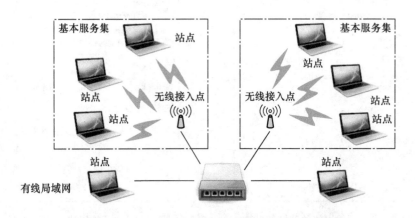

图 6.4.8　扩展服务集与有线局域网之间的连接

无线接入点一般是用于用户上网、带有无线覆盖功能的路由器，可以将它看作是一台转发器。它通过天线将网络信号转发给附近的无线设备（如笔记本电脑、智能手机、平板电脑以及所有带 WiFi 功能的设备）。它还具有一些网络管理功能，如动态主机配置协议（DHCP）服务、网络地址转换（NAT）防火墙、MAC 地址过滤、动态域名等，同时还是有线网和无线网之间的桥梁。

1. 连接硬件设备

① 在需要连入无线局域网的计算机上安装无线网卡，如 TPLINK 的 150 Mbps USB 无线网卡，安装好后 Windows10 可以自动搜索到新硬件并且提示用户安装相应的驱动程序，用户按照提示安装好驱动程序后，屏幕的右下角会出现无线网络已连接的图标，包括数据传输速率和信号强度等，如图 6.4.9 所示。Windows10 默认使用"自动获得 IP 地址"设置，这样当计算机连接到路由器时，计算机会自动获得 IP 地址。

图 6.4.9　无线网络已
连接的图标

② 将路由器（以 TPLINK 300 Mbps 无线路由器 TL-WR842N 为例）的电源连接好后，将一条以太网线缆的一端插入路由器的 LAN 端口，另一端插入用于配置路由器的计算机的以太网网卡。

2. 配置路由器的基本信息

（1）设置管理密码

在连接路由器的计算机上，打开浏览器，在浏览器地址栏中输入路由器的 IP 地址，这里为 192.168.1.1，在弹出的窗口中设置路由器的登录密码（密码长度为 6~15 位），如图 6.4.10 所示，该密码用于管理路由器，需要妥善保管。

图 6.4.10 设置密码

（2）设置上网方式

设置计算机连入无线局域网的方式。输入密码后，进入路由器设置窗口，选择窗口左侧的"设置向导"项，打开"设置向导-上网方式"对话框，如图 6.4.11 所示，选择上网方式。

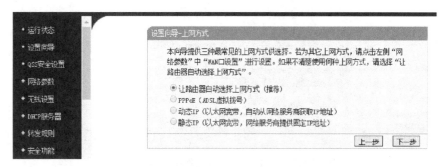

图 6.4.11 "设置向导-上网方式"对话框

上网方式一：PPPoE（ADSL 虚拟拨号）。该方式适合于通过 ADSL 拨号上网的用户，此时需要在图 6.4.12 所示的对话框中设置上网账号和密码。

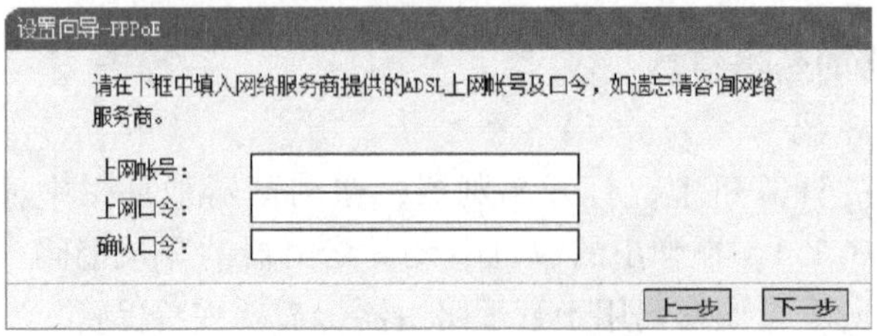

图 6.4.12　设置 ADSL 拨号上网的账号与密码

上网方式二：静态 IP（以太网宽带，网络服务商提供固定 IP 地址）。该方式适合于在网络服务提供商提供了固定 IP 地址，一般是接入有线以太网的情况下使用，此时需要在图 6.4.13 所示的"设置向导–静态 IP"对话框中设置对应的 IP 地址信息。

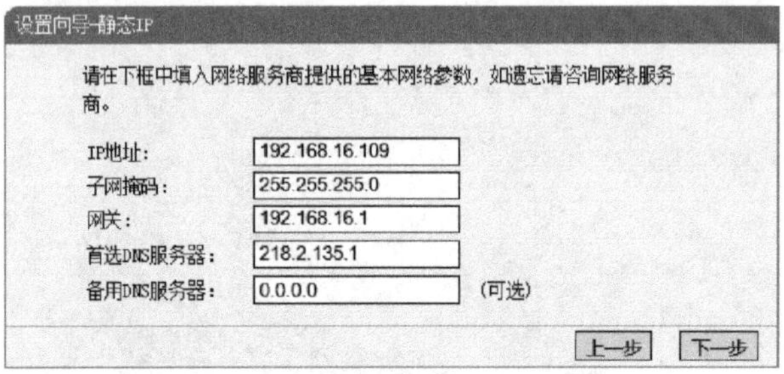

图 6.4.13　设置固定 IP 地址信息

上网方式三：动态 IP（以太网宽带，自动从网络服务商获取 IP 地址）。该方式适用于通过电缆调制解调器（cable modem）接入因特网的用户，此时无须做任何设置。

（3）设置无线网络参数

选择好上网方式后进入图 6.4.14 所示的"设置向导–无线设置"对话框。

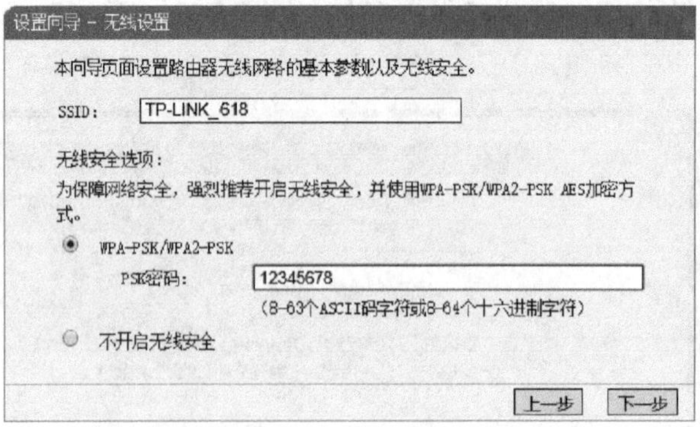

图 6.4.14　设置无线网络参数

① SSID。前面介绍过，SSID 是用于识别无线设备的服务集标识符，其名称可以任意定义，一般定义为容易记忆的数字或字母，或者两者的组合。路由器用这个参数来标识自己，以便无线网卡能够识别要连接的路由器。这个参数是由路由器决定的而不是由无线网卡决定的，如一个无线网卡周围有 A 和 B 两台路由器，它们分别用 SSID A 和 SSID B 来标识自己，这时无线网卡就是通过 SSID 来识别要连接哪台路由器的。

② 安全方式。该参数可以为无线网络添加密钥，以防止未经授权的计算机通过无线网络与该网络的路由器相连。无线网络的安全方式一般选择 WPA 方式，这样可以使无线局域网用户的数据受到保护，而且只有授权的网络用户才能访问无线局域网。

③ 密码方式。在 WPA 方式下，需要在相应的密码文本框中输入 8~63 个 ASCII 码字符。

设置完毕并保存后就会弹出如图 6.4.15 所示的该无线网络的运行状态界面。

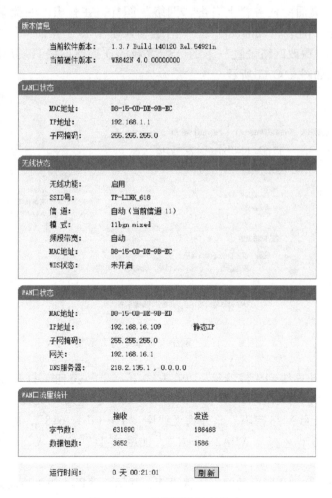

图 6.4.15　无线网络运行状态

3. 连接路由器与因特网访问设备

设置好无线网络参数后，需要拔下插在计算机端的以太网线缆，而将其插到 ADSL 调制解调器/电缆调制解调器的广域网端口上，或者将其插到室内墙壁上的以太网端口中。连接好线路后，路由器的广域网端口会保持常亮状态或闪烁状态，如果相应端口的指示灯不亮，则表明线路连接有问题，需要检查以太网线缆连接得是否牢固或尝试更换一条线缆。

4. 配置无线客户端

就 Windows 10 操作系统而言，可以在要连入无线网络的计算机中单击网络图标，在弹出的菜单中查找可用的无线网络。在找到可用的无线连接（该无线连接的名称即为在设置路由器时所填写的 SSID）时，单击"连接"按钮，在打开的对话框中根据提示输入前面设置的密码，单击"连接"按钮后该计算机即可连接到无线网络中。如果找不到可用的无线连接，则可以按照以下步骤进行。

① 在计算机桌面的任务栏上右击"网络"图标，在弹出的快捷菜单中选择"属性"命令，打开"网络和 Internet"→"网络和共享中心"界面，如图 6.4.16 所示。选择该窗口右侧"更改网络设置"下的"设置新的连接或网络"，打开"设置连接或网络"对话框，如图 6.4.17 所示。

图 6.4.16　"网络和共享中心"界面

② 选择"手动连接到无线网络"，单击"下一步"按钮，打开无线网络连接设置对话框，如图 6.4.18 所示。其中"网络名"即为要连接的无线网名称，"安全密钥"即为设置的无线网络密码。此处为无线网"TP-LINK_618"，配置无线网络的名称和密钥，安全类型选择"WPA2-个人"，加密类型默认为 AES，单击"下一步"按钮。

③ 打开如图 6.4.19 所示的网络连接界面，显示无线网络添加成功。

图 6.4.17 "设置连接或网络"对话框

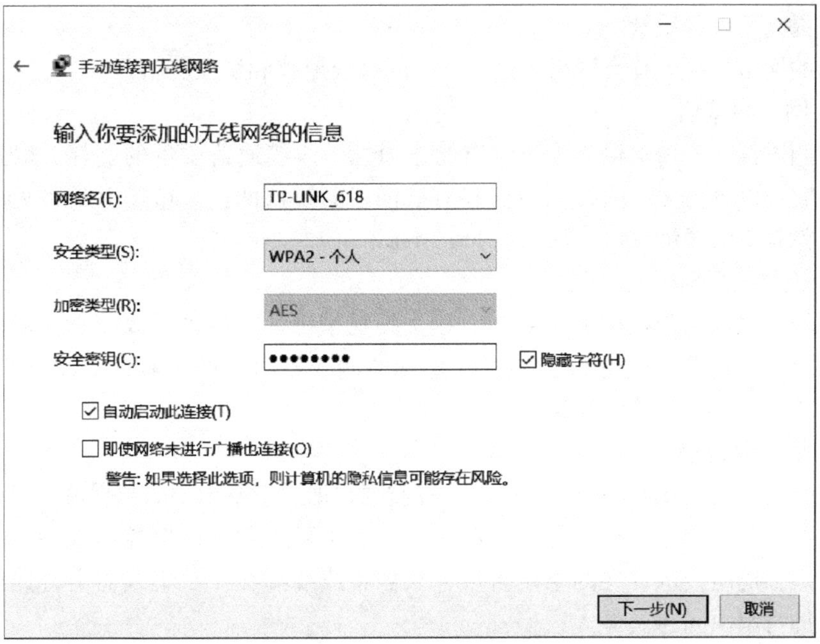

图 6.4.18 设置无线网络信息

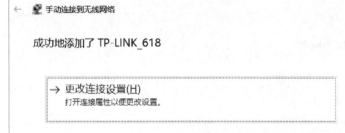

图 6.4.19 无线网络连接设置成功

6.5 局域网故障诊断及排除

6.5.1 网络故障诊断工具

在局域网故障诊断、维护和综合布线的过程中，一般会利用网络检测工具对物理层的传输介质，以及数据链路层和网络层的状况、数据流量进行智能检测，从而缩短了网络管理员排查网络故障的时间，提高了综合布线施工人员的工作效率，加快了工程进度，提高了工程质量。

常用的网络检测工具有网络测试仪、光时域反射仪和协议分析仪。

（1）网络测试仪

网络测试仪一般用来检测传输介质的连通性、线缆通信质量的好坏，以及故障的位置等，它可以分为无线网络测线仪和有线网络测线仪两类。市场上最常见的有线网络测线仪就是双绞线测试仪，如图 6.5.1 所示。

（2）光时域反射仪

光时域反射仪用于检测光纤衰减、接头损耗情况，定位光纤故障点，以及了解光纤损耗的分布情况等，是光纤施工、维护和监测必不可少的工具，如图 6.5.2 所示，其使用方法比双绞线测试仪复杂。

（3）协议分析仪

协议分析仪（protocol analyzer）是一种监视数据通信系统中的数据流、检验数据交换是否按照协议的规定进行的专用检测工具。它也可以用于通信控制软件的开发、评价和分析。在网络技术发展的早期阶段，只需将线缆插在一台集线器上，然后使用协议分析仪即可解决问题。

协议分析仪能够捕获网络报文，分析网络流量，找出网络中潜在的问题。假设网络的某一段运行得不好，报文发送得比较慢，但又难以一时找到问题所在，此时就可以用协议分析仪来对问题做出精确的判断。

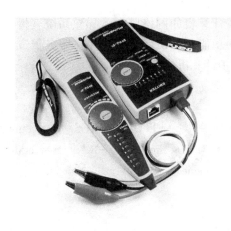

图 6.5.1　双绞线测试仪　　　　　　　图 6.5.2　光时域反射仪

协议分析仪有小型、中型和大型三种形式。小型协议分析仪一般是便携式的低档机，主要用于数据终端设备（包括主计算机）的维护和故障分析，它具有液晶显示屏和 RS-232C 端口，数据传输速率可达 19.2 Kbps，可以支持 HDLC、BSC（二进制同步通信）等协议。中型协议分析仪主要用于数据通信设备的技术开发和现场故障诊断分析，它以监视功能为主，具有单色显示器和 V.24 端口、V.28 端口，数据传输速率可达 50~100 Kbps，可支持 BSC、HDLC、SDLC（同步数据链路控制）、DDCMP（数字数据通信消息协议）、X.25、X.75 和 SNA（系统网络体结构）等协议，一般配有 13.3 cm（5.25 inch）软盘和 500 KB~2 MB 的磁带。大型协议分析仪一般是指能够提供丰富软件的高档机。它侧重于软件开发，有高速监视器，以及较强的模拟功能。其数据传输速率可达 64 Kbps 至 1.6 Mbps，具有键盘和 CRT 彩色显示器等的端口，能够提供 BASIC 语言、专用语言等，以及诸如 X.25、HDLC、SNA 等协议的软件包，一般配有硬盘。

6.5.2　网络故障诊断命令

1. Ping

（1）Ping 命令简介

Ping 即互联网分组探索器（packet internet groper），是 Windows、UNIX 和 Linux 中的一个命令。Ping 也是 TCP/IP 协议的一部分。利用 Ping 命令可以检查网络是否连通，以及分析和判定网络故障。其应用格式为

ping IP 地址

在该命令中还可以增加一些参数，输入 Ping 后按 Enter 键即可看到这些参数的详细说明。

对于网络管理员来说，Ping 命令是必须掌握的 DOS 命令，其原理是：利用网络中主机 IP 地址的唯一性，向目标 IP 地址发送一个分组，再要求对方返回一个同样大小的分组以确定两台主机是否连接相通，以及时延是多少。

由于 Ping 指的是端对端连通，因此通常也将它作为可用性检查的工具，但是一些

木马病毒会强行大量远程执行 Ping 命令抢占计算机的网络资源，导致系统变慢，网速变慢。大多数防火墙都提供严禁 Ping 入侵的功能，如果计算机不用作服务器或者不用来进行网络测试，则可以使用该功能，以保护计算机的安全。

（2）Ping 语法格式及主要参数说明

Ping 的语法格式如下：

ping［-t］［-a］［-n count］［-l size］［-f］［-i TTL］［-v TOS］［-r count］［-s count］［［-j host-list］｜［-k host-list］］［-w timeout］［-R］［-S srcaddr］［-c compartment］［-p］［-4］［-6］target_name

Ping 命令的主要参数及其说明如下。

-a：解析主机地址。

-n count：发出的测试分组的个数，默认值为 4。

-l size：发送缓冲区的大小。

-t：继续执行 Ping 命令，直到按 Ctrl+C 快捷键终止。

在命令提示符窗口中执行"ping /?"命令可以查看 Ping 的所有参数，如图 6.5.3 所示。

图 6.5.3　Ping 的所有参数

（3）Ping 命令的运行流程

网络中有一台名为 njust 的计算机，可以在任何一台计算机上运行 Ping 命令检查其 TCP/IP 协议的工作情况，下面以 Windows 10 为例进行说明。

右击"开始"菜单，在弹出的菜单中选择"运行"命令，打开"运行"对话框，在"打开"文本框中输入"cmd"，单击"确定"按钮，打开命令提示符窗口。在命令提示符窗口中输入"ping njust"，按 Enter 键。如果网络连通，则显示如图 6.5.4 所示的信息。

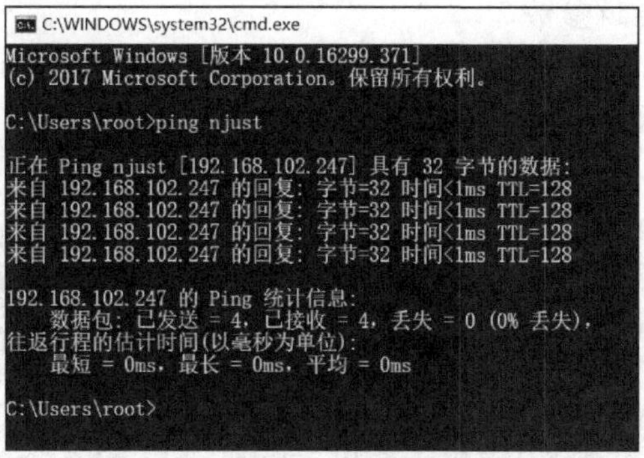

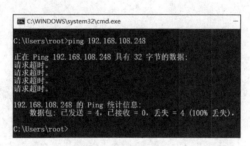

图 6.5.4　网络连通时显示的信息

其中返回的计算机 njust 的 IP 地址为 192.168.102.247，传送 4 个测试分组，对方同样收到 4 个分组。"字节＝32"表示发出的测试分组的大小是 32 字节，"时间<1 ms"表示到对方主机往返一次所用的时间小于 1 ms。如果网络未连通，则显示如图 6.5.5 所示的失败信息。

图 6.5.5　网络未连接时显示的失败信息

（4）故障分析

利用 Ping 命令查找计算机 ab，如果网络不连通则返回如下信息：

Ping request could not find host ab. Please check the name and try again.

此时需要分析网络出现故障的原因，一般可以检查以下几个方面。

① 网络中是否有这台计算机，或者被测试的计算机是否正在运行。

② 被测试的计算机是否安装了 TCP/IP 协议，IP 地址设置得是否正确。

③ 被测试的计算机的网卡是否正确安装，其是否能正常工作。

④ 被测试的计算机上的 TCP/IP 协议是否与网卡正确绑定。

⑤ 被测试的计算机的网络配置是否正确，使用"ping 本机 IP 地址"测试本机网络配置。

⑥ 连接计算机的线缆及集线器是否是连通状态并能正常工作。

2. IPconfig

IPconfig 命令用于显示本地主机当前的 TCP/IP 配置情况，刷新 DHCP 和 DNS 设置。其语法格式为

IPconfig /参数 1/参数 2

不带参数的 IPconfig 命令可以显示所有网卡的 IP 地址、子网掩码和默认网关。在命令提示符窗口中执行 IPconfig/?命令，可以查看 IPconfig 的所有参数，如图 6.5.6 所示。

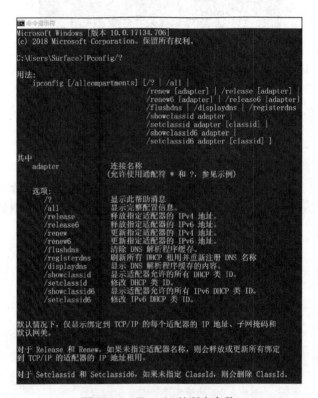

图 6.5.6   IPconfig 的所有参数

在本地主机执行 IPconfig/all 后，会得到 TCP/IP 协议的相关配置情况，如图 6.5.7 所示。根据显示的信息可知执行 IPconfig 命令的主机名为 LAPTOP-T40KIGU5，IP 地址为 172.20.10.13，子网掩码为 255.255.255.240，此外还可以知道默认网关的 IP 地址、网卡名、物理地址等信息。

用户利用 IPconfig 还可以很方便地了解当前主机 IP 地址的配置情况，尤其当网络设置的是 DHCP 协议时。因为使用"/all"参数，所以 IPconfig 可以侦测到本地主机上所有网卡的 IP 地址分配情况。

3. Netstat

网络状态查询命令 Netstat 是一个监控 TCP/IP 网络的非常有用的工具，它可以显示路由表、实际的网络连接以及每一台网络接口设备的状态信息。

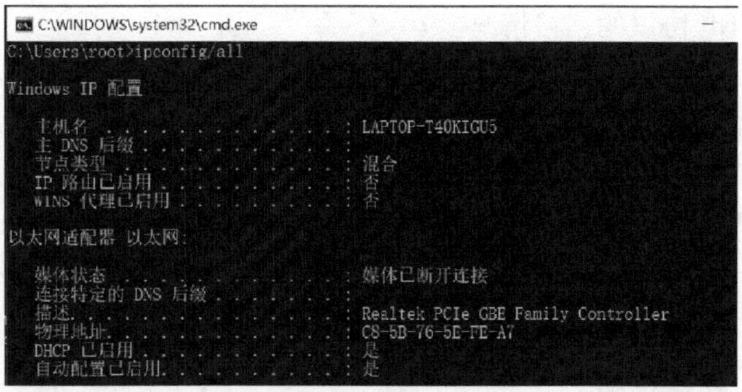

(a)

(b)

图 6.5.7　TCP/IP 协议的相关配置情况

（1）Netstat 语法格式及主要参数说明

Netstat 的语法格式如下：

　　　netstat［-a］［-e］［-n］［-o］［-p Protocol］［-r］［-s］［Interval］

其主要参数说明如下。

- a：显示所有 socket，包括正在监听的 socket。

- c：每隔 1 s 就重新显示一遍，直到用户中断该命令。

- i：显示所有网络接口设备的信息。

- n：用网络 IP 地址代替网络名称，显示网络连接情况。

- r：显示核心路由表，格式同"route -e"。

- t：显示 TCP 协议的连接情况。

- u：显示 UDP 协议的连接情况。

- v：显示正在进行的工作。

（2）Netstat 的作用

① 显示本地主机或与之相连的远程主机的连接状态，包括 TCP 协议、IP 协议、UDP 协议、ICMP 协议的使用情况，了解本地主机开放的端口情况。

② 检查网卡是否已正确安装。如果在执行 Netstat 命令后仍不能显示某些网卡的信息，则说明该网卡没有正确连接，需要进一步查找原因。

③ 使用 "-r" 参数查询与本地主机相连的路由器地址分配情况。

④ 可以检查一些常见的黑客程序。任何黑客程序都需要通过打开一个端口来达到与其服务器进行通信的目的，但其前提是用于入侵的主机要连入互联网，否则它们是不可能打开端口的，因而也无法达到入侵的目的。

4. Traceroute/Tracert

TCP/IP 协议中的路由分析跟踪诊断命令 Traceroute/Tracert，也是一个非常有用的工具。Tracert 是 Windows 操作系统中常用的命令行工具，Traceroute 则是 UNIX 和 Linux 操作系统中的常用命令。Traceroute/Tracert 都用于探测分组从源地址到目的地址所经过的路由器的 IP 地址，但是两者在探测时所使用的方法和数据类型不同。在默认情况下，Traceroute 是向目的 IP 地址的某个端口（大于 30000）发送用户数据报，Tracert 则是向目的 IP 地址发出 ICMP 请求回显分组。

（1）Tracert 语法格式及主要参数说明

Tracert 的语法格式如下：

tracert［-d］［-h maximum_hops］［-j host-list］［-w timeout］［-R］［-S srcad-dr］［-4］［-6］target_name

其主要参数说明如下。

- d：指定不将地址解析为主机名。

- h maximum_hops：指定搜索目标的最大跃点数。

- j host-list：与主机列表一起的松散源路由（仅适用于 IPv4 协议）。

-w timeout：表示等待每个回复的超时时间（以 ms 为单位）。

-R：跟踪往返行程路径（仅适用于 IPv6 协议）。

-S srcaddr：要使用的源 IP 地址（仅适用于 IPv6 协议）。

-4：强制使用 IPv4 协议。

-6：强制使用 IPv6 协议。

target_name：表示目的主机的名称或 IP 地址。

例如，在 Windows 10 的命令提示符窗口中输入 "tracert sohu.com"，则有如图 6.5.8 所示的执行结果。

图 6.5.8 中的相关信息说明如下。

① Tracert 命令确定了本地主机所发送的分组访问目的计算机所采用的路径，显示了从本地主机到目的主机所经过的一系列网络节点（有能力路由的网络设备，又称为

跃点）的往返时间，最多支持显示 30 个网络节点。

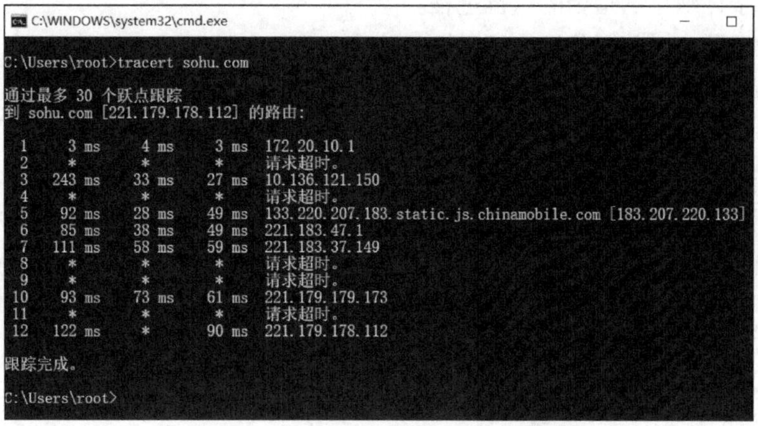

图 6.5.8　"tracert sohu.com" 的执行结果

② 结果最左侧第 1 列的序号，表明本地主机所使用的网络路径，经过 11（不算本地主机）次路由。

③ 结果左侧第 2 列、第 3 列和第 4 列，单位是 ms，表示本地主机连接到每个网络节点的时间、返回时间和多次连接反馈时间的平均值，默认值为 3 000 ms。

④ 结果第 1 行表示是第一次路由，一般是网关地址，这里是 172.20.10.1；后面每一行都代表一次路由所对应的 IP 地址。

⑤ 如果测试时返回的是大量的 * 和请求超时信息，则说明该 IP 地址对于各个网络节点而言都存在问题。

⑥ 一般对可以在 10 个网络节点以内完成跟踪的网站，访问速度较快；对需要 10 到 15 个网络节点才完成跟踪的网站，访问速度则较慢；对于经过超过 30 个网络节点都没有完成跟踪的网站，则可以认为该网站是无法访问的。

由于 Tracert 是用于跟踪分组到达目的主机的路径的命令，因此如果使用 Ping 命令发现网络不连通，则可以用 Tracert 跟踪分组在经过哪一个网络节点时出现了故障。例如，tracert www.google.com 的执行结果如图 6.5.9 所示。

（2）Traceroute 语法格式及主要参数说明

Traceroute 的语法格式如下：

　　traceroute［-dFlnrvx］［-f <存活数值>］［-g <网关>…］［-i <网络界面>］［-m
　　<存活数值>］［-p <通信端口>］［-s <来源地址>］［-t <服务类型>］［-w <超时
　　秒数>］［主机名称或 IP 地址］［分组大小］

其主要参数说明如下。

-d：使用 Socket 层级的排错功能。

-F：用于设置勿离断位。

-I：使用 ICMP 报文取代用户数据报信息。

-n：直接使用 IP 地址而非主机名称。

-r：忽略普通的路由表，直接将分组发送到远程主机上。

-v：用于详细显示指令的执行过程。

-x：用于开启或关闭分组的正确性检验。

-f：用于设置第一个检测分组的存活时间（TTL）的大小。

-g：用于设置来源路由网关，最多可设置8个。

-i：使用指定的网络界面送出分组。

-m：用于设置检测分组最大存活时间（TTL）的大小。

-p：用于设置UDP协议的通信端口。

-s：用于设置本地主机发送出的分组的IP地址。

-t：用于设置检测分组首部的服务类型（TOS）字段的值。

-w：用于设置等待远程主机回显的时间。

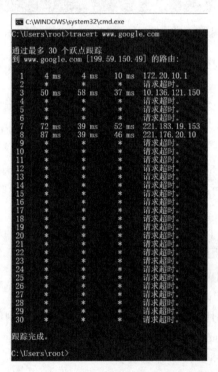

图6.5.9　tracert www.google.com 的执行结果

5. ARP

ARP协议即地址解析协议（address resolution protocol），用于确定对应IP地址的网卡MAC地址。ARP命令用于操作主机的ARP缓存表，使用该命令可以显示ARP缓存表中的所有条目，删除指定的条目或者添加静态的IP地址与MAC地址的对应关系。ARP缓存中包含一个或多个ARP缓存表，ARP缓存表用于存储IP地址及其所对应的经过解析的网卡MAC地址。

ARP的语法格式如下。

ARP［-a［InetAddr］［-N IfaceAddr］］［-g［InetAddr］［-N IfaceAddr］］［-d In-
etAddr［IfaceAddr］］［-s InetAddr EtherAddr［IfaceAddr］］

各参数说明如下。

- a［InetAddr］［-N IfaceAddr］：用于显示所有网络接口的当前 ARP 缓存表。如果有多个网卡，要显示特定接口 IP 地址的 ARP 缓存表，则可以使用带有-a InetAddr 参数的 ARP 命令，此处的 InetAddr 代表 IP 地址。如果没有指定 IP 地址，则使用第一个适用的接口。若要显示特定接口的 ARP 缓存表，则可以使用带有-a -N IfaceAddr 参数的 ARP 命令，此处的 IfaceAddr 代表指派给该接口的 IP 地址。-N 参数用于区分字母的大小写。

需要注意的是，使用 ARP -a 命令时只能够看到同一个虚拟局域网（即其中主机的子网掩码相同，网关地址相同）中 IP 地址所对应的网卡 MAC 地址。

- d InetAddr［IfaceAddr］：用于删除指定 IP 地址的 ARP 缓存表条目，此处的 InetAddr 代表 IP 地址。对于指定的接口，要删除其 ARP 缓存表中的某个条目，需要使用 IfaceAddr 参数，此处的 IfaceAddr 代表指派给该接口的 IP 地址。如果要删除 ARP 缓存表中的所有条目，则使用星号（*）通配符代替 InetAddr。

- s InetAddr EtherAddr［IfaceAddr］：用于向 ARP 缓存表中添加可以将 IP 地址（用 InetAddr 代表）解析成 MAC 地址（用 EtherAddr 代表）的静态条目。如果要向指定接口的 ARP 缓存表中添加静态条目，则需要使用 IfaceAddr 参数，此处的 IfaceAddr 代表指派给该接口的 IP 地址。

6. Pathping

Pathping 是一个基于 TCP/IP 协议的路由跟踪命令，该命令结合了 Ping 和 Tracert 命令的功能，返回两部分内容，可以显示分组从源主机到目的主机所经过的路径、网络时延以及丢包率，使用该命令能够有效地解决网络带宽瓶颈问题。

（1）Pathping 语法格式及主要参数说明

Pathping 的语法格式如下。

pathping［-n］［-h Maximum_Hops］［-g HostList］［-p Period］［-q Num_
Queries［-w Timeout］［-i IPAddress］［-4 IPv4］［-6 IPv6］［TargetName］

主要参数说明如下。

-n：用于阻止 Pathping 将中间路由器的 IP 地址解析为它们各自的名称，这会加快 Pathping 的结果显示。

-h Maximum_Hops：用于指定搜索目标（目的）的路径中存在的跃点的最大数目。默认为 30 个跃点。

-g HostList：说明回显请求报文可以对 HostList 中指定的中间目标集使用分组首部中的"稀疏来源路由"选项。使用"稀疏来源路由"选项时，相邻的中间目标可以由一台或多台路由器分隔开。HostList 中地址或名称的最大数目为 9。HostList 是一系列由空格分隔的 IP 地址（用带点的十进制数表示）。

-q Num_Queries：用于指定发送到路径中每台路由器的回显请求报文数目。默认值为 100 个查询。

–i IPAddress：用于指定源地址。

（2）应用实例

执行"pathping –n microsoft"，其结果如图 6.5.10 所示。

```
D:\>pathping -n microsoft
Tracing route to microsoft [157.54.1.196] over a maximum of 30 hops: (默认跃点数是30)
  0   172.16.87.35
  1   172.16.87.218
  2   192.168.52.1
  3   192.168.80.1
  4   157.54.247.14
  5   157.54.1.196
Computing statistics for 125 seconds...                    显示每台独立路由器
                  Source to Here    This Node/Link        上分组丢失的情况
Hop RTT       Lost/Sent = Pct    Lost/Sent = Pct    Address
                                                     172.16.87.35    0/ 100 = 0%
  1   41ms    0/ 100 = 0%        0/ 100 = 0%        172.16.87.218   13/ 100 = 13%
  2   22ms   16/ 100 = 16%       3/ 100 = 3%        192.168.52.1    0/ 100 = 0%
  3   24ms   13/ 100 = 13%       0/ 100 = 0%        192.168.80.1    0/ 100 = 0%
  4   21ms   14/ 100 = 14%       1/ 100 = 1%        157.54.247.14   0/ 100 = 0%
  5   24ms   13/ 100 = 13%       0/ 100 = 0%        157.54.1.196
Trace complete.
```

图 6.5.10　"pathping –n microsoft"的执行结果

7. Nslookup

Nslookup 命令用于查询 DNS 的记录，查看域名解析是否正常。Nslookup 的用法比较简单。

（1）用于直接查询 DNS 记录的 Nslookup 语法格式

nslookup domain［dns-server］

如果没有指定 dns-server，则用本地主机默认的 DNS 服务器。该命令用于查询指定的域名是否已生效，也就是域名解析得是否成功。

例如，利用"nslookup baidu.com"查询百度域名所对应的 IP 地址，其结果如图 6.5.11 所示。

```
C:\Users\root>nslookup baidu.com
服务器：  UnKnown
Address:  172.20.10.1

非权威应答：
名称：    baidu.com
Addresses: 220.181.57.216
           123.125.115.110

C:\Users\root>
```

图 6.5.11　查看百度域名解析是否成功

（2）用于查询其他记录的 Nslookup 语法格式

nslookup –qt＝type domain［dns-server］

其中，type 主要有以下类型：A（地址记录（IPv4））、AAAA（地址记录（IPv6））、

MX（邮件服务器记录）、NS（名字服务器记录）、SRV TCP（服务器信息记录）、TXT（域名对应的文本信息）、X25（域名对应的 X.25 地址记录）。该命令用于指定域名类型和 DNS 服务器，以及查询 DNS 记录的相关信息。该命令的执行结果如图 6.5.12 所示。

图 6.5.12　查询指定类型、DNS 服务器的域名解析

6.5.3　网络故障诊断方法

1. 网络故障分析及处理流程

网络故障分析及处理流程如图 6.5.13 所示。

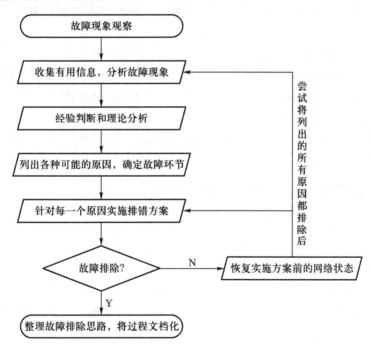

拓展阅读 6.2
局域网故障分析
与检测

图 6.5.13　网络故障分析及处理流程

2. 网络故障分析方法

常见的网络故障分析方法有七层网络结构分析模型法、网络连接结构分析方法、工具型分析方法和综合及经验型分析方法等。

（1）七层网络结构分析模型法

这种网络故障分析方法包括以下两种类型。

① 自下而上，即从物理层的链路开始一直检测到应用层。

② 自上而下，即从应用协议中捕捉分组，分析分组统计和流量统计信息，以获得有价值的资料。

（2）网络连接结构分析方法

这种网络故障分析方法涉及以下几个模块。

① 客户端模块。由于客户端具备网络的七层结构，因此也会出现从硬件到软件、从驱动程序到应用程序、从设置错误到病毒等方面的故障。因此，检测人员在对客户端进行分析与测试时，一方面要具备丰富的背景知识，另一方面还要通过询问客户端用户来分析他们所反映的问题是个性化的还是共性的，这些都有助于对客户端存在的故障做进一步的分析。

② 网络链路模块。通常需要借助网络管理员、网络测试仪，甚至协议分析仪来确定网络链路故障的性质和原因。检测人员在对网络链路故障进行分析时，同样需要有丰富的网络知识和实践经验。

③ 服务器端模块。对服务器端进行故障检测，更要求检测人员具有丰富的网络应用知识，了解服务器的硬件性能及其配置情况、系统性能及其配置情况、网络应用及其对服务器的影响等。

（3）工具型分析方法

工具型分析方法借助各种强大的测试工具和软件，能够自动分析并快速给出网络的各种参数甚至是故障的分析结果，这对解决常见的网络故障非常有效。

（4）综合及经验型分析方法

大多数检测人员运用综合的分析方法和自己的经验，再借助网络管理和测试工具对网络故障进行定位。

6.5.4   常见的网络故障实例及其解决方法

1. 网络故障实例 1：网络不连通

针对网络不连通的情况，可以采用以下解决方法。

（1）收集信息

收集目前运行不正常的服务或业务信息，旨在通过这些服务或业务信息去定义无法进行通信的源站点和目的站点，并利用 Ping 命令对不能通信的站点进行测试。

（2）根据收集的信息确定故障类型

常见的网络故障有以下几种类型。

① 交换机或集线器故障。如果整个网络都不连通，而且交换机或集线器没有正常工作，则可能是交换机或集线器出现了故障。

② 连接故障。如果只有一台计算机无法连通网络，即打开这台计算机的"网络和共享中心"下的"查看网络计算机和设备"，只能看到本地计算机及其所连接的无线网

微视频 6.5
硬件故障分析与
处理实例

络设备，而看不到其他计算机，则可能是网卡和交换机之间的连接存在问题，此时要首先检测 RJ-45 水晶头是否接触不良，然后再用测线仪测试线路是否断开，最后检查交换机上的端口是否正常工作。

③ 网络设置。如果看不到本地计算机，或者使用 Ping 命令无法连通本地计算机，则说明本地计算机的网络设置有问题。这时应首先检查网卡，具体方法是选择"控制面板"→"设备管理器"→"网络适配器"项，在打开的窗口中检查有无中断号及 I/O 地址冲突。如果网卡没有冲突，则检查其驱动程序是否运行正常，若运行不正常则重新安装网卡的驱动程序。

④ 网络协议设置问题。如果能看到网络中的其他计算机，但不能访问这些计算机，那么可能是本地计算机的网络协议设置有问题。这时可将先前的网络协议删除再重新安装并设置网络协议。

（3）故障修复

针对网络故障找到相应的站点，修复发现的故障。如果发现是无法进行端到端通信，则应该首先对网络层进行排查，看看路由是否连通。如果路由连通，接下来排查数据链路层。如果是数据链路层的故障，则看是否是由广播风暴、拒绝服务攻击或带宽利用问题引起的。如果是由这些问题引起的，则采用相应的措施解决它们；否则，再对物理层进行排查。对物理层进行排查时可以对线缆进行测试，或者在更换线缆或连接器后看网络通信是否得以恢复。

（4）验证

采取上述故障修复措施后，要验证前面因为故障而无法使用的源站点和目的站点的服务或业务是否已可以正常使用，如果可以正常使用则意味着网络故障修复完成。

2. 网络故障实例 2：网络中的一台计算机无法访问因特网

针对网络中的一台计算机无法访问因特网的情况，可以采取以下解决方法。

① 使用 IPconfig 命令查看该计算机的 IP 地址配置得是否正确，若不正确则重新为其配置 IP 地址。

② 使用"ping 本机 IP 地址"命令查看返回的信息是否正常；若不正常，则对网卡和 TCP/IP 协议的设置进行排查。

③ 使用"ping 网关地址"命令查看返回的信息是否正常；若不正常，则对网卡和网线进行排查。

④ 使用"ping 外网 IP 地址"命令查看返回的信息是否正常；若不正常，则对网关的设置进行检查。

⑤ 使用 Nslookup 命令检查 DNS 服务器是否正常工作；若不正常，则对其 DNS 设置检查。

⑥ 检查其防火墙策略是否有限制。

3. 网络故障实例 3：网速时慢时快

在这种情况下，网络是连通的，但网速很慢；或者是当网络中计算机的数目较少时网速快，而当其中的计算机数目增多时网速变慢。

微视频 6.6
软件故障分析与
处理实例

（1）网线问题

双绞线是由 4 对铜导线紧密扭绕在一起而形成的，EIA/TIA-568A 和 EIA/TIA-568B 标准仅使用了双绞线中的 1、2 和 3、6 四条信号线。其中，1、2 信号线用于发送数据，3、6 信号线用于接收数据，1、2 信号线必须来自一个绕对，3、6 信号线也必须来自一个绕对；只有这样才能最大限度地避免串扰，保证数据正常传输。如果不按标准（EIA/TIA-586A 和 EIA/TIA-586B 标准）制作网线，就有可能开始使用时网速正常，但过了一段时间后网线性能下降，网速变慢。

（2）回路问题

当网络规模较小、涉及的计算机数目不是很多、结构不是很复杂时，回路现象很少发生。但规模比较大、结构比较复杂的网络由于通常有多余的备用线路，因此会构成回路，会不断地发送分组，从而影响整体网速。为了避免这种情况发生，在敷设网线时一定要养成良好的习惯，在网线上打上明显的标签，对有备用线路的地方要做好记录。

（3）广播风暴

广播方式是发现未知设备的主要手段，但是随着网络中计算机数目的增多，广播分组的数目会急剧增加。若广播分组的数目增加 30%，网速就会明显下降。此外，若网卡或网络设备损坏，广播分组会被不停地发送，从而导致广播风暴，使网络通信陷于瘫痪。可见，网络设备发生故障也会使得网速变慢。在怀疑有此类故障时，可以首先采用置换法替换集线器或交换机来排除集线器或交换机故障；然后关闭集线器或交换机的电源，用 Ping 命令逐一对所涉及的计算机进行测试，从而找到网卡出现故障的计算机，更换新的网卡后即可使网速恢复正常。

6.6　实验

6.6.1　网络通信协议安装

计算机系统中通常默认安装 TCP/IP 协议，但为了实现某些功能，还要学会安装除 TCP/IP 协议以外的其他协议。下面以 Windows 10 为例进行相关的实验操作。

1. 网络通信协议说明

（1）IPX/SPX 及其兼容协议

IPX/SPX 协议即网际分组交换/顺序分组交换协议，是由 Novell 公司开发的，通过该协议可以与 NetWare 服务器连接。

需要说明的是，Windows 10 中默认是没有安装 IPX/SPX 的，因此必须要单独安装它们。

（2）NetBEUI 协议

NetBEUI 协议即 NetBIOS 扩展用户接口协议，其中 NetBIOS 是指网络基本输入输出系统。NetBEUI 协议是由 IBM 公司的产品改造而来的。

需要说明的是，Windows 10 中默认安装有 NetBEUI 协议，但必须进行一定的设置来启动它。

2. 网络通信协议安装

① 在 Windows 10 中，选择"控制面板"→"网络和 Internet"→"网络和共享中心"，在该界面中单击"更改适配器设置"，进入"网络连接"界面。

② 单击"以太网"，打开"以太网 属性"对话框，如图 6.6.1 所示，其中选中的复选项为本地计算机所安装的协议和服务。

图 6.6.1　"以太网 属性"对话框

③ 选择"Internet 协议版本 4（TCP/IP4）"，单击"属性"按钮，打开"Internet 协议版本 4（TCP/IP4）属性"对话框，如图 6.6.2 所示。

④ 单击"高级"按钮，在打开的"高级 TCP/IP 设置"对话框中选择"WINS"选项卡，如图 6.6.3 所示，选中"启用 TCP/IP 上的 NetBIOS(N)"，单击"确定"按钮。重新启动计算机后，就可以使用 NetBIOS 协议了。

⑤ 在图 6.6.1 所示的"以太网属性"对话框中，单击"安装"按钮，打开"选择网络功能类型"对话框，如图 6.6.4 所示。

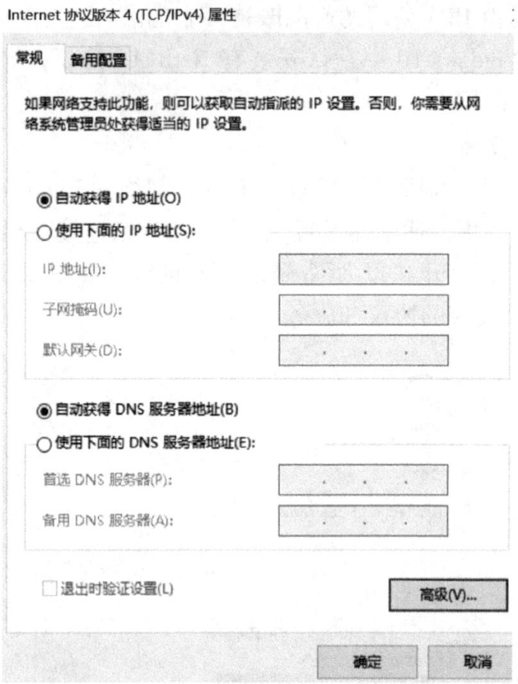

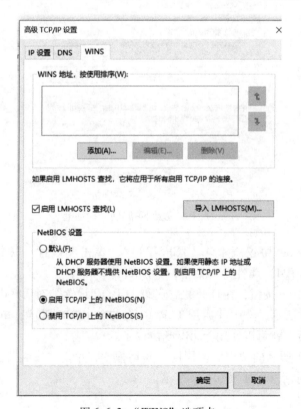

图 6.6.2 "Internet 协议版本 4（TCP/IP4） 属性"对话框

图 6.6.3 "WINS" 选项卡

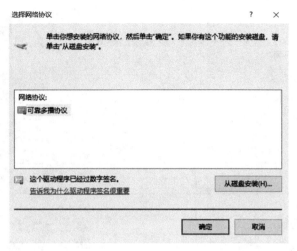

图 6.6.4　"选择网络功能类型"对话框

⑥ 选择"协议"，单击"添加"按钮，打开如图 6.6.5 所示的"选择网络协议"对话框，单击"从磁盘安装"按钮，打开如图 6.6.6 所示的"从磁盘安装"对话框，选择相应的 IPX/SPX 协议安装包进行安装。需要注意的是，如果本地计算机上没有 IPX/SPX 协议安装包，则需要下载 IPX/SPX 协议安装包。

图 6.6.5　"选择网络协议"对话框

3. 网络通信协议的删除

删除网络通信协议相对容易，在图 6.6.1 所示的"以太网 属性"对话框中选择要删除的网络通信协议，单击"卸载"按钮，系统就会自动地将该协议删除。

4. 网络通信协议的用途

各种网络通信协议都有各自的用途。如果装有 Windows 操作系统的工作站要与 UNIX 服务器连接或访问因特网，必须安装 TCP/IP 协议。如果装有 Windows 操作系统

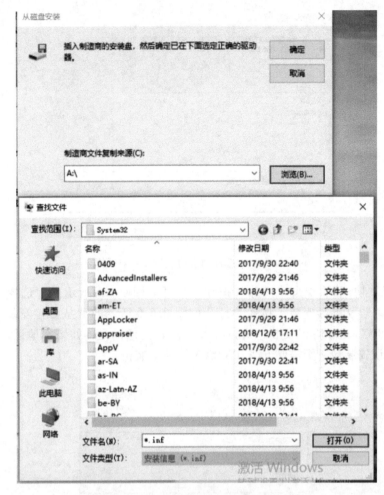

图 6.6.6　"从磁盘安装"及相关对话框

的工作站要作为客户访问 NetWare 服务器，则需要安装 IPX/SPX 及其兼容协议。而那些只安装有 TCP/IP 协议的 Windows 工作站则不能加入 Windows NT 域，虽然它们可以利用代理服务器而通过 NT 服务器访问因特网，但是其用户则不能登录到 Windows NT 域中；要登录到 Windows NT 域中，NetBEUI 协议是必不可少的。

因此，从普通客户的兼容性来考虑，同时安装这三种网络通信协议是一个很好的选择，对于任何服务器都可以顺利连接。也就是说，可以满足多种网络连接的需要，但这样做会使网速降低。

微视频 6.7
局域网资源共享
实验

6.6.2　网络资源共享实验

本实验的实验场景如下：在同一网络教室上课的学生，各自操作一台安装有 Windows 10 操作系统的计算机，这些计算机连入了同一个局域网（对等网），但没有连入因特网。也就是说，学生无法通过自己的计算机登录 QQ、微信等软件共享文档或图片。

实验任务是基于 Windows 10 操作系统将一份文档、一张图片或者一段视频发送给在同一网络教室上课的同学。具体步骤如下。

1. 共享文件夹

所谓共享文件夹，就是指某台计算机用来与其他计算机分享的文件夹。共享文件夹常用于多个用户协作处理同一文件。需要特别注意的是，文件共享可以分为文件夹级共享和文件级共享两种。Windows 的 FAT 文件格式仅能做到文件夹级共享，而做不到文件级共享（即不能将某个文件设置为共享，仅能将文件夹设置为共享）。但 Windows NT 以上版本的 NTFS 文件格式可以做到文件级共享。

首先，打开资源管理器，在 E 盘下新建一个名为"合作"的文件夹，该文件夹即为要被共享的文件夹。然后右击该文件夹，在弹出的快捷菜单上选择"属性"命令，在打开的对话框中选择"共享"选项卡，如图 6.6.7 所示。

图 6.6.7 "共享"选项卡

在其中单击"共享"按钮，打开如图 6.6.8 所示的"网络访问"对话框，在该对话框中选择要共享的用户的用户名，这里选择"Everyone"，单击"添加"按钮，然后单击"共享"按钮完成对"合作"文件夹的共享设置，如图 6.6.9 所示。

图 6.6.8   "网络访问"对话框

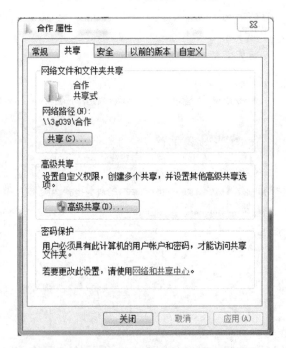

图 6.6.9   完成对"合作"文件夹的共享设置

在如图 6.6.9 所示的对话框中，单击"高级共享"按钮，打开如图 6.6.10 所示的"高级共享"对话框，在其中单击"权限"按钮，打开"合作的权限"对话框，如图 6.6.11 所示，在其中进行文件夹读取、更改和完全控制三种权限的设置。

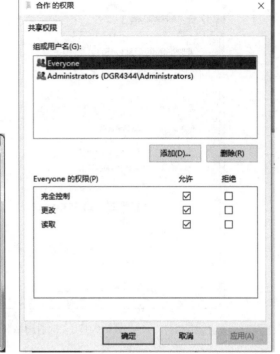

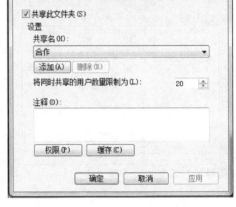

图 6.6.10 "高级共享"对话框   图 6.6.11 "合作的权限"对话框

2. 将文件夹映射为网络驱动器

如果需要经常使用网络中其他计算机上的共享文件夹，则可以将其映射为网络驱动器，以方便访问和操作。具体来说，映射网络驱动器就是将局域网中的某台计算机的某个文件夹映射成本地驱动器，即把网络中其他计算机上的共享文件夹映射为本地计算机上的一个磁盘，这样可以缩短对该文件夹的访问时间。网络驱动器和本地驱动器都显示在"此电脑"中。

首先，右击"网络"图标，在弹出的快捷菜单中选择"映射网络驱动器"命令，并在打开的对话框中选择驱动器编号，这里选择"Z:"，如图 6.6.12 所示，然后单击"完成"按钮，该文件夹即被映射为网络驱动器 Z。

3. 查看网络共享资源

网络共享资源是指一些计算机用户共同分享的网络资源，可以是各种类型的文件。查看网络共享资源的方式主要有两种，分别是利用"网络"图标和利用 IP 地址。

（1）利用"网络"图标

利用"网络"图标的方法是最常用也是最便捷的查看网络共享资源的方法，使用时直接单击桌面上的"网络"图标，打开网络窗口即可看到如图 6.6.13 所示的本地计算机所在的局域网中的所有计算机，双击要访问的计算机图标，如 3G038，就可以访问计算机 3G038 所设置的共享文件夹了，如图 6.6.14 所示。

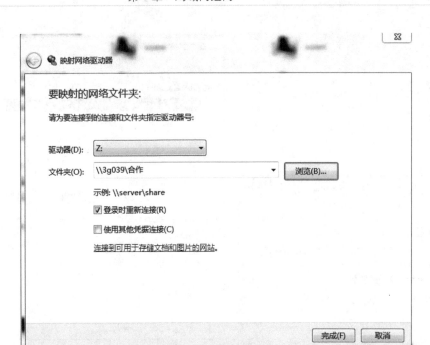

图 6.6.12　"映射网络驱动器"对话框

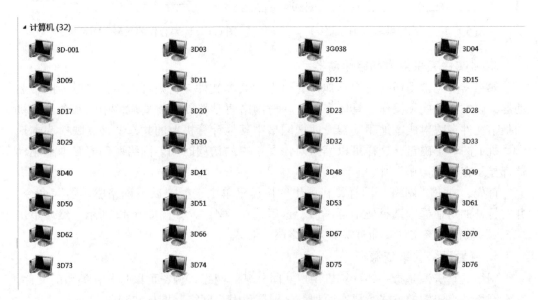

图 6.6.13　本地计算机所在的局域网中的所有计算机

（2）利用 IP 地址

如果知道要访问的计算机的 IP 地址，也可以直接在本地计算机的"运行"对话框中输入要访问的计算机的 IP 地址，如图 6.6.15 所示，这样就可以看到要访问的计算机所设置的共享文件夹了，如图 6.6.16 所示。

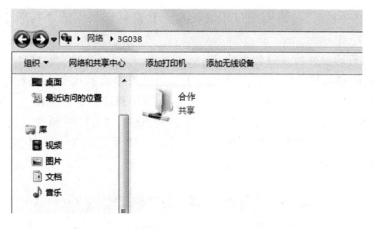

图 6.6.14　计算机 3G038 所设置的共享文件夹

图 6.6.15　在"运行"对话框中输入要访问的计算机的 IP 地址

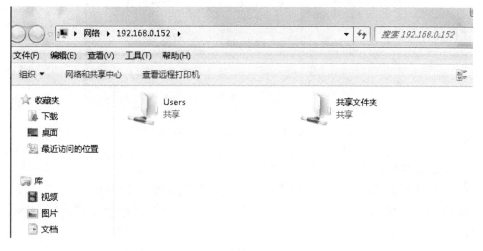

图 6.6.16　要访问的计算机所设置的共享文件夹

4. 共享打印机

在日常生活中,人们购买的打印机通常不带网络打印功能,但如果想让多个用户共同使用这台打印机，则需要把打印机设置为共享打印机。设置共享打印机有三个步骤。

（1）安装打印机并将其设置为共享

在计算机中安装打印机的驱动程序后（如果已安装有打印机驱动程序则可以忽略此步骤），选择"开始"→"设置"→"设备"→"打印机和扫描仪"，单击要共享的打印机（这里为"打印机 1"）的"管理"按钮，选择"打印机属性"，打开打印机属性对话框，在其中选择"共享"选项卡，如图 6.6.17 所示。选中"共享这台打印机"，并单击"应用"按钮，即可完成对打印机的共享设置。

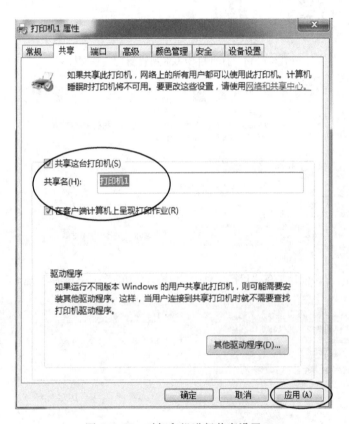

图 6.6.17　对打印机进行共享设置

（2）局域网共享设置

在"网络和共享中心"界面中，单击"更改高级共享设置"按钮，打开如图 6.6.18 所示的界面，在其中选择"启用文件和打印机共享"选项，保存所做的更改。

（3）添加打印机向导

在需要共享此打印机的计算机上添加打印机的具体方法是，选择"开始"→"设备和打印机"，在如图 6.6.19 所示的窗口中单击"添加打印机"按钮。

图 6.6.18　局域网共享设置

图 6.6.19　添加打印机

　　在打开的"添加打印机"对话框中，选择"添加网络、无线或 Bluetooth 打印机"，如图 6.6.20 所示，单击"下一步"按钮，在打开的对话框中，如果需要安装的打印机不在系统搜索到的可用打印机列表中，则选择"我需要的打印机不在列表中"，打开如图 6.6.21 所示的对话框，单击"浏览"按钮，查找目标打印机，这里选择打印机 1，单击"下一步"按钮，打开如图 6.6.22 所示的对话框，至此完成了共享打印机的添加。

　　最后，还需要测试打印机是否共享成功，即能否正常打印。具体方法是右击共享的打印机，在弹出的快捷菜单中选择"打印机属性"命令，在打开的对话框中单击

"打印测试页"按钮，此时打印机将打印出具有固定格式的信息，若能看到其固定格式的信息，则说明已成功设置打印机共享。

图 6.6.20   选择打印机类型

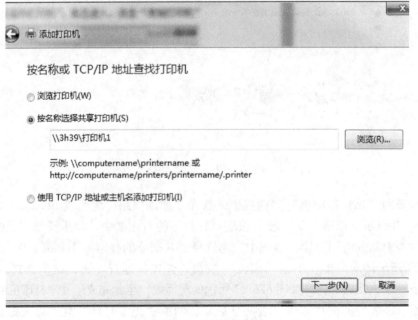

图 6.6.21   查找打印机

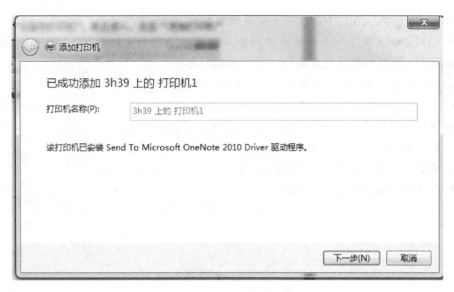

图 6.6.22 已添加打印机

知识点小结 🔍

● 网络操作系统是一种能代替通用操作系统的软件程序，是网络的心脏和灵魂，是向网络中的计算机提供服务的特殊的操作系统。

● IPv4 协议是网际协议（IP）的第 4 版，是被广泛使用的协议，它构成了当今互联网技术的基础，它可以运行在各种各样的底层网络上，如端对端的串行链路（包括 PPP 协议和 SLIP 协议）、卫星链路等。

● 当没有划分子网时，IP 地址是两级结构，划分子网后 IP 地址变成了三级结构。

● 划分子网只是对 IP 地址的主机号部分进行再划分，而不是改变 IP 地址原来的网络号。

● A 类地址的默认子网掩码是 255.0.0.0；B 类地址的默认子网掩码是 255.255.0.0；C 类地址的默认子网掩码为 255.255.255.0。

● 局域网可以实现文件管理、应用软件共享、打印机共享、电子邮件和通信服务等功能。利用局域网可以实现资源共享，提高资源的利用率。

● 常用的网络故障检测工具有网线测线仪、光时域反射仪和协议分析仪。

● 常用的网络故障检测命令有 Ping、IPconfig、Netstat、Traceroute/Tracert、ARP、Pathping 和 Nslookup 等。

● 排除网络故障的基本步骤是收集信息、确定故障类型、故障修复、验证是否恢复正常。

思考题 🔍

1. 请根据书中 B 类 IP 地址的子网划分结果，分析 C 类 IP 地址的子网划分结果。

2. IP 地址 202.201.216.62 属于哪类地址？

本章自测题

3. 子网掩码决定了一个网络的子网数目和每个子网的主机数目，应如何选择合适的子网掩码，以及确定满足需要的子网及主机数目呢？

4. 如何判断两个 IP 地址是否属于同一子网？

5. 如何检测网络是否连通？

6. 通过什么命令可以查看计算机自动获取的 IP 地址？

7. 在计算机上如何查看某个域名对应的 IP 地址是多少？

8. 根据图 6.2.6 分析主机 H_1 向主机 H_3 发送分组后查找路由表的过程。

9. 如何配置家用无线路由器？

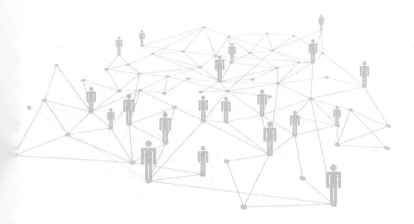

第 7 章

网络互联与因特网

◉ **内容导读**

传统网络为了解决不同自治系统或者不同内联网的互联问题，设计了因特网接入解决方案；同时对于企业员工出差在外想要访问企业内联网也提出了虚拟专用网络（VPN）等方案。本章在介绍因特网接入解决方案和虚拟专用网络的同时，也对物联网以及下一代互联网进行了介绍。本章的主要内容如下：

- 网络互联的层次与方法，以及国内主要的数据通信网络和互联网主干网。
- 因特网接入技术，以及共享因特网接入技术。
- 虚拟专用网络的作用与技术实现。
- 物联网技术的使用场景与技术实现。
- 下一代互联网，以及 IPv6 技术原理。

7.1 计算机网络互联

随着计算机技术、通信技术和网络技术的飞速发展，单一的局域网已不能满足人们的需求，人们需要将分布在不同地理位置的多个具有相同或不同类型的计算机网络互联起来，以实现更为广泛的资源共享和信息交流。

网络互连接是指物理网络之间存在一条或多条物理连接线路。需要注意的是，网络互连接包括网络互连与网络互联两种，虽然只有一字之差，但两者很大区别，前者强调网络的物理连接，而后者则主要指网络在逻辑上的连接。与网络互连接相关的还有网络互通信与网络互操作两个名词。网络互通信是指在网络互连接的基础上网络之间可以进行数据交换。网络互操作则是指网络中计算机之间具有透明访问对方资源的能力，而这种能力是建立在互连接与互通信的基础之上，通过高层软件实现的。

网络互联除了可以延长局域网网段的长度外，还可以扩大网络覆盖的范围，提高网络效率和网络性能，消除不同网络之间存在的差异，实现更大范围的资源共享与信息交流。

7.1.1　网络互联的类型

微视频 7.1
计算机网络互联

网络互联的类型很多，可以是局域网与局域网之间的互联，也可以是局域网与广域网之间的互联，还可以是广域网与广域网之间的互联。

1. 局域网与局域网互联（LAN/LAN 互联）

根据局域网所使用的通信协议，可以把局域网与局域网互联分为同构网互联与异构网互联两种形式。

同构网互联，顾名思义是指所使用的网络协议相同的局域网互联；异构网互联则是指所使用的网络协议不同的局域网互联。目前不同类型网络之间的互联大多是异构网互联。异构网互联比同构网互联更为复杂，如图 7.1.1 所示，异构网互联通常需要网桥、路由器等网络互联设备。

2. 局域网与广域网互联（LAN/WAN 互联）

局域网与广域网互联可以使不同单位或机构的局域网联入范围更大的网络体系，两者一般通过路由器进行连接，如图 7.1.2 所示。

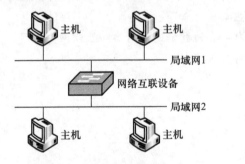
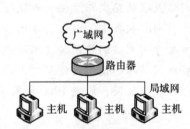

图 7.1.1　局域网与局域网互联　　　图 7.1.2　局域网与广域网互联

广域网是以信息传输为主要目的的数据通信网，一般作为网络互联的中间媒介。广域网主要由交换节点和公用数据网（PDN）组成。如果按公用数据网划分，则可以将广域网分为公用电话交换网（PSTN）、综合业务数字网（ISDN）、X.25 网、数字数据网（DDN）、帧中继（FR）网、异步传输方式（ATM）网等。其中，公用电话交换网是数字交换和电话交换两种技术的结合。

综合业务数据网是由综合数字电话网发展起来的一个网络，可以提供端到端的数字连接以支持广泛的服务，包括语音服务和非语音服务，用户通过少量、多用途的用户网络标准实现对该网络的访问。

数字数据网也就是人们常说的数据租用专线，是目前使用最广泛的数据通信服务，它由光纤、数字微波或卫星等数字传输通道和数字交叉复用设备组成，适合于有固定数据传输速率的高通信量网络环境，如数据传输，语音、图像传输，民航、火车站联网售票，银行联网，股市行情广播及交易，信息数据库查询等。

分组交换数据网是应用最早的广域网技术，典型的分组交换网有 X.25 网、帧中继网、ATM 网。帧中继网提供 64 Kbps ~ 2 Mbps 的数据传输速率，适合于多媒体传输；ATM 网是信息高速公路中的"高速公路"，它比帧中继的数据传输速率更高，短距离时数据传输速率高达 2.2 Gbps，长距离时数据传输速率可达 10 Mbps ~ 100 Mbps。

3. 广域网与广域网互联（WAN/WAN 互联）

广域网与广域网互联一般在政府的电信部门或国际组织间进行，用于将不同地区的广域网互联起来，以构成更大规模的网络。主要用路由器或网关来实现广域网之间的互联，如图 7.1.3 所示。

图 7.1.3　广域网与广域网互联

4. 局域网/广域网/局域网互联（LAN/WAN/LAN 互联）

如果两个局域网的地理位置相距很远，则可以通过广域网实现两个局域网的互联，如图 7.1.4 所示。其中帧中继网适用于远距离或突发性数据传输，特别适用于局域网之间的互联。

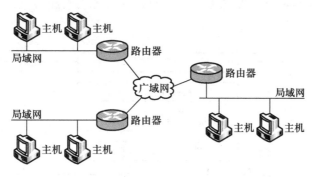

图 7.1.4　局域网/广域网/局域网互联

例如，某集团的总部与其两个分支机构分别相距 15 km 和 30 km，该集团希望利用最实惠的价格实现总部和两个分支机构之间的高速网络通信。为了实现上述目标，可以利用帧中继网。总部和两个分支机构之间通过帧中继线路建立永久虚电路（permanet virtual circuit，PVC）连接，总部使用 T1 传输线路（数据传输速率为 1.544 Mbps）连接，两个分支机构使用 64 Kbps 的数据传输速率连接，并为各分支机构连接的路由器分配数据链路连接标识（data link connection identifier，DLCI）。例如，分配给总部路由器连接的两个端口的 DLCI 分别为 100 和 400，代表永久虚电路连接的本地管理接口（local management interface，LMI）地址。可以通过 LMI 测试永久虚电路的连接状态。例如，在总部查看帧中继的永久虚电路连接状态，LMI 信息显示为：DLCI 为 100 和 400 的端口都处于活跃（Active）状态，如图 7.1.5 所示。

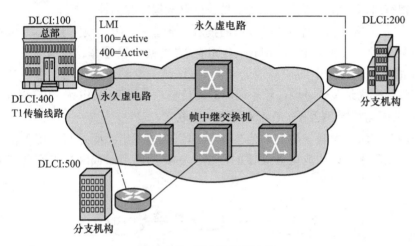

图 7.1.5　帧中继网络连接

7.1.2　网络互联的层次与方法

将网络互联不仅要把多个网络用物理线路连接起来，还要让用户察觉不出不同网络之间的差异。网络互联的关键是要将不同网段、网络或子网通过网络互联设备在不同的网络层次上连接起来。图 7.1.6 所示的是网络各层与相应网络互联设备的对应关系。

微视频 7.2
网络互联的层次

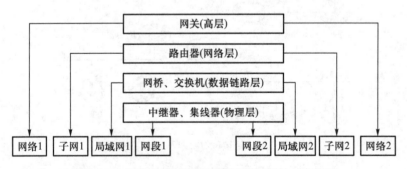

图 7.1.6　网络各层与相应网络互联设备的对应关系

1. 物理层互联

物理层互联用于两个相同网段的互联，其主要的网络互联设备是中继器或集线器。图 7.1.7 所示的就是通过中继器将位于不同网段的主机 A、B、C、D 互联在一起。

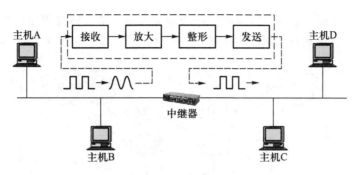

图 7.1.7　物理层互联

2. 数据链路层互联

数据链路层互联用于使用同种类型的局域网互联，其主要的网络互联设备是网桥或交换机；图 7.1.8 所示的为通过交换机实现网络互联，其中局域网 2 中的站点 104 和局域网 1 中的站点 201 之间的数据通信就是通过交换机进行的。

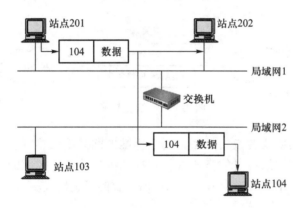

图 7.1.8　数据链路层互联

3. 网络层互联

网络层互联用于局域网与局域网、局域网与广域网以及广域网与广域网之间的互联，其需要解决的问题是在不同网络之间存储转发分组，其网络互联设备主要是路由器。图 7.1.9 所示的是如何用 4 台路由器将 4 种不同类型的局域网互联在一起。

4. 高层互联

高层互联主要用于广域网与广域网的互联，其主要的网络互联设备为网关。网关用于不同网络协议间的转换，能够实现使用不同网络协议的网络的互联。

实现网络协议转换的办法有两种：一种是直接转换，如图 7.1.10 所示，它直接对进入网关的报文的格式进行转换，将其转换成输出网络所要求的报文格式。如果一个网关互联了两个不同的网络，则要进行两种网络协议之间的转换，即 A 网络协议到 B 网络协议的转换和 B 网络协议到 A 网络协议的转换。同理，如果一个网关互联三个不同的网络，则要进行 6 种网络协议间的转换；如果互联 N 个网络，则要进行 $N(N-1)$

种网络协议间的转换。显然，互联的网络数越多，编写协议转换程序的工作量就越大，系统对网关的存储空间与处理能力的要求也越高。

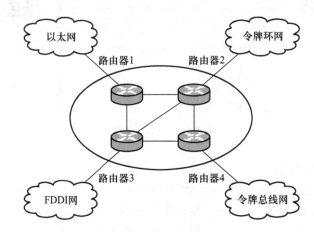

图 7.1.9　网络层互联

图 7.1.10　直接转换

另一种实现网络协议转换的方法是制定标准的网间报文格式，如图 7.1.11 所示。这种方法是对进入网关的报文的格式进行转换，将其转换为标准的网间报文格式，在输出端再将网间报文格式转换为另一个网络所需的报文格式。

图 7.1.11　制定标准的网间报文格式

综上所述，4 种网络互联设备的互联层次以及它们各自的性能比较如表 7.1.1 所示。

表 7.1.1　4 种网络互联设备的互联层次及性能比较

网络互联设备	互联层次	应用场合	功能	优点	缺点
中继器	物理层	互联同一个局域网的多个网段	信号放大；延长信号传送距离	互联容易；价格低；基本无时延	互联规模有限；不能隔离不需要的流量；无法控制信息传输

续表

网络互联设备	互联层次	应用场合	功能	优点	缺点
网桥	数据链路层	各种局域网的互联	连接局域网；改善局域网性能	互联容易；协议透明；能隔离不必要的流量；交换效率高	会产生广播风暴；不能完全隔离不必要的流量；管理控制能力有限，有时延
路由器	网络层	局域网与局域网互联 局域网与广域网互联 广域网与广域网互联	路由选择；过滤信息；网络管理；	适合于大规模复杂网络互联；管理控制能力强；充分隔离不必要的流量；安全性好	网络设置复杂；价格高；时延大
网关	传输层 应用层	互联高层协议不同的网络；连接网络与大型主机	在高层转换协议	可以互联差异很大的网络；安全性好	通用性差；不易实现

7.1.3 我国主要的数据通信网络

1. X.25 网

X.25 网是第一个面向连接的网络，也是第一个公用数据网络。其分组由首部（3字节）和数据部分（128字节）。X.25 网在运行 10 年后，20 世纪 80 年代被无错误控制、无流量控制、面向连接的帧中继网所取代。20 世纪 90 年代以后，又出现了面向连接的 ATM 网。

简单地说，X.25 网只是一个以虚拟电路服务为基础的、关于公用分组交换网接口的规格说明。它动态地为用户传输的信息流分配带宽，能够有效地解决突发的、大信息流传输问题，同时可以对传输的信息进行加密和有效的差错控制。虽然在 X.25 网中各种错误检测和相互之间的确认应答浪费了一些带宽，增加了数据传输时延，但对早期可靠性较差的物理传输线路来说是一种提高数据传输可靠性的有效手段。

X.25 是一个使用电话或者 ISDN 设备作为网络硬件设备来架构广域网的 ITU-T 网络协议。它的物理层、数据链路层和网络层都是按照 OSI 参考模型来架构的。通常将 X.25 网称为分组交换网（packet switched network，PWN）。在美国，大多数电信公司如 AT&T、Sprint、CompuServe、Ameritech、Pacific Bell 等公司，以及增值电信局都提供 X.25 服务。还可以通过在用户所在地安装 X.25 交换设备，并用租用线路将这些设备连接起来，来建立专用的 X.25 网。

2. 数字数据网

数字数据网（digital data network，DDN）即通常所说的专线上网方式，它是采用数字信道提供永久性或半永久性电路来传输数字数据的数字传输网，它通过数字电路管理设备，构成一个数据传输速率高、质量好、网络时延小、全透明、高流量的数据传输基础网络。

数字数据网利用光纤或数字微波等数字传输通道和数字交叉复用设备进行数字数据传输，可以为用户提供各种数据传输速率的高质量数字专用电路、数字数据网络和其他新业务，以满足用户多媒体通信和组建中高速计算机通信网的需要。

数字数据网主要由 6 个部分组成：光纤或数字微波通信系统、智能节点或集线器设备、网络管理系统、数据电路端设备、用户环路、用户端设备或终端设备等。

（1）数字数据网的特点

① 数据传输速率高。数字数据网中的数字交叉复用设备能够提供 2 Mbps 或 $N×$ 64 Kbps（≤2 Mbps）数据传输速率的上下行带宽对等的数字信道。

拓展阅读 7.1
DDN 应用案例

② 数据传输质量较高。数字中继主要采用光纤传输系统，用户之间有固定的连接，网络时延小。

③ 网络协议简单。采用交叉连接技术和时分多路复用技术，由智能化程度较高的用户终端设备完成协议的转换；其本身不受任何规程的约束，是全透明网，面向各类数据用户。

④ 灵活的连接方式。可以支持数据、语音、图像传输等多种业务，它不仅可以和用户终端设备连接，也可以和用户网络连接，为用户提供灵活的组网环境。

⑤ 电路可靠性高。采用路由迂回和备用方式，使电路安全可靠。

⑥ 网络运行管理简便。采用网管对网络业务进行调度和监控，使业务迅速生成。

（2）数字数据网的应用

① 数字数据网在计算机联网中的应用。数字数据网作为计算机联网的基础，能够提供点对点、一点对多点的大容量信息传送通道。例如，基于数字数据网的海关、外贸系统网络。各省的海关、外贸中心首先通过省级数字数据网，再通过长途中继到达国家数字数据网主干核心节点，由国家网络管理中心按照各地要通达的目的地分配路由，从而建立起一个灵活的全国性海关、外贸数据传输网络；同时，还可以通过国际通信出入口局与海外企业互通信息，使用户足不出户就可以进行外贸交易。

此外，利用 DDN 线路进行局域网互联的应用也十分广泛。一些公司设立在各地的办事处先在本地组成局域网，再通过路由器等网络设备经本地、长途数字数据网与公司总部的局域网相联，实现资源共享和文件传送、事务处理等业务。

② 数字数据网在金融业中的应用。数字数据网不仅适用于气象、交通、医疗等行业，也涉及金融、贸易等对实时性要求较强的行业。

银行的自动柜员机（ATM 机）通过数字数据网与银行系统的大型主机相连接。银行一般租用 DDN 线路将各个营业点的 ATM 机联网，用户提款时，验证用户身份、提款、查询余额等工作都是由银行系统的大型主机来完成的，这样就形成一个可靠、高效的数据传输网络。

很多证券公司通过数字数据网发布证券行情。证券公司租用 DDN 线路与证券交易中心联网，其大屏幕上显示的实时行情随着证券交易中心证券行情的变化而动态地改变，而在异地的股民也能在本地的证券公司进行同步操作。

③ 数字数据网在其他领域中的应用。数字数据网作为一种数据业务的承载网络，不仅可以实现用户终端的接入，还可以满足用户网络互联的需求，从而扩大了信息交换与应用的范围。例如，无线移动通信网利用数字数据网联网，提高了网络的可靠性和快速自愈能力。电信网的三大支撑网之一的七号信令网的组网、高质量的电视电话会议，以及未来增值业务的开发，都是以数字数据网为基础的。

3. 帧中继网

帧中继（frame relay，FR）是一种用于连接计算机系统的面向分组的通信方式，它使用光纤作为传输介质，是从 X.25 分组交换技术演变而来的。它主要用于公用或专用网上的局域网互联以及广域网连接，大多数电信局都提供帧中继服务，并把它作为建立高性能虚拟广域网连接的一种途径。帧中继网是进入带宽为 56 Kbps ~ 1.544 Mbps 的广域分组交换网的用户接口，具有网络时延小、设备费用低等优点，其收费标准是数字数据网的三分之一。

帧中继网是从综合业务数字网中发展起来的，并在 1984 年被推荐为国际电报电话咨询委员会（CCITT）的一项标准。光纤网的误码率（小于 10^{-9}）比早期的电话网误码率（$10^{-5} \sim 10^{-4}$）低得多，因此可以减少 X.25 网的某些差错控制过程，从而减少了站点的处理时间，提高了网络吞吐量。帧中继网就是在这种环境下产生的。帧中继网提供的是数据链路层和物理层的协议规范，任何高层协议都独立于帧中继协议，因此易于实现。帧中继网主要用于局域网互联，尤其是局域网通过广域网进行的互联。

（1）帧中继网的特点

① 由于帧中继网使用光纤作为传输介质，因此误码率极低，能实现近似于无差错的传输，从而减少了进行差错校验的开销，提高了网络吞吐量，它的数据传输速率和传输时延比 X.25 网要分别高和低至少一个数量级。

② 帧中继网采用基于变长帧的异步多路复用技术，因此主要用于数据传输，而不适合用于语音、视频或其他对时延要求高的数据传输。

③ 帧中继网仅提供面向连接的虚电路服务。

④ 帧中继网仅能检测到数据传输错误，在检测到错误帧后不纠正错误，只是简单地将其丢弃。

⑤ 在帧中继网中，帧的长度可变，其允许帧的最大长度为 1 600 字节。

⑥ 帧中继是一种宽带分组交换技术，使用多路复用技术时，其数据传输速率可达 44.6 Mbps。

随着帧中继、信元中继和 ATM 技术的发展，帧中继交换机的内部结构在逐步改变，其业务性能进一步完善，并向 ATM 交换机过渡。

（2）帧中继交换机

帧中继交换机有三类：改装型 X.25 分组交换机、采用全新帧中继结构的新型交换机、采用信元中继/ATM 技术/支持帧中继端口的 ATM 交换机。其中，改装型 X.25 分组交换机在帧中继网发展的初期使用得比较普遍。它主要是通过改装 X. 25 交换机、增加软件来使交换机具有接收和发送帧中继的能力。但是由于它仍然保留网络层的一些功能，时延较大。而采用信元中继或 ATM 技术、具有帧中继端口和 ATM 端口、能在内部实现帧中继网和 ATM 网互通的 ATM 交换机，则在以 ATM 网为主干的网络中起着用户接入的作用。中国公用帧中继网所用的帧中继交换机一般采用 ATM 技术，即用户终端设备采用帧中继端口来接入帧中继节点机，帧中继节点机的帧中继端口为 ATM 端口。这种交换机将以帧为单位的用户数据转换为 ATM 信元在网上传送，在用户终端设备侧再将 ATM 信元变换为帧中继网格式的帧传送给用户。加拿大的北电网络和新桥网络，以及美国的朗讯和 Fore Scout 等公司都能提供各种容量的帧中继交换机。

帧中继路由器一般离局域网很近，可以通过专用线路与电信局的交换机相连。用户只需要购买一台带帧中继封装功能的路由器（一般的路由器都具有帧中继封装功能），再申请一条接到电信局帧中继交换机的 DDN 或 HDSL 专用线路，就具备了开通长途帧中继线路的条件。

4. ATM 网

异步传输方式（ATM）是实现宽带综合业务数字网（B-ISDN）业务的核心技术之一。ATM 是一种以信元为基础的分组交换和多路复用技术。它具有较高的数据传输速率，支持如语音、传真、视频、CD 质量音频和图像等多种类型数据的通信，适用于局域网和广域网。

ATM 网将数据分割成固定长度的信元，这些信元通过虚电路进行交换。所有信元都具有同样的大小，其长度为 53 字节，不像帧中继网中的帧及局域网系统中的分组那样是变长的，这使得人们可以预估并保证应用所需要的带宽，避免可变长的帧或分组易于在交换设备处引起通信时延的问题。

ATM 网采用面向连接的传输方式，需要在通信双方间建立连接，通信结束后再拆除连接。它摒弃了电路交换所采用的同步时分多路复用方式，而改用异步时分多路复用方式，收发双方的时钟可以不同，从而可以更有效地利用带宽。

ATM 网具有较高的带宽、有保证的服务质量和可扩展的拓扑结构，其中有保证的服务质量可以确保一个应用对带宽的需求在其运行过程中都能得到满足。例如，ATM 网可以为音频和视频的实时播放提供足够的带宽。

7.1.4　我国主要的互联网主干网

我国的互联网主干网是国家批准的可以直接和国外互联网连接的互联网，其他具有接入功能的因特网服务提供商想连接到国外互联网都需要通过这些主干网。近年来我国的互联网主干网的容量提升幅度很大，中继光缆长度增至近 100 万千米，单端口带宽能力从千比特每秒（Kbps）提升至百吉比特每秒（100 Gbps），带宽已超过 100 Tbps。截至 2017 年年底，中国已与 30 多个国家和地区实现跨境光缆连接。因特网出入口带宽以年均 10% 的速度增长，2017 年 12 月达到 7 320 180 Mbps。目前我国有九大互联网主干网，其中 CERNET、ChinaNET、CSTNET、ChinaGBN 合称为中国四大主干网。

1. CERNET

中国教育和科研计算机网（China Education and Research Network，CERNET）是由国家投资建设、教育部负责管理、清华大学等高校承担建设和管理运行的全国性学术计算机互联网络。CERNET 分四级管理，分别是全国网络中心、地区网络中心和地区主节点、省教育科研网和校园网，截至 2017 年 12 月，CERNET 国际出口带宽达 61 440 Mbps。其全国网络中心设在清华大学，负责全国主干网的运行和管理。

微视频 7.3
中国互联网应用

2. ChinaNET

中国公用计算机互联网（ChinaNET）是 1994 年由邮电部投资建设的公用互联网，于 1995 年 5 月正式向社会开放，现由中国电信股份有限公司经营管理。它是我国第一个商业化的计算机互联网，旨在为我国广大用户提供因特网的各类服务，推进信息产业的发展。其网络结构由 9 个核心节点、省汇集节点及各省接入网三个层次构成，是目前我国用户规模和流量最大的网络。截至 2017 年 12 月，ChinaNET 的省际总带宽达 13 970 Gbps，国际出口带宽达 3 625 830 Mbps，互联互通带宽达 450 Gbps。

3. CSTNET

中国科学技术网（CSTNET）由中国科学院主管，是世界银行贷款支持的国家重点学科发展项目。CSTNET 为两级结构，中国科学院在北京地区的院所组成核心院所网，在其他地区的院所组成外围院所网。截至 2017 年 12 月，其国际出口带宽达 53 248 Mbps。

4. ChinaGBN

中国金桥信息网（China Golden Bridge Network，ChinaGBN）即国家公用经济信息通信工程。它将北京、上海、广州等 10 座城市利用卫星信道组成主干网，其区域网和接入网主要利用微波或租用 DDN、电信网等设施进行通信，有 4 个独立的国际出口，国际出口带宽为 69 Mbps。

5. CNCNET

中国网通公用互联网（China Network Communication Network，CNCNET）由中国网通集团负责运营，是一个提供各类互联网业务和增值应用服务的基础网络平台，俗称 China169。它是一个全国性的高速宽带 IP 主干网络，截至 2017 年 12 月，其国际出口带宽为 2 081 662 Mbps。

6. CMNET

中国移动互联网（China Mobile Network，CMNET）是中国移动通信集团有限公司独立建设的全国性的、以宽带互联网技术为核心的电信数据基础网络，是一个经营性互联网络。它主要提供无线上网服务，同时也是中国移动 GPRS 网络的两大接入点之一。截至 2017 年 12 月，其国际出口带宽为 1 498 000 Mbps。

7. UNINET

中国联通互联网（Unicom Net，UNINET）是经国务院批准直接进行国际联网的经营性网络，其拨号接入号码为"165"，面向全国公众提供互联网络服务，已经在全国很多地市开通业务，国际出口带宽为 1 645 Mbps，核心汇接节点间的带宽为 700 Mbps。

8. CGWNET

中国长城互联网（CGWNET）是经国家有关部门批准建设的互联网主干网之一，建设规模大，安全保障性好，技术力量强。中国长城互联网络信息中心是中国国防类域名（mil. cn）的唯一注册管理机构。

9. CIETNET

中国国际经济贸易网（China International Economy and Trade Network，CIETNET）是一个非经营性的、面向全国外贸系统企事业单位的专用互联网络，由中国国际电子商务中心负责组建并运营。

7.2　因特网接入技术

7.2.1　接入网概述

随着因特网的快速发展，人们对接入因特网的实际带宽提出了更高的要求，而决定实际带宽的因素主要有两个：因特网主干网带宽和用户接入因特网的带宽。主干网是基于光纤的通信系统，能够实现长距离的数据传输。随着光纤的普及及各种宽带组网技术的日益成熟，主干网的数据传输速率不断提高，能支持各种高速业务。但是光纤价格昂贵，目前全部实现光纤入户不太现实，而位于主干网和用户终端之间的接入网的发展相对落后，接入网成为提高网络实际带宽的瓶颈。也就是说，虽然主干网有足够高的带宽，但用户却不能高速接入因特网。

接入网又称为用户环路、用户线，指的是主干网到用户终端之间的所有设备，它负责使用某种有线或无线的连接和通信技术将最终用户一级一级汇接到主干网（核心网）中，实现与网络的连接，如图7.2.1所示。接入网是整个网络的边缘部分，也是与用户距离最近的部分，其长度一般为几百米到几千米，因而被形象地称为信息高速公路的"最后一公里"。广域网是由接入网和主干网组成的，用户通过接入网进入主干网，用户的数据在主干网上被高速地传送和转发。就好像立交桥一样，接入网是立交桥的引桥或者盘桥的匝道，用户通过接入网上立交桥，而主干网自然就是立交桥上的主干道了，在主干道上可以实现数据的寻址和转发。

微视频 7.4
因特网接入方式

图 7.2.1　用户接入主干网示意图

根据所使用的传输介质可以将接入网分为有线接入网和无线接入网两大类。有线接入网又可以分为铜线接入网、光纤接入网和混合光纤同轴电缆接入网等；而无线接入网又可以分为固定接入网和移动接入网。

接入技术与接入方式密切相关。所谓接入方式，指的是用户采用什么设备、通过什么手段来接入因特网。用户可以借助公用数据网、有线电视网和局域网，采用合适的接入技术把一台计算机或一个网络接入因特网。

目前常用的因特网接入技术包括窄带接入技术和宽带接入技术两种。窄带接入技术有基于电信网的普通电话拨号接入、窄带 ISDN 接入等技术；宽带接入技术则可以分为基于铜线的数字用户线接入、光纤接入和基于有线电视网的混合光纤同轴电缆接入等多种有线接入技术和无线接入技术。

7.2.2 基于铜线的接入技术

基于铜线的接入技术采用的传输介质包括音频对称电缆和同轴电缆。前者主要用于电信网中的用户线，后者则主要用于有线电视（CATV）系统。

基于铜线的接入技术通过使用户线数字化，采用数字双工技术、数字多路复用技术和数字集群技术，在不改变原有用户综合布线的情况下，实现用户的宽带接入。基于铜线的接入技术具有造价低、接入速率较高等优点，已广泛应用于智能化社区、写字楼、机关、学校等场所的宽带接入业务。

1. xDSL 接入技术

xDSL 技术又称为铜线宽带接入技术，是各类数字用户线（digital subscriber line，DSL）的统称。xDSL 技术是美国贝尔实验室于 1989 年为推动视频点播（video on demand，VoD）业务而开发的以铜质电话线为传输介质的高速传输技术，后因视频点播业务受挫而被搁置了很长一段时间。随着因特网技术，特别是基于 Web 浏览业务的迅速发展，人们对宽带业务的需求迅速增长，xDSL 技术在宽带因特网接入领域获得了新的应用。xDSL 技术为用户提供数兆比特每秒的数据传输速率，是话路调制解调器数据传输速率的几十倍，能够较好地满足用户的需求。

xDSL 技术采用先进的数字编码技术和调制解调技术，利用现有的普通电话线路传送宽带信号，可以使铜线从只能传输语音和低速数据转变为能传输高速数据。用户可以通过现有的公用电话交换网（PSTN）接入宽带网络，由于公用电话交换网已经被大量敷设，所以通过这种方式来接入因特网是非常经济的。

（1）xDSL 接入技术的种类

xDSL 接入技术的分类方法很多。按照上行信道（用户到网络）和下行信道（网络到用户）的数据传输速率是否相同，可以将其分为速率对称型和速率非对称型两种。速率对称型 xDSL 接入技术上行信道数据传输速率（上行速率）和下行信道数据传输速率（下行速率）一样，而速率非对称型 xDSL 接入技术上行速率和下行速率不一样，由于用户通常是从因特网上下载文档或进行媒体信息的浏览与检索，而向因特网上传的信息不多，下行速率大于上行速率，"非对称"这个名词就是这样得出来的。

主要的 xDSL 技术如表 7.2.1 所示。

表 7.2.1　主要的 xDSL 技术

类别	名称	上行速率 /Mbps	下行速率 /Mbps	最大传输 距离/km	双绞线数目
速率对称型 xDSL 接入 技术	HDSL	1.544/2.048	1.544/2.048	5	1/2
	HDSL2	2.048	2.048	5	1
	SDSL	1.544/2.048	1.544/2.048	2~3	1
速率非对称型 xDSL 接入 技术	ADSL	0.640~1.5	1.5~8	3.6	1
	ADSL2	0.640~1	8~12	3.6	1
	ADSL+2	1	16~24	6	1
	VDSL	1.5~19.2	13.26~56	1.5	1
	RADSL	0.768	8	6	1

如表 7.2.1 所示，根据数据传输速率及传输距离的不同，以及上行信道和下行信道对称性的不同，又可以将 xDSL 技术分为高比特率数字用户线（high-bit-rate digital subscriber line，HDSL）、非对称数字用户线（asymmetric digital subscriber line，ADSL）和甚高比特率数字用户线（very high-bit-rate digital subscriber line，VDSL）等。其中 ADSL 尤为突出，占据了 95% 以上的市场份额，VDSL、SHDSL（single-pair high-bit-rate digital subscriber line，单线对高比特率数字用户线）等由于受到调制方式、应用模式、线路条件等因素的限制，实际应用比较少。

（2）ADSL 接入技术

ADSL 接入技术利用频分多路复用技术将电话线路所传输的低频信号和高频信号分离开来，即在同一条线路上分别传送数据和语音信号。

如图 7.2.2 所示，ADSL 接入技术把 1.1 MHz 的频带分为 3 个频段：0~4 kHz 低频部分留给普通电话使用；10~50 kHz 用作上行信息流的传输带宽，提供 1 Mbps 的上行速率；52 kHz~1.1 MHz 用作下行信息流的传输带宽，提供 8 Mbps 至 20 Mbps 的下行速率。由于电话信号仍使用原先的频段，而基于 ADSL 的业务使用的则是该频段以外的部分，所以电话业务不会受到任何影响。

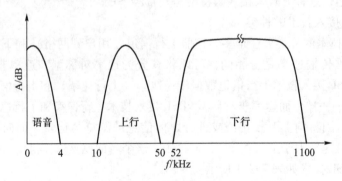

图 7.2.2　ADSL 频带划分

基于 ADSL 的接入网由以下三个部分组成：一是数字用户线接入复用器（digital subscriber line access multiplexer，DSLAM），它包括若干个 ADSL 调制解调器，用于 ADSL 的接入和复用。二是 ADSL 调制解调器，又称为 ADSL 接入端收发单元（access transceiver unit，ATU），分为内置式和外置式两种，必须成对使用，将在电话局端的调制解调器记为 ATU-C，将用户家中的调制解调器记为 ATU-R。三是 POTS（模拟电话业务）分离器，用于分离语音信号和数字信号。用户电话通过 POTS 分离器和 ATU-R 连在一起，经用户线到达电话端局，再经过一个 POTS 分离器把电话连接到本地电话交换机上。也就是说，将经 ADSL 调制解调器编码的信号通过电话线传送到电话局端后再通过一个 POTS 分离器，如果该信号是语音信号就传到电话交换机上，如果是数字信号就接入因特网。其中，POTS 分离器是无源的，利用低通滤波器将语音信号和数字信号分开，如图 7.2.3 所示。

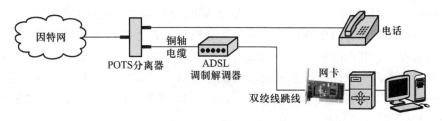

图 7.2.3   ADSL 接入网示意图

现有的模拟用户线主要由双绞线组成。双绞线对信号的衰减程度主要与传输距离和信号的频率有关，如果信号传输超过一定距离，信号的传输质量就难以保证。此外，线路上的桥接抽头（跨接在双绞线上未使用的支路线路）也会造成信号衰减。因此，信号衰减是影响 ADSL 性能的主要因素。ADSL 通过非对称传输，利用频分多路复用技术（或回波抵消技术）将上下行信道分开以减小串音的影响，从而实现信号的高速传送。衰减和串音是影响 ADSL 接入技术性能的两个关键因素，数据传输速率越高，它们对信号的影响就越大，因此 ADSL 接入技术的有效传输距离随着数据传输速率的提高而缩短。

ADSL 调制解调器一般采用两种技术在普通电话线路上分隔有效带宽，产生多路信道；采用频分多路复用（FDM）或回波抵消（echo cancellation）技术在现有带宽中分配一段频带作为下行信道，分配另一段频带作为上行信道；采用时分多路复用（TDM）技术将下行信道分为多个高速信道和低速信道。

综上所述，ADSL 接入技术主要具有以下特点。

① 接入简单。ADSL 接入技术利用现有的普通电话线作为传输介质，无须另外敷设电缆，有简单的终端设备即可。

② 费用经济。采用 ADSL 接入技术不需要进行大规模施工，设备成本低。其上网采取包月制，无须交纳电话费。

③ 功能强大。采用 ADSL 接入技术，用户使用一条电话线即可同时上网、打电话，两者互不干扰。

④ 网速快。基于 ADSL 的接入网采用星状拓扑结构，数据传输速率是传统调制解调器的数百倍，每个用户都有一条单独的线路与 ADSL 局端相连，因此能够独享带宽。

⑤ 非对称传输。ADSL 接入技术的上行速率和下行速率是非对称的，下行速率高，适合于以下载数据为主的网上应用，可以满足用户浏览网页、下载数据的要求。

⑥ 传统距离有限。基于 ADSL 的接入网采用双绞线作为传输介质，信号有较大的衰减，故其传输距离只有 3~5 km。

虽然 ADSL 接入技术受到广大用户的欢迎，但是需要注意的是，它并不适合于企业用户，这是因为企业往往需要使用上行信道上传大量数据，而 ADSL 接入技术的上行速率是远远低于下行速率的。

2. HomePNA 接入技术

HomePNA（Home Phone Line Networking Alliance）即家庭电话线网络联盟。电话线网络是一种组网方式，简单地说，就是在普通电话线路上实现局域网连接。要在不重新布线的情况下，利用电话线缆、有线电视线缆和电力电缆以较小的代价宽带接入因特网，会面临着许多设计和技术难题，也就是所谓的"最后一百米"接入问题。如果说 xDSL 接入技术解决的是最后一公里接入的问题，那么 HomePNA 接入技术就是解决"最后一百米"接入的问题。

HomePNA 接入技术基于频分多路复用技术，利用频率的不同分离语音与数据，实现了在同一条普通的电话线（两芯）上同时传输语音和数据的业务。声音的传输频率为 20 Hz~3.4 kHz，xDSL 接入技术利用的频率是 25 kHz~1.1 MHz，HomePNA 接入技术利用的频率是 5.5 MHz~9.5 MHz，因此用户既可以拨打或接听电话、收发传真，也可以用同一条电话线访问因特网而互不影响。

总的来说，HomePNA 接入技术具有以下优势：① 速度快。采用 HomePNA 接入技术时接入速率可达 1 Mbps、10 Mbps，可以满足用户高速上网的要求。② 费用低。采用 HomePNA 接入技术，无须重新布线，使用现有的电话线即可。③ 共享网络。当有多台计算机时，可以使用多个 HomePNA 控制卡来实现这些计算机的资源共享和因特网资源共享。

当然，HomePNA 接入技术也存在一些需要解决的问题：① 传输距离短。HomePNA 接入技术的标准传输距离是 150 m，虽然有些 HomePNA 版本可以达到 300 m，甚至更远的传输距离，但仍不能满足需要。② 对线路要求高。HomePNA 接入技术对传输线路的要求很高，在配线架上复接时，轻微的接触不良就有可能使用户无法接入。此外，目前家庭的电话线网络环境复杂，并联或串接传真等设备所造成的阻抗不匹配、信号回波等都将对用户的接入造成很大的影响。③ 易于受到干扰。用户所使用的家用电器会对信号的传输产生一定的影响。此外，采用 HomePNA 接入技术时与电话线连接的设备还必须符合 FCC Part 68 规范，而且要使用较低的功耗传输信号。

3. 有线电视网接入技术

建立在有线电视网基础上的宽带网双向接入模式，以其应用灵活、速度快、费用低等特点，被越来越多的用户所接受，目前已经成为当前商用住宅和民用住宅普遍采用的宽带接入技术。

有线电视网一般指混合光纤同轴电缆网络（hybrid-fiber-coaxial network，HFC），它通常采用 AM-VSB 调制和星状拓扑结构，在前端系统将有线电视信号转换成光信号，然后利用光接收机将光信号转换成电信号，再将该电信号通过同轴电缆分支分配网络传送给最终用户。

有线电视网接入技术具有以下优点。

（1）无须重新布线，可以同时看电视和上网

有线电视网接入技术的一个显著优点是宽带上网不需要重新布线，只要利用家中现有的有线电视双向网端口（必须对传统有线电视网进行双向网改造）便可以接入因特网，同时不影响传送原有的电视节目数据，而用户在看电视的同时也可以上网，从而降低了用户的接入成本。

（2）接入速率高

有线电视网可以提供极高的接入速率，其下行速率最高可达 36 Mbps，上行速率最高可达 10 Mbps。

（3）价格便宜

采用有线电视网接入技术可以不占用电话线，因此用户无须交纳相应的费用。

（4）服务的多样性

随着对传统有线电视网进行的双向网改造逐步完成，有线宽带可以提供诸如会议电视、数字电视、网上购物、视频点播、音乐点播、股票交易、远程教育、远程医疗、在线游戏、虚拟专用网、企业网络互联、个人主页、区域高速数据通信等多种服务。

（5）灵活的扩展性

采用有线电视网接入技术时，如果今后要增加用户或子网的数量，则只需增加前端设备和用户端设备；如果网络中心交换设备端口不够，则只需叠加网络交换设备，即可满足更多用户的入网需求。

4. 电力线接入技术

电力线通信（PLC）技术是采用电力线传送数据和语音信号的一种通信方式。该技术是将载有信息的高频信号加载到电力线上，用电力线进行数据传输，并通过专用的电力线调制解调器将高频信号从电力线中分离出来，传送至用户端设备。图 7.2.4 所示的是电力线接入系统的框架。数字电力线载波通信调制解调器（digital power-line carrier modem，DPLC modem）有 5 个端口。在用户端，用耦合适配器将电力线中载有信息的高频信号与工频信号分离开来，并通过电缆端口进入 DPLC modem；其余 4 个端口分别接入电话、电视、计算机和用户自动化信息管理系统，其中计算机通过以太网卡和网线接入 DPLC modem。在变电站侧，用耦合适配器将电力线中载有信息的高频信号与工频电力分离开来，并通过电缆端口进入 DPLC modem，由 DPLC modem 对各种信息进行分离，其中用户信息进入用户自动化信息管理系统，电话信息通过交换机配线架进入程控交换机，互联网信息和视频信息进入 DPLCAM（数字电力线载波通信接入

多路复用交换设备）。DPLCAM 收集来自 DPLC modem 的互联网信息并与因特网相连；此外，它还与服务器相连，可以对信息进行管理。

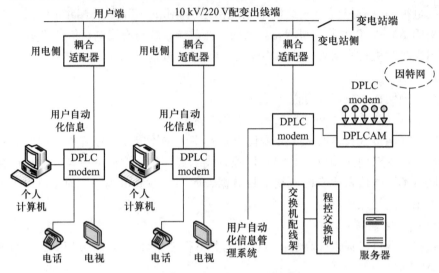

图 7.2.4　电力线接入系统框架

由于电力线具有无须布线、覆盖范围广和连接方便的特点，因此是一种很有竞争力的接入技术，是解决"最后一公里"问题的最佳方案之一。

当然，电力线接入技术也存在一些问题。例如，供电线路复杂、规范不统一、信道干扰强，信号衰减大，频带窄，弱电和强电之间有很强的耦合性串扰。此外，低压配电网也并不是为电力线传输数据或平衡不同建筑内的负荷而设计的。噪声和低压配电网络阻抗的变化还将导致信号衰减和恶劣的信号传输。

7.2.3　光纤宽带接入技术

1. FTTx 技术

FTTx 即 fiber to the x，即光纤到 x，其中 x 代表光纤线路的目的地，也就是光电转换的地方。FTTx 的基本应用类型如图 7.2.5 所示。

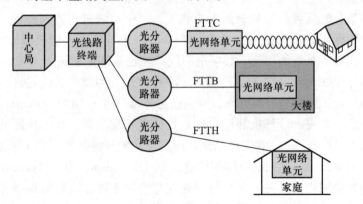

图 7.2.5　FTTx 应用类型

（1）光纤到路边

在光纤到路边（fiber to the curb，FTTC）结构中，光网络单元（optical network unit，ONU）设置在路边的人孔或电线杆上的分线盒处（即 DP 点），有时也可能设置在交接箱处（即 FP 点），但通常设置在 DP 点。此时光网络单元仍使用双绞线与各个用户相连。但若要传送宽带图像业务，光网络单元则需要使用同轴电缆与各个用户相连，这样增加了光纤的共享部分，因此又可以将其看作是一种小型的数字环路载波（digital loop carrier，DLC）系统。

（2）光纤到大楼

光纤到大楼（fiber to the building，FTTB）是 FTTC 的一种变形，两者的不同之处在于，FTTB 将光网络单元直接放到楼内（通常为居民住宅或小型企事业单位办公楼内），再将业务经过多对双绞线分送给各个用户。FTTB 是一种点对多点结构，通常不用于点对点结构。FTTB 的光纤化程度比 FTTC 高，已将光纤敷设到大楼，因而更适合于高密度用户区。

（3）光纤到户和光纤到办公室

在原来的 FTTC 结构中，如果将设置在路边的光网络单元换成无源光分路器，然后将其移到用户家中，即为光纤到户（fiber to the home，FTTH）结构。如果将光网络单元放在大型企事业用户（如公司、高校、研究所、政府机关等）的终端设备处，并能提供一定的业务，则构成了所谓的光纤到办公室（fiber to office，FTTO）结构。

除此之外，FTTx 还有光纤到小区（fiber to the zone，FTTZ）、光纤到楼层（fiber to the floor，FTTF）、光纤到桌面（fiber to the desktop，FTTD）等应用类型。

目前，信号在陆地上长距离传输基本上都实现了光纤化，只是到了临近用户家庭的地方才转为铜缆。因为一个家庭用户远远使用不了一根光纤的通信容量，为了提高光纤的利用率，在光纤干线和用户住宅之间还需要安装一种转换装置，即光配线网络（optical distribution network，ODN）。该装置可以使数十个家庭用户共享一根光纤干线。连接到光纤干线的终端设备把接收到的下行数据发送至光分路器（optical branching device，OBD），然后用广播的方式向所有用户发送数据。典型的光分路器使用的分路比是 1:32。每个用户端的光网络单元根据标识只接收发送给自己的数据，然后将光信号转化为电信号，发往用户家中。

根据网络结构中设备的不同，可以将光纤到户网络又分为无源光网络（passive optical network，PON）和有源光网络（active optical network，AON）两种。无源光网络是指网络结构中没有任何有源器件，有源光网络则相反，不过现在更常见的是无源光网络。

（1）无源光网络

无源光网络（PON）主要由中心局端的光线路终端（optical line terminal，OLT）和用户端的光网络单元（ONU）组成，如图 7.2.6 所示，它是一种点对多点的网络，下行采用广播方式，上行采用时分多路访问方式，可以灵活地组成树状、星状、总线型等拓扑结构，在光分支点只需要安装一个简单的光分路器即可，因此具有节省光缆资源、共享带宽资源、建网速度快和综合成本低等优点。

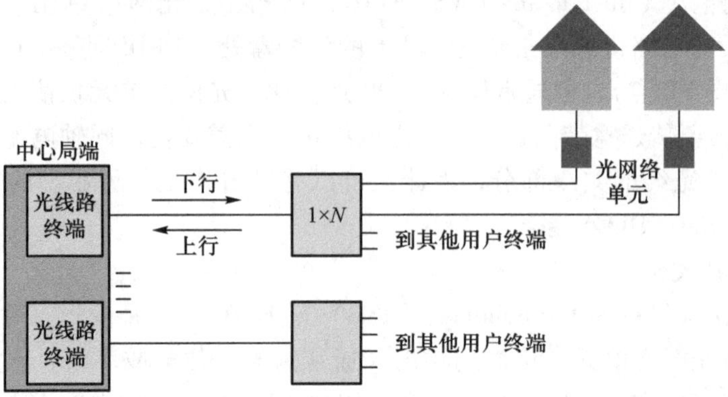

中心局端

图 7.2.6　无源光网络连接示意图

（2）有源光网络

有源光网络（AON）的中心局端和用户端之间还部署了有源设备（光电转换设备、有源光器件以及光纤等），如图 7.2.7 所示。可以将有源网络分为基于准同步数字体系（plesiochronous digital hierarchy，PDH）的有源光网络和基于同步数字体系（synchronous digital hierarchy，SDH）的有源光网络，目前常用的是基于 SDH 的有源光网络。它具有 155 Mbps 或 622 Mbps 的接入速率，而且在不加中继器的情况下传输距离可达 70 km。与无源光网络不同，有源光网络中光网络单元收到的信号是经过有源设备光—电—光转换的信号。有源光网络技术已经十分成熟，但是其部署成本比无源光网络高。

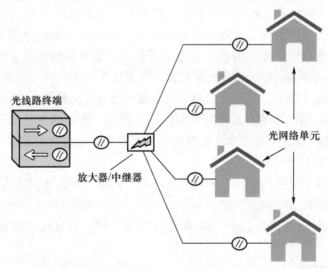

图 7.2.7　有源光网络连接示意图

2. 混合光纤同轴电缆网络接入技术

混合光纤同轴电缆网络（HFC）是在目前广泛应用的有线电视网的基础上开发的一种家庭宽带接入网。它除了可以传送电视节目外，还可以提供电话、数据和其他宽带交互业务。最早的有线电视网是采用树状拓扑结构的同轴电缆网络，该网络使用基于模拟技术的频分多路复用技术对电视节目进行单向广播传输。后来人们将有线电视网改造成为混合光纤同轴电缆网络。

混合光纤同轴电缆网络将原来有线电视网同轴电缆的主干部分换为光纤。根据光纤敷设的范围，又可以将混合光纤同轴电缆网络分为光纤作为干线或超干线（即在系统中用光纤作为远地前端与本地前端之间，或主前端与分前端之间的超干线和干线）的混合光纤同轴电缆网络、星状结构组网（即从主前端或分前端到各分配节点按星状结构敷设光纤）的混合光纤同轴电缆网络，以及全光纤组网（即从远地前端到本地前端全部采用光纤）的混合光纤同轴电缆网络。光纤的使用极大地提高了数据传输速率与网络可靠性。光纤将光信号转化为电信号，然后由同轴电缆将电信号传送到用户家中。其缺点是必须对现有的有线电视网进行改造，以能够支持双向业务的传送。

典型的混合光纤同轴电缆网络主要分为三个部分：前端设备、光传输链路用户和同轴电缆分配网，以及用户端设备。图7.2.8所示的为混合光纤同轴电缆网络的基本结构图。

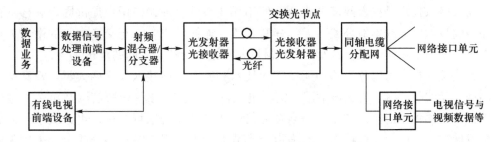

图 7.2.8 HFC 网基本结构

（1）前端设备

前端主要由信号源设备和前端处理设备组成。信号源设备包括卫星地面接收站、地面广播电视节目接收设备、微波接收设备、自办广播电视节目源设备，以及诸多多功能增值业务信息源设备。信号源设备相当于整个混合光纤同轴电缆网络的"大脑"，其信号质量和技术指标将直接影响网络传输质量和用户端接收质量。

在下行方向，有线电视前端设备处理各路电视节目信号，将它们分别调制到不同的射频载波上然后进行混合，使它们分布在50~550 MHz频率范围内。各种数据业务经数据信号处理前端设备处理，完成各路数字信号的复用和调制。射频混合器/分支器将电视信号和数据信号混合在一起后送入光发射器。在上行方向，信号一般占用5~42 MHz的带宽，前端设备接收回传信号，分离出其中的电视信号，送入有线电视前端设备，并将其他信号送入数据信号处理前端设备。

（2）光传输链路用户和同轴电缆分配网

光传输链路中的光纤由前端输出接口处接至交换光节点处，在交换光节点处将光信号转换为电信号。电信号通过同轴电缆分配网传送至用户终端，每个光节点都可以连接成具有100至200用户规模的局域网络。光纤中除了将一部分频带分配给模拟电视信号和视频数据等，一部分带宽分配给数字信息传输业务外，还将一部分带宽分配给前端输出接口和用户终端之间的控制信道。控制信道除了用于传送控制信息外，还用于传送订购、票据、保安和用户登记等信息。交互式多媒体节目也需要使用上行信道，以方便远程用户和其他用户玩家庭游戏、购物，并通过由远端控制实现像视频点播这样的动态控制，使交互式电视（interactive television，ITV）成为现实。

（3）用户端设备

用户端要使现有的模拟电视机能够接收数字电视信号，还需要一个称为机顶盒的设备，该设备位于同轴电缆和电视机之间。此外，为了使用户能够利用混合光纤同轴电缆接入因特网，以及利用上行信道传送交互式电视所需要的信息，还需要增加用于混合光纤同轴电缆网络的电缆调制解调器（cable modem）。该电缆调制解调器的作用是将数字信号转换为射频信号，并将射频信号中的数字信号解调出来。用户只要将自己的计算机连接在电缆调制解调器上即可方便地上网。

7.2.4 无线接入技术

无线接入技术是接入网部分或全部使用无线传输介质，向用户提供固定和移动接入服务的技术。无线本地环路、无线蜂窝系统、连接用户终端与交换中心的微波一点对多点系统、卫星接入系统以及无线局域网都可纳入无线接入网的范畴。

无线接入技术可以分为移动无线接入技术和固定无线接入技术两大类。蜂窝移动电话网、无线寻呼网、无绳电话网、集群电话网、卫星全球移动通信网乃至个人通信网等都采用移动无线接入技术，是当今通信行业最活跃的领域之一，也代表了个人通信的发展方向。固定无线接入技术是指交换节点到固定用户终端部分或全部采用无线接入的方式，实际上是 PSTN/ISDN 网的无线延伸。无线本地环路是固定无线接入网的最简单形式，它是采用无线传输技术连接固定用户终端与交换节点的一种本地环路。它只提供固定无线接入业务，因此不包含复杂的移动性管理和越区切换功能。

与有线宽带接入方式相比，虽然无线接入技术的应用还面临着开发新频段、完善调制和多路访问技术、防止信元丢失、时延等方面的问题，但无线接入技术的最大特点是无须敷设线路、建设速度快、初期投资小、受环境制约小、安装灵活、维护方便等。对于没有有线资源的通信网络而言，为了能够尽快提供接入服务，无线接入技术特别是固定无线接入技术成为最佳选择。

7.3 共享因特网接入

7.3.1 代理服务器模式

代理服务器（proxy server）是局域网和因特网服务提供商之间的中间代理机构，

它负责转发合法的网络信息，并对转发的网络信息进行控制和登记，其功能是代理网络用户去获取网络信息，形象地说它是网络信息的中转站。

代理服务器位于用户终端设备和因特网主机之间，对于因特网主机而言，代理服务器是客户，它向因特网主机提出各种服务申请；对于用户终端设备而言，代理服务器则是服务器，它接收用户终端设备提出的申请并向其提供相应的服务，即用户终端设备访问因特网时所发出的请求不再直接发送到远端的因特网主机，而是被送至代理服务器。代理服务器向远端因特网主机提出相应的申请，接收因特网主机提供的数据并将其保存在自己的硬盘上，然后用这些数据为用户提供相应的服务。

人们通常所说的代理服务器实际存在于因特网和本地局域网之间，在局域网中配置代理服务器的主要目的是降低组网成本，让局域网用户共享同一个因特网连接。

代理服务器一般包括网络地址转换（NAT）和 Proxy 代理服务器两种类型。其中，NAT 代理服务器又称为网关代理服务器，严格地说是软网关，如 SyGate。它通过将局域网内的私有 IP 地址转换为合法的公用 IP 地址来实现用户对因特网的访问。关于网络地址转换将在 7.3.2 小节中详细介绍。Proxy 代理服务器是一般意义上所说的代理服务器。这类代理服务器严格地说是建立在 TCP/TP 协议应用层上的服务软件，一般安装在局域网中一台高性能且能够直接接入因特网的计算机上，目前常用的有 WinGate 和 WinProxy 软件。

在设置好代理服务器后，必须对局域网中每台计算机上的浏览器进行配置，并使其指向代理服务器的 IP 地址和服务端口号。打开 Internet Explorer 浏览器，选择"工具"→"Internet 选项"命令，打开"Internet 选项"对话框，在"连接"选项卡中单击"局域网设置"按钮，打开"局域网（LAN）设置"对话框，如图 7.3.1 所示，代理服务器地址为 202.119.80.20，服务端口号为 8080。代理服务器启动时，将利用一个动态链接程序开辟一个指定的端口，等待用户的访问请求。

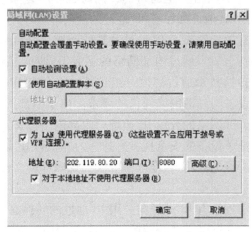

图 7.3.1　进行代理服务器设置

利用代理服务器实现因特网共享的优点是：代理服务器有缓存功能，可以加快对网络的访问，而且它一般具有同时支持多种网络应用的能力，如 HTTP 代理、FTP 代理、SSL 代理等。在图 7.3.1 所示的对话框中单击"高级"按钮,打开"代理服务器设置"对话框,如图 7.3.2 所示。由于对于每一种网络应用而言,代理服务器都是独立进行代理工作的,所以对用户具有很强的控制和管理能力。但是在这种方式下,需要对每个客户端的每种网络应用都进行配置,而且代理服务器无法支持新出现的网络应用。而网关代理服务器只需要将服务器的 IP 地址设置为客户端的网关,即可实现对因特网的访问。

图 7.3.2　代理服务器高级设置

7.3.2　网络地址转换模式

网络地址转换模式是指利用网络地址转换软件将局域网内部的私有 IP 地址转化成公用 IP 地址,实现对因特网的访问。在这种情况下外界无法直接访问局域网内部的网络设备,从而达到保护内部网络安全的目的;同时也在一定程度上扩展了网络地址,合理地安排了网络中公用 IP 地址和私有 IP 地址的使用。

网络地址转换模式有效地解决了 IP 地址紧缺的问题,并且可以使内部网络和外部网络相隔离,保障网络安全。当通过内部网络的私有 IP 地址向外部网络(如因特网)发送分组时,网络地址转换技术通过修改分组首部,将私有 IP 地址转换成公用 IP 地址,即可满足内部网络设备与外部网络通信的要求。由于内部网络的私有 IP 地址经过网络地址转换被替换成外部网络的公用 IP 地址,内部网络设备对于外部网络用户来说就是不透明的,从而保证了设备的安全性。另外,内部私有 IP 地址和外部公用 IP 地址是对应的,使得只使用少量的公用 IP 地址就可以实现内部网络中所有计算机与外部网络的通信需求。

网络地址转换模式实现私有 IP 地址向公用 IP 地址的转换有三种方式,即静态网络地址转换(static NAT)、动态网络地址转换(dynamic NAT)和端口多路复用(port address translation,PAT)。

(1)静态网络地址转换

静态网络地址是指在将内部网络的私有 IP 地址转换为公有 IP 地址时,两者是一一对应、一成不变的,即某个私有 IP 地址只转换为某个公用 IP 地址。借助静态网络地址转换,可以实现外部网络对内部网络中某些特定设备(如服务器)的访问。

(2)动态网络地址转换

动态网络地址是指在将内部网络的私有 IP 地址转换为公用 IP 地址时,IP 地址是不确定的、随机的,所有被授权访问因特网的私有 IP 地址都可以被随机地转换为任何指定的公用 IP 地址。也就是说,只要指定哪些内部私有 IP 地址可以被转换,以及用哪些合法地址作为外部网络的公用 IP 地址,就可以进行动态网络地址转换。动态网络地址转换可以使用多个合法的外部网络公用 IP 地址集。当因特网服务提供商提供的合法公用 IP 地址略少于内部网络的计算机数量时,可以采用动态网络地址转换的方式。

(3)端口多路复用

端口多路复用是指改变外出分组的源端口并进行端口地址转换。采用端口多路复用方式,可以使内部网络中的所有计算机通过一个外部网络公用 IP 地址实现对因特网的访问,这样一方面可以最大限度地节约 IP 地址资源,另一方面又可以隐藏内部网络的所有计算机,从而避免了来自因特网的攻击。因此,目前网络中应用得最多的就是端口多路复用方式。

具体来说,要实现网络地址转换,需要在将局域网连接到因特网的路由器或者一台高性能的计算机上安装 NAT 软件,如 WinRoute、Internet Gateway 等。安装有 NAT 软件的路由器称为 NAT 路由器,它至少有一个有效的外部网络公用 IP 地址。这样,所有使用本地 IP 地址的计算机在和外部网络通信时,都要由 NAT 路由器将其本地 IP 地址转换成公用 IP 地址。

如图 7.3.3 所示,内部网络 192.168.0.0 内的所有计算机的 IP 地址都是本地 IP 地址 192.168.x.x。NAT 路由器有一个公用 IP 地址 172.38.1.5,这样该内部网络中的计算机就可以利用这个 IP 地址与因特网相连。

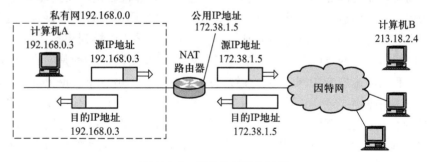

图 7.3.3 网络地址转换示例

在图 7.3.3 中,NAT 路由器接收到从内部网中的计算机 A 发往因特网中的计算机 B 的分组,该分组的源 IP 地址为 192.168.0.3,而目的 IP 地址为 213.18.2.4。NAT 路由器把该分组的源 IP 地址转换为新的源 IP 地址,也就是 NAT 路由器的公用 IP 地址 172.38.1.5,然后将其转发出去。而计算机 B 在收到这个分组时,会以为请求访问的计算机 A 的 IP 地址是 172.38.1.5。当计算机 B 给计算机 A 发送应答信息时,并不知道计算机 A 的 IP 地址是 192.168.0.3。因此，其分组的目的 IP 地址是 NAT 路由器的 IP 地址 172.38.1.5。当 NAT 路由器接收到计算机 B 发来的分组时，还要再进行一次地址转换。它通过 NAT 地址转换表，把该分组的目的 IP 地址 172.38.1.5 转换为目的 IP 地址 192.168.0.3。由此可见，当 NAT 路由器具有 n 个公用 IP 地址时，内部网络中最多可以同时有 n 台计算机接入因特网，这样就可以使内部网络中较多数量的计算机，轮流使用 NAT 路由器数量有限的公用 IP 地址。

利用网络地址转换模式接入因特网的优势在于，内部网络中的计算机只需要将共享服务器的地址设置为客户端计算机的网关，NAT 软件就能够完成所有的转换工作，客户端计算机就好像是一台能够直接连入因特网的计算机，由于 NAT 软件是针对每一个分组进行转换的，也就不存在需要分别代理和处理不同网络应用协议的问题，用户并不需要对每一种网络应用都进行连接代理的配置工作，使用起来更加方便。不过，网络地址转换模式对客户端计算机所使用的网络应用的控制和管理能力较弱。

7.4　虚拟专用网

7.4.1　虚拟专用网概述

虚拟专用网（virtual private network，VPN）是内部网络在公用网络（如因特网）上的扩展。虚拟专用网通过隧道技术在公用网络上建立起一条点对点的虚拟专线，从而达到安全传输数据的目的。虚拟专用网可以帮助企业客户、企业分支机构、商业伙伴及供应商与企业的内部网络建立可信的安全连接，并保证数据的安全传输。

微视频 7.6
虚拟专用网

与物理上的专用连接（如租用线路）不同，虚拟专用网通过互联网路由建立虚拟连接，把企业的内部网络同远程站点或位于不同地点的员工连接到一起。

常见的虚拟专用网有两种：一种是远程访问虚拟专用网；一种是站点到站点虚拟专用网。远程访问虚拟专用网又称为虚拟专用拨号网络（virtual private dial-up network，VPDN），它是一种用户到局域网的连接，通常用于需要员工从不同地点远程连接到内部网络的企业；站点到站点虚拟专用网主要用于需要总部和分支机构互联通信的企业，它用虚拟专线的方式代替租用运营商线路的方式，实现两个远程站点的互联互通。

对于个人用户而言，虚拟专用网的作用是打破网络边界，降低地理位置对接入网络的限制。例如，出于对网络安全的考虑，高校通常会对其图书馆数字资源的访问权限进行限制，如只有在校园网环境下才能够访问图书馆数字资源（即只有在学校上网才能访问相关资源），这就给身处校外的师生查阅资料带来了不便。而通过虚拟专用网，师生可以打破这种地域上的限制，登录 VPN 后，自己的网络设备就仿佛是在校园网内，从而提高使用网络的便利性，达到扩展网络边界的效果。

7.4.2 虚拟专用网技术

1. 隧道技术

由于在某些环境下，通过因特网连接的网络需要直接使用对方的私有 IP 地址来实现互访，而私有 IP 地址不能在因特网上进行路由。如果将私有 IP 地址的分组发到因特网上，由于因特网中的路由器不能识别私有 IP 地址，所以该分组最终将被丢弃而不能到达目的地。

通过在目的 IP 地址为私有 IP 地址的分组外面封装公用 IP 地址，实现远程网络之间使用私有 IP 地址通信的技术，称为隧道技术，如图 7.4.1 所示。由此可见，在隧道中传递的分组至少包含着两个 IP 地址，最外面的 IP 地址是公用 IP 地址，以用于在因特网中路由该分组，里面的 IP 地址是私有 IP 地址，也就是目的主机的实际 IP 地址，其封装格式如图 7.4.2 所示。通过隧道连接的两个远程网络可以达到直接连接的效果。

图 7.4.1　隧道技术

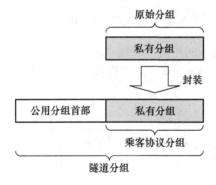

图 7.4.2　隧道技术的封装格式

隧道技术有多种实现方式，因此也就存在多种隧道协议，隧道可以使远程网络之间通过私有 IP 地址进行互访。隧道技术就是虚拟专用网技术，不能实现隧道技术，就不能称之为虚拟专用网技术。

2. 隧道协议

通用路由封装（generic routing encapsulation，GRE）协议是一种传统的隧道协议，可以提供基本的隧道功能。GRE 协议需要完成三次封装。换句话说，就是在 GRE 隧道中传输的分组都有三个首部，这三个首部一个套一个，其中共有三对 IP 地址。GRE 可以在两个远程网络之间创建虚拟直连链路，可以将该虚拟直连链路看作是隧道，所以隧道的两端也有 IP 地址。隧道需要在公用网中找到起点和终点，所以隧道的起点和终点都分别以公用 IP 地址结尾。隧道传送分组的过程可以分为以下三步。

① 接收原始分组并将其当作乘客协议分组，原始分组首部中的 IP 地址为私有 IP 地址。

② 将原始分组封装进 GRE 协议，GRE 协议又称为封装协议（encapsulation protocol），封装后的 GRE 分组首部中的 IP 地址为虚拟直连链路两端的 IP 地址。

③ 在整个 GRE 分组的外层封装有公用分组首部，也就是隧道的起点和终点，从而可以将其路由到隧道终点。

GRE 隧道中传输的分组的格式如图 7.4.3 所示。

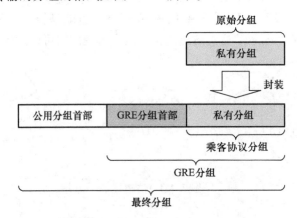

图 7.4.3　GRE 隧道中传输的分组的格式

隧道是 GRE 协议最基本的功能。在图 7.4.4 中，A 地分公司路由器 R_2 将原始分组的目的 IP 地址封装为 192.168.1.4，然后将其发向 B 地分公司的路由器 R_4，其中 GRE 协议的操作过程如下。

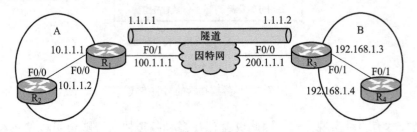

图 7.4.4　GRE 协议的操作过程

假设路由器 R_1 与路由器 R_3 间的 GRE 虚拟直连链路（隧道）已经建立，直连链路两端的 IP 地址分别为 1.1.1.1 和 1.1.1.2，隧道起点和终点的 IP 地址分别为 100.1.1.1 和 200.1.1.1。路由器 R_1 收到目的 IP 地址为 192.168.1.4 的分组后，将原始分组当作乘客协议分组封装进 GRE 协议，并且添加 GRE 分组首部，其源 IP 地址为隧道本端的 IP 地址 1.1.1.1，目的 IP 地址为隧道对端的 IP 地址 1.1.1.2，从而完成

GRE 分组的封装。然后，在 GRE 分组的外面封装 GRE 隧道起点和终点的 IP 地址，即源 IP 地址为 100.1.1.1，目的 IP 地址为 200.1.1.1，它们均为公用 IP 地址。封装后的分组如图 7.4.5 所示。

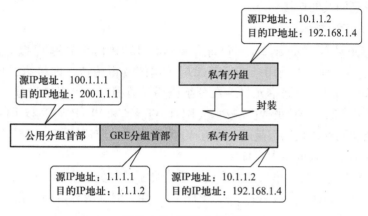

图 7.4.5　GRE 分组封装

3. IPsec VPN 技术

在很多时候，除了要实现隧道功能以外，还要保证数据安全。在实现隧道功能方面，前面介绍的 GRE 协议就是最常用的隧道技术，而在保证数据安全方面，实际上就是让数据加密传输。要对数据进行加密传输，可以采用一个使用最广泛且最经典的技术方案，这就是互联网络层安全（internet protocol security，IPsec）协议，采用 IPsec 协议的 VPN 技术可以保证虚拟专用网数据的安全传输。

IPsec VPN 技术广泛应用于端到端的组网模式，利用它可以实现两个部门或单位网络间的互联。例如，有 A 和 B 两所学校，当前它们的网络是分隔的，即学校 A 的学生无法在校内访问学校 B 图书馆中的数字资源。如果想要打通这种分隔，实现资源共享，除了使用运营商的专线外，还可以使用 IPsec VPN 技术来进行组网。支持 IPsec VPN 功能的设备可以将两所学校的网络互联起来，并对它们之间的数据进行加密传输，形成逻辑上的专有网络，采用 IPsec VPN 技术组网后，学校 A 的学生就可以通过校园网络访问学校 B 的校园网，获取其图书馆中的数字资源，实现校间的资源共享。IPsec 协议是通过对分组进行加密和认证来保护 IP 协议的网络传输协议族。它包含着一系列协议去实现数据源认证、保护数据完整性、保证数据机密性、防止中间人攻击，以及防止数据被重放等功能。

4. PPTP VPN 技术

点对点隧道协议（point-to-point tunneling protocol，PPTP 协议）支持没有 VPN 路由器的家庭网络，以及出差在外、没有路由器的移动办公人员接入因特网。采用 PPTP 协议的 VPN 技术已经被用于 Windows 产品。其部署架构与 Easy VPN（一种 Cisco 专用的 VPN 技术）以及 SSL VPN 一样，使用具有可路由公用 IP 地址的远程计算机通过因特网呼叫企业总部的 VPN 服务器，并建立 VPN 隧道以提供客户计算机与总部之间的数据加密传输服务。

PPTP VPN 技术不同于 IPsec VPN 技术，不支持多个用户在一个 VPN 隧道中同时进行连接，这意味着它可以用于系统与系统之间的通信，但不能用于支持多个用户同时连接的网关到网关的连接。

5. L2TP VPN 技术

第二层隧道协议（layer 2 tunneling protocol，L2TP 协议）是虚拟专用拨号网络（VPDN）技术的一种，专门用来进行第二层数据的隧道传送，即将第二层数据单元，如点对点协议（PPP）数据单元封装在分组或用户数据报中，以通过分组交换网络到达目的地。采用 L2TP 协议的 VPN 技术（L2TP VPN）和 PPTP VPN 技术的用途和工作方式几乎都是相同的，它们都是用于没有 VPN 路由器的家庭网络，以及出差在外、没有路由器的移动办公人员接入因特网。

L2TP VPN 的隧道是在第二层实现的，它结合了两种隧道协议，即第二层转发协议（layer 2 forwarding protocol，L2FP）和 PPTP 的特性。但这两种隧道协议只能实现隧道功能，无法保证数据安全，因此利用 IPsec 协议来保护数据更为理想。

如果将 L2TP 协议和 IPsec 协议结合起来使用，则称为 L2TP over IPsec。由于通常不在路由器上配置 IPsec 协议，而 L2TP 不仅支持路由器，还支持防火墙，且在防火墙上必须同时使用 L2TP 和 IPsec，所以通常在防火墙上配置 L2TP over IPsec。

6. SSL VPN

安全套接字层（secure socket layer，SSL）协议是一种在因特网上保证发送信息安全的通用协议，而 SSL VPN 技术则是采用 SSL 协议来实现远程接入的一种新型 VPN 技术，是对现有 SSL 应用的一个补充，它工作在 OSI 参考模型的较高层（甚至高于 VPN 协议工作的层次），主要用于保护 HTTP 流量，提高企业执行访问控制的能力和安全级别。

与 IPsec VPN 技术相比，SSL VPN 技术更注重点对端的安全接入。例如，如果并不是想实现两所学校网络互通，而是只想实现师生在校外也能够接入校园网的功能，则使用 SSL VPN 技术更加合适。

7.4.3   虚拟专用网设计实例

1. 建设背景

随着智慧校园的工作推进，高校相继建立了智慧服务门户，旨在集中化管理学校的各种应用系统，为师生提供更加便捷的系统使用方式和更加优化的工作和学习体验。与此同时，为了提高学校的网络安全建设标准，为师生提供一个绿色的网络环境，智慧服务门户中的许多应用只能在校园网环境下使用，这就给学校师生的日常工作和学习带来了不便。

为了解决在校外无法访问学校的各种应用系统的问题，某高校遵循安全性、高速性和易用性的原则，提出了在校外通过 SSL VPN 接入智慧服务门户的建设方案。

2. 设计原则

（1）安全性

综合考虑学校师生的具体应用和需求，虚拟专用网的安全性有六层含义：一是用户身份的安全性；二是接入终端的安全性；三是数据传输的安全性；四是权限访问的安全性；五是审计的安全性；六是智能终端访问业务系统数据的安全性。这六大安全性全面保障虚拟专用网的安全。

（2）高速性

网速低的原因有跨运营商访问、传输冗余数据、高丢包率高时延的网络环境、移动终端的无线访问等。而从优化的层次来看，可以从线路、传输协议、数据、应用4个层次对网速进行优化。因此，在设计接入方案时就需要从这4个层次入手解决远程办公网速低的问题。

（3）易用性

对于师生来说，保证虚拟专用网简单易用是非常重要的一个方面。因此，应该在保证网络安全的前提下，简化虚拟专用网的登录过程，不断优化用户的使用体验。

3. 方案实现

① 利用 SSL VPN 技术提供身份认证安全、终端安全、数据传输安全、权限安全，以及应用访问审计安全等安全功能，以满足安全性标准，如图 7.4.6 所示。

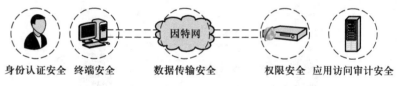

身份认证安全　终端安全　　数据传输安全　　权限安全　应用访问审计安全

图 7.4.6　SSL VPN 安全功能

② 将虚拟专用网与智慧服务门户的认证系统进行单点登录对接，以提升师生的使用体验，其流程如图 7.4.7 所示。师生在校外网络环境登录智慧服务门户的同时，单点登录 VPN 即可使用校内的网络应用，从而保证了访问的安全性，提升了用户体验。

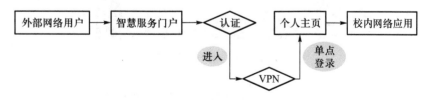

图 7.4.7　单点登录 VPN 的流程

③ 进行 SSL VPN 旁路模式部署，如图 7.4.8 所示，利用 SSL VPN 连接校园网核心交换机，不改变校园网原有的网络架构，以保证校园网的稳定。

通过 SSL VPN 接入智慧服务门户的流程（以 Chrome 浏览器为例）如下。

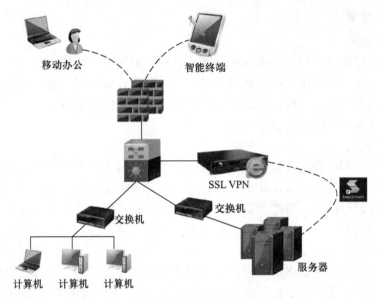

图 7.4.8 SSL VPN 部署

① 通过学校主页进入智慧服务门户，根据界面提示，输入用户名和密码，如图 7.4.9 所示。

图 7.4.9 用户登录界面

② 单击"登录"按钮，打开客户端下载提示界面，如图 7.4.10 所示，通过此页面下载 EasyConnect 客户端。

③ 安装好 EasyConnect 客户端后，会自动跳转到办事大厅，如图 7.4.11 所示，根据需要选择相应的应用即可。

图 7.4.10 客户端下载提示界面

图 7.4.11 办事大厅界面

7.5 物联网

7.5.1 物联网概述

1. 物联网的起源

物联网理念最早出现于 1995 年，比尔·盖茨所著的《未来之路》一书中提及了万物互联，只是当时受限于无线网络、硬件及传感设备的发展水平，并未能引起人们的重视。

1999 年，美国麻省理工学院的自动识别中心（Auto-ID）首先提出了物联网的概念，该概念主要建立在物品编码、射频识别技术（radio frequency identification，RFID）

拓展阅读 7.2
物联网发展史

和互联网的基础上。我国最初将物联网称为传感网。中国科学院早在 1999 年就启动了传感网的研究，开发了一些适用的传感网。同年，在美国召开的移动计算和网络国际会议上，"传感网是下一个世纪人类面临的又一个发展机遇"被正式提出。2003 年，美国《技术评论》提出传感网技术将位于未来改变人们生活的十大技术之首。

2005 年 11 月 17 日，在突尼斯召开的信息社会世界峰会（WSIS）上，国际电信联盟（ITU）发布了《ITU 互联网报告 2005：物联网》，正式提出了物联网的概念。该报告指出，无所不在的"物联网"通信时代即将来临，世界上所有的物体，从轮胎到牙刷、从房屋到纸巾都可以通过因特网主动进行交换。RFID 技术、传感器技术、纳米技术、智能嵌入技术将得到更加广泛的应用。

2. 物联网的定义

按照国际电信联盟的定义，物联网（internet of things，IoT）主要用于解决物到物之间的互联问题。物联网可以实现人与人、人与物以及物与物间的互联互通，实现方式可以是点对点方式，也可以是点对面方式或面对点方式。人们通过适当的网络平台，获取、传递和处理相应的信息或进行相应的控制，即物联网要解决的是传统互联网所没有考虑的物和物之间的互联问题。

目前业界普遍认可的物联网定义是：通过各种信息传感设备及系统（如传感器网络、射频识别设备、红外线感应器、条形码与二维码、全球定位系统、激光扫描器等）以及其他基于物-物通信模式的短距离无线传感器网络，按照约定的协议，把任何物体通过各种接入网与互联网连接起来所形成的一个巨大的智能网络，通过这一网络可以进行信息交换和传递，以实现对物体的智能化识别、定位、跟踪、监控和管理等。

上述定义同时说明了物联网的技术组成和联网目的，如果说互联网可以实现人与人之间的交流，那么物联网则可以实现人与物、物与物之间的联通。图 7.5.1 所示的是物联网的概念模型。

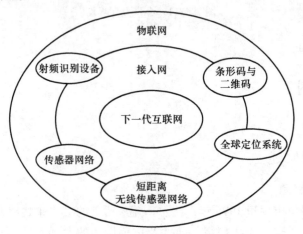

图 7.5.1　物联网的概念模型

3. 物联网的分类

① 私有物联网：一般面向单一机构提供服务。

② 公有物联网：基于互联网向公众或大型用户群体提供服务。

③ 社区物联网：向一个关联的社区或机构群体提供服务。

④ 混合物联网：是上述两种或两种以上物联网的组合，但其后台有统一的运行和维护实体。

7.5.2 物联网应用

1. 农业应用

蔬菜供应链作为农产品供应链的重要组成部分，是以蔬菜为特定研究对象，对从蔬菜种植到蔬菜销售的过程中所产生的物流、信息流和资金流进行控制，协调各方参与者利益的过程。通过物联网信息平台，政府可以及时掌握有关蔬菜供应链的重要信息，制定合理的政策并建立相应的机制，以推动我国蔬菜供应链的持续发展。

制约我国蔬菜供应链发展的一个重要因素就是蔬菜供应链上各节点企业之间信息传递不畅。应用物联网技术能够加强蔬菜供应链上各节点企业之间的协作，促进它们之间的信息传递与共享，从而提高整个蔬菜供应链的运作效率，推动蔬菜产业的发展。

在蔬菜供应链中应用物联网技术能够产生以下作用：第一，有利于蔬菜供应链上各节点企业间的信息查询与共享；第二，能够实现对蔬菜产品的实时监控、预警和追溯；第三，可以降低蔬菜供应链的牛鞭效应。

2. 水利应用

物联网在水利领域应用广泛。例如，国内首个水利物联网项目——"感知太湖，智慧水利"物联网示范工程已经形成了蓝藻智能感知、船舶行踪监控、水工建筑管理等于一体的智慧水利物联网系统。

拓展阅读 7.3 "感知太湖，智慧水利"物联网示范工程

该物联网系统将主要包含三个部分：防汛防旱指挥智能决策系统、水环境智能治理系统和水资源智能管理系统。

该物联网系统的建设，全面提升了防汛防旱决策指挥、水环境治理、水资源管理的信息化和智能化水平，实现智能感知、智能调度和智能管理，构建国内领先、国际一流的水利信息化体系。

目前，物联网系统，尤其是传感网络系统在水利工程中的应用已初具规模。在传感网络的支撑下，水利部门建成了覆盖全国的实时水情计算机广域网、水利信息主干网等网络，并开展了水量调度、水文预报、水利电子地图、决策支持、自动化办公等方面的深入研究。

3. 工业应用

工业物联网即通过工业资源网络互联、数据互通和系统互操作，实现制造原料的灵活配置、制造过程的按需执行、制造工艺的合理优化和制造环境的快速适应，实现资源的高效利用，从而构建服务驱动型的工业生态体系。工业物联网的技术体系主要包括感知控制技术、网络通信技术、信息处理技术和安全管理技术。

中投顾问发布的《"十三五"数据中国建设下物联网行业深度调研及投资前景预测报告》预测，到 2020 年，工业占物联网整体市场规模的 22.5% 左右，而这一数据在

2013 年约为 17.6%。其中，制造业又是工业中占比最大的部分。由此可以看出，制造业在物联网中占据着重要的地位。相应地，物联网在制造业领域也具有巨大的应用空间。物联网在制造业领域的应用丰富，包括设备制造、石油化工、金属冶炼及加工、食品、服装、造纸印刷等。

工业物联网的实施一般包括 4 个阶段。

（1）智能的感知控制阶段

在该阶段，利用基于末端的智能感知技术（如传感器、射频识别、无线传感器网络等）随时随地进行工业数据的采集和设备控制的智能化。

（2）全面的互联互通阶段

在该阶段，通过可以使多种通信网络互联互通的手段（如工业网关、短距离无线通信、低功耗广域网和 OPC UA 等）整合信息化共性技术和行业特征，将采集到的数据实时、安全、高效地传递出去。

（3）深度的数据应用阶段

在该阶段，利用云计算、大数据等相关技术，对数据进行建模、分析和优化，实现多源异构数据的深度开发和应用，从数据仓库中提取隐藏的预测性信息，挖掘数据间的潜在关系，快速而准确地找出有价值的信息，提高系统的决策支持能力。

（4）创新的服务模式阶段

在该阶段，主要利用信息管理、智能终端和平台集成等技术，提供定制服务、增值服务、运维服务、升级服务、培训服务、咨询服务和实施服务等，并在智能工厂、智能交通、工艺流程再造、环境监测、远程维护、设备租赁等领域广泛应用物联网技术，全方位构建工业物联网创新的服务模式生态圈，提升产业价值，优化服务资源。

4. 物流应用

随着物联网技术的快速发展，物联网在智能物流领域中的应用也在不断扩展，下面只简单地介绍 4 个方面的应用。

（1）供应链管理

在供应链管理中，通过 RFID、红外线等感知技术可以实时地获取物品当前的状态，然后通过物联网的网络层将信息传送给销售商、生产商以及原料供应商，使供应链上的各个环节具备快速获取信息的能力。对供应链进行物流信息的智能化管理可以提高对客户需求预测的准确度，促使供应链上下游企业密切合作，提高整体效益，而不是利润的简单转移。

（2）智能物流配送中心

智能物流配送中心利用物联网中的 RFID 等技术，根据需要将电子标签贴在货物、托盘或者周转箱等的上面，通过对物品信息进行实时记录和处理，同时结合物联网的智能处理系统，实现货物出入库、盘点、配送的一体化管理。

（3）可视化管理

目前，物联网的 GPS/GIS 技术、RFID 技术、传感器网络技术在智能物流中已得到初步应用。通过这些技术，人们可以实时了解对象的位置与状态，建立可视化的智能系统。

(4) 可追溯管理

应用物联网建立可追溯的智能物流系统，可以对物流过程进行质量管理和责任追究。例如，将物联网中的视频技术嵌入生产系统，不仅可以对产品的制造过程进行实时监控，还可以进行事后查询。目前，食品、药品等领域多运用物联网技术实施可追溯管理。通过可追溯管理可以保障产品质量，提高物流效率。

5. 医疗应用

物联网技术在医疗领域的应用潜力巨大，移动应用、智能设备、生物传感器、可穿戴设备、家庭虚拟助理、基于区块链的电子医疗记录系统、预测分析和 Web 健康门户等开始在医疗领域得到应用。

(1) 远程医疗

远程医疗主要是利用物联网技术，构建以患者为中心、基于危急重症患者的远程会诊和持续监护服务体系。利用远程医疗，人们不用去医院，在家里就可以获得诊疗服务。

拓展资料 7.4
无线医疗技术

(2) 医院物资管理

将物联网技术应用于医院物资管理，可以实现医疗器械与药品的生产、配送、防伪、追溯，以避免公共医疗安全问题。全方位实时监控技术被广泛地应用于资产管理和设备追踪中，从而有效地提高了医院的工作效率，降低了医院物资的管理难度。

(3) 医疗信息管理

目前医院对医疗信息管理的需求主要集中在以下几个方面：身份识别、样品识别、病案识别等。其中，身份识别主要包括病人的身份识别、医生的身份识别，样品识别包括药品识别、医疗器械识别、化验品识别等，病案识别包括病况识别、体征识别等。

(4) 移动医疗设备

传感器技术，如可穿戴式传感器和设备为健康管理带来了许多便利。例如，将移动设备与传感器相连，然后利用移动设备对传感器所获得的数据进行读取和解释，使医疗机构能够用小巧的设备代替重型医疗设备。目前，许多智能医疗设备，如用于治疗支气管哮喘的智能吸入器、用于治疗糖尿病的智能注射笔、智能药丸等，被开发出来。生物传感器也是医疗设备数字化转型的重要内容。得益于生物传感器，医护人员可以随时随地调整患者的治疗方案并监测患者的健康状况。例如，生物传感器可以监测患者的血糖水平、血压、心率、氧气水平、脉搏等数据，如果这些数据有异常，就会及时提醒医护人员。

6. 智慧城市

智慧城市是智慧地球在城市建设和管理中的具体实践。智慧城市能够充分运用信息和通信技术，对城市核心运行系统的各项关键信息进行感测、分析和整合，以对民生、环境保护、公共安全、城市服务、工商业活动等方面的各种需求做出智能响应，为人类创造更美好的城市生活环境。

物联网是实现智慧城市的关键因素与基石。智慧设备，如智能电表、家庭网关、

拓展阅读 7.5
广州市"智慧城
市"建设

智能电器以及智能插座的开发也为物联网在智慧城市中的应用创造了机会。利用数据收集、运算、分析技术，以及有线与无线通信技术，可以实现人、机器和系统三者之间的无缝连接，解决城市化所带来的衣、食、住、行等生活上的各种问题。目前全球已掀起智能城市建设热潮，并为物联网销售商、服务提供商、平台供货商以及咨询公司等带来了巨大的商机。

物联网在智慧城市的建设中，扮演了中枢神经系统的角色。物联网通过传感器全方位地获取城市中的各种数据，包括位置数据、视频数据、状态数据、服务数据以及其他各类业务数据，并依托城市的网络基础设施，实现传感信号和数据的传输；通过大数据、物联网、云计算等技术对各类感知的数据进行分析和处理；基于数据分析和处理的结果，为各种各样的城市活动，包括物流、制造、电网、交通、环境保护、市政管理、商业、医疗、水利、公共安全等提供支持，并为城市居民提供智能、贴心的服务，使城市更加平安、绿色、宜居。

目前，智慧城市已成为世界城市发展的趋势，而信息通信技术与物联网技术的不断融合则是促进智慧城市发展的主要驱动力。

7. 智慧校园

智慧校园通过物联网来实现智慧化的校园服务和管理，它可以实现校园内任何人、任何物、任何信息载体在任何时间和任何地点上的互联互通，海量信息在物联网平台上聚合而产生新的信息，从而为师生提供了智慧化的服务。

智慧校园虽然为师生带来了极大的便利，但也存在着一些问题。首先是成本问题，建设智慧校园首先要有一个统一的基础设施平台，包括有线网与无线网双网覆盖的网络环境；其次是师生隐私安全问题，由于利用物联网可以获得有关用户行动、习惯以及偏好等的信息，这些信息涉及用户的隐私，如何保护师生隐私是建设智慧校园亟待解决的问题；最后，管理机制等尚不完备，在智慧校园中，对物联网的维护、管理和使用机制等都需要进一步完善。

目前，智慧校园还处于摸索阶段。从长远来看，智慧校园将给学校带来无处不在的移动学习、融合创新的协同科研、透明高效的校务管理、丰富多彩的校园文化和方便周到的校园生活。

8. 智慧交通

智慧交通以互联网、物联网等技术为基础，通过感知化、互联化、智能化等方式，形成了以交通信息网络完善、运输装备智能化、运输效率和服务水平高为主要特征的现代交通模式。总之，智慧交通充分利用信息通信技术，通过人、运输装备与交通网络之间的相互感知、智能互动，达到一种自动、合理、高效的交通管理服务状态，从而使交通运输效率和交通资源效益最大化。

基于物联网技术的智慧交通主要包括以下内容。

（1）智能停车与诱导系统

智能停车与诱导系统可以提高驾驶员停车的效率，减少因停车难而导致的交通拥堵、能源消耗等问题。该系统主要包括两方面内容：一是对出行市民发布停车场、停

拓展阅读 7.6
杭州市"智慧交通保障工程"

车位、停车路线指引方面的信息，引导其抵达指定的停车区域；二是停车的电子化管理，实现对停车位的预定、识别、自动计时收费等。

（2）电子不停车收费系统

电子不停车收费系统的特点是不停车、无人操作和无现金交易，其主要包括两部分内容：一是车辆的电子车牌系统，它用于唯一识别车辆，其中存储了车辆的相关信息，可以实时与收费站的控制设备进行通信；另一部分是后台计费系统，由管理中心和银行组成，用于公路收费专营公司、结算中心和客户服务中心等，后台计费系统根据收到的数据文件在公路收费专营公司和用户之间进行交易和结算。

（3）智能交通监控与管理系统

利用地磁感应技术等智能感应技术实时采集与整理各道路的车流量情况，实时监控各交通路段的车辆信息，同时自动检测车辆的车重、轴距、轴重等信息，对违规车辆进行自动拍照与视频录制以辅助执法。

（4）智能公交系统

智能公交系统通过对域内公交车进行统一组织和调度，提供公交车辆定位、线路跟踪、到站预测、电子站牌信息发布、油耗管理等功能。它具有较强的公交线路调配和服务能力，可以实现区域人员集中管理、车辆集中停放、计划统一编制、调度统一指挥，以及人力、运力资源在更大范围内的动态优化和配置，从而降低公交运营成本，提高调度应变能力和乘客服务水平。

（5）综合信息平台与服务系统

综合信息平台与服务系统是智能交通系统的重要支撑，是连接其他系统的枢纽，它全面采集、梳理、存储、处理和分析交通感知数据，为交通管理和决策提供必要的支撑和依据，同时将经过综合处理的信息以多种渠道（如大屏幕、网站、手机、电视等）及时发布给出行市民。

基于物联网的智能交通，其采集的信息量将呈指数增长，进行海量数据分析和处理将成为必然，因此对所采用的技术提出了更高的要求。以轻型化、多模、低成本、长寿命、高可靠性的传感器，下一代互联网和云计算为代表的新技术的发展，为智能交通的发展提供了重要的技术支撑。

7.5.3　物联网相关技术

1. 感知层技术

感知层承担着信息采集的任务。从现在阶段来看，物联网发展的瓶颈就是感知层技术。国际电信联盟（ITU）将传感器技术、射频识别技术、微机电系统（micro electro-mechanical system，MEMS）、GPS技术列为物联网关键技术。

（1）传感器技术

传感器技术同计算机技术与通信技术一起被称为信息技术的三大支柱。根据仿生学的观点，如果把计算机看作处理和识别信息的大脑，把通信系统看成传递信息的神经系统，那么传感器就是感觉器官。

拓展阅读 7.7
传感器技术

传感技术是关于从自然信源获取信息，并对之进行处理（变换）和识别的多学科交叉的现代科学与工程技术，它涉及传感器（又称为换能器）、信息处理和识别系统的规划、设计、开发、制造/建造、测试、应用、评价及改进等活动。获取信息需要依靠各类传感器，微型无线传感技术以及基于该技术的传感网是物联网感知层的重要支撑。

（2）射频识别技术

射频识别技术是一种非接触式自动识别技术，它通过射频信号自动识别目标对象并获取相关数据，无须人工干预，可以在各种恶劣环境中工作。在我国，射频识别技术已经在身份证件管理、电子收费系统和物流管理等领域得到了广泛的应用。

射频识别技术市场应用成熟，电子标签成本低廉，但这种技术一般不具备数据采集功能，只是用于对物品进行身份甄别和属性存储，而且其在金属和液体环境下应用受限，射频识别技术属于物联网的信息采集层技术。

（3）微机电系统

微机电系统是指利用大规模集成电路制造工艺，经过微米级加工，得到的集微传感器、微执行器以及信号处理和控制电路、接口电路、通信和电源于一体的微型机电系统。

微机电系统技术近年来飞速发展，为传感器的智能化、微型化、低功率创造了条件。微机电系统技术属于物联网的信息采集层技术，具有微型化、智能化、多功能、高集成度和适合大批量生产等特点。近年出现了集成度更高的纳机电系统（nano-electro-mechanical system，NEMS）。

（4）GPS 技术

拓展阅读 7.8
GPS 技术

全球定位系统（global positioning system，GPS）是具有海、陆、空全方位实时三维导航与定位能力的新一代卫星导航与定位系统，其由空间星座、地面控制和用户设备三部分构成。GPS 技术能够快速、高效、准确地提供包含点、线、面要素的精确三维坐标以及其他相关信息，具有全天候、高精度、自动化、高效益等特点，广泛应用于军事、民用交通（船舶、飞机、汽车等）导航、大地测量、摄影测量、野外考察探险、土地利用调查、精确农业以及日常生活（人员跟踪、休闲娱乐）等领域。

GPS 技术作为移动感知技术，是物联网延伸至通过移动方式采集移动物体信息领域的重要技术，也是实现物流智能化、可视化的重要技术，更是智能交通的重要支撑技术。

2. 网络层技术

网络层位于物联网三层结构中的第二层，其功能为传送数据，即通过通信网络进行数据传输。网络层作为纽带连接着感知层和应用层，它由各种私有网、公用网、有线网和无线通信网等组成，相当于人的神经中枢系统，负责将由感知层获取的信息，安全可靠地传输到应用层，然后根据不同的应用需求进行相应的数据处理。

（1）M2M

M2M 是机器对机器（machine to machine）通信的简称。目前，M2M 重点在于机器对机器的无线通信，存在以下三种方式：机器对机器、机器对移动电话（如用户远程监视）和移动电话对机器（如用户远程控制）。

由于 M2M 是无线通信技术和信息技术的整合，因此 M2M 可用于双向通信，如远距离收集信息、设置参数和发送指令等。此外，M2M 技术还可用于其他应用方案，如安全监测、自动售货机、货物跟踪等。

在 M2M 中，全球移动通信系统（GSM）、通用分组无线业务（GPRS）、通用移动通信业务（UMTS）是其主要的远距离连接技术，其近距离连接技术主要有 IEEE 802.11b/g、蓝牙（bluetooth）、ZigBee、RFID 和超宽带（UWB）等。此外，M2M 还采用可扩展标记语言（XML）和分布对象中间件（CORBA），以及基于 GPS、移动终端和网络的位置服务技术。

（2）ZigBee

前面介绍过，ZigBee 是基于 IEEE 802.15.4 标准的低功耗局域网协议。根据相关国际标准的规定，ZigBee 技术是一种短距离、低功耗的无线通信技术，其名称（又称为蜂舞协议）来源于蜜蜂的八字舞。蜜蜂（bee）是靠飞翔和嗡嗡（zig）地抖动翅膀来与同伴传递花粉所在方位的信息的，也就是说，蜜蜂依靠这样的方式构建了群体中的通信网络。ZigBee 的特点是近距离、低复杂度、自组织、低功耗、低数据传输速率。它主要用于自动控制和远程控制领域。简而言之，ZigBee 就是一种低成本、低功耗的近距离无线组网通信技术。ZigBee 从下到上依次为物理层、介质访问控制层、传输层、网络层、应用层等，其中物理层和介质访问控制层遵循 IEEE 802.15.4 标准的规定。

3. 应用层技术

应用层技术侧重于对感知层所采集的数据进行计算、处理和挖掘，从而达到对物理世界实时控制、精确管理和科学决策的目的。如果从应用层的角度来看物联网，可以将物联网看作是一个基于通信网、互联网或专用网络，以提高物理世界运行、管理、资源使用水平为目标的大规模信息系统。该信息系统的数据来自于感知层对物理世界的感应，并将产生大量可能引发应用层深度互联和跨域协作需求的事件。应用层技术涉及面较广，涵盖了海量数据存储、云计算、数据挖掘以及大数据分析等。

（1）海量数据存储

海量数据意味着大量的数据，其数据量一般达到 TB 级别或 PB 级别，海量数据存储主要是为大数据分析做准备，而传统的关系数据库存储往往很难满足这样的需求。

从数据存储的模式来看，海量数据存储可以分为直接附接存储（direct attached storage，DAS）和网络化存储（fabric attached storage，FAS）两种。其中，网络化存储又可以分为网络附接存储（network attached storage，NAS）和存储区域网（storage area network，SAN）附接存储。

从数据存储系统的组成上来看，无论是直接附接存储、网络附接存储还是存储区域网附接存储，其存储系统都可以分为磁盘阵列、连接和网络子系统以及存储管理软件三个部分。首先，磁盘阵列是存储系统的基础，是完成数据存储的基本保证；其次是连接和网络子系统，它可以实现一个或多个磁盘阵列与服务器的连接；最后是存储管理软件，它可以在系统和应用级上，实现多台服务器共享、防灾等存储管理任务。

拓展阅读 7.9
云计算服务分类

（2）云计算

云是分布在因特网上的各种资源的统称，它包括信息源以及一系列可以自我维护和管理的虚拟计算资源，而云计算是将 IT 相关的能力以服务的方式提供给用户，使得用户可以在不了解相关技术、知识及操作的情况下通过因特网获取所需要的服务。云计算是在分布式计算、并行计算和网格计算的基础上发展起来的，具有大规模与分布式、虚拟化、高可用性与扩展性、按需服务及安全性的特点。

美国国家标准与技术研究院将云计算划分为三类：软件即服务（software as a service，SaaS）、平台即服务（platform as a service，PaaS）和基础设施即服务（infrastructure as a service，IaaS）。软件即服务是基于云计算平台开发的应用程序，用户无须购买安装软件，通过标准客户端即可使用软件服务；平台即服务是云计算应用程序的运行环境，可以提供应用程序的部署与管理服务，使用者无须关注底层网络，以及存储和操作系统的问题；基础设施即服务是云计算的基础，可以提供硬件基础部署服务，它根据用户的需求为其提供实体或虚拟计算、存储和网络等资源。基础设施即服务还引入虚拟化技术以提供可靠性高、可定制性强、规模可扩展的服务，实现硬件资源的按需配置。

（3）数据挖掘

数据挖掘是按照既定的业务目标，从海量数据中提取潜在的、有效的能被人理解的模式的高级处理过程，以获取知识。数据挖掘的任务包括预测和描述。

预测是指根据一些已知的信息来预测未知的信息或者未来的值，通常使用监督学习算法进行预测。监督学习是指有目标变量或预测目标的机器学习方法，主要包含分类和回归。其中，分类是指将一个没有类别标识的待分类样本划分到预先定义的类别中；回归则是指将样本映射到一个真实值预测变量上。

描述是指找到描述数据的可理解模式，通常将其称为无监督学习，它主要包含聚类和关联规则发现。其中，聚类是指在没有预先定义类的情况下，将样本归到不同的类中；关联规则发现则是指发现数据集中不同特征间的相关性。

（4）大数据分析

大数据指的是所涉及的数据量规模巨大到无法通过人工在合理的时间内获取、管理、处理并整理成人类所能解读的信息。从技术上看，大数据与云计算密不可分，对于大数据必须采用分布式架构进行计算和处理。大数据分析的特色在于对海量数据进行分布式数据挖掘，不过它必须依托云计算的分布式处理、分布式数据库、云存储和虚拟化等技术。

7.5.4 物联网实施案例

在某高校建设数字化校园网络基础设施的同时，该校的各个部门根据学校信息化建设的要求，结合本部门的特点和实际需求着手建设自己的应用系统。目前，该校建成了人事、学工、教务、研究生、科研等管理系统，并有序运行，同时建成了后勤校园卡系统。该校的校园卡记录了教职工和学生的姓名、性别、学院、专业、身份证号、人员编号等信息，校园卡系统的组成架构如图 7.5.2 所示。

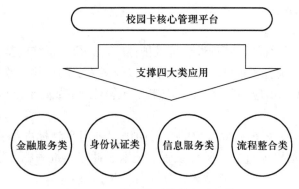

图 7.5.2　校园卡系统的组成架构

1. 核心管理平台

由于核心管理平台是整个系统的核心业务处理平台，所以其功能必须足够强大，体系结构必须足够灵活。核心管理平台的主要功能如下。

（1）客户管理

凡是涉及校园卡业务的部门和个人都是校园卡系统的客户，按照通用标准划分，可以将客户分为两种类型：校园卡持卡人为个人客户，部门/商户为机构客户。由于种种原因，存在同一客户在本系统中开设多个不同用途的账户的现象。出于管理的原因希望通过某种途径把这些账户关联起来，为此系统为每个持卡人开设了系统唯一的客户号，即人员编号等。

客户管理功能包括批量客户信息导入（从人事系统、共享数据库等中批量转换）、零星客户信息导入（从共享数据库中获取基础信息）、信息统计查询等。

（2）商户管理

商户管理主要用于对客户的交易账户进行管理。该功能采用金融行业标准的账务管理方法，设置标准财务核算科目，支持商户开设账户。商户账户采用树状结构管理模式，可无限扩展；个人账户可实现一人多卡、一卡多账户。对日常发生的卡交易采用借贷记账法记账。商户管理的具体功能有：① 商户账户的维护和管理，包括开户、撤户、变更、流水查询等；② 商户账户的财务管理，如手续费设置等；③ 持卡人账户的开户、撤户、变更、补助、扣款、充值、支取、银行卡转账，包括个别、批量、零散等方式；④ 账户异常管理，包括挂失解挂、冻结解冻等。

（3）卡务管理

系统支持校园卡分类、分级管理。校园卡可以分为教师卡和学生卡两大类，其中教师卡又可以进一步分为教授、外籍教师、普通教师等。此外，也可以根据需要灵活扩展校园卡的分类。卡务管理与师生的切身利益密切相关，因此要从卡片设计上充分考虑新生、丢卡、临时人员、脱机使用而不能透支，以及脱机时要最大限度地保护师生利益等需求。卡务管理还应支持专用于授权维护、脱机终端等管理的功能卡。

卡务管理的具体功能有发行功能卡、批量发行卡、发行正式卡、发行临时卡、补办卡、回收卡、卡信息维护、卡密码管理、挂失卡、解挂卡、冻结卡、解冻卡、卡现金充值/支取、交易冲正等。

（4）监控管理

为了提高校园卡系统的可管理性、可维护性等，必须对系统的整体运行状态进行有效的监控，以降低系统管理难度、维护成本，以及对人员的依赖。监控管理的主要功能有参数设置、设备监控、应用监控、网络监控、报警处理、故障定位和统计分析等。

（5）资金结算

资金结算主要是，根据有效账户的交易明细、采用金融标准结算办法和结算流程进行结算，具体包括以下过程：基础设置、记账、冲账、批入账、账务查询、交易结算、日常扎账、日（月、年）终结账、日（月、年）报表等。

（6）密钥管理

参照金融行业密钥管理体系，尤其是 PSAM 卡密钥体系，设计密钥管理系统。密钥管理的主要功能包括制作密钥母卡、授权卡初始化、发行授权卡、普通消费卡初始化等。

（7）通信平台

通信平台是信息总线的智能通道。校园卡系统中的通信平台应具备以下特点：支持 TCP 协议等多种协议、均衡负载、动态寻址、容错机制、开放性、扩充性、高可靠性、高效性、高安全性等。

（8）拍照打卡

校园卡上需要印刷持卡人的个性化照片，这时可以摒弃传统人工制作的方法，而采用系统自动采集数据的方法。即把持卡人的信息从表格、数据库等文件中自动抽取出来，自动对持卡人进行拍照，并将照片转存到计算机中。

（9）管理中心

管理中心提供对整个系统的管理功能和各种辅助支持功能，以保证整个系统正常运转。管理中心的主要功能有① 系统总控：对系统内的所有资源（包括设备、区域、操作员等）进行管理；② 安全管理：对系统接入模块（如银行接口）进行安全控制；③ 终端设备控制：对终端设备进行控制。

（10）分析中心

分析中心可以为各级领导及管理部门提供管理信息查询、后勤信息查询、消费信息查询及信息统计等功能，有利于他们分析校内员工的学习、工作、生活等情况，便于高校集中管理，为决策提供依据。

2. 金融服务类应用子系统

（1）银行转账子系统

该子系统通过专线或拨号方式实现与银行的联网，利用计算机网络和终端设备实现持卡人银行账户资金向校园卡账户划转，这一过程也称为圈存。

（2）现金充值子系统

考虑到教职工和学生的习惯，在用卡集中的地方提供人工充值功能，该子系统可以支持现金、支票、经费本等多种充值模式,并能配合银行、学校的现金管理制度,提供解款功能等。

(3)消费管理子系统

消费管理子系统针对普通消费和自助消费。普通消费是指需要收银员参与的消费活动,一般在收费场所部署收费终端即可。自助消费是指复印、洗衣、自助照相等不需要收银员参与的消费活动。自助服务终端一般采用脱机收费,并多使用专用钱包,而且不记录交易流水,当然也可以根据需要记录交易流水。自助服务终端一般嵌入终端控制电路,负责其启动、停止和工作状态控制。

(4)缴费管理子系统

学校利用该子系统与银行账务系统联网,完成学费、考试报名费、书费、军训费、校园网络费等费用的缴纳,以及教职工工资、福利等的发放,并进行统计、保存、打印,实现无现金管理。此外,能够对收费进行容错处理,能够实现退费、欠费,并能够通过现金计账完善学生的收费资料,保证系统收费资料的准确性。

(5)水控消费子系统

通过该子系统可以实现对学校内部用水的基本管理。用户在学校内部用水时,用一张卡即可完成淋浴、打开水等的交费,还可完成其他项目的交费和结算。该子系统能够提供灵活的用水计费方式;设置用水人的身份;设备冷热水的收费标准;准确记录每笔用水记录,以方便查找和归档;能够提供多种报表,以满足正常工作的需要。

(6)机房消费子系统

该子系统与学校机房管理系统集成在一起,可以实现上网计费,并将上网费用直接从用户的校园卡账户中扣除。

(7)校园网计费子系统

通过该子系统,用户的上网费用能够直接从校园卡账户中扣除,从而可以大大地节省时间、人力和物力。

(8)考试报名缴费管理子系统

利用该子系统,相关考试报名费用,如全国计算机等级考试报名缴费,可以直接从校园卡账户中扣除,从而为考生和考务人员节省了时间,带来了便利,并降低了人工操作可能引起的失误。

(9)医疗管理子系统

在校医院部署收费 PoS 机,可以通过该子系统实现校园卡刷卡收费。

(10)场地、运动器材管理子系统

学生或教职工在学校内租用场地或运动器材时,可以通过该子系统直接从其校园卡账户中扣除相关费用。该系统包括场地管理、球桌管理、运动器材管理、系统设置等模块。

(11)补贴发放子系统

以往学校发放补贴(如发放特困生补贴等)都采用现金方式,这种方式涉及跨部门审批,以及现金发放,因此补贴发放的工作量大、周期长,而利用该子系统可以实现网上补贴发放,从而大大地减轻了相关部门的工作量。

3. 身份认证类应用子系统

（1）考勤管理子系统

考勤管理子系统可以实现对学校内部考勤的基本管理,具体包括教职工上班考勤、学生体育锻炼考勤。该子系统利用报表查询和综合统计的方式,将考勤的每笔流水清楚地记录下来,以方便查找和归档。管理部门通过智能化管理,控制考勤过程,保证数据的安全性,提高考勤质量、效率和管理水平。

（2）门禁管理子系统

门禁管理子系统用于对高校各种需要控制出入的场所进行管理,该子系统不仅能控制非法人员的侵入,也能对合法人员的行为进行记录,从而提高了学校安全管理的层次。该子系统主要应用于实验室、办公楼、宿舍、库房、机房或其他具有安全防范、出入控制要求的场所。

（3）会议签到管理子系统

通过该子系统可以实现对学校各类会议,以及考试考核签到的基本管理,用户在学校内部参加会议、参与考试考核时,利用校园卡即可完成会议签到,并可记录会议、活动或讲座等的出勤情况。

（4）学生公寓管理子系统

该子系统用于学生住宿管理,可以对晚归的学生和访客进行身份识别和登记,也可以用于公寓内各种设备、器械的使用管理。

（5）实验室等场所管理子系统

该子系统用于实验室等场所的管理。利用该子系统,可以有效地控制、记录和查询实验室等场所的使用情况。学生进入实验室等场所时,可以通过该子系统用校园卡验证身份,控制时间及交费等;教师可以设置学生的使用权限。

4. 信息服务类应用子系统

（1）电话查询子系统

该子系统可以使用户能够通过电话挂失和解挂校园卡、查询卡余额和消费明细。该子系统能够提供 4、8、16 路并发电话语音服务,可以 7×24 小时不分地点地为持卡人提供挂失、余额查询以及交易明细查询等服务。

（2）多媒体自助子系统

利用该子系统,用户可以通过设置在办公楼、实验楼、图书馆、食堂等公共场所的多媒体自助终端,进行消费查询、消费余额查询、账户变动查询、密码修改、挂失解挂等自助操作。用户只要将校园卡放置在多媒体自助终端的感应区确认身份,便可以查询到与校园卡有关的教学、学习、生活、管理等方面的信息。

（3）综合信息门户

综合信息门户与学校数字化校园信息服务平台集成在一起,可以为用户提供全面的信息查询服务。综合信息门户是用户获取校园卡相关信息和个人基本信息的统一入口,它整合了学校相关应用系统,综合展现了用户个人的相关信息,为用户提供了一站式的信息服务。

5. 流程整合类应用子系统

（1）通用对接模块

通用对接模块可以实现各类子系统间的信息共享和交换，支持跨部门业务协同工作，为教职工和学生工作与学习带来方便。

（2）图书管理系统接口

图书管理系统接口用于与高校图书馆管理系统对接。该接口用校园卡替换原来的条形码卡；用 IC 卡读写器替换条形码读写器；不需要对图书馆核心系统进行修改或替换，只要替换其读卡部分、建立一张新旧卡号对照表即可；图书馆门禁系统采用标准门禁系统，由图书馆系统管理员根据学校规定设置门禁参数（如时间、名单等）。

7.6 下一代互联网

7.6.1 下一代互联网概述

目前因特网是在 IPv4 协议的基础上运行的。下一代互联网则是建立在 IPv6 协议基础上的新型公用网络，它能够容纳各种形式的信息，提供各种宽带应用和传统电信业务，并能够基于统一的管理平台对音频、视频、数据信号等进行传输和管理，是一个真正实现了宽带窄带一体化、有线无线一体化、有源无源一体化、传输接入一体化的综合业务网络。

下一代互联网具有如下特点。

（1）具有更大的 IP 地址空间

在 IPv6 协议下，IP 地址数量呈指数增长，大大提高了端到端连接的可能性。

（2）具有更加安全的网络环境

下一代互联网采用具有数据加密功能的 IPsec 协议，该协议可以为上层协议和应用提供端到端的安全保证，提高路由器的安全性，从而实现可信任的网络。

（3）服务质量得到很大改善

分组首部中的通信量级别和流标签字段可以实现优先级控制和服务质量保障，从而极大地改善了 IPv6 协议的服务质量，有利于大规模实时交互应用的开发。

（4）具有更加方便的网络接入方式

下一代互联网可以提供无处不在的无线移动通信功能。

（5）提高了网络的整体吞吐量

下一代互联网可以实现 100 Mbps 以上的端到端高性能通信。

（6）更好地实现了多播功能

IPv6 协议在多播功能中增加了范围和标志，既限定了路由范围，又可以区分永久

微视频 7.7
下一代互联网

性地址与临时性地址，更有利于多播功能的实现。

基于 IPv6 协议的下一代互联网，将成为支撑前沿技术和产业快速发展的基石，能够有力地支撑人工智能、物联网、移动互联网、工业互联网、5G 等前沿技术的发展，催生更多的新业态、新应用、新场景，最终惠及每一个人。

7.6.2　IPv6 协议

拓展阅读 7.10
IPv4 协议与 IPv6
协议的比较

随着因特网的发展，IPv4 协议定义的地址空间将被耗尽，地址空间的不足必将妨碍因特网的进一步发展。为了扩大地址空间，IPv6 协议应运而生，人们希望通过 IPv6 协议重新定义地址空间。IPv4 协议采用 32 位地址，只有约 43 亿个地址，而 IPv6 协议采用 128 位地址，可以不受限制地提供地址。按照保守方法估算，IPv6 协议实际可分配的地址，可以为地球上每平方米的面积分配 1 000 多个地址。IPv6 协议除了解决了地址短缺的问题以外，还解决了在 IPv4 协议中不好解决的其他问题，如端到端 IP 连接、服务质量、安全性、多播、移动性、即插即用等。截至 2017 年年底，全球 IPv6 地址（/32，即地址的前 32 位为网络号）申请总计 36 932 个，可供分配的地址总数为 225 626 块/32。

1. IPv6 地址格式

IPv6 地址的长度是 128 位，它通常用十六进制数表示法表示，即对 IPv6 地址按 16 位一段进行划分，并将每段转换成十六进制数，然后用冒号隔开，如 2000：0000：0000：0000：0001：2345：6789：ABCD，该地址很长，可以用以下两种方法对这个地址进行压缩。

（1）前导零压缩法

将 IPv6 地址每段的前导零省略，但是每段都至少要有一个数字。例如，上述地址可以表示为 2000：0：0：0：1：2345：6789：ABCD。

（2）双冒号法

在用冒号十六进制数表示法表示的 IPv6 地址中，如果几个连续的段的值都是 0，那么这些 0 可以简记为：：，同时每个地址中只能有一个：：。例如，上述地址可以表示为 2000：：1：2345：6789：abcd。

2. IPv6 路由技术

在基于 IPv6 协议的网络中，尽管需要重新对大多数 IPv4 路由协议进行设计或开发以支持 IPv6 协议，但 IPv6 路由协议相对于 IPv4 路由协议只有很小的变化。目前常用的单播路由协议（如 IGP 协议、EGP 协议）和多播协议都支持 IPv6 协议。

（1）RIPng 协议

路由信息协议（RIP 协议）是一种基于距离向量算法的距离向量协议。下一代路由信息协议（RIP next generation，RIPng 协议）是对原来 IPv4 网络中的 RIPv2 协议的扩展，RIP 协议的相关概念都适用于 RIPng 协议。

（2）OSPFv3 协议

拓展阅读 7.11
OSPF 协议

开放最短通路优先（OSPF）协议与距离向量协议不同，它是一种链路状态路由协议，通过在设备之间交换用于记录链路状态信息的各类链路状态通告（link state advertisement，LSA），使设备之间的链路状态信息同步，随后通过迪杰斯特拉算法（Dijkstra algorithm）计算出 OSPF 路由表项。OSPFv2 协议是基于 IPv4 协议的路由协议，而 OSPFv3 协议是在 OSPFv2 协议基础上开发的用于 IPv6 网络的路由协议，它由 RFC2740 定义。

（3）BGP4+协议

边界网关协议（BGP 协议）是一种在不同自治系统的路由器之间进行通信的外部网关协议，其主要功能是在不同的自治系统之间交换网络可达信息，并通过协议自身的机制消除路由环路。传统的 BGP4 协议（BGP4.0 版本）只能管理 IPv4 协议的路由信息，而使用其他网络层协议（如 IPv6 协议等）的应用，在跨自治系统传播时就会受到一定的限制。为了提供对多种网络层协议的支持，因特网工程任务组（IETF）对 BGP4 协议进行了扩展，形成了 BGP4+协议，BGP4+协议由 RFC2858 定义。

拓展阅读 7.12
BGP 协议

（4）IS-ISv6 协议

中间系统到中间系统（IS-IS）协议是由国际标准化组织（ISO）为其无连接网络协议（connectionless network protocol，CLNP）发布的动态路由协议，是一种链路状态路由协议。它与 OSPF 协议非常相似，使用最短通路优先算法进行路由计算。IS-ISv6 协议能够同时承载 IPv4 协议和 IPv6 协议的路由信息，可以在纯 IPv6 网络中运行，实现 IPv6 路由功能，也可以在 IPv4 网络和 IPv6 网络中运行，使 IPv6 "孤岛" 能够跨越 IPv4 核心网络互联互通。

拓展阅读 7.13
IS-IS 协议

（5）IPv6 多播技术

IP 多播是对 IP 协议的扩展。IP 多播是指在局域网或广域网上一个发送方将分组发送给多个接收方而不是一个接收方，并且只将分组传送给需要接收它的网络。IPv6 协议提供了丰富的多播协议，包括 IPv6 多播接收方发现协议（multicast listener discovery for IPv6，MLD 协议）、MLDv1 Snooping 协议、稀疏模式协议无关多播路由协议（protocal independent multicast-sparse mode，PIM-SM 协议）、密集模式协议无关多播模式（protocal independent multicast-dense mode，PIM-DM 协议）。

3. 双协议栈技术

双协议栈技术是指在设备上同时启用 IPv4 和 IPv6 协议栈。如果一台主机同时支持 IPv4 和 IPv6 两种协议，那么该主机既能与支持 IPv4 协议的主机通信，又能与支持 IPv6 协议的主机通信，这就是双协议栈技术的工作原理。

可以将双协议栈技术的工作过程简单描述为：若分组的目的地址是 IPv4 地址，则使用 IPv4 地址；若分组的目的地址是 IPv6 地址，则使用 IPv6 地址。在使用 IPv6 地址时有可能要对分组进行封装。双协议栈技术是 IPv6 过渡技术中应用最广泛的一种过渡技术，同时它也是其他所有过渡技术的基础。

在 IPv4/IPv6 网络中，为了实现 IPv6/IPv4 网络之间的互通，隧道技术是最常采用的一种手段。隧道技术通常部署在 IPv6 网络与 IPv4 网络边界的隧道入口处，由边界双栈路由器将 IPv6/IPv4 分组封装入隧道分组，并基于 IPv4/IPv6 目的地址将隧道分组转发到隧道终点。在隧道的出口处对隧道分组进行解封，剥离出 IPv6 分组。隧道分组依据隧道的具体实现方式，如 IPv4 隧道或多协议标记交换（multi-protocol label switching,

MPLS）隧道的不同，而采用不同的封装格式。

4. IPv6 over IPv4 隧道技术

如图 7.6.1 所示，IPv6 over IPv4 隧道技术是通过对 IPv6 分组进行 IPv4 封装，使得 IPv6 分组能够穿越 IPv4 网络的一种技术，该技术用于实现 IPv6 "孤岛" 的互通。

在网络中部署 IPv6 协议可以采取全双栈模式或隧道模式。其中，全双栈模式组网是最理想的方案，因为采用该模式就不必为不同类型的用户单独进行网络配置，开销小，管理简单，IPv4 网络和 IPv6 网络的逻辑界面清晰。隧道模式属于过渡技术，不是最理想的方案，因为隧道两端的设备需要花费额外的系统开销。

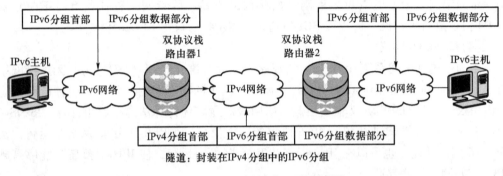

图 7.6.1　IPv6 "孤岛" 互联示意图

7.6.3　中国下一代互联网示范工程

2012 年 6 月 6 日，IPv6 网络正式启动，诸多因特网服务提供商以及各大网站都启用了 IPv6 协议，IPv6 协议在全球已进入实际部署阶段。国内外著名的通信设备制造商和软硬件生产商大多都在它们的路由器和操作系统中实现了对 IPv6 协议的支持，一些著名的开放系统平台，如 FreeBSD、Linux 等也增加了支持 IPv6 协议的软件包。世界上不少国家都建立了若干基于 IPv6 协议的实验网络（如 6Bone），我国也建立了基于 IPv6 的实验网络 6TNET，并规划了全新的基于 IPv6 协议的中国下一代互联网（China's Next Generation Internet）示范工程的建设。

中国下一代互联网示范工程是我国的国家级战略项目，于 2003 年启动，该工程的主要目的是搭建一个以 IPv6 协议为核心的下一代互联网试验平台。经过 5 年的建设，该工程建成了当时全球最大的 IPv6 示范网络——CERNET2（即第二代中国教育和科研计算机网），同时开发了一批 IPv6 关键技术，包括运营商、设备制造商以及应用软件的开发商等。此后，我国还制定了下一代互联网建设的路线图和时间表，其中 2010 年之前是准备阶段，2011—2015 年是过渡阶段，2016—2020 年是完成阶段。

目前，中国下一代互联网示范工程核心网 CNGI-CERNET 2/6IX 项目已通过验收，该项目取得了四大突破：① 是世界上第一个纯 IPv6 网络；② 开创性地提出了 IPv6 源地址验证体系结构；③ 首次提出了 IPv4 over IPv6 过渡技术；④ 首次在主干网大规模应用国产 IPv6 路由器。已经建成的国内/国际互联中心 CNGI-6IX，实现了 6 个 CNGI

主干网的高速互联，实现了 CNGI 示范网络与北美、欧洲、亚太等地区下一代互联网的高速互联。

7.6.4 IPv6 网络案例

　　某高校于 2011 年 12 月按照 CNGI-CERNET2 的统一部署，参加了"IPv6 网络支撑技术试商用"类子项目研究。该项目由基于真实 IPv6 源地址验证的跨域的统一标识、认证和信任服务系统，IPv4/IPv6 过渡系统，可控大规模多播服务系统，主干网运行管理与安全监控系统，支持全网漫游的校园网接入业务管理系统，校园网网络管理与安全监控系统 6 个子系统组成，这 6 个子系统在 CNGI-CERNET2 网络中心、25 个 CNGI-CERNET2 核心节点学校和 100 个 IPv6 技术升级的校园网中部署并投入运行。该项目的建设目标是：在用户数超过 100 万的大规模网络环境中建设下一代互联网，形成基础设施、运行管理和重大应用等方面所需要的试商用公共技术与公共服务支撑平台。

　　IPv6 校园网的网络拓扑结构如图 7.6.2 所示。

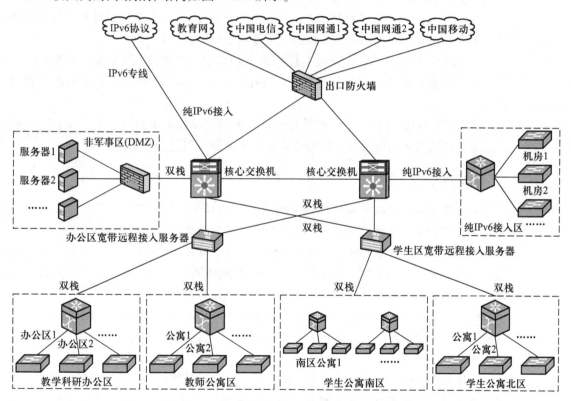

图 7.6.2　IPv6 校园网的网络拓扑结构

　　该高校通过 IPv6 技术升级子项目建设，在现有技术基础上，全面升级了用于支持 IPv6 协议的校园网主干设备，使全校师生可以方便快捷地接入 IPv6 网络，更好地进行教学、科研和管理等工作，具体来说取得了以下成果。

　　① 通过 IPv6 专线连接到地区 CNGI-CERNET2 节点，实现了以纯 IPv6 协议、

1 000 Mbps 带宽接入 CNGI-CERNET2；IPv6 网络进出流量最高达到 1 000 Mbps。

②实现了 IPv6 网络的全覆盖（楼宇覆盖率与 IPv4 网络一致），并实现了 100% 双栈接入方式，IPv6 网络接入用户数超过 15 000，达到 18 885 人。

③对校园网基础设施进行了重大改进，实现了基于宽带远程接入服务器（broadband remote access server，BRAS）架构的网络扁平化改造，大大提高了网络的使用质量，降低了网络的故障率，网络中心核心机房的条件也得到了显著改善。

④配有网络管理及监控系统，能够管理和监控校园网中所有的 IPv6 网络设备。配有校园网计费系统，能够对校园网所有 IPv6 用户的接入和计费进行管理。

⑤通过 IPv4/IPv6 双栈技术，建成了 14 个可实现 IPv6 用户访问的网站或应用系统，包括 IPv6 实验网站、基于 IPv6 协议的高清晰度视频多播系统、IPv6 主页、IPv6 用户计费系统、电子邮件 IPv6 网站、精品课程 IPv6 网站、教学资源库 IPv6 网站、新闻网 IPv6 网站、计算机学院 IPv6 网站、图书馆 IPv6 网站、经济与管理学院 IPv6 网站、EMBA 教育中心 IPv6 网站、青年学者协会 IPv6 网站和青年在线 IPv6 网站。

⑥建成了一个具有 360 个用户的纯 IPv6 网络环境，为本单位以及本项目的其他单位开展下一代互联网关键技术试验和应用提供了环境。

⑦与学校电视台协作，建成了基于 IPv6 协议的校内视频多播系统，实现了校内 18 路电视视频信号的 IPv6 多播服务，同时还建成了一套基于 IPv6 协议的高清晰度视频会议系统。

⑧按照项目的总体要求，在开展"IPv6 网络支撑技术试商用"类子项目研究的同时，与其他项目组积极协作，共同完成各子系统部署和运行等相关工作。

知识点小结

● 网络互联一方面是指传统的互联网络，如 ChinaNET、CERNET 等，另一方面也包括实现万物互联的物联网，也就是各个领域的智能设备的互联。

● 网络互联的类型很多，可以是局域网与局域网互联、局域网与广域网互联，也可以是广域网与广域网互联、局域网/广域网/局域网互联。其关键是将不同网段、网络或子网通过网络互联设备在不同的网络层次上连接起来。

● 我国的互联网主干网是国家批准的可以直接和国外互联网连接的互联网。目前我国拥有九大互联网主干网，其中 ChinaNET、CERNET、CSTNET、ChinaGBN 合起来称为中国四大主干网。

● 接入网又称为用户环路、用户线，是指主干网到用户终端之间的所有设备。根据所使用的传输介质可以将接入网分为有线接入网和无线接入网两大类。有线接入网又可以分为铜线接入网、光纤接入网和混合光纤同轴电缆接入网等；而无线接入网又可以分为固定接入网和移动接入网。

● 非对称数字用户线（ADSL）使用普通电话线作为传输介质。它利用频分多路复用技术把电话线路所传输的低频信号和高频信号分离开来，即在同一条线缆上分别传送数据和语音信号。

● 网络地址转换技术有效地解决了 IP 地址紧缺的问题，它通过将局域网内部的私有 IP 地址，转化成公用 IP 地址，以实现对因特网的访问，使内部网络和外部网络相隔离，从而达到保护内部网络安全的目的。

● 虚拟专用网是内部网络在公用网络（如因特网）上的扩展。虚拟专用网通过隧道技术在公用网络上建立起一条点对点的虚拟专线，从而达到安全传输数据的目的。

● 物联网包含 RFID、GPS、ZigBee 等多种技术，物联网可以实现人与人、人与物以及物与物的互联互通。物联网在实现方式上可以是点对点，也可以是点对面或面对点，它通过适当的网络平台，获取、传递和处理相应的信息或进行相应的控制。

● 目前的因特网还是在 IPv4 协议的基础上运行的，但是随着物联网的兴起，IP 地址不足的问题越发凸显出来，因此拥有更多地址空间的 IPv6 地址自然会得到越来越多的应用。

● 下一代互联网是一个建立在 IPv6 协议基础上的新型公用网络，它能够容纳各种形式的信息，提供各种宽带应用和电信业务，并能够基于统一的管理平台，对音频、视频、数据信号等进行传输和管理，是一个真正实现了宽带窄带一体化、有线无线一体化、有源无源一体化、传输接入一体化的综合业务网络。

思考题 🔍

1. 通用路由封装协议是通过怎样的封装结构实现封装的？为什么它可以实现跨互联网接入？

2. 从数据传输速率、上下行速率的对称性等方面简述 HDSL 和 ADSL 的特点。

3. 无线接入技术与有线接入技术相比有哪些优缺点？

4. 阅读有关虚拟专用网的资料，思考虚拟专用网是通过何种方式保证用户接入、数据传输、系统服务器的安全性的。

5. 虚拟专用网主要用于保证接入和数据安全，在校园网中除了图书馆数字资源外，还有哪些系统应该用虚拟专用网的方式接入以保证安全性？

6. 员工在出差途中要使用公司内部的办公系统，在这种情况下要保证接入安全，选用哪种虚拟专用网接入最合适？

7. 物联网技术包括哪些关键技术？它们之间有哪些区别？

8. IPv6 协议与 IPv4 协议相比除了地址长度更长之外还有哪些优势？

9. 生活中有哪些物联网技术？简要说明 4 种汽车所使用的传感器及其作用。

10. 简要说明网络地址转换的工作原理和类型。

11. IPv6 协议目前主要有哪些应用？

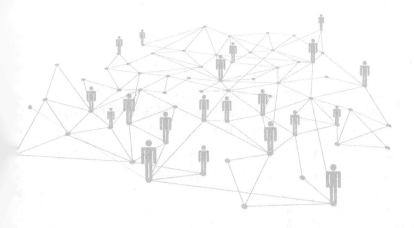

第 8 章

因特网服务

● **内容导读**

进入 21 世纪，因特网高速发展，网络智能化程度不断提高，应用技术也趋于多元化、个性化，从电子邮件、万维网到即时通信、流媒体，因特网的创新应用与服务从未间断。本章将重点介绍 Web 服务、电子邮件服务、域名服务和多媒体音频/视频服务，并开展有关 Web、域名的综合性实验。本章的主要内容如下：

- Web 服务、Web 体系结构，以及 Web 1.0/2.0/3.0。
- 域名服务、域名组成及其空间结构、域名设计，以及域名与 IP 地址的解析。
- 电子邮件服务、电子邮件系统的体系结构、电子邮件的格式，以及基于 Web 的电子邮件。
- 多媒体音频/视频服务，包括流媒体服务、视频点播、网络直播、IP 电话，以及网络会议。

8.1 万维网

万维网（world wide web，WWW）又称为 Web，是一个大规模的分布式超媒体系统。

8.1.1 Web 体系结构

Web 体系结构如图 8.1.1 所示。可以将 Web 比喻成因特网上的一个超大型虚拟图书馆：各个 Web 站点就像图书馆中的一本本书；主页（homepage）就是某个 Web 站点的起始页，它像是一本书的封面或目录；Web 页面则是书中的某一页；每个页面中包含有指向其他页面的链接（link），用户单击某个链接就可以跳转到该链接所指向的页面，该链接又称为超链接（hyperlink），超链接是实现 Web 服务的基础。

微视频 8.1
万维网

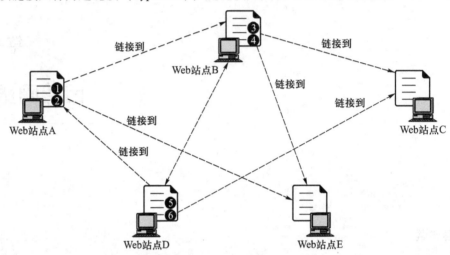

图 8.1.1 Web 体系结构

图 8.1.1 所示的 Web 站点分布在全球各地。每个 Web 站点中都有许多 Web 页面，这些 Web 页面中有一些文字或者图标是以特别的方式显示的。例如，用不同颜色或者加下画线的方式显示。当用户将鼠标指针移动到这些地方时，鼠标指针就变成了手的形状，说明这些地方有超链接。例如，Web 站点 A 的某个 Web 页面中有两个超链接，分别是超链接 1 和超链接 2，当用鼠标单击超链接 1 时，就会链接到 Web 站点 B 的某个 Web 页面；而 Web 站点 B 的这个 Web 页面中又有两个超链接，分别是超链接 3 和超链接 4，当用鼠标单击超链接 3 时，就会链接到 Web 站点 C 的某个 Web 页面上。

一般把用超链接的方法，将各种文字信息组织在一起的网状文本称为超文本，如果用超链接链接的不仅是文字信息，还包括图形、图像、声音、动画、视频等多媒体信息，则将其称为超媒体。超媒体体现的是非线性结构思想，用户不用按照线性的方式顺序浏览网页，而是可以有选择地浏览自己感兴趣的内容。

Web 页面所驻留的主机运行服务器程序，称为 Web 服务器，Web 服务器以客户-服务器（client/server）方式工作。通常将浏览 Web 页面的程序称为浏览器（browser），它运行在客户端，用于请求和使用共享资源。目前比较流行的浏览器有 Internet Explorer、Chrome、Firefox 等。Web 服务器用于响应客户的请求，向其提供所需要的资源，Apache、Tomcat、IIS 是最常见的服务器软件。

当客户端浏览器显示一个 Web 页面时，这个 Web 页面是通过超文本传送协议

（HTTP）抓取的。通常情况下，一个浏览器可以向多台 Web 服务器提出请求，一台 Web 服务器可以为多个浏览器提供服务。在 HTTP 请求/响应过程中，每个 Web 页面都拥有一个统一资源定位符（uniform resource locator，URL）。URL 是该 Web 页面在整个因特网上的唯一名称。

URL 包括 4 个部分：<协议>：//<主机>：<端口>/<路径>，可以用来表示因特网上的任何资源，包括 Web 页面、图像、视频等。其中，协议是指通信协议，即使用什么协议来获取该 Web 资源，最常用的协议就是 HTTP 协议，其次是文件传送协议（file transfer protocol，FTP 协议）；主机是指 Web 资源所在的主机域名；端口指协议端口号，TCP/IP 协议为其主要的协议分配系统端口号，如 HTTP 协议使用 80 号端口，FTP 协议使用 21 号端口，这时端口可以省略不写；路径是 Web 资源在主机上的文件目录，如果访问的是主页，路径则可以省略不写。

Web 页面中包含文字、图像、视频、超链接等多种元素。Web 从最早的超文本标记语言（hypertext markup language，HTML）、层迭样式表（cascading style sheet，CSS）到 JSP、OWL 等语言，经历了 Web 1.0、Web 2.0、Web 3.0 时代。

8.1.2　Web 1.0

Web 1.0 时代是一个信息共享时代。在 Web 1.0 时代，用户可以通过互联网浏览文档，从而实现了 Web 资源共享。从内容的产生方式来看，这个时期一般用 HTML 编制静态 Web 页面，用 ASP、JSP、PHP 等语言编制动态 Web 页面。

HTML 使用简单的标记（tag）定义格式命令。例如，<FONT COLOR=RED>将文字的显示颜色定义为红色，如图 8.1.2 所示。而动态 Web 页面则融合了应用程序、数据库技术，电子商务、检索工具、地图等都是动态 Web 页面的应用代表。HTML5 是 HTML 的第 5 代版本，它是 HTML、CSS 和 JavaScript 技术的组合。HTML5 进一步增强了页面内容编辑和展现功能，提升了 Web 在语义化、交互性、终端资源调用及多媒体展现等方面的能力，促使 Web 成为标准化、全功能的应用承载平台。

Web 1.0 简单实用，但是提供的信息比较单调，维护起来比较困难。从交互性来看，Web 1.0 是一种以网站对用户为主的模式，即 Web 页面从信息生产者到信息使用者是单向流动的，如图 8.1.3 所示，信息生产者提供什么信息，信息使用者就只能接收什么信息，用户只能浏览，没有归属感。

图 8.1.2　HTML 示例

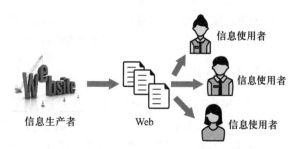

图 8.1.3　Web 1.0 采用以网站对用户为主的模式

8.1.3　Web 2.0

Web 2.0 是一个信息共建时代，强调参与和互动。在 Web 2.0 时代，用户既是信息的生产者（producer）又是信息的使用者（consumer），如图 8.1.4 所示。

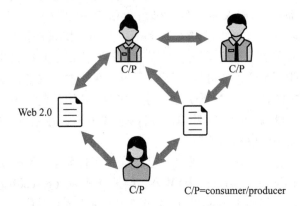

图 8.1.4　Web 2.0 采用信息共建的模式

Web 2.0 不是某种新技术或新应用，而是对互联网应用理念和架构的升级，是能让用户发布和分享内容的新一代互联网技术与应用服务的结合体。Web 2.0 以博客（blog）、维基（Wiki）、社会网络服务（SNS）、简易信息聚合（RSS）、标签（tag）等应用为核心，依据六度分隔理论，以及 XML、Ajax 等技术实现的新一代互联网模式。

博客是 Web 2.0 的一个重要应用，博客是个人或群体按照时间顺序所做的一种可以不断更新的记录，它打破了门户网站的信息垄断。博客之间主要通过回溯引用和回响/留言/评论等方式来进行交流。

微博即微博客（microblog）的简称，它是一个基于用户关系的信息分享、传播和获取平台，用户可以通过各种客户端组建个人社区，以简短的文字（通常为 140 字左右）更新信息，并实现即时分享。

维基是一种"可以运行的最简单的在线数据库"，它实际上是任何人或者任何拥有权限的人都可以创建或编辑的网页，用于帮助人们在一个社群内共用某个领域的知识。

社交网络服务的作用是为一群拥有相同兴趣与活动的人创建在线社区（或平台、网站）。使用社交网络服务的用户可以选择自己感兴趣的人或机构加以关注，并接收这些关注对象推送的各类信息。社交网络服务依托于以真实人际关系为基础的社会网络，它将广大用户纳入一个虚拟与现实相结合的平台。

8.1.4　Web 3.0

Web 3.0 时代是一个知识传承的时代。Web 3.0 又称为语义网（semantic Web），它突破了 Web 2.0 时代的互联网读写模式，以数据为中心，使用网络本体语言（Web ontology language，OWL）作为语义互联网的标准建模语言。用户通过数据关系连接起来，网络本身成为信息的加工者和整理者，并且变得更加智能化和万物互联化。

如图 8.1.5 所示，在 Web 3.0 时代，智能语义程序介入网络资源处理流程，计算机之间是可理解的、可自动处理的，因此一个 Web 站点中的信息可以直接与其他 Web 站点中的相关信息进行交互；用户可以通过第三方信息平台同时对多个 Web 站点中的信息进行整合使用；用户可以在互联网上拥有自己的数据，并能在不同的 Web 站点中使用；用户完全基于 Web，用浏览器即可实现复杂系统程序才能实现的系统功能，如统计、图表分析功能。

微视频 8.2
网络科技文献数据库检索

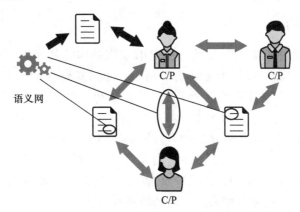

图 8.1.5　Web 3.0 时代采用智能化的模式

Web 3.0 智能化的基础是语义搜索，即可以从词语的语义层次上来认识和处理用户的检索请求，帮助用户缩小搜索范围并提供参考方案。2009 年，美国计算机科学家史蒂芬·沃尔弗拉姆用元胞自动机（cellular automation）理论代替数学方法对自然界进行了描述，基于公开的和获得授权的 1000 多个领域的 10 TB 数据资源、5 万多种算法模型，创建了 WolframAlpha 语义搜索引擎，其能够针对科学、技术、地理、气象、食品、商业、旅游、音乐等领域的问题，帮助用户实现基于关键词或问题的统计和分析工作。例如，当用户查询鱼油成分时，WolframAlpha 会以三维立体图形的方式告诉用户鱼油的分子式和分子结构式；当用户查询珠穆朗玛峰有多高时，WolframAlpha 不仅能告诉用户其海拔高度，还能告诉用户这座世界第一高峰的地理位置、附近有什么城镇，以及一系列相关图表。

在万维网发展的过程中，虚拟现实、实时消息、推送、富媒体、位置服务等新生事物层出不穷，随着万维网的迅速发展，其应用规模也越来越大。

8.2　域名服务

前面介绍过，因特网中的每台设备都有一个 MAC 地址，理论上所有程序通过该 MAC 地址都可以对其进行访问，但是 MAC 地址的空间分布是没有规律的，如果通过 MAC 地址来寻址处理量就会很大。在这种情况下，人们使用 IP 地址来寻址，但是用点分十进制法表示的 IP 地址不便于人们记忆。例如，某大学网站的 IP 地址为 202.119.84.71，这并不便于记忆，更不用说记忆 12-FA-9B-23-DB-11 这个 48 位的 MAC 地址了。但是，如果将该 IP 地址写成 www.njust.edu.cn 就容易记忆多了。将该大学网站的 IP 地址 202.119.84.71 表示为 www.njust.edu.cn 就使用了域名服务。域名服务（domain name service，DNS）是一种层次化的、基于域的命名方案，它用一个分布式数据库系统来实现。

8.2.1 域名结构

微视频 8.3
域名

因特网上的每台主机都有一个唯一的具有层次结构的名称——域名。各个层次的域名就构成了域名空间。域代表着域名空间中一个可被管理的子空间，如一个组织、企业等，域可以进一步划分为若干个子域，子域还可以继续划分为若干个子域，这样就形成了顶级域、二级域、三级域等。将不同层次的子域名用小数点连接起来就形成了域名，级别最低的子域名写在最左边，级别最高的子域名写在最右边。

如图 8.2.1 中，www.njust.edu.cn 是南京理工大学网站（Web 服务器）的域名，它的顶级域名为 cn，代表中国，二级域名为 edu，代表这是教育机构，而三级域名为 njust，是南京理工大学的字母缩写，www 是四级域名。

图 8.2.1 域名结构

一般情况下，域名由英文字母、数字和连字符组成，开头和结尾必须是字母或数字，各级域名最长不超过 63 个字符（在实际使用过程中，每个域名的长度一般小于 8 个字符），而且英文字母不区分大小写。域名的总长度不能超过 255 个字符。

1. 顶级域名

顶级域名分为国家顶级域名和通用顶级域名两类。

（1）国家顶级域名

国家顶级域名由两个英文字母组成，一般为国家或地区的名称。例如，cn 代表中国；ru 代表俄罗斯，uk 代表英国等。

因特网编号分配机构（IANA）是负责域名管理的组织，它是依据 ISO3166-1 所列的标准国家和地区代码来分配顶级域名的。目前根据 ISO3166-1 所列的标准国家和地区代码确定的国家顶级域名一共有 252 个。

（2）通用顶级域名

通用顶级域名分为通用域名、组织类域名及域名管理类域名三类。其中，最早确定的通用域名有 .com、.net、.org、.gov、.edu、.mil、.int，后来又增加了很多新通用顶级域名，如 .top、.xyz、.red、.loan、.win 等。表 8.2.1 列出了常用的通用顶级域名。其中，.edu、.gov、.mil 只是美国专用，而通用顶级域名 .com、.net、.org 则为全世界通用，因此这类通用顶级域名又称为国际通用顶级域名。

表 8.2.1 主要通用顶级域名

域名后缀	类型	含义	备注
. aero	组织类域名	航空行业专用	
. asia	组织类域名	泛亚和亚太地区专用	
. cat	组织类域名	加泰罗尼亚语地区专用	
. coop	组织类域名	商业合作社专用	
. edu	组织类域名	教育机构专用	
. gov	组织类域名	政府机构专用	无国家顶级域名时表示美国专用
. mil	组织类域名	军事机构专用	
. int	组织类域名	国际组织专用	
. jobs	组织类域名	人力资源机构专用	
. mobi	组织类域名	手机及移动终端设备专用	
. museum	组织类域名	博物馆专用	
. info	组织类域名	表示网络信息服务	
. tel	组织类域名	企业、个人公布联系信息专用	
. travel	组织类域名	旅游行业专用	
. com	国际通用顶级域名	表示公司企业	
. net	国际通用顶级域名	表示网络组织	全世界通用，称为国际通用顶级域名
. org	国际通用顶级域名	表示国际组织和协会	
. pro	受限通用顶级域名	仅供特定专业人士和组织使用	
. biz	受限通用顶级域名	仅供商业领域使用	
. name	受限通用顶级域名	仅供个人使用	
. arpa	保留域名	用于反向域名解析	
. au	域名管理	表示澳洲域名管理局（auDA）	
. top	新通用顶级域名	表示高端，顶级	
. xyz	新通用顶级域名	无限制，企业和个人都可以注册	
. red	新通用顶级域名	表示吉祥、红色、热情、勤奋	
. xin	新通用顶级域名	表示诚信、可信赖	
. win	新通用顶级域名	表示赢、胜利、成功	
. vip	新通用顶级域名	表示尊贵、会员、特别	
. wang	新通用顶级域名	表示王牌域名，取自拼音（"wang"）	
. ltd	新通用顶级域名	表示有限责任公司	
. online	新通用顶级域名	表示在线	
. club	新通用顶级域名	表示俱乐部、社团	

2. .cn 国家顶级域名下的二级域名

.cn 国家顶级域名下的二级域名，可以分为类别域名和区域行政区域名两种。

（1）类别域名

.cn 国家顶级域名下的主要类别域名如下。

.ac.cn：适用于科研机构。

.com.cn：适用于工业、商业、金融等企业。

.edu.cn：适用于教育机构。

.gov.cn：适用于政府机构。

.mil.cn：适用于国防机构。

.net.cn：适用于提供互联网络服务的机构。

.org.cn：适用于非营利性组织。

（2）区域行政区域名

.cn 区域行政区域名共有 34 个，适用于我国各省、自治区、直辖市以及特别行政区。例如，.ah.cn 表示安徽省、.bj.cn 表示北京市、.cq.cn 表示重庆市等。

一般将国际通用顶级域名 .com、.org、.net 下的域名称为国际域名，将国家顶级域名 .cn 下的域名称为国内域名。注册单位一旦获得一个国际域名或国内域名，就可以自行决定是否对所获得的域名空间进行进一步划分。例如，南京理工大学在获得了国内域名 njust.edu.cn 之后，就可以将该域名空间进一步划分为 www、mail、sem 等子域名。

8.2.2　域名解析

域名解析，就是将域名翻译为对应 IP 地址的过程。

1. 域名服务器

运行域名和 IP 地址转换软件的计算机称为域名服务器（domain name server，DNS），它负责管理和存放记录当前域的主机名与 IP 地址的数据库文件，及其子域的域名服务器信息。

与域名结构相对应，域名服务器在逻辑上也呈树状分布，每个域都有自己的域名服务器。其中，根域名服务器为最高层，通常用来管辖顶级域。根域名服务器虽然不直接对顶级域下的所有域名进行转换，但却能够找到其下所有二级域的域名服务器，如图 8.2.2 所示。

2. 域名解析器

域名解析器是请求域名解析服务的客户端软件，一台域名解析器可以利用一台或多台域名服务器进行域名解析。

3. 域名解析方式

域名解析方式有两种：一是递归解析，客户要求域名服务器一次性完成域名—IP地址的转换；该域名服务器如果不能直接给出解析结果，则会请求其他域名服务器进行解析，并将返回的解析结果提交给客户。二是迭代解析，客户每次向一台域名服务器提出域名解析请求；该域名服务器如果不能直接给出解析结果，则会向客户提供其他能够解析该域名的域名服务器地址。两种域名解析方式如图 8.2.3 所示。

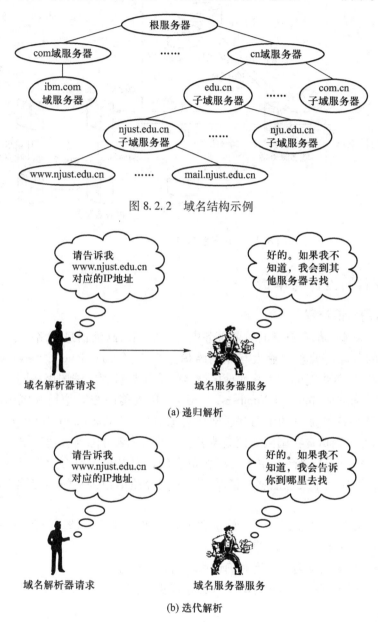

图 8.2.2 域名结构示例

(a) 递归解析

(b) 迭代解析

图 8.2.3 域名解析方式

例如，X 公司内部有一台计算机，该计算机所属的本地授权域名服务器（DNS）为 X. com，该计算机想通过 Internet Explorer 访问 www. njust. edu. cn ，该计算机必须要将域名 www. njust. edu. cn 转换为相应的 IP 地址，则递归解析过程如图 8.2.4 所示。

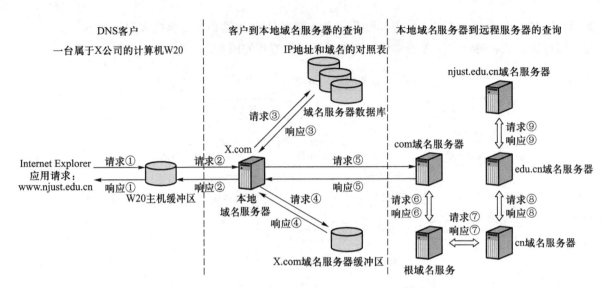

图 8.2.4   递归解析过程

8.2.3   域名的设计与申请

1. 域名的申请流程

每个国家和地区都有自己的域名服务中心。例如，欧洲信息网络中心（RIPE）负责欧洲域名的分配与管理；亚太互联网络信息中心（Asia-Pacific Network Information Center，APNIC）负责亚洲与太平洋地区域名的分配与管理；美国因特网编号登记机构（American Registry for Internet Numbers，ARIN）负责美国与其他地区域名的分配与管理。而我国于 1997 年成立的中国互联网络信息中心（China Internet Network Information Center，CNNIC）则负责我国国家顶级域名 .cn 下的域名分配与管理工作。

虽然域名的分配与管理是由专门机构负责的，但是只要符合申请条件，按照规定的申请步骤，即使是个人也能够申请域名。下面介绍申请国际域名与国内域名的条件及步骤。

申请国际域名没有限制条件，单位和个人均可以提交申请。只需以下 4 个步骤，申请者就可以拥有属于自己的国际域名。

① 选择要注册的域名，查询并确认该域名是否已注册过。

② 填写注册管理机构的注册单，将其在线提交或者传真给注册管理机构，并交纳相应的款项。

③ 注册管理机构在收到注册单及款项后，即为申请者办理域名注册。

④ 申请者注册成功后，注册管理机构为申请者开具发票。

国内域名的申请者必须是依法登记并且能够独立承担民事责任的组织。申请者在注册时需要出示营业执照复印件，然后按照相关程序和规定填写申请单。国家政府机关等单位进行域名注册时需经国家有关部门和县级以上（含县级）人民政府正式批准，并取得相关机构出具的书面批文。因此申请国内域名的步骤相对复杂一些。

2. 域名的选择

无论是申请国际域名还是申请国内域名，申请者都要先选择一个域名。选择一个好的域名很重要。在选择网站域名时，需要注意以下几点。

① 域名和申请者要具有一定的相关性，可以选择申请者名称的拼音或英文缩写、能反映企业主体内容和定位的词语的拼音或英文缩写。

② 域名要简单易记，并能给人留下深刻的印象。

③ 域名要富有个性，可以将数字和字母的组合作为域名。例如，域名 www.51job.×××中，用"51"两个阿拉伯数字来表示汉语"我要"，用英文 job 表示"工作"。

④ 选择域名时要注意拼音与英文拼写技巧。

⑤ 一定要避免使用生涩难懂的词汇作为域名。

8.3 电子邮件服务

电子邮件（E-mail）是因特网上使用最多和最受用户欢迎的一种应用，它比纸质信件传递速度更快、所需要的费用更低，而且不仅可以传送文字信息，还可以传送声音和图像。

8.3.1 电子邮件系统的体系结构

电子邮件系统包括三个部分：用户代理、邮件服务器和电子邮件协议。人们通过用户代理来读取、阅读和发送电子邮件，邮件服务器则负责将用户邮件从源端移动到目的地。

微视频 8.4
电子邮件服务

1. 用户代理

用户代理又称为电子邮件客户端软件，是用户与电子邮件系统的接口。例如，Microsoft 公司的 Outlook、Google 公司的 Gmail 都是电子邮件用户代理。

用户代理应当具备以下 4 个功能：一是撰写邮件；二是能够方便地显示电子邮件内容，包括电子邮件附件中的声音和图像等；三是能够发送和接收电子邮件；四是能够对电子邮件进行阅读、删除、存盘、打印和转发等操作。

2. 邮件服务器

邮件服务器负责发送、接收、转发电子邮件，同时还要向发件人报告电子邮件传送的结果。邮件服务器负责维护和管理用户邮箱，并且 24 小时不间断地工作。邮箱是在邮件服务器中为每个合法用户开辟的一个用于存储用户电子邮件的空间；每一个邮箱都是私人的，因此都拥有账号和密码属性，只有合法的用户才能阅读邮箱中的电子邮件。

3. 电子邮件协议

由于电子邮件是基于计算机网络进行传送的，因此其在接收和发送时必须遵循一些基本协议。首先是简单邮件传送协议（SMTP 协议），该协议支持用户代理向邮件服务器发送电子邮件或者在邮件服务器之间发送电子邮件，包括定义电子邮件信息格式和邮件传输标准；其次是邮局协议版本 3（post office protocol 3，POP3 协议），该协议支持用户代理从邮件服务器读取电子邮件。除了这两个协议外，还有互联网邮件访问协议（internet mail access protocol，IMAP 协议）和多用途互联网邮件扩展协议（multi-purpose internet mail extensions，MIME）协议。

IMAP 协议也是一个邮件访问协议，它比 POP3 协议复杂，但可以使用户在不同的地方用不同的设备阅读和处理同一电子邮件。

MIME 协议则可以满足用户发送多媒体电子邮件和使用本国语言发送邮件的需求。在 MIME 协议的支持下，用户才能在邮件中附加包括文字（各种语言文字）、图像、音频和视频等类型在内的多媒体内容，表 8.3.1 列出了部分 MIME 类型/子类型。

表 8.3.1　部分 MIME 类型/子类型列表

MIME 类型/子类型	扩 展 名
application/msword	doc
application/msword	dot
application/octet-stream	exe
application/pdf	pdf
application/rtf	rtf
application/vnd.ms-excel	xls
application/vnd.ms-powerpoint	pot
application/vnd.ms-powerpoint	pps
application/vnd.ms-powerpoint	ppt
application/x-javascript	js
application/x-msdownload	dll
application/zip	zip
audio/basic	au
audio/basic	snd
audio/mid	mid
audio/mid	rmi
audio/mpeg	mp3
audio/x-aiff	aif
audio/x-aiff	aifc
audio/x-aiff	aiff
audio/x-mpegurl	m3u
audio/x-pn-realaudio	ra

续表

MIME 类型/子类型	扩 展 名
audio/x-pn-realaudio	ram
audio/x-wav	wav
image/bmp	bmp
image/cis-cod	cod
image/gif	gif
image/jpeg	jpeg
image/jpeg	jpg
image/tiff	tif
image/tiff	tiff
message/rfc822	mht
message/rfc822	mhtml
message/rfc822	nws
text/css	css
text/html	htm
text/html	html
text/plain	txt
video/mpeg	mpeg
video/mpeg	mpg
video/quicktime	mov
video/quicktime	qt
video/x-msvideo	avi
video/x-sgi-movie	movie

电子邮件系统的体系结构如图 8.3.1 所示。

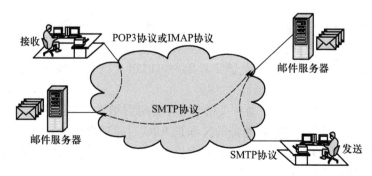

图 8.3.1 电子邮件系统的体系结构

8.3.2　电子邮件的格式

电子邮件由信封和内容两部分组成，其中信封包含传输电子邮件所需要的所有信息，如收件人地址、优先级、安全等级等。用户写好电子邮件内容后，电子邮件系统会自动将信封所需要的信息提取出来填写在信封上，而无须用户填写。电子邮件内容则由电子邮件首部和电子邮件主题两部分构成。

图 8.3.2 所示的为一封 MIME 格式的电子邮件。电子邮件首部包含一些关键字，其中主要的关键字有 To、CC 和 Subject。

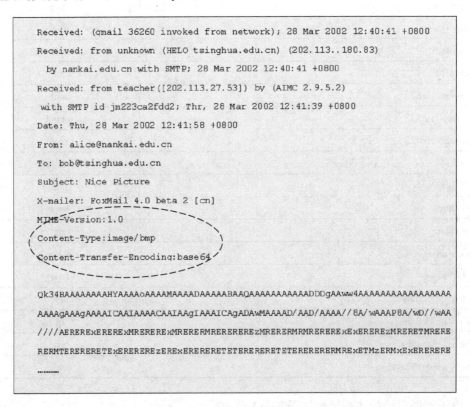

图 8.3.2　MIME 格式的电子邮件

To：后面跟收件人地址；在该关键字后用户可以填入一个或多个收件人的电子邮件地址，不同地址之间用逗号隔开。

CC：后面跟抄送地址；在该关键字后用户可以填入一个或多个其他收件人的电子邮件地址。

BCC：后面跟暗抄送地址；在该关键字后用户可以填入一个或多个其他收件人的电子邮件地址。暗抄送地址与抄送地址的区别是 BBC 后面列出的收件人可以看到该电子邮件的所有收件人名（包括 TO、CC 后面列出的收件人名），而 TO、CC 后面列出的收件人则看不到 BCC 后面列出的收件人名。

Subject：后面跟电子邮件主题，可以反映电子邮件的主要内容。

8.3.3　基于 Web 的电子邮件

20 世纪 90 年代中期，Hotmail 引入了基于 Web 的电子邮件 WebMail。目前许多网站都提供了基于 Web 的电子邮件。基于 Web 的电子邮件通过 Web 用浏览器代替用户代理，为用户提供邮件服务。其工作过程如图 8.3.3 所示。

图 8.3.3　基于 Web 的电子邮件的工作过程

假定用户 A 向网易网站申请了一个电子邮件地址为 aaa@163.com 的网易邮箱，用户 B 向新浪网站申请了一个电子邮件地址为 bbb@sina.com 的新浪邮箱。当用户 A 要发送或接收电子邮件时，他首先需要通过自己的浏览器登录网易邮件服务器。需要注意的是，电子邮件从用户 A 的浏览器发送到网易邮件服务器时使用的不是 SMTP 协议，而是 HTTP 协议。假定用户 A 向地址为 bbb@sina.com.cn 的用户 B 发送电子邮件，用户 B 通过浏览器从其新浪邮箱中读取用户 A 发来的电子邮件时，使用的仍然是 HTTP 协议，而不是 POP3 协议。

8.4　多媒体音频/视频服务

人们在 20 世纪 70 年代就有了通过因特网发送音频和视频的想法，但直到 2000 年才开始真正实现了通过因特网实时发送音频和视频，这源于两个因素：一是计算机变得更强大，并且配备了麦克风和摄像头，可以很容易地实现音频、视频数据的输入、处理和输出；二是带宽的极大提高，提高了因特网的可用性，使其产生了多种不同形式的音频、视频服务，如 IP 电话、视频点播、实时会议、IP 电视等。目前因特网上的多媒体音频/视频服务主要有两大类：一是实时交互式服务，这类服务是指用户使用因特网与他人进行实时交互式通信，IP 电话、实时电视会议、远程医疗等都属于这类服务；二是流式传输服务，这类服务又分为两类：流式存储媒体服务和流式直播媒体服务。

8.4.1　流媒体服务

流媒体不同于传统的多媒体，是一种在网络中使用流式传输技术的连续时基数据媒体，如音频、视频或多媒体文件等。流媒体服务所依赖的技术是"流媒体技术"，流媒体技术是一种解决网络上多媒体信息下载慢问题的应用技术。

流媒体技术又称为流式技术，是由美国的 RealNetworks 公司推出的。它是一种利用数据缓冲技术，通过编解码系统和特殊的网络协议，对连续的影像和声音信息进行压

微视频 8.5
多媒体音频/视频服务

缩处理并将其放至网站服务器上，让用户一边下载、解压缩，一边播放、观看或收听的网络传输技术。这种技术不仅可以大大缩短媒体播放的启动时延，而且不需要太大的系统缓存容量，使得用户无须等待整个文件都从因特网上下载完即可观看。

1. 流式传输的基本原理

流式传输的基本原理如图 8.4.1 所示。

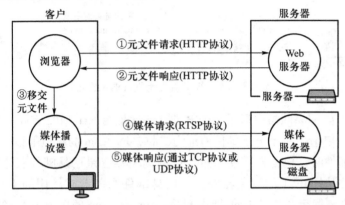

图 8.4.1　流式传输的基本原理

① 用户利用 HTTP 协议通过客户端浏览器向 Web 服务器请求下载某个视频文件。

② Web 服务器向客户端浏览器返回一个元文件，该元文件很小，其中保存了这个视频文件的 URL 地址信息。

③ 客户端浏览器分析该元文件，调用相应的媒体播放器，并把提取出的视频文件的 URL 地址传送给媒体播放器。

④ 媒体播放器使用该 URL 地址接入媒体服务器，通过实时流协议（real-time streaming protocol，RTSP 协议）请求下载该视频文件。

⑤ 媒体服务器一般采用 HTTP/TCP 协议来传输控制信息，而用实时传输协议（real-time transport protocol，RTP 协议)/用户数据报协议（UDP 协议）将该视频文件发送给媒体播放器。

⑥ 媒体播放器以流的形式边下载，边解压，边播放。

流媒体服务器端产品主要有 Microsoft 公司的 Windows Media Services 服务器组件、RealNetworks 公司的 RealServer、Apple 公司的 Quick Time Streaming Server 等，它们为用户提供流式多媒体信息的发布和管理平台。

客户端媒体播放器产品主要有 Microsoft 公司的 Windows Media Player、RealNetworks 公司的 Real Player、Apple 公司的 QuickTime 等。它们通常既可以独立运行，又能作为插件在浏览器中运行。

目前常用的流媒体协议有实时传输协议、实时传输控制协议（real-time transport control protocol，RTCP 协议）、实时流协议、资源预留协议（resource reservation protocol，RSVP 协议）、Microsoft 媒体服务器协议（Microsoft media server protocol，MMSP 协议）等。

2. 流式传输的实现方法

根据用户的需求，流式传输可以采取两种实现方法：实时流式传输和顺序流式传输，一般直播采取实时流式传输，点播采取顺序流式传输。

实时流式传输是媒体传输时信息带宽能动态适应网络带宽的传输方法，这种方法需要专用的流媒体服务器与传输协议。实时流式传输特别适合现场事件的实时传输，也支持用户对传输内容的随机访问。采用实时流式传输时用户可以快进或后退，以观看不同部分的内容。

顺序流式传输是指在给定时刻用户只能观看已下载的那部分内容，而不能跳转至还未下载的内容，顺序流式传输不能像实时流式传输那样在传输期间根据用户网络连接的速度进行调整。

3. 流媒体的播放方式

流媒体的播放方式有单播、多播、点播和广播 4 种。

单播是在客户端与媒体服务器之间建立一个单独的数据通道，每个分组只能传送给一个客户的播放方式。

多播则是单台服务器能够同时向多个客户发送连续数据流而无时延的播放方式。多播可以大大提高网络的利用效率，降低成本。

点播是指客户与服务器之间的主动连接。在点播连接中，用户可以通过选择项目来初始化客户端连接。

广播是指在广播过程中用户只能被动地接收数据流而不能控制数据流，即用户不能对数据流进行暂停、快进或后退等操作。

4. 流媒体视频格式

流媒体视频格式众多，主要有 Microsoft 格式、Real 格式和 Apple 格式三类，不同格式的流媒体视频文件需要用不同的媒体播放器软件来播放。表 8.4.1 所示的为常见的流媒体视频格式。

表 8.4.1　常见的流媒体视频格式

类　别	文件扩展名
Microsoft 格式	.wma .wmv .asf .avi
Real 格式	.ra .rm .rmvb
Apple 格式	.mov .qt
MPEG 格式	.mpeg .mpg .dat
其他	.3gp .swf .flv

Microsoft 公司推出的 ASF 和 WMV 格式文件，其特点是支持本地或网络回放、部分下载和可扩充的媒体类型等。

RealNetworks 公司推出的 RM 格式文件包括 RealAudio、RealVideo 和 RealFlash 三类文件，其中 RealAudio 用来传输接近 CD 音质的音频数据，RealVideo 用来传输不间断的视频数据，RealFlash 则是一种高压缩比的动画格式文件。

Apple 公司推出的 MOV 格式文件是在 QuickTime 媒体播放器中使用的音频和视频文件，是数字媒体领域事实上的工业标准，也是创建 3D 动画、实时效果和其他流媒体的重要基础。

此外，MPEG、AVI、SWF 等格式也都是适于流媒体传输的文件格式。

流媒体技术在一定程度上突破了网络带宽对多媒体信息传输的限制，因此被广泛用于网上直播、网络广告、视频点播、远程教育、远程医疗、视频会议、企业培训、电子商务等领域。流媒体技术使得传统媒体在互联网上有了更广阔的应用空间。

8.4.2　视频点播

视频点播（VoD）是 20 世纪 90 年代发展起来的。所谓视频点播，就是根据用户的要求通过网络播放视频节目的系统。视频点播业务是近年来兴起的媒体传播方式，是数字压缩技术、多媒体数据库技术等多种技术融合的产物。

1. 视频点播关键技术

（1）数据压缩技术

数据压缩技术研究的主要问题包括数据压缩比、压缩/解压缩以及相应的算法，力求减少数据失真，并在不失真的基础上提高压缩比。

不间断的视频数据往往会产生大量的实时数据，直接存储或传输这些数据会加重存储系统和网络带宽的负担，所以在存储或传输视频数据之前，要先对其进行压缩处理，然后传输经过压缩的数据，最后再将数据解压播放。数据压缩包括编码和解码两个过程：编码是指对原始数据进行压缩编码，以方便数据传输和存储，解码是指对经过压缩的数据进行解压缩，将其恢复为原始数据。

（2）多媒体数据库技术

多媒体数据库是一种新型数据库，能够实现对非结构化数据的处理，不仅改进了传统数据库管理系统的功能，还实现了一些新功能。

多媒体数据库技术包括分布式技术、用户界面技术、存取管理技术、数据还原/压缩技术、多媒体数据建模等关键技术。为了满足用户的应用需求，多媒体数据管理系统还具有一定的伸缩性，其结构体系也是开放性的。

2. 视频点播的类型

根据不同的应用场景和功能需求，视频点播可以分为以下几种类型。

（1）交互式视频点播

交互式视频点播（interactive video on demand，IVoD）支持即点即播放。用户能够自主控制视频流，在实际应用中，用户可以像操作录像机一样自动搜索、快进、倒回、暂停和播放所点播的电视节目。

（2）真实点播

真实点播（true video on demand，TVoD）能够实现即点即放。当用户提出请求时视频服务器可以立即传送用户所要的视频内容。如果其他用户也提出同样的请求，视频服务器就会为其再启动一个传输同样内容的视频流。真实点播一旦开始播放某个视频流，就不间断，会连续播放直到结束。基于真实点播，不同视频流为不同的用户提供专门化服务。

（3）准视频点播

准视频点播（near video on demand，NVoD）在实际应用中，按照一定的时间间隔启动多个视频流发送相同的视频内容。例如，每间隔 10 分钟就启动 12 个视频流发送同一个电视节目，若用户对这个电视节目感兴趣则需要等待一段时间才可以观看，但是等待时间不会超过 10 分钟，用户可以在最近的时间点开始收看这个电视节目，这种准视频点播，可以使多个用户共享一个视频流。

在使用视频点播技术时需要有专门的终端设备，这样用户才可以与服务提供者或者某台服务器进行联系和互操作。最常见的终端设备就是机顶盒。某些特殊的视频点播系统则需配置具有大容量硬盘的计算机，以存储各种视频文件。为了更好地满足用户的交互需求，视频点播要完善客户端系统（包括各种硬件设备和相关软件系统）的界面功能，而且在播放视频流的过程中，还要协调处理播放中断和网络中断、视频与音频数据同步，以及视频流缓冲管理等问题。

8.4.3 网络直播

1. 网络直播相关技术

（1）智能流技术

智能流技术能够自动检测网络状况，并将音频和视频的属性调整到最佳，使用户接收到与其网络带宽相符的媒体流，从而获取最佳的用户体验。

（2）分流技术

分流（splitting）技术是指发送服务器将媒体流发送至分布在各地的多台接收服务器，客户端可以就近访问服务器，从而获得较高质量的媒体流，并减少对带宽的占用。分流包括推流和拉流，其中推流是指将直播内容推送至服务器的过程；拉流是指服务器已有直播内容，从指定地址对该内容进行拉取的过程。

（3）缓存技术

缓存（caching）技术可以解决由于异步网络、网络时延和抖动而导致的分组错序问题。缓存技术先将分组缓存在本地，然后利用环形链表结构将已经播放的内容丢弃，以防止缓存溢出。

（4）内容分发网络技术

内容分发网络（content delivery network，CDN）是架构在 IP 网络之上的一个内容叠加网，它通过引入主动内容管理、全局负载均衡和内容缓存等技术，将用户请求的流媒体内容发布到距离用户最近的网络边缘，从而提高了响应速度，减轻了主干网络的压力。

2. 网络直播的实现方法

（1）网络直播中使用的流媒体协议

① 实时消息传输协议（real time messaging protocol，RTMP 协议）

RTMP 协议基于 TCP 协议，包括 RTMP 基本协议及 RTMPT（用 HTTP 协议包装后的 RTMP 协议）/RTMPS（经过 SSL 加密的 RTMP 协议）/RTMPE（经加密通道连接的 RTMP 协议）等多个变种。RTMP 协议是用于进行实时数据通信的网络协议，支持在流媒体/交互服务器之间进行音频、视频和数据通信。

② HTTP 直播流技术（HTTP live streaming，HLS）是 Apple 公司的动态码率自适应技术，主要用于 PC 和 MAC 终端的音频和视频服务。该技术能够生成 M3U/M3U8 格式的索引文件、TS 格式的媒体分片文件和 KEY 格式的加密串文件。

（2）网络直播的组成模块

① 视频录制端。视频录制端一般是指与计算机连接的音频和视频输入设备，或者手机等移动设备上的摄像头或者麦克风，目前以后者为主。

② 视频播放端。视频播放端可以是计算机上的播放器、移动设备上的 Native 播放器等。其相关技术包括 HLS 或 RTMP 协议（用于视频播放）、FFmpeg 协议（用于在使用 RTMP 协议时进行移动端视频解码）。

③ 视频服务器端。视频服务器端用于接收视频录制端提供的视频源，同时为视频播放端提供流服务。其相关技术包括 RTMP 协议（用于上传视频流）等。

图 8.4.2 所示的是网络直播示意图。其中，内容分发网络（CDN）依靠部署在各地的缓存服务器（又称为边缘服务器），以及中心平台的负载均衡、内容分发、调度等功能模块，让用户能够就近获取所需的内容，从而降低了网络拥塞，提高了用户访问的响应速度。内容分发网络的关键技术主要有内容存储技术和内容分发技术。

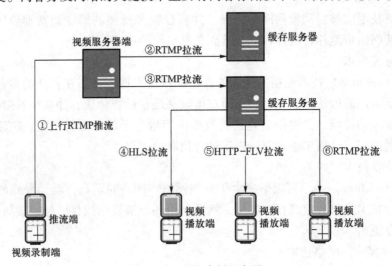

图 8.4.2   网络直播示意图

内容分发网络的基本原理是，将各种缓存服务器部署在用户访问相对集中的地区或网络中；当用户访问网站时，利用全局负载均衡技术将用户的访问指向距离其最近的工作正常的缓存服务器上，由缓存服务器直接响应用户请求。

负载均衡是整个内容分发网络的核心，它将网络的流量尽可能均匀地分配到若干台能完成相同任务的服务器上，避免出现部分服务器过载而另一部分服务器空闲的状况，既可以提高网络流量，又可以提高网络的整体性能。

8.4.4　IP 电话

IP 电话（voice over Internet protocol，VoIP）又称为宽带电话或网络电话，是一种通过因特网或其他使用 IP 技术的网络来实现的新型电话通信方式。随着因特网日渐普及，以及跨境通信量大幅增长，IP 电话也开始应用于固网通信，尤其是长途电话业务。IP 电话具有通话成本低、建设成本低、易扩充性以及通话质量较好等特点，成为传统电信业务的有力竞争者。

广义的 IP 电话不仅仅包括通过 IP 网络打电话，还包括通过 IP 网络进行交互式多媒体实时通信（包括视频和音频），甚至还包括即时通话，如即时通信工具 QQ 和微信中的视频通话、语音通话等。

IP 电话通过集成软件或第三方软件来实现两台联网的终端设备（如智能手机、个人计算机、平板电脑等）间的音频、视频实时双向传输。IP 电话主要有 4 种形式，分别是 PC-to-PC、PC-to-Phone、Phone-to-PC 和 Phone-to-Phone via Internet。

其中，PC-to-PC 是最早发展起来的。例如，即时通信工具 QQ 就支持 PC-to-PC 形式，使用户可以进行在线聊天、视频电话、点对点断点续传文件等操作。用户要进行实时对话，就必须登录到 IRC（Internet relay chat，因特网中继聊天）服务器上；用户向 IRC 服务器发送的信息会很快传送到其他服务器上，使各地的 IRC 参与者都能看到。Phone-to-Phone via Internet 则是近几年来随着移动互联网的兴起，逐渐兴起的。例如，Facetime、Tango、微信等都采用这种形式。采用这种形式进行音频或视频通话时，需要内置相关软件，而且一般是在 WiFi 网络环境下进行的。

8.4.5　网络会议

网络会议系统是基于网络的多媒体会议平台。利用网络会议系统，用户可以突破时间和地域的限制，通过网络实现相互之间的交流。

1. 网络会议的优势

网络会议具有以下的优势。

（1）节约成本

网络会议能够有效地节约直接与间接会务成本，以及参会人员的经济与时间成本。例如，在召开网络会议时无须像传统会议那样考虑参会人员实地参会所需要的各种费用，而只需考虑视频会议系统、网络带宽等因素。

（2）覆盖面更广

网络会议能够覆盖更广的参会人群。在召开网络会议时，理论上只要网络可达且具备权限，相应的人员即可接入参会而不受场地的限制。

（3）安排灵活

网络会议可以随时召开，尤其是规模较大的会议，无须像传统会议那样会前要做大量的准备工作，而可以随时举办。

2. 网络会议的基本功能

网络会议的基本功能如下。

（1）音视频即时通信

网络会议能够提供一对一、多对多的语音和视频实时通信服务，支持高清晰度视频和高质量的音频效果。

（2）文字交流

网络会议支持多用户之间的文字交流。参会人员既可以进行针对所有人的公开文字交流，也可以发起与指定参会人员的点对点交流。

（3）录像

网络会议可以对每个参会人员的发言进行音视频录制，并可以对录制的音视频进行合成和保存。

（4）数据通信

网络会议能够提供客户端与服务端之间的数据通信能力。

（5）文件传送

网络会议支持客户端之间、客户端与服务端之间的文件传送。在会议进行过程中，用户可以便捷地将某个文件实时地传送给全体参会人员或指定参会人员，也可以对本地用户上传与下载的文件进行管理，作为主持者的用户可以及时清除会议中传送的文件。

（6）动态设置音视频参数

网络会议能够根据需要动态设置音视频参数，如分辨率、码率、帧率等。

（7）电子白板

电子白板是由所有参会人员共同维护的工作空间，在不改变原有会议文档的前提下，用户在对当前电子白板上显示的会议文档内容进行标注或修改时，系统会自动将标注或修改的部分保存为图片，以便相关人员会后查阅。

总之，网络会议打破了地域的限制，使位于不同地点的参会人员可以进行实时的通信，既减少了差旅费用，又提高了效率。

8.5 实验

本实验为 Web 搜索实验。

1. 实验目的

根据搜索需求，使用不同的搜索引擎对 Web 1.0、Web 2.0、Web 3.0 资源进行搜索，并根据搜索结果分析它们的不同之处。

2. 实验步骤

（1）Web 1.0 资源搜索

① 利用百度搜索 Web 1.0 资源。

首先，在百度的网页搜索中使用简单搜索的方式查找含有"企业人力资源管理信息化"内容的网页。

其次，在百度的新闻搜索中使用如图 8.5.1 所示的高级搜索功能，查找近一个月内含有"企业人力资源管理信息化"内容的新闻，将查询的结果与网页搜索中的查询结果进行比较。

图 8.5.1　百度新闻高级搜索界面

最后，在百度首页中单击"产品"按钮，进入百度产品大全页面，选择相应的搜索类型，分别进行如下操作。

百度文库搜索应用：搜索题目中包含"企业人力资源管理信息化"的 Word 文件、PDF 文件和 PPT 文件各一个。

百度学术搜索应用：搜索题目中包含"企业人力资源管理信息化"的 2015 年以来发表的期刊文章。

百度图片搜索应用：搜索有关南京理工大学水杉林的图片。

② 利用 ScienceDirect 搜索英文科技信息。ScienceDirect 目前由 Elsevier 公司管理，是一个专门用于科技信息检索的科技搜索引擎。它覆盖了天文学、生物科学、化学与化工、计算机科学、地球科学、经济、金融与管理科学、工程、能源与技术、环境科学、语言学、法学、材料科学、数学、医学、药理学、物理学、心理学、社会与行为科学等学术领域，既可以搜索 Web 页面，也可以搜索在线期刊资源，而且可以获取支持开放存取（open access）的免费期刊原文。

简单检索应用：在图 8.5.2 所示的页面中搜索题目中包含"text mining"且可获得原文的英文期刊论文。

图 8.5.2　ScienceDirect 科技搜索引擎简单检索页面

　　高级检索应用：利用 ScienceDirect 的高级搜索，可以通过文献发表年代、文献类型、作者、期刊名称等条件的组合查询相关文献，也可以通过文献题目、关键词、摘要部分中的关键词来查询相关文献。在图 8.5.3 所示的页面中搜索题目中包含"人脸识别"和"机器学习"且可获得原文的 2015 年以来发表的英文期刊论文。

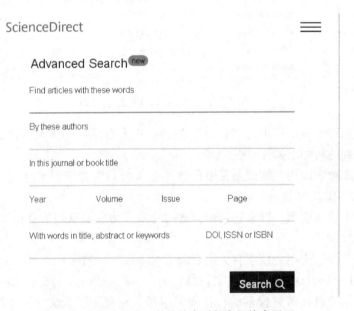

图 8.5.3　ScienceDirect 科技搜索引擎高级检索页面

　　（2）Web 2.0 资源搜索
　　① 进入维基百科页面，查找人工智能的概念、发展历程等信息。
　　② 进入百度知道页面，搜索"视频点播和网络直播的异同点有哪些"问题的答案。
　　③ 登录新浪微博或博客，利用高级检索搜索有关"博物馆"的信息。在图 8.5.4 所示的结果页面中可以看到相关信息。

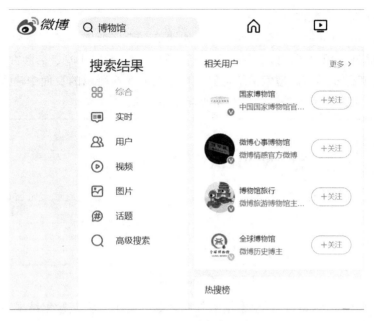

图 8.5.4　新浪微博搜索结果页面

④ 进入微软学术搜索页面，输入"Artificial Intelligence"进行搜索。当查询的关键词涉及研究领域、作者、会议、期刊、学术机构时，微软学术搜索会提供丰富的知识卡片。"Artificial Intelligence"的搜索结果如图 8.5.5 所示，其知识卡片中的信息极为丰富，如领域简介、相关会议、领域专家、在线课程等，这为用户提供了快速了解该领域知识的便捷途径，从而提高了学习效率。此外，用户还可以直接查看或下载相关文献（通过有访问权限的站点获取相关文献）。

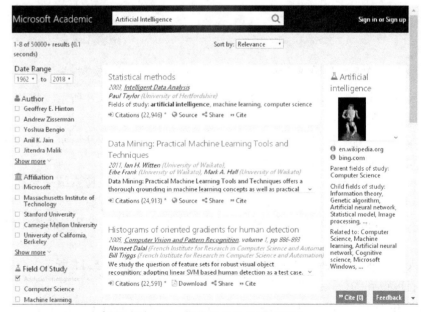

图 8.5.5　微软学术搜索结果页面

（3）Web 3.0 资源搜索

① 进入 FreeBase 搜索引擎页面，输入如"xi'an"（西安）可以查询与它相关的结构化信息。此外，用户还可以向其中添加新的信息，如西安小吃、名胜古迹等。

② 进入 WolframAlpha 搜索引擎页面，在如图 8.5.6 所示的页面中输入不同的关键词或者问题，以进行基于关键词或问题的统计和分析。

图 8.5.6　WolframAlpha 检索页面

● 输入"Obama's age"，检索结果如图 8.5.7 所示，将该检索结果与利用百度得到的检索结果进行比较。

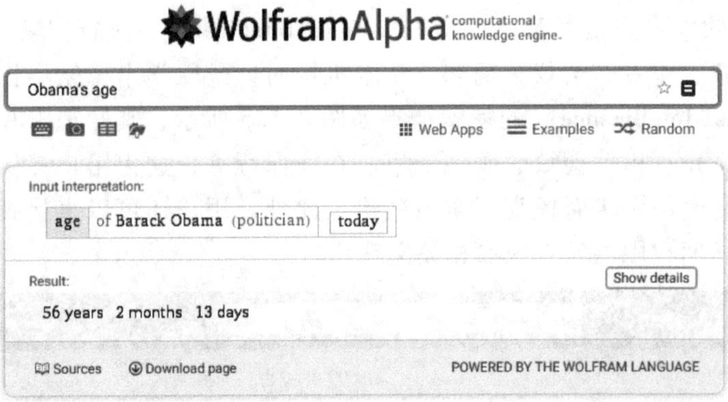

图 8.5.7　在 WolframAlpha 中输入"obama's age"的检索结果

● 输入方程式"3x^3+2x^2+3x+12＝0"，检索结果如图 8.5.8 所示，将该检索结果与利用百度得到的检索结果进行比较。

● 输入数字序列"1，1，2，3，5，8"，检索结果如图 8.5.9 所示，将该检索结果与利用百度得到的检索结果进行比较。

● 输入"IBM APPLE"，检索结果如图 8.5.10 所示，将该检索结果与利用百度得到的检索结果进行比较。

● 输入"nanjing xi'an"，将所得到的检索结果与利用百度得到的检索结果进行比较。

● 输入"uncle's uncle's brother's son"，检索结果如图 8.5.11 所示，将该检索结果与利用百度得到的检索结果进行比较。

● 可以用提问的方式，如 where、who 等语句，输入其他想输入的内容。

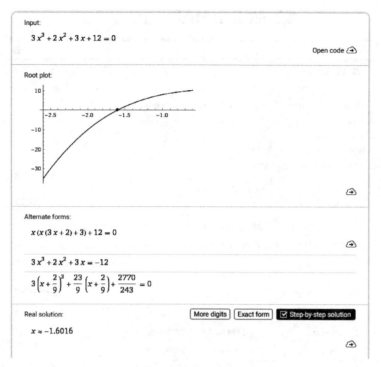

图 8.5.8　在 WolframAlpha 中输入方程式"3x^3+2x^2+3x+12＝0"的检索结果

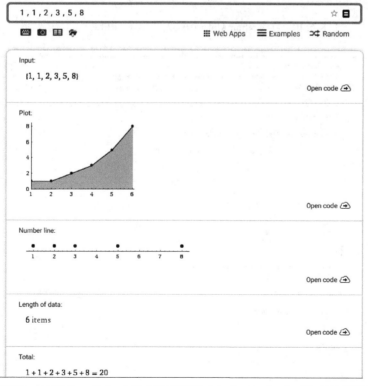

图 8.5.9　在 WolframAlpha 中输入数字序列"1，1，2，3，5，8"的检索结果

图 8.5.10   在 WolframAlpha 中输入 "IBM APPLE" 的检索结果

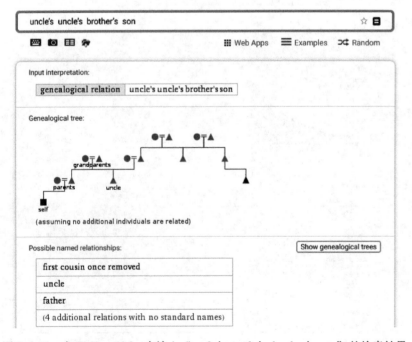

图 8.5.11   在 WolframAlpha 中输入 "uncle's uncle's brother's son" 的检索结果

3. 问题思考与讨论

① 如何利用百度的高级搜索功能检索博客？

② 对利用 WolframAlpha 得到的检索结果与利用百度得到的检索结果进行比较，分析两者的相同和不同之处，并进一步分析两者的适用场合。

拓展实验
域名实验

③ 通过该实验分析 Web 1.0、Web 2.0 和 Web 3.0 资源的相同和不同之处，Web 1.0、Web 2.0、Web 3.0 资源搜索分别适用于哪些搜索任务。

知识点小结 🔍

● 万维网又称为 Web，是一个大规模的分布式超媒体系统，利用它可以方便地从因特网上一个站点跳转到另一个站点。

● 通常情况下，一个浏览器可以向多台 Web 服务器提出请求，一台 Web 服务器可以为多个浏览器提供服务。每一个 Web 页面都拥有一个唯一的地址（URL）。

● Web 经历了信息共享的 Web 1.0 时代、信息共建的 Web 2.0 时代和现在的知识传承的 Web 3.0 时代。Web 3.0 提供的是语义搜索，可以从词语的语义层次上来认识和处理用户的检索请求，帮助用户缩小搜索范围并提供参考方案。

● 在电子邮件系统中，邮件服务器一方面接收用户发送来的电子邮件，并根据目的地址将其传送到对方的邮件服务器中，另一方面接收从其他邮件服务器发来的邮件，并根据接收地址将其分发到用户邮箱中。

● 简单邮件传输协议（SMTP 协议）的最大特点是简单、直观，它支持用户代理向邮件服务器发送电子邮件或者在邮件服务器之间发送电子邮件，包括定义电子邮件信息格式和邮件传输标准。

● 邮局协议版本 3（POP3 协议）支持用户代理从邮件服务器读取电子邮件。

● 在广域网中主要使用逻辑编址，按照 IP 协议中的 IP 地址来确定网络、网段和主机。同时依靠域名服务系统（DNS）来实现域名地址到 IP 地址的映射和转换。

● 域名由英文字母、数字和连字符组成，开头和结尾必须是字母或数字，各级域名最长不超过 63 个字符（在实际使用中，每个子域名的长度一般小于 8 个字符），而且英文字母不区分大小写。域名的总长度不超过 255 个字符。

● 流媒体指通过流式传输方式在数据网络上按时间先后次序传输和播放的连续音/视频数据流。

● 多媒体音频/视频服务主要有流媒体服务、视频点播、网络直播、IP 电话、网络会议等。

思考题 🔍

1. 查找近三年最有价值的 cn 域名，并分析其价值及所适用的场所。

2. 如何实现网络直播？分析实现网络直播所需要的软件和硬件。

3. 如何将万维网上的各类多媒体信息（如文字、图像、动画、音频、视频等）保存到本地？请写出主要的实现方法及其具体步骤。

4. 试进行 Web 3.0 资源搜索，并思考未来 Web 4.0 搜索的功能。

本章自测题

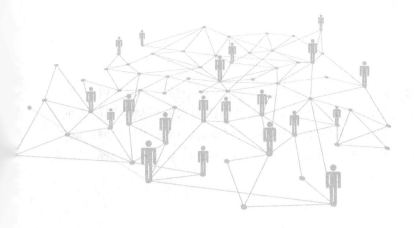

第 9 章

网络规划与设计

◉ **内容导读**

网络规划与设计是组建计算机网络系统的首要任务。本章将以校园网的规划与设计为例，介绍如何进行网络需求分析，如何在了解各种互联设备优缺点、工作原理、使用场合的基础上进行网络技术和软件的选型，设计网络的拓扑结构和安全结构。本章的主要内容如下：

- 网络需求分析。
- 逻辑网络设计。
- 物理网络设计。

9.1　网络规划与设计流程

网络规划与设计一般包含三个阶段：第一个阶段是需求分析，包括用户需求、业务需求和应用需求，以及对现有网络的分析与评估。第二阶段是逻辑网络设计，包括网络架构设计、局域网技术选择、IP 地址设计、IP 路由设计、网络性能设计、网络安全设计和网络管理设计等。第三阶段是物理网络设计，包括综合布线设计、机房接地系统设计等。

9.1.1　网络需求分析

网络需求分析一般从用户需求、业务需求、应用需求、网络性能、计算机应用系统平台 5 个方面进行分析，其中用户需求和业务需求是网络需求分析最主要的方面。要规划与设计一个网络，首先要分析用户目前遇到的主要问题，明确用户对网络的需求，并结合未来网络可能的发展需求设计网络架构，选择网络技术，为用户提供高质量的服务。

9.1.2　逻辑网络设计

在网络需求分析的基础上，可以进行逻辑网络设计。设计的逻辑网络应该能满足以下要求：① 整体规划；② 先进性、开放性和标准化相结合；③ 结构合理，便于维护；④ 高效、实用；⑤ 支持宽带多媒体业务；⑥ 支持实时的信息交流，以及协同工作和形象展示。逻辑网络设计的具体步骤如下。

1. 网络架构设计

可以将网络结构设计为两层扁平化架构，即将网络分为网络核心层和用户接入层。网络核心层由网络核心交换机、网络核心路由器等组成。用户接入层由楼宇汇聚节点和楼宇接入节点组成。楼宇汇聚节点为高性能、高端口密度的小型核心交换机，它设置在每栋楼上，负责用户接入层交换机的汇聚和 QinQ（802.1Q-in-802.1Q）封装，以扩展虚拟局域网；楼宇接入节点是每栋楼的接入交换机，它与用户直接相连。进行逻辑网络设计时要从网络运行的稳定性、安全性及易维护性出发，以满足用户的需求。

2. 局域网技术选择

局域网一般都采用以太网技术。以太网是目前局域网中使用最广泛的通信标准，它定义了局域网使用的线缆类型和信号处理方法。以太网在互联设备之间以 10～1000 Mbps 的数据传输速率传送帧，基于双绞线的 1000BASE-T 以太网由于成本低、可靠性高以及数据传输速率高而成为应用最广泛的以太网。直扩的无线以太网的数据传输速率可达 1000 Mbps，支持许多厂商的产品，开放性最好。

3. IP 地址设计

IP 地址设计是逻辑网络设计的重要环节。设计大型网络时必须对 IP 地址进行统一规划并有效实施。IP 地址规划得不好，不仅会影响网络路由算法的效率，也会影响网络的性能和扩展性，还会影响网络的进一步发展。

IP 地址空间的分配要与网络架构相适应，既要有效地利用地址空间，又要体现网络的可扩展性、灵活性和层次性，同时也要便于网络中的路由聚类，缩小路由表以及减少对路由器处理器和内存的占用，加快路由收敛速度，提高路由算法的效率和网络地址的可管理性。

局域网的 IP 地址规划要遵循以下要求。

（1）唯一性

一个 IP 网络中不能有两台主机采用相同的 IP 地址。

（2）可管理性

IP 地址分配应简单且易于管理，以降低网络扩展的复杂性，简化路由表。

（3）连续性

连续地址使得更容易对层次结构网络进行路径叠合，从而提高了路由计算的效率。应该尽量为 IP 地址分配连续的地址空间，尽量为相同的业务和功能分配连续的地址空间，以便进行路由聚合以及安全控制。

（4）可扩展性

在网络的每一个层次上进行 IP 地址分配时都要留有一定的余量，以便在网络规模扩展时能够提供地址叠合所需的连续性。在分配 IP 地址时除了要考虑连续性外，还要考虑可扩充性，以为将来网络规模扩展预留一定的地址空间。此外，在分配 IP 地址时可以采用可变长子网掩码（variable length subnet mask，VLSM）技术，以提高 IP 地址的利用率；可以采用无类别域间路由选择（classless inter-domain routing，CIDR）技术，以缩小路由器中的路由表，加快路由收敛速度，缩短网络中广播分组的长度。同时，要为网络所有的主机、服务器和网络设备分配足够的 IP 地址，并将网络划分为不同的网段，以实现严格的安全策略控制。

（5）灵活性

IP 地址分配应具有一定的灵活性，以实现对多种路由策略的优化，并使 IP 地址空间得到充分利用。

（6）实用性

在公用 IP 地址数量有保证的前提下，网络设备的回送（loopback）地址、设备之间的互联地址等应尽量使用公用 IP 地址。

（7）节约性

在规划 IP 地址时，应结合服务器和主机的数量及业务发展的需要，尽可能使用较小的子网，这样既可以节约 IP 地址，也可以减少子网中的广播风暴，有利于提高网络性能。

4. IP 路由设计

对于一个规模和流量较大的网络来说，为了避免网络中广播风暴所带来的影响，可以将整个网络划分不同的广播域。要实现不同广播域间的互通就需要借助路由。最常用的路由方式就是简单的静态路由和较为成熟的开放最短通路优先协议（OSPF 协议）。

（1）静态路由

静态路由是指由用户或网络管理员手工配置路由信息。当网络拓扑结构或链路状态发生变化时，网络管理员需要手工修改路由表中的相关静态路由信息。静态路由信息在默认情况下是私有的，不会传递给其他路由器。当然，网络管理员也可以对路由器进行设置使之可以共享信息。静态路由一般适用于比较简单的网络环境，因为在这样的环境中，网络管理员易于了解整个网络的拓扑结构，以及正确设置路由信息。使用静态路由的另一个好处是安全保密性高。使用动态路由时因为路由器之间会频繁地交换彼此的路由表，而对路由表的分析可以了解网络拓扑结构和网络地址等信息，因此不利于网络安全。在这种情况下，出于安全方面的考虑也可以采用静态路由。此外，静态路由不会产生更新流量，因此也不占用网络带宽。

（2）开放最短通路优先协议

开放最短通路优先协议（OSPF 协议）是一个内部网关协议，用于在单一自治系统（autonomous system）内进行路由决策。OSPF 协议分为 OSPFv2 协议和 OSPFv3 协议两个版本，其中 OSPFv2 协议用于 IPv4 网络，OSPFv3 协议用于 IPv6 网络；OSPFv2 协议由 RFC 2328 定义，OSPFv3 协议由 RFC 5340 定义。

5. 网络性能设计

网络性能设计的目标是使网络系统能够满足用户对网络各个方面的需求。为了避免网络建成后可能出现的各种性能问题，要在网络设计过程中充分考虑网络系统的可靠性和冗余问题。

（1）网络系统的可靠性设计

① 抗毁性：是指网络系统在人为破坏情况下的可靠性。例如，在部分网络线路或网络节点失效后，网络系统是否能够提供一定的服务来保证系统的可靠性。

② 生存性：是指网络系统在随机破坏情况下的可靠性，其中随机破坏是指由于网络设备自然老化等而造成的网络功能失效。生存性主要用于反映随机破坏和网络拓扑结构对系统可靠性的影响。

③ 有效性：是一种基于业务性能的可靠性。有效性主要用来反映网络系统在网络设备失效的情况下对业务性能要求的满足程度。

（2）网络系统的冗余设计

提高网络系统可靠性的方法，除了对网络进行可靠性设计外，还要对网络进行冗余设计，即构建网络系统的备份体系，增强系统的容错能力。

① 硬件容错。硬件容错方法之一是硬件堆积冗余，硬件堆积冗余可以在物理级通过元器件的重复（例如，相同元器件的串联和并联）而获得。另一种硬件容错方法是待命储备冗余。待命储备冗余中共有 $N+1$ 个模块，其中有 N 个模块处于工作状态，显然这种系统中必须有检错和切换装置。混合冗余是硬件堆积冗余和待命储备冗余的结合。在这种系统中，如果硬件堆积冗余中有一个模块发生故障，就立刻将其切除，并代之以无故障的待命储备冗余模块。这种方法可以使系统获得较高的可靠性。

② 数据备份。如果将不经常使用的数据长期存储在硬盘上，则既会占用存储设备的存储空间，又会降低存储设备的使用效率和存取速度。为了更有效地利用数据，通常把常用的数据放在联机的硬盘或磁盘阵列等设备上，组成联机的资料库，把不常用的但偶尔需要检索的信息放在联机的后备设备（如磁带库、光盘库）上，而把大量长时间不使用的数据放在脱机介质上进行脱机备份。这种数据备份方式可以防止由于自然灾害、人为破坏、病毒、非法操作、黑客攻击、内部人员故意篡改等而造成的联机数据丢失。先进行数据备份，一旦数据丢失，就可以及时调出备份，尽快恢复网络系

统的工作。

③ 双机容错系统。当双机容错系统中的一个 CPU 出现故障时，其他 CPU 继续保持运行，在这一过程中系统没有受到丝毫影响，更不会引起数据的丢失，充分地保证了数据的一致性和完整性。双机容错系统的容错结构使网络系统具有连续运行的能力，任何单点故障都不会引起系统停止运行。此外，该系统提供的在线维护诊断工具可以在应用不间断运转的情况下修复单点故障。

双机容错系统通过冗余的服务器统一监控系统所有设备的状态，可以认为负责监控的服务器自身出现故障的概率是零。在系统运行及处理过程中，冗余的设备都在使用，处于"热"状态，从而加快了对数据的处理，增加了带宽，提高了系统的处理速度和效率。

④ 双机热备份。双机热备份是指当系统中的 CPU 出现故障时由闲置状态的备份系统接替，但是正在处理的数据有可能丢失，从而导致数据不一致。双机热备份系统关键设备（如 CPU）的故障将导致主系统停止运行，对网络应用产生很大的影响。在系统因发生故障而停止运行后，若系统要恢复运行则需要从磁盘或磁带上重新启动应用，因此会耗费更多的时间。由于双机热备份采用"心跳线"来使主系统与备用系统保持联系，因此一旦"心跳线"部分发生故障，系统很难分清是"心跳线"的故障还是系统其他部分的故障，往往需要人工干预才能解决问题，网络应用也将受到影响。此外，双机热备份备用系统的硬件和软件资源处于闲置的冷状态，浪费了系统资源。

6. 网络安全设计

各种网络安全威胁都是通过网络安全缺陷和系统软件、硬件漏洞来对网络发起攻击的。保证网络安全的主要手段就是提高对网络病毒的监管能力，堵塞网络漏洞。

对于高校 A 的校园网而言，应采取如下的方式保障网络安全。

（1）部署杀毒软件

在网络中部署杀毒软件，目的就是要在整个局域网中避免病毒的感染、传播和发作。为了实现这一目的应该对网络中所有可能感染和传播病毒的地方都采取相应的防病毒手段；同时为了有效、快捷地管理整个网络的防病毒体系，杀毒软件应能实现远程安装、智能升级、远程报警、集中管理、分布查杀等多种功能。

① 在局域网的网络中心配置一台高效的服务器，用于安装杀毒软件的系统中心，以对整个校园网中的计算机进行防病毒管理。

② 在各办公室的计算机中分别安装杀毒软件的客户端。

③ 在管理员控制台对校园网中的所有客户端进行定时查杀毒设置，以保证所有客户端在没有联网的时候也能够定时对本机进行查杀毒操作。

④ 由网络安全部门负责整个校园网杀毒软件的升级工作。

（2）采用虚拟局域网技术

虚拟局域网技术是一种将局域网设备从逻辑上划分成一个个网段，从而形成虚拟工作组的数据交换技术。虚拟局域网技术根据不同的应用业务以及不同的安全级别，将网络分段并将它们相互隔离，实现访问控制，以达到限制非法用户访问的目的。

（3）设置内容过滤器

内容过滤器是保护网络系统免于误用的工具。同时，它还可以用来限制外来的垃圾邮件。

（4）防火墙

在与因特网相连的每一台计算机上都安装防火墙，这些防火墙成为局域网和外部网络之间的一道牢固的安全屏障。可以按照以下原则来配置防火墙以提高网络的安全性。

① 根据相应的网络安全策略和网络安全目标，设置安全过滤规则，该规则对分组的相关内容，如协议、端口、源地址、目的地址、流向等进行审核，严禁来自外部网络的不必要的或非法的访问。即从总体上遵循"不被允许的服务就是被禁止的"的原则。

② 禁止访问系统级别的服务（如 HTTP 服务、FTP 服务等）。同一个局域网中的计算机只能访问共享文件和打印机。使用动态规则对服务进行管理，允许授权程序开放的端口服务，如视频电话软件提供的服务。

③ 如果用户在局域网中使用计算机，就必须设置正确的 IP 地址，以使防火墙系统能够识别哪些分组来自局域网，哪些分组来自外部网络，从而保证用户在局域网中能够正常使用网络服务（如共享文件和打印机）。

④ 定期查看防火墙访问日志，及时发现攻击行为和不良上网记录。

⑤ 允许通过配置网卡来对防火墙进行设置，以提高对防火墙管理的安全性。

（5）入侵检测

入侵检测系统（intrusion detection system，IDS）是防火墙的合理补充，能够帮助系统应对网络攻击，扩展网络管理员的安全管理能力，完善网络安全基础设施。入侵检测系统能够实时捕获校园网和外部网络之间传输的数据，并能够利用系统内置的攻击特征库，使用模式匹配和智能分析的方法，检测网络上发生的入侵行为和异常现象，记录有关事件。入侵检测系统还可以发出实时报警，使网络管理员能够及时采取应对措施。

（6）漏洞扫描

随着软件规模的不断增大，网络系统中的安全漏洞或"后门"也不可避免地存在。因此，应采用先进的漏洞扫描系统定期对工作站、服务器等进行安全检查，并输出详细的安全分析报告，及时为发现的系统安全漏洞打上"补丁"。

（7）数据加密

数据加密是网络安全设计的核心部分，是保障数据安全的最基本的技术措施。

（8）加强网络安全管理

加强网络安全管理要做好两个方面的工作。首先，要加强网络安全知识的培训和普及；其次，要建立健全完善的管理制度和相应的考核机制，以提高网络安全管理的水平。

7. 网络管理设计

网络管理员可以使用网络管理软件对校园网进行管理及维护。大部分网络管理软件都具有灵活的组件化结构，用户可以根据实际的管理要求和网络情况灵活选择所需的组件，真正实现"按需建构"。

网络管理软件通过安装不同的业务组件，可以实现设备管理、VPN监视与部署、软件升级管理、配置文件管理、告警和性能管理等功能。同时，网络管理软件支持多种操作系统，并能够与多种通用网络管理平台集成，实现从设备级到网络级全方位的网络管理。

9.1.3 物理网络设计

1. 综合布线系统设计原则

综合布线系统是指在一个建筑物或建筑物群中安装的传输线路。这种传输线路能够连接所有的终端设备，并将它们与电话交换系统连接起来。综合布线与传统布线相比有许多优点，是传统布线无法相比的。综合布线具有实用性、功能性、先进性、灵活性、方便性、可靠性、扩展性、开放性、标准化、经济性等特点，也给网络系统的设计、施工和维护等带来了许多方便。

（1）实用性

局域网的综合布线系统要符合国际标准，而且要具有良好的用户界面，以方便用户使用。

（2）功能性

综合布线系统为用户提供快捷、开放、易于管理的语音与数据信息基础传输平台。综合布线系统要能适应各种计算机网络体系结构的需要，并能为语音或楼宇自动控制和保安监控等系统提供支持。综合布线系统可以为用户提供进行电子数据交换等各种交易的平台，为实现无纸化办公创造条件。

（3）先进性

综合布线系统既要能满足现阶段网络应用对技术的需要，也要能满足未来大量声音、图像、视频等多媒体数据的传输需要。

（4）灵活性

综合布线系统中的连接都应该具有灵活性，即从物理接线到数据通信、语言通信及自动控制设备的连接都不受或很少受物理位置和设备类型的限制。

（5）方便性

综合布线系统应可以支持人们对网络设备进行灵活和便捷的管理，使人们能够在设备布局发生变化时实施灵活的线路管理，从而能够在不改变整个布线系统的情况下对系统进行扩充和升级。此外，综合布线系统可以提供进行线路分析、故障检测和隔离的工具，使得人们在故障发生时，可以迅速找到故障点并加以排除。

（6）可靠性

综合布线系统要具有良好的环境适应能力（如防尘、防火、防水等），以及对温度、湿度、电磁场以及建筑物的振动等的适应能力。综合布线系统还要便于进行雷电、异常电流和电压保护等装置的设置，以使设备免遭破坏。

（7）扩展性

综合布线系统要能够适应网络发展的需要，使网络系统易于扩充和升级。综合布线系统不仅要能支持现有的计算机、电话、传真、摄像机、控制设备等的通信需要，还要能支持未来多网融合的局域网技术和接入网技术。

（8）开放性

综合布线系统应能满足任何建筑物及通信网络的布线要求，具有开放性，既支持集中式网络系统，又支持分布式网络系统，同时可以支持不同厂商的不同类别的网络设备。此外，综合布线系统还应该为用户提供统一的局域网和广域网接口，以满足网络系统未来发展的需要。

（9）标准化

拓展阅读 9.1 建筑与建筑群综合布线系统工程施工及验收规范

综合布线系统的所有网络通道、信息接口都应遵循统一的标准和规范，其性能指标都应达到《建筑与建筑群综合布线系统工程设计规范》（GB/T 50311—2007）、《综合布线工程验收规范》（GB/T 50312—2007）的要求。

（10）经济性

经济性是指综合布线系统使用简单，维护方便，管理成本低，布线要美观、耐用、防尘等。

2. 综合布线系统的组成和设计

综合布线系统（premises distribution system，PDS）是一种开放式的布线系统，它可以支持几乎所有的网络设备及通信协议。综合布线系统具有高度的灵活性，在网络设备的位置发生改变、网络结构发生变化的情况下，无须重新布线，只要在配线间对布线做适当调整即可满足需求。综合布线系统一般分为 6 个子系统，如图 9.1.1 所示。

（1）工作区子系统及其网络设计

工作区（work area）子系统是由 RJ-45 跳线（是指两端有 RJ-45 水晶头、位于网络设备之间的连接线）与信息插座所连接的设备组成。信息插座由标准 RJ-45 插座构成。信息插座的数量应根据工作区的实际功能及需求确定，并预留适当数量的冗余。例如，可以为一个办公区内的每个办公点配置 2~3 个信息插座；此外，应为该办公区配置 3~5 个专用信息插座用于工作组服务器、网络打印机、传真机等设备。若该办公区为商务办公区则信息插座的带宽为 1000 Mbps 即可满足要求；若该办公区为技术开发办公区则每个信息插座可以为交换式 1 000 Mbps 信息插座，甚至是光纤信息插座。

工作区的终端设备（如电话机、传真机等）通过超 5 类双绞线直接与工作区中的每一个信息插座相连，或者经过适配器（如 ISDN 终端设备）、平衡/非平衡转换器转换后再连接到信息插座上。

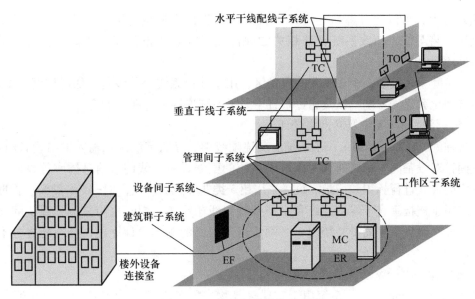

图 9.1.1 综合布线系统示意图

（2）水平干线配线子系统及其网络设计

水平干线（horizontal）配线子系统，从工作区的信息插座到管理间子系统的配线架。要根据建筑物内信息插座的类型、容量、带宽来选择水平干线配线子系统的线缆。在水平干线配线子系统中可以采用超 5 类或 6 类非屏蔽双绞线，或者单模或多模室内光缆。

水平干线配线子系统一般使用 4 对非屏蔽双绞线作为配线线缆，以避免由于使用多种不同类型的线缆而使系统的灵活性降低且不便管理。水平干线配线子线中永久链路部分的最大长度为 90 m。

（3）垂直干线子系统及其网络设计

垂直干线（backbone）子系统提供建筑物的干线线缆，它可以使用的线缆主要有HAY 三类大对数电缆、超 5 类或 6 类双绞线、单模或多模室内光缆。

垂直干线子系统由设备间的配线设备和跳线，以及设备间至各楼层配线间的连接线缆构成，其主要功能是将各楼层的配线架与主配线架连接起来。垂直干线子系统提供的楼层之间通信的通道，使整个综合布线系统形成一个有机的整体。垂直干线子系统的拓扑结构采用分层星状拓扑结构，每个楼层配线间均需通过垂直干线子系统线缆连接至大楼的设备间。垂直干线子系统线缆和水平干线配线子系统线缆之间的连接需要通过楼层管理间的跳线来实现。

（4）设备间子系统及其网络设计

设备间（equipment room）子系统由设备间的线缆、连接器和相关支撑硬件组成。设备间子系统采用 BIX 跳接式配线架连接交换机；采用光纤终结器连接主机及网络设备。设备间的主要设备有数字程控交换机、计算机网络设备、服务器、楼宇自控设备主机等，可以将它们放置在一起，也可以将它们分别设置。在大型的综合布线系统中，可以将计算机、网络设备、数字程控交换机、楼宇自控设备主机放置在机房，将与综合布线系统密切相关的硬件设备放置在设备间，并将机房放在距离设备间不远的位置。

设备间子系统是一个集中化的设备区，用于连接系统公共设备，如局域网、主机、建筑自动化和保安系统，以及通过垂直干线子系统连接至管理子系统。

（5）管理间子系统及其网络设计

管理间（administration）子系统由交连配线架、互联配线架和输入输出设备组成。管理间针对设备间、配线间和工作区子系统的配线设备、线缆、信息插座等设施，按照一定的模式进行标识和记录。跳线采用超 5 类非屏蔽双绞线，RJ-45 水晶头。管理间子系统用于连接垂直干线子系统和水平干线配线子系统，同时也为其他子系统的互联提供手段。设计管理间子系统时，必须了解其线路的基本设计原理，合理配置各子系统的部件。

（6）建筑群子系统及其网络设计

建筑群（campus）子系统用于实现建筑物之间的互联，为建筑物之间的通信提供所需的硬件。建筑物之间的通信可以采用有线的手段，也可以采用微波、无线的手段。

在建筑群子系统中，如果建筑物之间的距离不大于 2 km，可以采用室外光纤，并采用埋入地下或架空（4 m 以上）的方式。在进行建筑群子系统施工时要注意路由起点与终点、线缆的类型与长度、入口位置、动力线位置、光纤弯曲半径，以及人工与材料成本等。此外，建筑群子系统还对门窗、天花板、电源、照明、接地等有要求；在设计建筑群子系统时也要充分考虑系统后期维护的便利性、距离超长等因素。

此外，一个建筑物一般设置一个进线间，进线间通常位于地下层。进线间涉及的因素较多，因此难以对其提出统一的要求，在设计进线间时，可以根据建筑物的实际情况，并参照通信行业的国家标准和行业标准。

进线间的设计应遵循以下原则。

① 进线间应设置管道入口。

② 进线间应满足线缆的敷设路由、成端位置与数量、盘长空间和弯曲半径、充气维护设备、配线设备安装等的要求。

③ 进线间的大小应按进线间的进局管道最终容量及入口设施的最终容量设计；同时应满足多家电信业务经营者安装入口设施等设备的要求。

④ 进线间应靠近外墙设置和在地下设置，以便于引入线缆。此外，进线间应设有抽排水装置，以防止渗水；进线间应与综合布线系统垂直竖井连通；进线间应采用相应防火级别的防火门，门向外开，宽度不小于 1 000 mm；进线间应采取防止有害气体的措施和设置通风装置，通风装置的排风量按每小时不小于 5 次容积计算。

⑤ 与进线间无关的管道不应通过进线间。

⑥ 进线间入口管道中所有空闲的管孔都应用防火材料封堵，并做好防水处理。

⑦ 如果在进线间安装配线设备和信息通信设施，它们应符合设备及设施的安装设计要求。

3. 防雷系统设计

（1）设计原则

由于防雷系统对保护系统正常运行具有非常重要的作用，因此雷电防护系统应具有可靠性、实用性、开放性、可扩充性、可维护性以及经济性等特性。防雷系统设计及其设备的选择应遵循以下原则。

① 可靠性原则。设计防雷系统要考虑的首要问题就是可靠性。防雷系统中不一定要使用最先进的产品和技术，但一定要用最成熟、最可靠的产品和技术。

② 实用性原则。防雷系统应本着一切从用户实际需求出发的原则，配置防雷系统旨在保证网络系统正常运行，从而保护用户的投资。遵循实用性原则，可以使系统最大限度地满足用户实际工作的要求。

③ 开放性、可扩充性和可维护性原则。防雷技术是不断发展变化的，为了保证系统的开放性、可扩充性和可维护性，所选产品和技术必须符合国际标准及相关行业标准。

④ 经济性原则。在满足防雷系统需求和保证系统安全可靠运行的前提下，应尽可能选用性能价格比最好、可靠性最高、可维护性最好的产品和技术，以节省投资。

（2）浪涌防雷

实施防雷工程主要就是要保证机房设备安全运行，保障网络数据传输，为此要进行不同等级的浪涌防雷保护。浪涌防雷保护可以采用以下措施。

① 对机房进行全方位的防雷接地保护。

② 对监控机房等进行全方位的防雷接地保护。

③ 对室外摄像头的电源、视频控制线路等进行全面保护。

④ 对其他区域进行普通的电源保护。

（3）电源系统防雷

可以将电源系统防雷设备分成三级，具体如下。

第一级：主级电源系统防雷设备。根据 IEC 61312-3《雷电电磁脉冲的防护（第三部分）过电压保护装置的要求》（IEC 61312-3），防雷设备的泄放电流为 150～100 kA，限制电压为 2 800 V～2 500 V。

通常在总配电柜处加装电源防雷模块作为第一级电源系统防雷设备。

第二级：次级电源系统防雷设备要求防雷设备的泄放电流为 70～40 kA，限制电压为 1 800～1 500 V。

通常在机房配电箱的三相空气开关出线处加装 V25-B/3+NPE 电源系统防雷模块作为第二级电源防雷设备。

第三级：末级电源系统防雷设备。要求防雷设备泄放电流为 40～20 kA，限制电压为 1 000 V～600 V。

通常在机房配电箱的单相空气开关出线处加装 V20-C/2 电源系统防雷模块作为末

拓展阅读 9.2
《雷电电磁脉冲的防护（第三部分）过电压保护装置的要求》

级电源系统防雷设备。另外，在综合布线系统 FD1 配线间电源线路进入端串联加装抗浪涌电源插座。

（4）通信线路雷电防护

拓展阅读 9.3
《雷电电磁脉冲
的防护（第一部
分）通则》

通信信号主要是通过电信部门的通信线路传送到设备端的。通信线路大多是挂空线缆，网络系统内部各通信点之间大多也是通过挂空双绞线连接的。根据《雷电电磁脉冲的防护（第一部分）通则》（IEC 61312-1）中提供的模拟公式估算：高为 4 m、长为 50 m 的挂空线缆在 1 km 雷击范围内线路感应电压约为 800 V。因此必须在通信线路的入户端和出户端加装防雷设备。

局域网的主要保护对象是机房，因此可以采取以下措施：若通信线路为光纤则可以不另外加装防雷器，只需在光纤入户端对其中的钢筋做良好接地即可。但是应考虑作为备份的其他通信线路，如数字数据网等。对非光纤的通信线路做防雷保护是必需的，可以在专线通信线路入户端加装 RJ-45-ISDN/4-F 通信专线防雷器。

（5）机房内部防雷的辅助措施

为了保证机房内的工作人员不受静电及电磁脉冲的危害，需要在静电地板下做均压网，而且要对均压网做良好接地，使整个机房内地板的电位一致。此外，还要对静电地板下方的支撑钢架与均压网做良好的电气连接，使静电地板上积累的电荷有良好的泄放通道；对机房内所有需要接地的设备的金属表面与均压网汇流排做良好的电气连接。

4. 机房接地系统设计

机房接地系统是消除公共阻抗耦合、防止寄生电容耦合干扰、保护设备和人员安全、保证计算机系统稳定可靠运行的重要措施。在机房接地系统设计中，如果能将接地与屏蔽正确结合起来，那么可以经济而有效地解决大部分噪声问题和干扰问题。

拓展阅读 9.4
《电子信息系统
机房设计规范》

机房接地有防雷保护接地（处在有防雷设施的建筑群中可不设）、交流工作接地、安全保护接地、计算机系统的弱电接地等类型。要根据《电子信息系统机房设计规范》（GB 50174—2008）对接地的要求来设计机房接地系统：独立的防雷保护接地电阻应小于或等于 10 Ω，独立的交流工作接地电阻应小于或等于 4 Ω，独立的安全保护接地电阻应小于或等于 4 Ω，以提高系统的安全性和可靠性。如果机房设独立接地网，则要求接地桩距离建筑物基础 15~20 m。

如果建筑物有共用接地系统，机房交流工作接地和计算机系统的弱电接地设独立接地网，由机房接地网直接引线至机房，引线为截面积大于 95 mm² 的铜芯绝缘导线，中间不能裸露，接地电阻小于 1 Ω。

在计算机系统的弱电接地设计中，机房采用网格接地方式，也就是把具有一定截面积的铜线或铜带在架空地板下交叉排成 1800 mm×1800 mm 的方格，并将其在交点处压接在一起。网格接地方式不仅能使逻辑电路电位参考点保持一致性，还能提高计算机系统抑制内部噪声和抗外部干扰的能力。

9.2　校园网需求分析

9.2.1　业务架构与需求分析

高校 A 的信息化业务主要包括教学、科研、管理和服务 4 个方面，它们通过校园统一信息门户平台进行整合。校园统一信息门户平台具有以下功能。① 是学校统一的信息服务平台，能够支持基于用户信息和用户所在区域的信息主动推送；② 是学校统一的身份认证平台，能够实现身份数据的统一存储、统一管理和统一认证；③ 是学校统一的技术支撑平台，能够为各类业务提供安全、可靠、先进的技术支撑；④ 是学校统一的网络管理平台，能够对整个校园网进行管理。

高校 A 的信息化业务架构一般如图 9.2.1 所示。

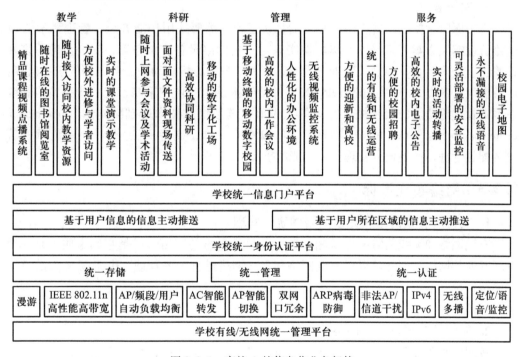

图 9.2.1　高校 A 的信息化业务架构

9.2.2　网络建设需求

1. 网络性能

需要将校园网建设成为一个具有高可用性、高安全性、高稳定性且易使用、易管理、易扩展的校园网络与基础设施平台，它支持新一代 IP 网络标准，能够实现有线与无线网络的无缝衔接和高速覆盖，为校园网络资源的充分利用和共享提供强有力的保障，从而为学校的全面信息化打下坚实的基础。

2. 接入性能

要结合学校业务、终端、用户密度等方面的实际情况，完善网络基础设施，形成基本覆盖全校的高速校园网络。

3. 接入认证

要全面整合学校各级认证平台的用户账号信息和认证方式；全面建立网络安全管理体系，包括网络安全与准入身份认证、Web 应用安全防护与认证。要能支持基于接入用户的带宽控制技术，无论用户在何处认证上网都可以根据其身份进行网络带宽管理。

4. 网络安全

在校园网建设中要充分考虑网络安全性，减少或避免信息泄露、干扰用户使用等各种风险。

5. 网络管理

为了保障学校统一信息门户平台的稳定运行，需要采用功能齐全、管理科学的 IT 运维管理解决方案。该解决方案能够实现对全校网络设备、服务器、安全设备等多种 IT 资源状态和性能，以及关键业务系统运行和信息中心机房动力、空调等的统一监控；能够实现对各类 IT 资源的分析和管理，并能够提供统一监控策略、统一告警策略和统一视图管理等功能；能够提供完善的知识库，遵循信息技术基础架构库（information technology infrastructure library，ITIL）、ISO20000 标准，支持 IT 运维管理系统事件管理、配置管理、计划任务管理三大功能的扩展。

9.2.3　网络实现目标

1. 支持对有线网络和无线网络的统一管理

有线网络和无线网络虽然是相互独立并相互备份的网络，但是它们本质上是一个互联互通的网络，因此可以对有线网络和无线网络进行统一管理。由于高校 A 的整体网络架构也基本实现了扁平化，因此有线网络和无线网络的统一管理有利于简化网络运维管理工作。

2. 能够提升用户接入网络的体验

校园网采用校园内统一账号认证，使得用户可以更便捷地接入网络，提升用户接入网络的体验。

3. 学校具有完全的网络管理权限

学校对整个校园网具有完全的管理权限。学校可以按照时间段、接入区域、用户身份类型等信息对用户进行精细化管理。

4. 更加可控的网络管理

能够对用户上网行为进行实名审计，这样在出现问题时可以对相关责任人进行精确定位，从而形成一个可查可控的网络环境。

5. 能够实现对重点业务的冗余保护

校园网络应充分考虑重点业务的需求，为其稳定、健壮地运行提供保障。例如，无线网络的核心交换机十分重要，为了避免单点故障，要提供两台设备以保证引擎冗余和电源冗余。此外，还要通过虚拟化技术实现数据备份。

6. 支持用户随时上网参与会议及学术活动

经常会有校外专家、领导、同行来学校参观、访问，以及参加会议和学术活动。校园网应能支持校外用户在学校里可以顺利地访问校园网，上网参与会议及学术活动。

9.3 校园网逻辑网络设计

9.3.1 网络设计原则

1. 先进性原则

校园网应利用先进、成熟的网络通信技术进行组网，以支持图像、语音和视频等多媒体业务。此外，校园网应采用 IP 交换技术取代传统的路由技术，以解决传统路由器低速、复杂所造成的网络瓶颈问题。最后，要确保所采用的网络技术和网络设备能够满足未来一段时间内网络的发展需求。

2. 开放性原则

校园网的建设应遵循国际标准，并采用大多数厂商都支持的技术标准及接口协议，从而为异种机、异种操作系统的互联提供便利和可能。

3. 可管理性原则

网络建设的一项重要内容是网络管理，校园网建设必须保证网络运行的可管理性。科学、有效的网络管理，能够大大提高网络的运行效率，并且可以及时、准确地诊断网络故障。

4. 安全性原则

校园网要能够保证信息网络运行畅通，确保授权用户能够通过该网络安全地获取信息，并保证用户所获取的信息完整和可靠。网络系统的每一个环节都可能产生安全问题，因此在设计校园网时就要避免这些问题。

5. 灵活性和可扩充性原则

由于网络中的设备不是一成不变的，如可能会添加或删除一个工作站，可能会对部分设备进行更新换代，或者改变部分设备的位置，因此在确定校园网拓扑结构时还要充分考虑网络未来的发展需要，使其具有一定的灵活性和可扩充性，能够根据网络应用的变化而做出调整。

6. 稳定性和可靠性原则

稳定性和可靠性对于一个网络来说是至关重要的。局域网中可能会发生节点故障或传输介质故障，一个稳定性和可靠性高的网络除了可以最大限度地减小这些故障对整个网络的影响之外，还具有良好的故障诊断和故障隔离功能。

9.3.2　网络架构设计

在确定网络设计原则之后，可以进行校园网络架构设计。高校 A 校园网的网络架构如图 9.3.1 所示。

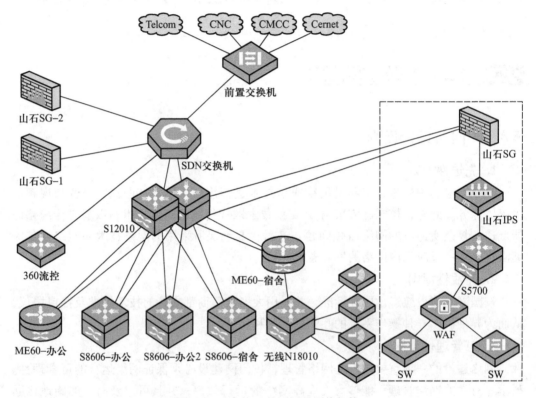

图 9.3.1　高校 A 校园网的网络架构

1. 核心区域

校园网出口采用前置交换机与运营商线路互联，SDN 交换机与前置交换机以及出口防火墙互联。出口防火墙提供安全防护、网络地址转换、路由等功能。流量控制设备旁路设置在 SDN 交换机中，SDN 交换机通过流表方式进行业务流量调度和控制。

校园网核心采用两台华为 S12010 核心交换机，并利用虚拟化技术将这两台交换机虚拟化为一台交换机，同时部署两台华为 ME60 作为核心宽带远程接入服务器（BRAS），以使有线网络和无线网络具有统一的网关、统一的认证方式和统一的网络策略，从而实现整个网络的扁平化架构。虚线区域的数据中心采用山石防火墙 SG 与网络核心交换机 S12010 互连，并部署山石 IPS 用于入侵防御，其后端与锐捷 S5700 交换机相连，用来承载数据中心网络汇聚业务，下连 WAF（Web 应用防护）设备与子网交换机 SW。

2. 办公区和宿舍区万兆双链路上联

有线网络采用 3 台 S8606 交换机实现宿舍区、办公区接入交换机上行汇聚功能，并在每栋楼的内部都部署一台万兆汇聚交换机，楼内有线网络和无线网络的接入交换机通过汇聚交换机万兆双链路上联校园网核心，从而使整个网络具体较高的稳定性和可靠性，以及较高的带宽。

3. 无线网络部署

无线网络使用两台无线 N18010 交换机，并利用虚拟化技术将这两台交换机虚拟化为一台交换机，用于实现无线网络汇聚功能。无线网络采用无线控制器+瘦 AP 的集中转发组网方式，并根据校内不同的应用场景对无线接入点进行选型，同时通过无线控制器来实现对全网的管理。无线网络中的接入交换机全部采用千兆 POE 交换机，以为无线接入点供电并实现用户数据的高速传输。

4. 运维管理

校园网通过运维管理系统实现对服务器、存储器、虚拟机、中间件、操作系统、数据库、有线网络、无线网络、机房动力设备及环境变量等的统一的可视化运维管理。支持对多个厂商生产的设备进行统一管理，可以管控的设备包含锐捷、思科、华为、H3C、Aruba 等主流厂商生产的设备。

校园网采用扁平化管理方式。用户上网时可以用校园网账号认证一次性完成校内认证和运营商认证，从而实现统一的身份认证，提升了用户接入网络的体验。学校可以对用户上网进行管理和控制，实现基于时间、地区、设备类型等的网络控制。

9.3.3　无线网络设计

1. 无线局域网技术选择

无线局域网技术从 IEEE 802.11 发展到 IEEE 802.11n，最高数据传输速率的提升极为显著，从 2 Mbps 到 11 Mbps、54 Mbps，再到 450 Mbps，而在 IEEE 802.11ac（wave1）中，最高数据传输速率更是达到了 1.3 Gbps。但在实际应用中，一个采用 IEEE 802.11ac（wave1）标准的无线接入点（最高数据传输速率为 1.3 Gbps），在单用户情况下网络效率（即实际吞吐量和最高数据传输速率的比值）为 70%左右；在多用户情况下，由于涉及更多的空口开销，其实际吞吐量将随着接入用户数量的增多而逐渐下降，到 30 个用户时网络效率已下降至 38%。

可以说，无线局域网技术的瓶颈已不在于如何继续提升最高数据传输速率，而在于如何提升多用户数据并发处理能力和网络效率。随着 IEEE 802.11ac（wave 2）引入多用户-多输入多输出（MU-MIMO）技术之后，这个问题终于找到了答案。

多用户-多输入多输出（MU-MIMO）模式采用显式波束成形技术，该技术用于控制信号的传播方向和射频信号的接收，以使多个终端能够同时发送与接收数据。与传统的 MIMO（又称为 SU-MIMO，即单用户-多输入多输出）相比，MU-MIMO 对下行数据的处理类似于以太网中交换机和集线器之间的处理方式，即集线器（MIMO）同时只能向一个端口发送数据，而交换机（MU-MIMO）则可以同时向多个端口发送数据。同理，在 MIMO 模式下，无线接入点同时只能向一个终端发送数据；而在 MU-MIMO 模式下，无线接入点则可同时向多个终端发送数据。

为了保障用户获得最佳的使用体验，校园网中所有室内接入点均采用支持 IEEE 802.11ac（wave 2）标准的设备。

2. 无线场景化部署

由于无线环境中信号的强度对用户使用体验有很大的影响，因此让无线接入点覆盖的区域更广、更全面，也是无线网络设计中要考虑的重要因素。根据现场的实际情况可知，学校中办公室、教室、实验室以及室外等各种场所，其空间大小、房间结构、用户密度等均不相同，如果想在各种应用场景中都实现信号的良好覆盖，需要针对不同的场景选择不同的无线接入点以及设计不同的覆盖方案，这样才能使用户获得最佳的使用体验。

（1）小空间、密集度低用户场景的无线覆盖

经现场地勘，发现校园内的小型办公室、小型会议室场景具有如下特点：① 房间较小；② 单个房间中有不到 30 个终端；③ 房间已经装修完成，无线网络建设不能破坏装修；④ 部署要快速，不能影响正常办公。

在这种空间小且终端密集度低的场景中，为了满足更多用户的接入需求，单个无线接入点实际可以支持 30 个以上用户的接入。因此，在这种场景中需要使用支持 IEEE 802.11ac（wave 2）标准的高性能面板式无线接入点。由于移动终端的业务越来越多，类型越来越复杂，流量也越来越大，因此使用 IEEE 802.11ac（wave 2）标准可以保证在多终端的场景下有更高的无线上网速率，这也能使用户的使用体验得到较大的提升。

（2）密集用户场景的无线覆盖

经现场地勘，发现校园内的实验室、会议室场景具有如下特点：① 面积较大；② 终端较为密集，数量较大；③ 终端类型复杂，对无线接入点的兼容性要求较高。

在密集用户场景中，为了满足更多用户的接入，单个无线接入点至少可接入 60～80 个用户，这样可以减少所需的无线接入点数量，从而降低无线接入点间的干扰。

在这种面积较大的场景中部署无线接入点时应使用全向天线以实现无线覆盖，这样可以在保证无线覆盖效果的同时提高单个无线接入点资源的利用率。

（3）高密集用户场景的无线覆盖

经现场地勘，发现校园内的大型实验室、报告厅场景具有如下特点：① 其环境类似于密集用户场景；② 与密集用户场景相比终端更密集，数量更大；③ 终端的类型更复杂，对无线接入点的兼容性要求更高。

在这类场景中使用内置灵动天线的支持 IEEE 802.11ac（wave 2）标准的高密集用户场景专用的 4 条流放装无线接入点实现无线覆盖。灵动天线会根据终端的位置发射定向信号，这样不但终端的信号质量有保证，而且会有效降低无线接入点间的干扰。为了保证该场景中的无线上网速率，所使用的无线接入点在 2.4 GHz 和 5.8 GHz 两个频段上都可以支持 4 条流的传输，这样就可以通过单个无线接入点接入更多的用户，传输更多的数据。

在这类用户非常密集的场景中，为了满足更多用户的接入需求，单个无线接入点

可接入超过 100 个用户，这样可以大幅减少所需的无线接入点数量。

（4）室外场景的无线覆盖

经现场地勘，发现校园内的马路、广场场景具有如下特点：① 室外环境比较恶劣，经常会面临严寒、酷热、雷雨、风沙等天气条件；② 面积较大；③ 对性能有一定要求，如室外应用、安防监控等。

在这类场景中，使用内置灵动天线的支持 IEEE 802.11ac 标准的室外场景专用的 3 条流无线接入点实现无线覆盖。这是由于室外区域中分布有较高的、密集的建筑群和植物群，这将对信号产生较大的阻挡。因此，选用专用的室外大功率无线接入点产品，并使用定向天线，可以保证无障碍情况下 300 m 半径的无线覆盖以及信号对近距离的多重障碍物的穿透能力。

由于室外场景经常会遇到雷雨等恶劣天气条件，在保证室外区域信号覆盖品质的同时，还要使该无线设备本身具备抗雷击、防雨、防潮、抗高低温、阻燃等特性，因此在室外场景中应该选用具有 IP68 级别防护能力的网络设备。

9.3.4 IP 地址设计

1. 当前校园网 IP 地址使用情况

① 教育网地址：学校共申请了 144 个 C 类教育网 IP 地址，分布在学校的不同校区和部门，这些 IP 地址没有经过统一规划，出口流量控制策略也比较复杂，无法有效地对网络进行管理和控制。

② 私有 IP 地址：校园中部分区域存在私有 IP 地址和教育网 IP 地址交叉使用等情况。

③ 管理地址：管理地址比较混乱，也没有经过统一规划，其中又有非教育网 IP 地址。

2. 后期校园网 IP 地址设计

① 所有校内用户通过 DHCP 协议获得的 IP 地址（DHCP 地址）为私有 IP 地址。

② 所有校内用户通过 PPPoE 协议（以太网上的点对点协议）获得的 IP 地址（PPPoE 地址）为教育网 IP 地址。

③ 采用一个 C 类教育网 IP 地址（202.119.84.0/24）作为院系服务器业务地址。

3. 管理地址设计

校内办公区使用 10.255.0.0/16 网段，学生区使用 10.254.0.0/16 网段，其相应的管理地址设计示例如表 9.3.1 所示。

表 9.3.1 管理地址设计示例

序 号	设 备 名 称	管 理 地 址	子网掩码位数
1	办公-ME60-X8（办公区）	10.255.255.254	16
2	科技处（办公区）	10.255.1.1	16
3	学生-ME60-X8（学生区）	10.254.255.254	16
4	1 舍（学生区）	10.254.1.1	16

4. 有线业务地址设计

校内学生区的 DHCP 地址为 10.1.0.0/22，校内办公区的 DHCP 地址为 10.2.0.0/22，校内家属区的 DHCP 地址为 10.3.0.0/22，有线业务地址设计示例如表 9.3.2 所示。

表 9.3.2　有线业务地址设计示例

序　号	区　域	私有 IP 地址段	子网掩码位数
1	学生宿舍 1 舍（学生区）	10.1.0.0	22
2	科技处（办公区）	10.2.0.0	22
3	青教 1 舍（家属区）	10.3.0.0	22

5. 无线业务地址设计

校内学生区的 DHCP 地址为 10.4.0.0/22，校内办公区的 DHCP 地址为 10.5.0.0/22，校内家属区的 DHCP 地址为 10.6.0.0/22，如表 9.3.3 所示。

表 9.3.3　无线业务地址设计示例

序　号	区　域	私有 IP 地址段	子网掩码位数
1	学生宿舍 1 舍（学生区）	10.4.0.0	22
2	科技处（办公区）	10.5.0.0	22
3	青教 1 舍（家属区）	10.6.0.0	22

6. 特殊应用业务地址设计

特殊应用业务地址设计示例如表 9.3.4 所示。

表 9.3.4　特殊应用业务地址设计示例

地 址 名 称	使用的 IP 地址段	序号	设备名称	业务地址	掩码位数
DMZ 区域服务器地址	202.119.80.0/24	1	门户网站	202.119.80.2	24
虚拟服务器地址	202.119.81.0/24	1	虚机 A	202.119.81.2	24
校领导使用的 IP 地址段	202.119.82.0/24	1	虚机 B	202.119.82.2	24
图书馆 IP 地址段	202.119.83.0/24	1	虚机 C	202.119.83.2	24
院系服务器地址	202.119.84.0/24	1	学院 A	202.119.84.2	24
一卡通服务器地址	202.119.85.0/24	1	学院 B	202.119.85.2	24
院系托管服务器地址	202.119.86.0/24	1	学院 C	202.119.86.2	24

9.4 校园网物理网络设计

9.4.1 综合布线应用场所分析

校园网综合布线系统建设是一项系统工程，下面以教学楼、食堂等区域的综合布线系统为例进行介绍。该综合布线系统旨在满足学生、教师等用户对接入网络的需求，并为用户提供高质量的数据和语音通信服务。综合布线系统要能够为文本、语音、图像和视频等各种信号的传输提供支持，并能够适应不断发展的网络技术需求。

高校 A 要对三栋教学楼、食堂（包括二食堂、三食堂、教工食堂、明苑食堂、星苑食堂）等进行综合布线。其中，第 1 教学楼分为 A、B 两个区域，每个区域均为 4 层建筑结构，这两个区域的第一层均设有独立弱电间；第 2 教学楼分为 A、B 两个区域，每个区域均为 5 层建筑结构，这两个区域的第二层均设有独立弱电间；第 3 教学楼分为 A、B 两个区域，每个区域均为 5 层建筑结构，这两个区域的第三层设有独立弱电间；各个食堂（二食堂、三食堂、教工食堂、明苑食堂）均设有独立的弱电间。根据现场调研，发现教学楼综合布线信息点的数量实际为 1 408 个，其中有线信息点为 999 个，无线信息点为 409 个。

教学楼和食堂综合布线信息点的分布分别如表 9.4.1 和表 9.4.2 所示。

表 9.4.1　教学楼综合布线信息点的分布

教学楼名称	教室编号	无线信息点	有线信息点
第 1 教学楼	101	3	6
	102	3	6
	103	1	6
	……	……	……
	小计	44	120
第 2 教学楼	101	2	5
	103	1	5
	105	1	5
	……	……	……
	小计	95	465
第 3 教学楼	101	3	6
	103	1	6
	105	1	6
	……	……	……
	小计	76	414

表 9.4.2　　食堂无线接入点汇总表

楼 层 名 称	楼　　层	放装 AP	墙面 AP
二食堂和三食堂	1	4	2
	2	3	/
教工食堂	1	5	1
	2	4	1
	3	4	1
……	……	……	……
小计	/	82	112

综合布线分为以下几个阶段。

① 综合布线方案的调整与确认（主要包括所有类型综合布线信息点数量和位置的确认）。

② 材料采购与供货。

③ 施工安装（天花板拆卸、线槽敷设、讲台移出开槽、机柜安装、线缆敷设、天花板恢复等）。

④ 线缆测试。

⑤ 验收。

9.4.2　综合布线实施

校园网室内部分的所有有线信息点采用 6 类综合布线系统，其底部采用明盒和水晶头，并固定在相应的位置上。从每个信息点引出的双绞线，通过线槽连接水平金属桥架与垂直的竖井金属桥架，再进入对应的弱电间，弱电间中的各类网络通过光纤接入各汇聚点或网络中心机房。

校园网室外部分的所有无线接入点，全部利用原有监控系统的光纤和电源接入，并且需要在监控杆上进行无线接入点的安装和固定工作。由于目前管路敷设得较多，无法敷设光纤，施工时要重新进行管路敷设。

水平干线配线子系统由水平线缆、配线设备等组成，它采用星形拓扑结构，每个信息点均需要用非屏蔽双绞线与管理间子系统连接，两者的最大水平距离为 90 m，也就是从管理间子系统中的配线架到信息点的线缆长度。水平干线配线子系统施工是本次综合布线工程中任务量最大的工作，由于在建筑物施工完成后难以再变更，因此要严格施工，保证链路的性能。

9.4.3　综合布线性能测试

可以采用线路测试和联机测试两种方式对综合布线的各项性能指标进行测试。

1. 线路测试

采用专用的6类电缆测试仪对综合布线系统的各项性能指标进行测试。相关性能指标包括所有信息点的接线图、长度、近端串音（两端）、衰减、功率相加和近端串音、等电平远端串音、回波损耗、延迟、延迟偏离等。

① 双绞线连接：ISO/IEC 11801 和 EIA/TIA 568B 标准要求双绞线的6类测试要搭配相应厂商的适配模块。

② 光纤连接：对光纤的测试要根据 ISO/IEC 11801 的 Optical Class 的要求进行。

2. 联机测试

选取若干个工作站，对其进行实际的联网测试，如图 9.4.1 所示。

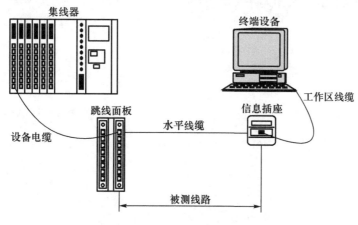

图 9.4.1　联机测试线路结构

知识点小结

● 网络规划与设计是组建计算机网络系统的首要任务，一般包含三个阶段，即网络需求分析、逻辑网络设计和物理网络设计。

● 网络需求分析一般从用户需求、业务需求、应用需求、网络性能、计算机应用系统平台5个方面进行分析，其中用户需求和业务需求是网络需求分析最主要的两个方面。

● 逻辑网络设计具体包括网络架构设计、局域网技术选择、IP 地址设计、IP 路由设计、网络性能设计、网络安全设计和网络管理设计。

● 物理网络设计主要就是进行综合布线系统的设计。综合布线系统是指在一个建筑物或建筑物群中安装的传输线路，这种传输线路能连接所有的终端设备，并将它们与电话交换系统连接起来。

● 综合布线系统具有实用性、功能性、先进性、灵活性、方便性、可靠性、扩展性、开放性、标准化、经济性等特点。

思考题 🔍

1. 如何设计 6 类综合布线系统。

2. 已知某综合布线系统共有 300 个信息点，这些信息点分布得比较均匀，离水平配线间最近的信息插座的距离为 12 m，离最远的信息插座的距离为 86 m，如果该综合布线系统水平干线配线子系统使用 6 类双绞线缆，则要购买多少箱双绞线缆（305 m/箱）？

3. 已知某个建筑物某楼层的综合布线系统信息点有 150 个，而且全部都汇接到配线间，那么在配线间中应安装何种规格的模块化配线架？数量是多少？

4. 试述综合布线系统工程的验收标准及依据。

5. 校园网为什么要采用扁平化架构？

本章自测题

第 10 章

网络安全与管理

计算机网络是人们通过现代信息技术手段了解社会、获取信息的重要手段和途径。网络安全管理是人们安全上网、绿色上网、健康上网的根本保证。为了提高网络的安全性，人们针对硬件安全问题、软件安全问题和系统安全问题设计了各种安全防护措施。本章将重点介绍常见的网络安全问题、安全防护手段以及网络管理等。本章的主要内容如下：

● 网络安全问题，包括网络安全威胁、网络攻击与黑客、通信窃听、病毒与蠕虫、木马与后门。

● 网络安全防护措施，包括网络防范措施、防火墙技术、个人网络安全防范措施。

● 网络管理，包括配置管理、故障管理、计费管理、安全管理等。

10.1 网络安全问题

网络安全问题主要存在于网络硬件、软件及其系统之中。无论是偶然的行为还是恶意的行为，凡是阻碍系统正常运行以及破坏系统中数据的行为，都会产生网络安全问题。

微视频 10.1
网络空间安全

10.1.1　网络安全威胁

　　网络安全是指网络硬件、软件，以及其系统中的数据受到保护，不会遭受偶然或恶意行为的破坏、更改和泄露，系统可以连续、可靠、正常地运行，使得信息服务不中断。因此，相应的安全问题主要存在于计算机硬件、软件及其系统之中。例如，在计算机硬件方面，温度、湿度、电磁干扰、电磁辐射等都可能造成信息泄露。攻击者可以窃听计算机在工作时经过地线、电源线、信号线、寄生电磁波信号或谐波等辐射出的信号，并对其进行处理，以恢复出原始信息，从而造成信息失密。在计算机软件方面，有研究表明，每千行代码就会存在两到三个程序漏洞。其中，有些程序漏洞已经被发现但官方尚未公开，有些程序漏洞已被官方公开但还没有相应的软件补丁，这些都会为计算机软件安全带来隐患。在计算机软件安全问题严重时，软件发行后的 24 小时内就会出现其破解版本。

　　此外，操作系统也存在许多网络安全问题。目前两大主流操作系统 Windows 和 Linux 都曾因系统漏洞而引起过用户信息泄露、用户权限异常等安全问题，这些问题轻则会影响网络稳定运行和用户正常使用，重则会造成重大的经济损失。常见的网

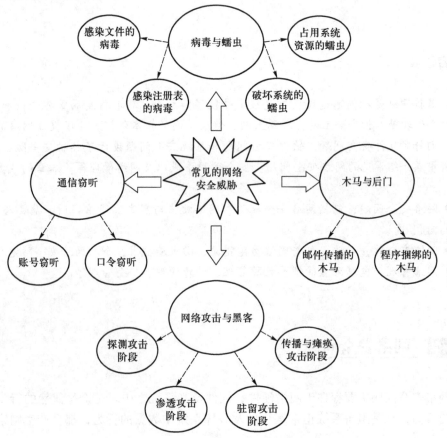

图 10.1.1　常见的网络安全威胁及其相互关系

络安全威胁及其相互关系如图 10.1.1 所示。其中，黑客是造成网络安全威胁的主要人员，而通信窃听是网络安全威胁中常用的攻击手段。病毒与蠕虫是网络安全威胁中破坏系统的工具，而木马与后门则是产生用户信息被窃取等网络安全威胁问题的主要原因。

10.1.2　网络攻击与黑客

微视频 10.3
网络攻防案例

黑客是造成网络安全威胁的主要人员。在信息安全中，黑客通常是指利用自己所掌握的计算机科学、编程和设计方面的知识，发现和挖掘计算机系统和网络系统中的缺陷和漏洞，甚至利用这些缺陷进行网络安全攻击的一类人群。黑客进行的网络攻击可以分为非破坏性攻击和破坏性攻击两类。非破坏性攻击一般只是为了扰乱系统的运行，并不窃取系统资料。破坏性攻击则是以侵入他人计算机系统、窃取系统机密信息、破坏系统中的数据为目的。网络攻击主要包括探测攻击、渗透攻击、驻留攻击、传播与瘫痪攻击等阶段。

1. 探测攻击阶段

黑客在探测攻击阶段的目标是收集用户敏感信息，这些敏感信息主要包括个人基本资料、身份信息、财务信息、家庭成员信息、生活习惯信息等。很多表面上看起来没有用的信息，如用户在上网过程中发布的自己的喜好、年龄等，都可以被作为探测攻击的切入点。用户在使用网络时经常会无意识地泄露上述隐私信息，为黑客和其他不法者窃取信息提供了便利。

典型的探测攻击如图 10.1.2 所示。在图 10.1.2 所示的基于用户 QQ 信息的探测攻击中，攻击者以用户 QQ 中提供的个人信息为切入点，从用户资料中显示的年龄和当前年份，推测出用户的出生年份。随后，通过访问该用户 QQ 空间中与他人互动的

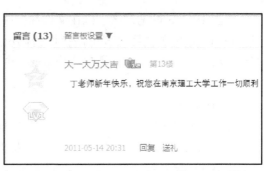

图 10.1.2　基于用户 QQ 信息的探测攻击

信息，发现其中某条留言板中出现了用户的身份信息"丁老师""某高校"。攻击者利用这些身份信息通过百度等搜索引擎筛选出符合上述条件的用户，推测出该用户的真实姓名。根据上述探测攻击的结果，攻击者可以猜测出用户的系统账户名、密码，甚至可以利用上述信息冒充该用户，给该用户造成一定的财产损失。

2. 渗透攻击阶段

黑客在渗透攻击阶段的目标是寻找计算机系统的漏洞，为网络攻击提供机会。黑客编写或收集适当的工具，在较短的时间内对目标计算机系统进行扫描，检测出计算机系统中存在的漏洞，再利用这些漏洞取得系统管理员权限，扰乱或者破坏系统的正常运行。图 10.1.3 所示的是利用一款名为 X-Scan 的计算机系统和软件漏洞扫描工具，对 IP 地址为 172.18.0.239 的主机进行扫描的结果。

	主机列表
主机	**检测结果**
172.18.0.239	发现安全漏洞
主机摘要 - OS: Windows 2003; PORT/TCP: 21, 23, 80, 135, 139	
[返回顶部]	

		主机分析: 172.16.0.250
主机地址	**端口/服务**	**服务漏洞**
172.18.0.239	netbios-ssn (139/tcp)	发现安全漏洞
… …	… …	… …

		安全漏洞及解决方案: 172.16.0.250
类型	**端口/服务**	**安全漏洞及解决方案**
漏洞	netbios-ssn (139/tcp)	**NT-Server弱口令**
		NT-Server弱口令: "test/ 1111, 帐户类型: 管理员(Administrator)

图 10.1.3　X-Scan 对 IP 地址为 172.18.0.239 的主机的扫描结果

由图 10.1.3 可见，该主机在文件和打印共享服务端口 netbios-ssn（139）上存在弱口令漏洞。该漏洞使得黑客可以获取密码设置过于简单的弱口令账户。在本例中，黑客可以获得密码为 1111 的用户账户 test，并利用该账户的管理员权限对系统进行各种破坏。

3. 驻留攻击阶段

在该阶段黑客将自己的用户权限提升至系统管理员级别，以完全控制系统中的软件和硬件。黑客主要通过上一阶段扫描获得的系统漏洞来提升自己的用户权限。例如，在 Linux 系统中，用户主要通过 Shell 接口与 Linux 系统内核进行交互操作。用户在 Shell 接口中输入命令与系统交互时一般是无权对系统内核进行更改的，但是编号为 CVE-2016-4484 的 Linux 系统漏洞可以使一般用户在持续按下 Enter 键 70 s 后获得修改 Linux 系统内核文件的权限。黑客利用在渗透攻击阶段所获取的用户账户和密码进入系统之后，可以通过上述漏洞完成对系统内核的修改，最大限度地提升自己的用户权限。

4. 传播与瘫痪攻击阶段

在该阶段，黑客一方面对一些敏感数据进行篡改、添加、删除和复制，以造成不同程度的系统瘫痪，另一方面会利用提升的用户权限，在系统中安装一些远程控制工具或者创建自己的专属账户，为再次入侵提供便利。如图 10.1.4 所示，黑客利用提升的用户权限在 Windows Server 2008 的"计算机管理"中，创建了系统管理员权限账户"test1"，以供下次入侵该计算机时直接使用。

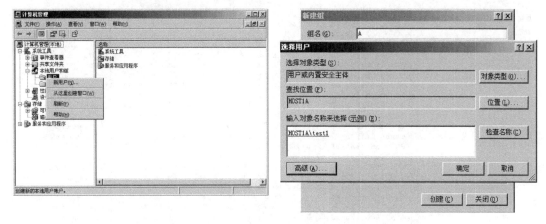

图 10.1.4　黑客利用提升的用户权限创建专属账户

10.1.3　通信窃听

通信窃听是网络安全威胁中常用的攻击手段。通信窃听是通过窃听网络传输过程中的用户敏感信息，直接获得或者推测出用户账户和密码等重要信息的一种攻击手段。通信窃听所使用的网络监听技术本来用于系统管理员对网络即时状态、数据传播与流动，以及系统异常等非正常网络变化情况进行捕获与分析。然而，当黑客等系统入侵者获取到较高的用户权限之后，可以利用网络监听技术分析网络传输过程中的数据，截获用户名、密码以及传输文件名等敏感信息，并用于后续的网络安全攻击。例如，用户可以利用 FTP 协议建立通信连接，向其他计算机用户传送文件。由于基于 FTP 协议的通信以非加密的方式传输数据，因此黑客采用网络监听技术即可对用户发送的用户名和密码进行窃听。图 10.1.5 所示的是通信窃听软件 Snort 对传输的数据的分析结果。通过 UltraEdit 等文本编辑器对二进制格式数据进行解析可知，基于 FTP 协议传输的文件的名称为"Hello World!"，传输该文件的用户账户为"guset"，对应的密码为"guestpass"。

一般而言，对同一网段主机间传输的数据进行通信窃听比较容易实现，对不同网段主机间传输的数据进行通信窃听的难度较大。

拓展阅读 10.1
弱口令案例

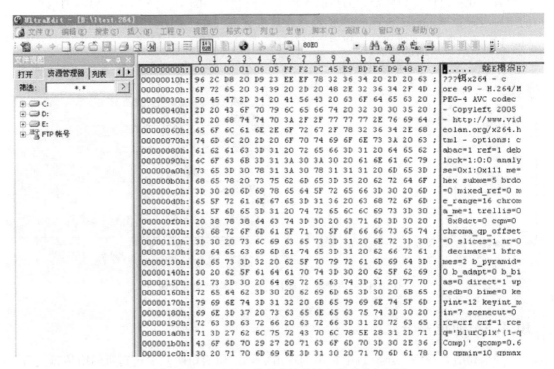

图 10.1.5　基于 FTP 协议传输的用户敏感信息解析

10.1.4　病毒与蠕虫

病毒与蠕虫是网络安全威胁中破坏系统的工具。病毒与蠕虫是一组具有特定功能的计算机指令或者程序代码，它们能够破坏计算机系统的正常运行或者对系统软件、硬件及数据造成破坏。

1. 病毒

与医学上的病毒概念不同，计算机病毒是人为生成的计算机代码。病毒通过感染计算机中的文件或者计算机中的程序而生效，会在用户正常打开某些文件或者运行某些系统程序时运行，并会在计算机后台执行一些非法操作任务。图 10.1.6 和图 10.1.7 所示的是利用软件 PEiD 对可执行程序进行代码分析，以及根据可执行代码的内存地址及其程序值判断程序中是否存在病毒的整个过程。首先，用软件 PEiD 打开可执行程序 Dk4PkEdt.exe，可以得到该程序各代码在计算机内存中的起始地址。随后将各地址中的程序片段与已记录的病毒代码进行比对。例如，能够破坏硬盘的 CIH 病毒在程序片段中的值常为 "558D4424F833DB64"。如图 10.1.7 所示，当首行代码地址 "110CB152" 偏移量为 0x28 的代码位置 "110CB17A" 出现了值 "558D4424F833DB64"，则可以认为该程序可能感染了 CIH 病毒。

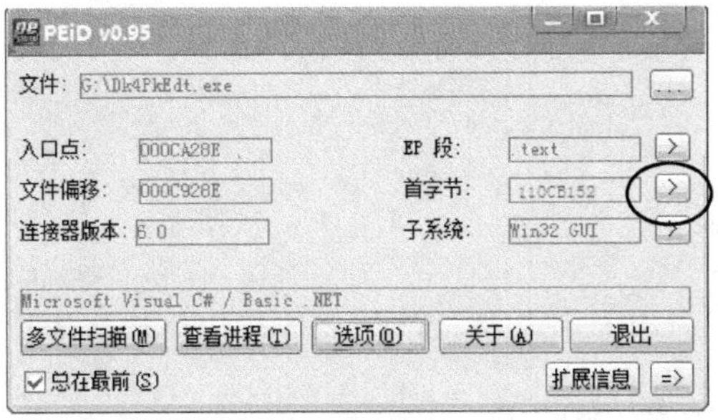

图 10.1.6　利用软件 PEiD 对可执行程序进行代码分析

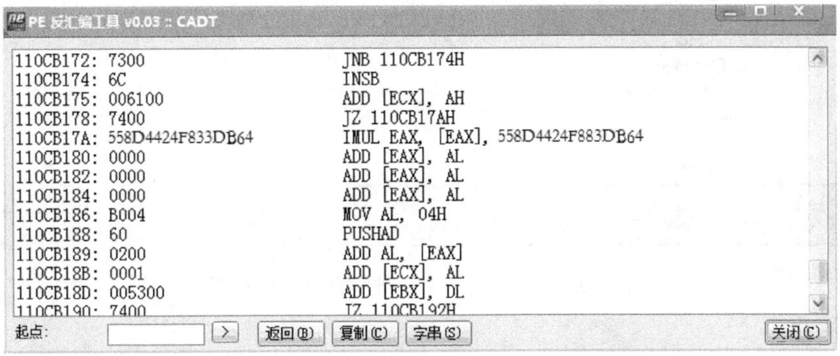

图 10.1.7　可执行代码的内存地址及其程序值

　　注册表也是易感染病毒的位置。计算机系统感染了网络病毒后，注册表中 HKEY_ CURRENT_ USER \ Software \ Microsoft \ Windows \ CurrentVersion \ RunOnce 或 HKEY_ CURRENT_USER \ Software \ Microsoft \ Windows \ CurrentVersion \ Run 位置上的键值可能会被修改，出现以 .html 或 .htm 为后缀的文件访问路径。这样，计算机系统在启动后去读取注册表时，将自动访问包含网络病毒的特定网站。例如，可以利用"regedit"命令打开注册表界面，如图 10.1.8 所示，对注册表中上述位置的键值进行观察，以判断计算机中是否存在病毒，如图 10.1.9 所示。

图 10.1.8　执行"regedit"命令

图 10.1.9　注册表中易被病毒感染的位置

2. 蠕虫

与计算机病毒只有在感染其他程序后才能运行不同，蠕虫是一种可以独立运行的程序，它能够进行自我复制，并通过网络传播到其他计算机中去。有些蠕虫程序仅在被感染的计算机中不断自我复制文件，占用系统内存等资源，但并不主动破坏文件；还有些蠕虫程序会主动破坏计算机系统的正常功能或计算机数据，给用户造成巨大损失。例如，勒索蠕虫 Wannacrypt 利用 Windows 操作系统中的一个系统服务漏洞进行大规模传播，并将被感染的计算机中的大量文件加密，用户需要在有限时间内支付高额的比特币才能解密，如图 10.1.10 所示。

图 10.1.10　蠕虫勒索软件被感染界面

　　为了防止蠕虫感染计算机，用户可以手动关闭指定端口以阻止蠕虫的传播。例如，对于勒索蠕虫 WannaCrypt，可以在如图 10.1.11 所示的"高级安全 Windows 防火墙"窗口中观察系统开放的端口情况，并手动关闭该蠕虫传播所需的 445 端口。

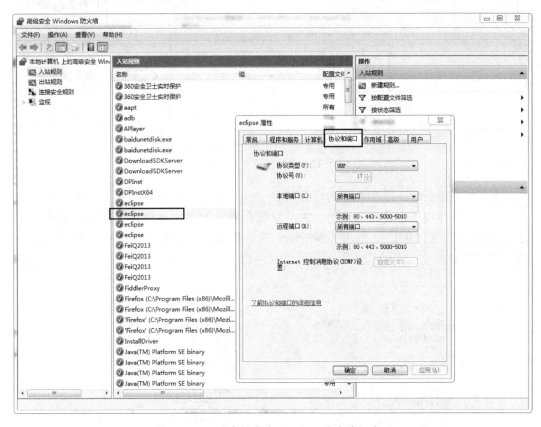

图 10.1.11 "高级安全 Windows 防火墙"窗口

10.1.5 木马与后门

　　木马与后门是产生用户信息被窃取等网络安全威胁问题的主要原因。在软件的开发阶段，程序员通常会在软件中设计一种可以绕过安全性控制而获取程序或系统访问权的程序，称之为后门。木马是一种用于远程访问另一台计算机，从而对被控制计算机进行系统破坏、文件窃取、远程控制的计算机程序。木马通过在被感染的计算机中设置各种后门程序，将用户的隐私信息悄悄发送到木马程序指定的网络地址，造成用户信息泄露。木马可以控制被感染的计算机，对其进行文件删除、复制、改密码等非法操作，造成用户信息的损坏或丢失。

　　木马具有很强的隐蔽性和危害性，它通过自身伪装的方式吸引用户下载并执行，实现窃取用户账户和密码的目标。如图 10.1.12 所示，木马可以将自己伪装成 iTunes 音乐播放文件，诱使用户下载。当用户运行该音乐播放文件时，木马程序通过执行 query.txt 和 response.txt 文件中的自启动脚本，将用户的 iTunes 账户和密码发送给木马使用者。

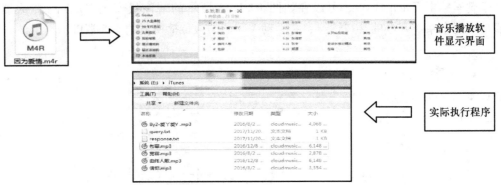

图 10.1.12   木马伪装及其运行过程

木马具有隐蔽性、欺骗性、自动运行性、自动恢复性等特点。例如，木马伪装成音乐播放文件体现了木马的欺骗性。木马隐藏在系统配置文件中且不易被发现体现了木马的隐蔽性。图 10.1.13 给出了 Windows 基本系统配置文件 win. ini 中隐藏的木马启动路径的情况。

(a) 正常的 win.ini 配置文件   (b) 植入木马的 win.ini 配置文件

图 10.1.13   隐藏在注册表中的木马

由图 10.1.13 可以看出，正常的 win. ini 配置文件中，［windows］标签下的展开项 "run=" 和 "load=" 的属性值为空。而被木马感染的计算机，这两项内容会被修改。例如，令 "run=c：\windowsfile. exe"，这里的 windowsfile. exe 就是木马的可执行文件。图 10.1.14 所示的是体现木马自动恢复性的一个案例。在图 10.1.14 中，注册表中 HKEY_CURRENT_USER\Software\Microsoft\Windows\CurrentVersion\Run 位置上的 Self-RunDemo 键值是木马植入的后门。此外，为了防止该键值被删除，木马还通过修改系统启动项，使得系统每次启动时都自动运行木马程序 WriteReg。如果注册表中植入的后门被删除，启动木马程序 WriteReg 会重新写入。

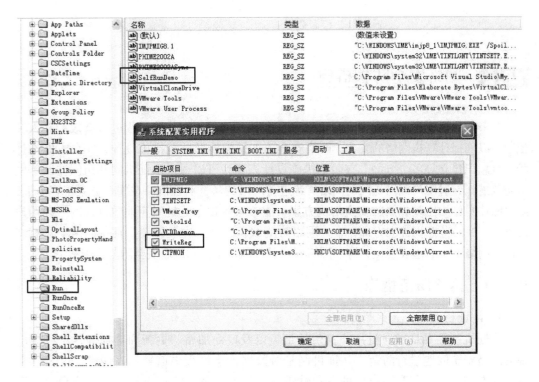

图 10.1.14　木马的自动恢复性案例

　　木马一般隐藏在注册表 HKEY_CURRENT_USER\Software\Microsoft\Windows\CurrentVersion\Run 或 HKEY_LOCAL_MACHINE\Software\Microsoft\Windows\CurrentVersion\Run 等位置上。在图 10.1.14 中，SelfRunDemo 是木马，它隐藏在注册表中，使得系统在启动时会自动运行木马程序 WriteReg。有的木马会加入一个时间控件，以实时监视注册表中自己的启动键值是否被删除，一旦发现其被删除，就立即重新将其写入，以保证下次系统启动时自己能够运行。通过这种方式，木马和注册表中的启动键值之间形成了一种互相保护的状态。只要木马的运行不中止，启动键值就无法被删除。即使将启动键值手工删除，木马又会自动在注册表中添加该键值。

　　可以通过以下三种方式对木马进行监测：① 通过网络连接检测木马。被植入木马的计算机通常会打开一个特殊的端口监听客户端的连接请求，可以通过查看有无异常端口来查看是否存在木马。② 在 Windows 的资源监视器中，可以查看系统中运行的程序使用 CPU、内存、网络监视器等的情况，并根据程序对 CPU 等的使用率来判断是否存在木马。因为木马在后台运行时需要不断复制系统中的文件信息，这样该程序会占用大量的 CPU 和内存资源。③ 在资源监视器对话框的进程列表中选中某个进程，在服务项中可以看到与该进程关联的所有服务项目，在关联句柄项中可以看到与该进程关联的所有句柄信息，从中可以发现隐藏在进程中的木马。

10.2 网络安全防护措施

本节将主要讨论如何利用现有的网络安全技术，对数据传输过程进行有效的介入和控制，以确保计算机网络的安全。网络安全防护措施涉及防范措施设计、安全方案选择和防范意识建立等多个方面。在防范措施设计方面，可以通过认证机制和访问控制等网络防范措施，对用户可以访问的网络资源进行严格的认证和控制。在安全方案选择方面，防火墙技术作为比较成熟的安全解决方案，能够有效地制止针对企业数据、网络和用户的攻击。在防范意识建立方面，个人网络防范意识的建立尤其重要。具备网络安全意识是保证网络安全的重要前提，许多网络安全事件的发生都和缺乏安全防范意识有关。

10.2.1 网络防范措施

1. 认证机制

认证机制主要是指通过用户身份认证，以及口令加密、更新和鉴别等，对可能出现的网络安全问题进行防范。认证机制是对数据传输过程中信息的真伪性，以及信息收发双方物理身份和数字身份的一致性进行验证的过程，它可以对伪造用户身份、密码破解等安全问题进行防范。如图 10.2.1 所示，客户端 Client 和服务器端 Server 进行通信，用户在发起请求时将身份验证信息 Proxy-Authorization 附加在报文后，以便服务器端在接收该报文时对用户身份的真实性、合法性和唯一性进行确认。

图 10.2.1 客户端和服务器端间的数据传输认证

认证机制可以从消息认证和用户认证两方面来实现。消息认证一般采用 SSL 协议生成数字证书，以验证消息内容的完整性、真实性，以及消息来源的真实性。用户认证则主要通过智能卡、生物特征、密码等方法来实现。

SSL 协议最初是由 Netscape 公司设计和开发的。SSL 协议可以在客户端浏览器和 Web 服务器之间建立一条 SSL 安全通道，由于目前主要的浏览器和 Web 服务器程序都支持 SSL 协议，因此仅需安装服务器证书即可实现数据在客户端和服务器间的加密传输，防止数据泄露，保证了双方传递信息的安全性。同时用户可以通过服务器证书验证其所访问的网站是否是真实、可靠的。图 10.2.2 所示的是数字证书的样例。由图 10.2.2 可以看出，该证书通过 SHA-256 和 SHA1 加密算法对原始文本进行加密，从而保证其内容的完整性和真实性。同时，数字证书还有一个重要的特征就是只在特定的时间段内有效。图 10.2.2 所示的数字证书的过期时间为 2038 年 1 月 17 日，过期之后，通信方之一 Amazon 公司需要再次向负责数字证书发放和验证的第三方机构申请，才能获得新的数字证书。

拓展阅读 10.2
常用加密算法案例

图 10.2.2　数字证书样例

图 10.2.3 所示的是几种常见的用户认证机制。这些用户认证机制主要是从 4 个方面来进行认证的：第一，验证用户知道什么，如密码；第二，验证用户拥有什么，如智能卡、USB key；第三，验证用户的生物特征，如指纹、声音等；第四，验证用户的行为特征，如签名、击键等。

智能卡（smart card）不仅具有读写和存储数据的功能，还能够对数据进行处理。

USB key 的外形与 U 盘相似，其内置了 CPU、存储器、芯片、操作系统，可以存储用户的私钥或数字证书，利用 USB key 内置的密码算法可以对用户身份进行认证。

生物特征识别技术包括指纹、虹膜、DNA 等。生物特征难以伪造，相对基于密码的技术来说有许多优势，但其在适用范围上也有局限性。例如，有些人的指纹无法提取特征，而患白内障的人的虹膜可能会发生变化等。

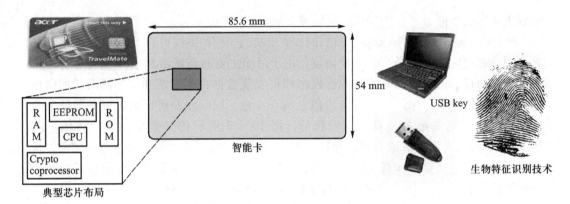

图 10.2.3 常见的用户认证机制

近年来,为了更好地对用户身份进行认证,将多种用户认证机制混合使用。例如"刷脸"技术将生物特征识别技术和基于密码的技术有机结合起来,提高了用户认证的安全级别。

2. 访问控制

访问控制是指在认证机制的基础上,对具有不同身份的用户提出的资源访问请求加以控制的技术。换句话说,认证机制是网络安全的第一道防线,访问控制是网络安全的第二道防线。访问控制机制把计算机系统中的文件、内存、系统、设备、设施等均看作是信息系统资源,然后规定哪类访问者可以访问哪些资源,以及可以对能够访问的资源进行哪些操作(如读、写、执行、删除等)。图 10.2.4 所示的是在 Windows Server 2008 系统中按照权限对不同的用户进行分组,并为不同的组设置不同的操作权限。

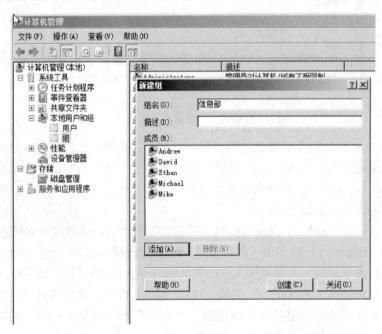

图 10.2.4 在 Windows Server 2008 进行访问控制设置的示例

由图 10.2.4 可以看出，Andrew、David 等用户被分配到"信息部"组中，因此这些用户在对计算机系统中的信息资源进行读、写、执行、删除等操作时具有相同的权限。同时，如果系统管理员将自己的权限赋予"信息部"组的成员，则"信息部"组的所有成员均拥有系统管理员权限。此外，可以在 Windows 的"计算机管理"中动态修改用户组中成员的数量，以及用户组对信息资源的访问权限，当然前提是修改者具有系统管理员权限。

10.2.2　防火墙技术

用户在使用计算机上网的过程中经常会遇到这样的安全提示：Windows 防火墙已经阻止此程序的部分功能，如图 10.2.5 所示。

微视频 10.5
防火墙

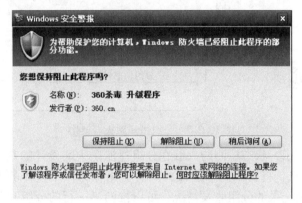

图 10.2.5　计算机防火墙提示信息

防火墙技术作为网络安全防护措施中的典型安全解决方案，已成为网络安全防护的基石。如图 10.2.6 所示，防火墙可以在可信任的内部网络和不可信任的外部网络之间建立起一道保护屏障，保护内部网络免受来自外部网络的非法入侵。

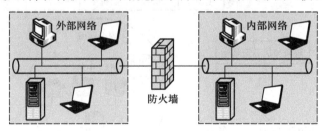

图 10.2.6　防火墙架构

早期的防火墙通常是直接安装在计算机上的一套软件，后来防火墙开始采用软件和硬件相结合的架构方案。目前，防火墙越来越智能，防范的安全粒度也越来越细，并且可以基于应用的类型甚至应用的某个功能来控制数据流。例如，防火墙可以根据来电号码屏蔽一个基于会话起始协议（session initiation protocol，SIP）的语音呼叫。防火墙主要采用分组过滤、状态检测和应用代理这三种技术来实现对数据的保护。在分组过滤防火墙中，防火墙通过分析分组首部的信息，以及设定分组过滤规则，来允许某些分组通过，或者将不符合要求的分组过滤掉。在如图 10.2.7 所示的分组过滤防火墙架构中，以主机 A 为源地址、主机 C 为目的地址的分组被允许通过该防火墙，而以主机 B 为源地址、主机 C 为目的地址的分组则被该防火墙拦截。

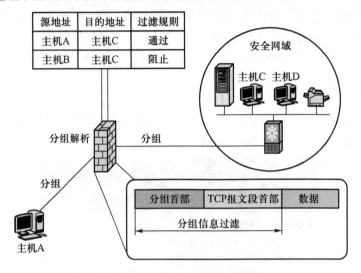

图 10.2.7　分组过滤防火墙架构

如图 10.2.8 所示，状态检测防火墙在分组过滤防火墙设计的基础上，通过分析分组的高层上下文信息，将属于同一连接的所有分组作为一个整体的数据流看待。根据图 10.2.8 中的表格记录的分组收发情况，可以推断第一行的分组和第二行的分组属于

源地址	源端口	目的地址	目的端口	连接状态
主机B	1030	主机A	80	已连接
主机B	1031	主机A	21	已连接
主机C	1033	×××	23	已连接
主机D	1035	主机A	25	已连接

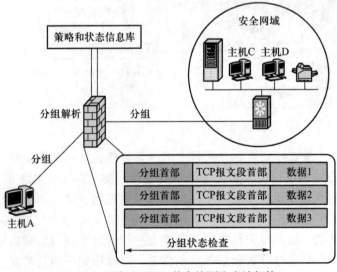

图 10.2.8　状态检测防火墙架构

同一会话，均来源于主机 B 且目标主机均为主机 A。因此，在制定防火墙过滤规则时要考虑这两个分组的一致性，防火墙要么同时允许这两个分组通过，要么同时阻止这两个分组通过。因此，与传统分组过滤防火墙相比，状态检测防火墙的系统性能和安全性更高。

需要注意的是，防火墙技术并不是万能的，一方面防火墙有可能被绕过，另一方面防火墙有可能被击穿。防火墙一旦被攻击者绕过或击穿，就会失去作用。例如，防火墙依赖于口令，因此无法防范黑客对口令的攻击。表 10.2.1 列出了部分防火墙可以防范的网络安全威胁及其不能防范的网络安全威胁。因此，为了提高计算机的网络安全性，最好将防火墙与其他网络防范措施结合使用。

表 10.2.1　防火墙可以防范的网络安全威胁及其不能防范的网络安全威胁

类　　型	内　　容
防火墙可以防范的安全威胁	（1）双向过滤进出网络的数据和访问行为，将发现的可疑访问拒之门外，可以防止未经允许的访问进入外部网络。 （2）封堵某些禁止的业务。 （3）记录通过防火墙的信息内容和活动。例如，对基于 IP 的服务、时间、协议等进行统计，以防止某些应用或用户占用过多的资源
防火墙不能防范的安全威胁	（1）防火墙不能防范来自内部的攻击。 （2）防火墙不能防范不经由防火墙的攻击。 （3）防火墙不能防止受到病毒感染的软件或文件的传输。 （4）防火墙不能防止数据驱动式攻击

10.2.3　个人网络防范

网络安全防范已成国际性难题。事实上，国际上任何一个网络大国，基本都是遭受网络攻击严重的国家，都面临着严重的网络安全威胁。网络安全形势日益严峻，在这种背景下个人网络防范可以从以下几个方面来展开。

1. 做好预防工作

① 安装网络安全防护软件。为了抵御各种病毒、木马和恶意软件，在计算机和智能手机上都要安装安全软件，定期查杀病毒，保护浏览器和系统文件，这是个人用户安全使用网络的第一步。

② 及时修复系统漏洞，尽量使用最新版本的操作系统或应用软件，尤其是浏览器、即时通信工具和电子邮件系统等。因为随着软件版本的更新，漏洞会不断减少；此外，还要关注软件开发商发布的软件补丁，在安装补丁时一定要确保补丁来源的安全。

图 10.2.9 所示的是金山毒霸 11 查杀木马病毒的结果界面，以及电脑管家针对勒索蠕虫对计算机系统漏洞进行修复的界面。

2. 养成健康的上网浏览习惯

① 分级管理个人密码，密码设置要有变化，即要为不同类型、不同用途的应用（如 QQ、电子邮箱、电子银行等）设置不同的密码。由于黑客在入侵受密码保护的计

微视频 10.6
个人网络防范

图 10.2.9　网络安全防护软件病毒查杀和系统漏洞修复的有关界面

算机时，首先会尝试简单的、有规律的密码，因此不要使用自己或者亲人的生日、身份证号码作为密码，也不要使用 123456、88888、ASDFGH 这样的弱密码。建议使用大小写字母+数字+字符且自己能够记住的密码进行个人密码设置。

　　例如，测试 QQ 密码的安全性。登录 QQ 安全中心，如图 10.2.10 所示，在"密码管理"选项卡中单击"密码强度检测"按钮，然后单击"一键检测 QQ 密码"，输入所设置的密码后单击"马上检测"按钮，即可对所设置的 QQ 密码的安全性进行检测。如果 QQ 安全中心提示密码强度较高，说明这个密码的安全性较好，难以被攻破。在图 10.2.10 所示的页面左侧输入由纯字母组成的密码 sszcgfss，该密码被检测出强度较低，而在右侧输入由字母、数字、字符组成的密码 Jim204_@83，该密码则被检测出具有较高的强度。

图 10.2.10　QQ 密码安全中心的密码强度检测功能

② 使用 QQ 等通信软件时，不要随意授权他人登录自己的账户，或者随意接收和打开他人发送的文件。绝大多数计算机病毒都是以可执行文件（扩展名为 .exe、.com、.bat、.vbs、.sys 等，可以直接由操作系统加载运行的文件）的形式存在的，在接收到此类可执行文件后，应当及时用网络安全防护软件对其进行扫描和检查，确定没有异常后再使用。图 10.2.11 所示的是利用电脑管家对用户下载的文件进行扫描和检查的结果页面。由该结果可知，用户下载的文件安全、可靠，而且没有异常。

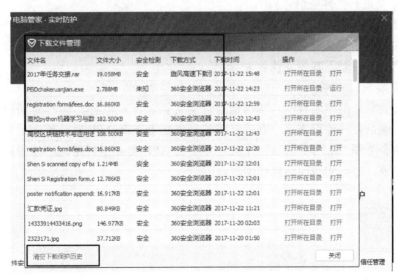

图 10.2.11　利用电脑管家对用户下载的文件进行杀毒软件扫描

③ 不要使用非法的、不安全的网站，不要打开陌生人的邮件，不要随意注册并留下自己的真实信息，如姓名、电子邮箱、身份证号等。在注册网站、论坛账户时，要尽量做到"有限提供"注册信息。此外，在访问一个网站时要注意查看其是否提供了有效的安全证书和安全连接方式。如图 10.2.12 所示，在浏览器中输入网站网址之后，

地址左侧会出现一个锁样图标,将鼠标指针指向锁样图标时,会显示该网站的加密方式、网站所采用的传输协议等数字证书信息,通过查看这些信息,可以判断用户和网站之间的通信是否是安全的。

图 10.2.12　基于数字证书的网站安全性验证

④ 尽量不要参与和网络社交平台的互动活动。很多网络社交平台都会要求用户填写个人信息。如果用户填写了这些信息,这些网络社交平台即可获取大量的用户信息,因此尽量不要参与这类活动。

3. 规范处理文件

（1）定期进行文件备份

要将计算机中的重要文件归类存放,而且不要将它们存放在系统盘中。安装软件时不要将它们直接装在根目录下,因为有些软件使用将目录删除的卸载方式,卸载软件时容易造成根目录下其他文件丢失。

（2）安装正版软件

合理设置软件的使用权限。要尽量通过官方网站下载软件,同时要用网络安全防护软件对下载的软件进行查杀。在手机等移动终端上下载 APP 时,要通过官方途径下载正版软件,如图 10.2.13 所示,并要注意不良 APP 会在手机用户不知情的情况下获取其个人信息,进而实施网络欺诈和攻击。

图 10.2.13　下载软件

（3）在利用 WiFi 上网时需要对个人信息进行保护

首先，平时要关闭 WiFi 自动连接功能，需要时再开启，以免自动连接到不安全的 WiFi 热点。其次，不要使用来源不明的 WiFi。攻击者会利用用户图省事、贪便宜的心理，自建 WiFi 热点，并且不设置密码，这样用户一旦进入该网络，其个人信息就会泄露。最后，不要随意在公共网络上使用网上银行、电子支付等服务，一旦相关信息被截获，用户就会遭受巨大的损失。

个人网络防护是网络安全防护的最后一道防御关口，也是最主要的关口。网络安全问题主要还在于人们疏于防范，给了不法分子以可乘之机。

10.3　网络管理

随着网络业务的不断扩展和信息化建设的不断推进，信息系统越来越复杂，人们对网络系统的依赖程度也越来越大。网络管理的主要任务是确保网络系统中信息资源的安全性和稳定性。近年来，网络系统应用的不断深入，以及数量的不断增加，对网络系统维护人员的综合素质，系统运行的稳定性、可靠性，业务处理的效率、规范性、可追溯性等的要求越来越高。根据国际标准化组织的定义，网络管理有 5 个功能：配置管理、故障管理、性能管理、计费管理和安全管理，本节将主要介绍这 5 个方面的内容。

10.3.1　配置管理

配置管理负责网络的建立、业务的开展以及配置数据的维护。它是一组支持辨别、定义、控制和监视通信网络对象的功能，旨在实现某个特定功能或使网络性能达到最优。配置管理主要包括以下功能。

1. 自动获取配置信息

在一个大型网络中需要管理的设备很多，如果每个设备的配置信息都完全依靠网络管理员手工输入，那么工作量就非常大，而且还容易出错。对于不熟悉网络结构的人员来说，这项工作甚至无法完成。因此，一个先进的网络管理系统应该具有自动获取配置信息的功能，使得网络管理员在不是很熟悉网络结构和配置状况的情况下，也能通过一定的技术手段来完成网络配置和管理。根据获取手段可以将网络设备的配置信息大致分为三类：第一类是网络管理协议管理信息库（management information base，MIB）中定义的配置信息（包括 SNMP 协议和 CMIP 协议）；第二类是虽然没有在网络管理协议中定义，但是对设备运行来说是比较重要的配置信息；第三类是用于辅助管理的信息。图 10.3.1 所示的就是通过网络管理系统实现资源自动发现的示例。

2. 自动配置、自动备份及相关技术

自动获取配置信息功能相当于从网络设备中"读"信息，相应地，在网络管理应用中还有大量"写"信息的需求。根据设置手段可以将配置信息的设置方式分为两类：

图 10.3.1　资源自动发现示例

一类通过 SNMP 协议中的 set 服务进行配置信息的设置；另一类通过自动登录网络设备进行配置信息的设置。

3. 配置一致性检查

在一个大型网络中，网络设备众多，出于管理的原因，这些网络设备不可能由同一个网络管理员进行配置。实际上，即使是同一个网络管理员对这些网络设备进行配置，也会由于各种原因而出现配置不一致的问题。因此，必须对整个网络的配置情况，尤其是路由器端口和路由信息的配置情况，进行一致性检查。

4. 用户操作记录

配置系统的安全性是整个网络管理系统的核心，因此必须对配置管理中用户所进行的每一个操作都进行记录，并将其保存下来，使网络管理员可以随时查看特定用户在特定时间进行的特定配置操作。

10.3.2　故障管理

故障管理是网络管理的基本功能之一。所有用户都希望有一个可靠的计算机网络。当网络中的某个部分失效时，网络管理器必须迅速查找到故障并将其及时排除。网络故障产生的原因往往相当复杂，特别是当网络故障是由多个组成网络共同引起时，难以迅速将某个故障隔离起来。这时一般先修复网络，之后再分析网络故障的产生原因。分析网络故障的产生原因对于防止类似故障再次发生是相当重要的。

网络故障管理应包括以下典型功能。

1. 故障监测

故障监测是指主动探测或被动接收网络上的各种事件信息，并识别出其中与网络和系统故障相关的内容，持续跟踪其中的关键部分，形成网络故障事件记录。

2. 故障报警

故障报警是指接收故障监测模块传来的报警信息，根据不同的报警策略驱动不同的报警程序，以报警窗口/振铃（通知一线网络管理人员）或电子邮件（通知决策管理人员）的形式发出网络严重故障报警。

3. 故障信息管理

根据对事件记录的分析，定义网络故障并生成故障卡片，记录排除故障的步骤和与故障相关的值班员日志，构造排错行动记录，使事件—故障—日志构成逻辑上相互关联的整体，以反映故障产生、变化、消除过程的各个方面。

4. 排错支持工具

向网络管理员提供一系列实时检测工具，对被管设备的状况进行测试并记录测试结果，以供技术人员分析和排错。同时，根据已有的排错经验和网络管理员对故障状态的描述给出对排错行动的提示。

5. 检索/分析故障信息

浏览并且以关键字检索故障管理系统中的所有数据库记录，定期收集故障记录数据，在此基础上给出被管网络系统、被管线路、被管设备的可靠性参数。

通过监测网络组成部件的状态来对网络故障进行检测。通常将不严重的简单故障记录在错误日志中，并不对其做特别处理；而将比较严重的故障告知网络管理器，即所谓的"报警"。网络管理器应根据有关信息对报警进行处理，排除故障。当故障比较复杂时，网络管理器应执行一些诊断测试以辨别故障的原因。

图 10.3.2 所示的是运维管理系统的故障工单示例，从中可以看出故障处理的进度，如图 10.3.3 所示。运维管理系统还可以根据故障的情况通过如图 10.3.4 所示的自动化方式实现故障处理的派单。

图 10.3.2　运维管理系统的故障工单示例

图 10.3.3　故障处理进度　　　　　图 10.3.4　自动化的故障派单

10.3.3　性能管理

性能管理主要关注系统资源的运行状况，以及通信效率等系统性能，其功能包括监视和分析被管网络及其所提供服务的性能。性能管理收集分析有关被管网络当前状况的数据信息，并维持和分析性能日志。性能分析的结果可能会触发某个诊断测试过程或对网络的重新配置，以维持网络的性能。性能管理主要包括以下功能。

1. 性能监控

性能监控的主要任务是定时采集每个被管对象的性能数据，自动生成相应的性能报告。在如图 10.3.5 所示的性能监控窗口中，可以查看被管服务器的运行状态信息，如 CPU 利用率、内存利用率等，也可以由用户定义被管对象及其属性。被管对象类型包括线路和路由器等，被管对象属性包括流量、时延、丢包率、CPU 利用率、温度、内存余量等。

2. 阈值控制

阈值控制的主要任务是为每一个被管对象的每一条属性设置阈值，通过设置阈值检测开关控制阈值检查和告警，提供相应的阈值管理和溢出告警机制。对于特定被管对象的特定属性，可以根据不同的时间段和不同的性能指标进行阈值设置。

3. 性能分析

性能分析的主要任务是对历史数据进行分析、统计和整理，计算性能指标，并对性能状况做出判断，为网络规划提供参考。

4. 可视化的性能报告

可视化的性能报告的主要任务是对数据进行扫描和处理，生成性能趋势曲线，以直观的图形反映性能分析的结果。

5. 实时性能监控

实时性能监控的主要任务是提供一系列实时数据采集和分析的可视化工具，以对一定数据采集间隔的流量、负载、丢包率、温度、内存、时延等网络设备和线路的性能指标进行实时检测。

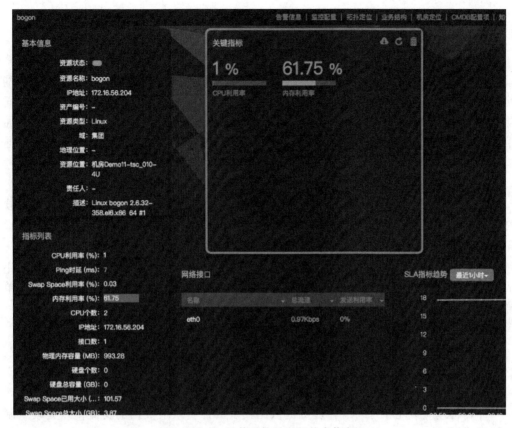

图 10.3.5 性能监控的运行状态信息

6. 网络对象性能查询

可以通过列表查询或按照关键字检索被管对象及其属性的性能记录。图 10.3.6 所示的是虚拟机运行状态信息示例。

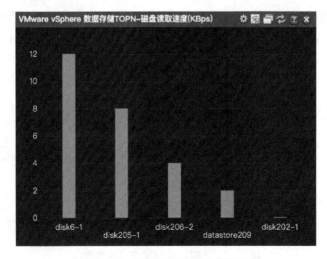

图 10.3.6 虚拟机运行状态信息示例

10.3.4　计费管理

计费管理用于记录网络资源的使用情况，以控制和监测网络操作的费用和代价。计费管理可以估算出用户使用网络资源可能需要的费用和代价，这对一些公共商业网络来说十分重要。网络管理员还可以通过计费管理规定用户可使用的最大费用，从而防止用户过多地占用和使用网络资源，提高了网络的效率。另外，当用户为了一个通信目的需要使用多个网络中的资源时，计费管理应能够计算总费用。计费管理可以通过以下方式来实现。

1. 计费数据采集

计费数据采集是整个计费系统的基础，但计费数据采集往往受采集设备硬件与软件制约，而且与进行计费的网络资源有关。

2. 数据管理与数据维护

计费管理对人工依赖性很强，虽然其中的很多数据管理与维护工作由系统自动完成，但其仍然需要人工管理，包括交纳费用的输入、联网单位的信息维护，以及账单样式的确定等。

3. 计费政策制定

由于计费政策十分灵活，经常变化，因此网络管理员自由制定输入计费政策十分重要。这就需要用于制定计费政策的友好的用户界面和能够实现计费政策的完善的数据模型。

4. 政策比较与决策支持

计费管理应该能够为网络管理员提供比较多套计费政策数据的功能，以为政策制定提供依据。

5. 数据分析与费用计算

计费管理能够利用采集的网络资源使用数据、联网用户的详细信息以及计费政策，计算网络用户资源的使用情况，并计算出应交纳的费用。

6. 数据查询

计费管理能够为每个用户提供自身使用网络资源的详细信息，用户可以根据这些信息计算、核对自己的交费情况。

图 10.3.7 所示的是对校园网用户的计费管理，系统可以对所有用户的信息进行查看和控制。

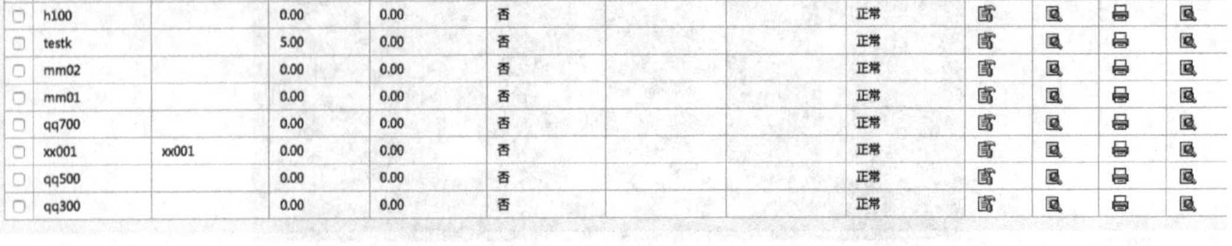

共 20 条记录，当前显示第 1 到第 10 条记录　　刷新　当前为第 1 /2页　每页 10

账户名	用户姓名	余额(元)	待扣款(元)	是否可透支	信用额度(元)	可用额度(元)	状态	修改	查看	打印	用户
a1		0.00	0.00	否			正常				
y100	y100	0.00	0.00	否			正常				
h100		0.00	0.00	否			正常				
testk		5.00	0.00	否			正常				
mm02		0.00	0.00	否			正常				
mm01		0.00	0.00	否			正常				
qq700		0.00	0.00	否			正常				
xx001	xx001	0.00	0.00	否			正常				
qq500		0.00	0.00	否			正常				
qq300		0.00	0.00	否			正常				

图 10.3.7　对校园网用户的计费管理

10.3.5　安全管理

网络安全一直是网络的薄弱环节之一，而用户对网络安全的要求又相当高。安全管理主要通过对授权机制、访问控制、加密机制等进行管理，以及对安全日志进行维护和检查，来解决信息泄露、拒绝服务、信息完整性破坏和信息非法使用等网络中的安全问题。

在网络管理过程中，管理和控制信息对网络的正常运行来说是至关重要的，一旦这些信息被泄露、篡改和伪造，网络将会遭受灾难性的破坏。网络管理本身的安全由以下机制来保证。

① 使用基于公开密钥的证书认证机制，对网络管理员身份进行认证。为了提高效率，在对信任域内（如局域网）的用户进行认证时，可以使用简单口令认证。

② 管理和控制信息存储和传输的保密性与完整性。例如，在 Web 浏览器和网络管理服务器之间使用 SSL 协议，对管理和控制信息进行加密传输并保证其完整性。再如，对于系统内部存储的机密信息，如登录密码等，也要在对其进行加密处理后再进行存储。

③ 网络管理用户分组管理与访问控制。网络管理员根据任务的类型将网络管理用户划分为若干个用户组，不同的用户组具有不同的权限，访问控制会对用户的操作进行检查，以保证用户不越权使用网络管理系统。

④ 记录用户的所有操作并对系统日志进行分析，从而使系统的操作及其对网络对象的修改有据可查，同时也有助于故障跟踪与恢复。

同时，网络对象的安全管理可以实现以下功能。

① 网络资源的访问控制。管理路由器的访问控制列表以实现防火墙功能，保护网络内部的设备和应用服务，防止外来攻击。

② 告警事件分析。接收网络对象所发出的告警事件，分析相关的安全信息向管理员告警，并提供历史安全事件的检索与分析机制，及时发现正在进行的攻击或可疑的攻击迹象。

③ 主机系统的安全漏洞检测。实时监测主机系统重要服务（如 Web、DNS 等）的状态，提供安全监测工具，以搜索系统可能存在的安全漏洞或安全隐患，并迅速给出弥补的措施。

图 10.3.8 所示的是某高校网络安全管理体系架构。该体系不仅涉及安全技术层面的工作，还涉及安全管理架构、安全制度体系、安全日常工作和安全配套体系等相关方面的工作。

此外，网络安全管理是一项持续性的工作，绝非一朝一夕之事，需要在日常工作中加以落实，网络系统的日常管理主要包括以下几个方面。

① 信息资产的统计梳理，主要包括对全网段的 IP 地址的使用情况进行梳理，并持续更新归档。

② 信息系统的审查。对旧信息系统进行安全加固工作，对新上线的信息系统提出安全要求，进行安全审查，并测试其安全防护情况。

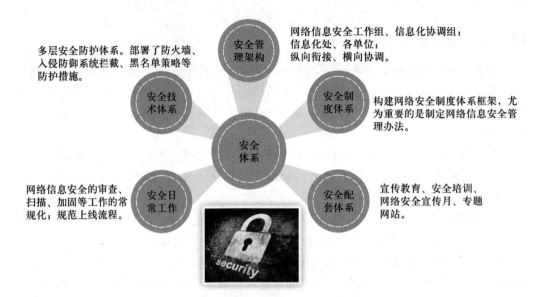

图 10.3.8　某高校网络安全管理体系架构

③ 漏洞扫描与系统加固。针对全网段的网站和应用系统进行漏洞扫描，针对扫描结果开展漏洞整改和跟踪工作，解决安全问题。

④ 系统设备的安全巡检。对信息系统的部署环境、机房及设备定期进行巡检，并由各应用系统的管理员定期对所负责的网站及系统运行情况进行检查。

⑤ 外网端口策略配置。根据网站及业务系统的具体情况配置相应的安全策略，有选择地开放部分 IP 地址的外网访问权限，并且仅开放必要的端口，强化对开放外网的网站系统的管理。

目前，各类新型网络攻击手段与网络安全漏洞层出不穷，防不胜防，因此应急响应是网络安全工作中非常重要的一环。为了应对突如其来的网络信息安全事件，必须有一套完善的应急响应体系来进行事件预防与处置。图 10.3.9 所示的为某高校网络信息安全应急响应流程，该流程通过及时地对安全事件进行取证、定级以及降低系统权限来防止事态扩散，并及时进行跟踪整改与事件归档，从而完成系统安全修复和后续工作。

最后，为了保障网络及信息系统的安全稳定，指导网络安全管理，落实主体责任，需要建立健全网络信息安全管理制度体系。图 10.3.10 所示的是某高校网络信息安全管理制度体系框架，该体系框架主要从网络安全和应急预案两方面加强网络安全防御的架构、体系、实施、监管，从而实现全面、规范的网络基础设施、网站、应用系统及数据内容的安全防护。

网络安全管理已经越来越受到人们的重视，只有通过持续性、规范化的网络安全管理，才能营造健康、安全的网络空间。

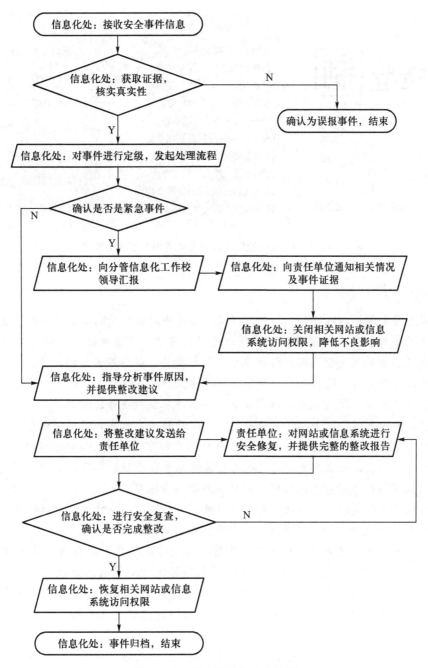

图 10.3.9 某高校应急响应流程

规范化　　长效化

图 10.3.10　某高校网络信息安全管理制度体系框架

知识点小结

● 网络安全是指网络硬件、软件，以及其系统中的数据受到保护，不会遭受偶然或恶意行为的破坏、更改和泄露，系统可以连续、可靠、正常地运行，使得信息服务不中断。因此，相应的安全问题同样存在于计算机硬件、软件及其系统之中。

● 黑客进行的网络攻击可以分为非破坏性攻击和破坏性攻击两类。常见的网络攻击主要包括探测攻击、渗透攻击、驻留攻击、传播与瘫痪攻击等阶段。

● 弱口令账户不仅仅是指包含简单数字和字母的用户账户和密码，容易基于用户敏感信息猜测到的，或者容易被破解工具破解的账户都可以被视为弱口令账户。

● 病毒和蠕虫是一组具有特定功能的计算机指令或者程序代码，它们能够破坏计算机系统的正常运行或者对系统软件、硬件及数据造成破坏。

● 木马具有隐蔽性、欺骗性、自动运行性、自动恢复性等特点，它通过自身伪装的方式吸引用户下载并执行，实现窃取用户账户和密码的目标。

● 网络安全防护措施涉及防范措施设计、安全方案选择和防范意识建立等多个方面。在防范措施设计方面，可以通过认证机制和访问控制等网络防范措施，对用户可以访问的网络资源进行严格的认证和控制；在安全方案选择方面，防火墙技术能够有效地制止针对企业数据、网络和用户的攻击；在防范意识建立方面，个人网络防范意识的建立尤其重要。

● 认证机制是对数据传输过程中信息的真伪性，以及信息收发双方物理身份和数字身份的一致性进行验证的过程，认证机制可以从消息认证和用户认证两方面来实现。消息认证一般采用 SSL 协议生成数字证书，以验证消息内容的完整性、真实性，以及消息来源的真实性。用户认证则主要通过智能卡、USB key、生物特征、密码等方法来实现。

● 防火墙主要采用分组过滤、状态检测和应用代理这三种技术来实现。

● 根据国际标准化组织的定义，网络管理有 5 个功能：配置管理、故障管理、性能管理、计费管理和安全管理。

● 配置管理是一组支持辨别、定义、控制和监视通信网络对象的功能，旨在实现某个特定功能或使网络性能达到最优。

● 故障管理是网络管理的基本功能之一。它包括故障监测、故障报警、故障信息管理、排错支持工具和检索/分析故障信息等功能。

● 性能管理主要关注网络系统资源的运行状况，以及通信效率等系统性能，其功能包括监视和分析被管网络及其所提供服务的性能。

● 计费管理用于记录网络资源的使用情况，以控制和监测网络操作的费用和代价。

● 安全管理主要通过对授权机制、访问控制、加密机制等进行管理，以及对安全日志进行维护和检查，来解决信息泄露、拒绝服务、信息完整性破坏和信息非法使用等网络中的安全问题。

思考题 🔍

1. 计算机网络都面临哪些安全威胁？

2. 简要说明黑客进行网络攻击的常用手段和步骤。

本章自测题

3. 结合实际生活中的攻防案例，分别针对病毒、木马、蠕虫列举 1~2 个近三年来具有较大破坏性的恶意软件，并对其进行分析。

4. 以手机平台的应用为例，描述其常用的认证机制和访问控制机制。

5. 根据常见的防火墙架构，结合实际场景设计一个包括两台以上计算机的防火墙部署方案，并为其设计分组过滤规则。

6. 简述 WiFi 窃取用户个人信息的主要步骤以及相应的预防手段。

7. 网络配置管理的主要功能有哪些？

8. 当网络故障发生时，如何进行故障管理？

参考文献

[1] 袁小坊，陈楠楠，王东，等．城域网应用层流量预测模型[J]．计算机研究与发展，2009(3)：434-442．

[2] 沈琦．多链路接入的流量管理及其在城域网中的应用[J]．南京邮电大学学报：自然科学版，2006(4)：25-29．

[3] 刘琪．基于 IP 城域网的 MPLS VPN 可扩展性分析[J]．辽宁工程技术大学学报：自然科学版，2008(4)：572-574．

[4] 李宏涛，李腊元．宽带 IP 城域网的设计与实现[J]．武汉理工大学学报：交通科学与工程版，2003(2)：182-186．

[5] 贺媛，王力行，曾烈光．无线城域网 802.16 系统的接纳控制算法[J]．清华大学学报：自然科学版，2007(10)：1642-1645．

[6] 贺媛，金德鹏，曾烈光．无线城域网中 MPEG 视频传输的上行调度算法[J]．计算机工程，2007(19)：106-108．

[7] 陆文彦，贾维嘉，王国军，等．无线城域网中心调度的竞争解决方案[J]．通信学报，2006(12)：83-97．

[8] 王洪熙，陈剑峰，焦文华，等．一种用于 IEEE 802.16 无线城域网 TDD 模式中的带宽调度方案[J]．电子与信息学报，2006(5)：789-794．

[9] 赵小敏，郎美亚，陈庆章．基于不规则蜂窝网络拓扑模型的位置管理研究[J]．软件学报，2010(6)：1353-1363．

[10] 邢昊，敬石开，张贺，等．拓扑优化密度映射的非均匀蜂窝结构设计方法[J]．计算机辅助设计与图形学学报，2017(4)：734-741．

[11] 王建军，秦振海．ZigBee 无线个人区域网技术在汽车网络的应用[J]．汽车电器，2012(6)：70-72．

[12] 朱建新，高蕾娜，张新访．低速无线个人区域网 802.15.4 的安全研究[J]．计算机科学，2009(1)：71-76．

[13] 陈晓琛，申伟，王隽．低速无线个人区域网的实现[J]．电信快报，2004(3)：36-38．

[14] 刘本仓，邹家宁．基于透传的 IPv6 个人区域网无线网关设计[J]．电视技术，2014(23)：100-102．

[15] 张凤山，周正．聚焦 IEEE 802.15 与无线个人区域网标准[J]．无线电工程，2004(9)：1-3．

[16] 李灿华, 王秀美, 夏兴昌. 蓝牙个人区域网 (PAN) 的设计与实现[J]. 计算机应用研究, 2003(4): 152-154.

[17] 郝威, 杨露菁, 李晓强. 蓝牙技术在宽带无线个人区域网中的应用[J]. 中国数据通信, 2005(2): 40-43.

[18] 戴迎珺, 方会平. 无线个人区域网 (WPAN) 技术综述[J]. 浙江万里学院学报, 2004(2): 48-51.

[19] 董苹苹, 王乐之, 孙军, 等. 广域网传输中数据与协议优化研究综述[J]. 计算机研究与发展, 2014(5): 944-958.

[20] 许笑, 张伟哲, 张宏莉, 等. 广域网分布式 Web 爬虫[J]. 软件学报, 2010(5): 1067-1082.

[21] 韩建明. 广域网技术和网络服务研究[J]. 应用基础与工程科学学报, 2005(S1): 211-216.

[22] 王建新, 王捷, 徐涛, 等. 广域网加速网关设计与实现[J]. 中南大学学报: 自然科学版, 2012(10): 3879-3885.

[23] 刘晓慧, 聂敏, 裴昌幸. 量子无线广域网构建与路由策略[J]. 物理学报, 2013(20): 52-59.

[24] 路士华, 刘冰. 教育部网络高清视频会议系统体系化保障探索[J]. 中国教育信息化: 高教高职, 2016(5): 12-14.

[25] 怀智博, 郑禄, 帖军. 可视化网络视频会议管理系统的设计与实现[J]. 电脑知识与技术, 2017(11): 66-68.

[26] 高海英, 薛元星, 辛阳, 等. VPN 技术[M]. 北京: 机械工业出版社, 2004.

[27] 彭力. 物联网技术概论[M]. 2 版. 北京: 航空航天大学出版社, 2015.

[28] 吴建平, 李星. 下一代互联网[M]. 北京: 电子工业出版社, 2012.

[29] 黄要武, 石磊. 网络工程设计与实施[M]. 大连: 大连理工大学出版社, 2012.

[30] 崔北亮, 陈家迁. 网络管理从入门到精通[M]. 北京: 人民邮电出版社, 2010.

[31] Tanenbaum A S, Wetherall D J. 计算机网络[M]. 严伟, 潘爱民, 译. 5 版. 北京: 清华大学出版社, 2012.

[32] 谢希仁. 计算机网络[M]. 6 版. 北京: 电子工业出版社, 2013.

[33] 户根勒. 网络是怎样连接的[M]. 周自恒, 译. 北京: 人民邮电出版社, 2017.

[34] 石良武. 计算机网络与应用[M]. 北京: 清华大学出版社, 2005.